JN416978

각종 재료의 부식/방식 기술 적용

해수환경과 재료 및 구조물

일본 해수학회 재료 · 구조물연구회 지음
남기우 · 김선진 · 김윤해 · 안석환 옮김

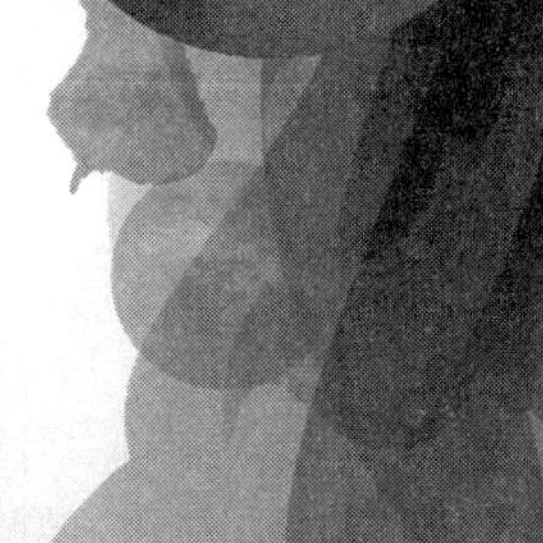

KSOE 사단법인 한국해양공학회
The Korean Society of Ocean Engineers

GS인터비전

역자소개

한국해양공학회 해양구조물재료연구회 회원

남기우
　부경대학교 재료공학과 교수

김선진
　부경대학교 기계설계공학과 교수

김윤해
　한국해양대학교 기계공학부 교수

안석환
　중원대학교 메카트로닉스학과 교수

* 본서는 (사)한국해양공학회의 지원에 의하여 발간되었음.

본서인 『해수환경과 재료 및 구조물(일본 해수학회 재료 · 구조물연구회 저)』은 2016년 8월 26일에 일본해수학회(회장: 大井 隆夫) 측의 전재허가를 받아 한국해양공학회 해양구조물연구회 학회창립 32주년 기념집으로서 번역 · 발간된 도서입니다.

머리말

본서는 (사)한국해양공학회 창립 30주년을 맞이하여, 해양구조물재료연구회에서 30주년 기념 출판사업의 일환으로 재료 및 구조물의 부식 및 방식특성에 대한 내용을 번역하여 수록한 것이다.

최근 각종 산업의 발달과 함께 해양산업의 탐구 및 연구가 미래사회의 중요한 화두가 되고 있다. 특히 우리나라는 3면이 바다로 둘러싸여 있는 해양 강국으로서 해양공학 분야에 대한 발전이 갈망되고 있는 현실이다. 이와 같은 해양산업의 근간이 되는 기계 및 구조물에 사용되는 소재의 역할은 다양화되고 있는 해양기술에 매우 필요한 분야이다. 특히 광범위하게 사용되고 있는 금속재료의 해양환경 중에서 부식특성은 기계 및 구조물의 수명에 중요한 파라미터이다. 이들 기기의 내구성 및 신뢰성을 유지하기 위하여 적용되는 방식특성 또한 간과해서는 안 되는 파라미터임은 두말 할 필요도 없다.

해양환경 중에서 사용되는 재료는 부식으로 인한 부품의 품질저하, 과잉설계에 따른 비용 상승, 부식손상에 대한 유지관리 및 보수에 드는 비용의 증대, 운전정지에 따른 생산성 및 효율 저하, 기계 및 구조물의 노후화 및 열화에 따른 수명단축, 이와 더불어 환경파괴 및 심각한 재해의 발생은 여러모로 해양산업에 폐해를 가져오게 된다. 그러므로 해양산업에서 활동하고 있는 공학자들에게 있어서 재료 및 구조물의 부식 및 방식특성에 관한 지식의 습득은 당면의 과제이며 해양기술 강국으로 나아가는 초석이 될 것이다.

따라서, 이 책은 해양뿐만 아니라 다른 산업 전반에 걸친 재료 및 구조물에서 발생하는 부식 및 그에 대처하는 방식기술에 대한 기본적인 내용을 다루었으며, 특히 금속재료, 비금속재료, 구조물의 해수환경 속에서의 부식의 문제점 및 대책에 대하여 심도 있게 논하였다.

본서의 구성은 다음과 같다. 제 1부는 금속재료, 특히 티타늄, 스테인리스강 및 클래드강의 해수환경 적용에 관하여 다루고 있으며, 제 2부는 비금속재료의 해양환경에서 특성을 열거하고 있다. 제 3부는 구조물에 사용되는 펌프 및 제염장치의 부식과 대책에 관하여 논하고 있다. 제 4부는 부식 및 방식기술에 대한 기본개념과 원리를 소개하고 있으며, 부식의 전기화학적인 기초를 다루고 있다. 제 5부는 해양생물의 부착에 따른 문제점과 해양환경에 관한 대책을 논하고 있다.

이상과 같은 내용을 수록한 본서가 해양환경, 재료 및 구조물의 부식 및 방식에 대한 사전 지식을 습득하기 위한 현장기술자, 연구자 및 공학도들에게 좋은 참고용 지침서가 될 수 있을 것으로 사료된다.

끝으로 이 책을 번역하는데 있어서 함께 수고하신 (사)한국해양공학회 산하 해양구조물재료연구회 회원여러분과 관련 제위 및 출판에 도움을 주신 GS인터비전에 심심한 감사를 표하는 바이다.

역 자

목차

제1부 금속재료

제4부 부식 및 방식기술

제5부 해양 부착생물 및 환경오염

제 1 부
금속재료

1장 제염장치 재료로서 티타늄의 내식특성
2장 스테인리스강의 해수환경 적용
3장 내해수성 수퍼 스테인리스
4장 해수환경에 클래드강의 적용

1장

제염장치 재료로서 티타늄의 내식특성

티타늄의 내식성은 표면에 형성된 산화피막의 화학적 안정성 때문이고, 산화피막이 안정하게 존재할 수 있는 환경에서 우수한 내식성을 나타낸다. 특히 해수에서 뛰어난 내식성을 가지기 때문에, 화력발전 및 원자력발전 시설의 복수기, 해수담수화 장치의 염수히터 등에 널리 사용되어 왔다. 또한, 최근에는 석유정제플랜트 등의 각종 열교환기에도 적용되고 있다.

이와 같이 해수환경에 사용되는 기기에 티타늄이 사용되어 내식성이 입증되고 있다. 또한, 갈바닉 접촉에 의한 이종 금속재료의 부식과 티타늄의 수소 흡수 등의 문제에 대해서도 개선책이 고안되어 실용화되고 있다. 그러나 티타늄이 제염장치에 적용된 예는 거의 없고, 사용상의 문제점과 대책 등에 대하여 충분한 논의가 이루어지지 않은 것이 현실이다.

본 장에서는 지금까지 많이 보고된 각종 열교환기 및 해수담수화장치 등의 적용사례에서 유추되는 제염장치 환경에 노출된 경우, 티타늄이 받는 부식에 대해 설명하였다. 특히 틈새부식에 대한 환경 및 재료 인자가 미치는 영향과 개선책, 또한 티타늄의 틈새 부식성을 개선하기 위해 개발된 티타늄합금에 대해서도 언급하였다.

1.1 해수에서 티타늄의 내식특성

해수를 이용한 열교환기에 많이 사용되는 각종 금속재료의 내식성 비교를 표 1-1에 나타낸다. 표에서 수치는 각각의 부식 형태에 대한 부식특성을 정성적으로 나타내고 있으며, 이들 중에서 공업용 순수 티타늄(이하, 공업용 순수 티타늄을 티타늄이라 한다)이 거의 모든 부식 형태에서 가장 우수한 내식성을 나타내고 있다. 예를 들어, 표 1-2에 나타낸 바와 같이 알루미늄, 구리 합금 또는 스테인리스강의 공식 발생 전위는 낮지만, 티타늄의 공식 발생 전위는 현저히 높고, 티타늄은 해수 중에서 공식이 거의 발생하지 않는 것으로 생각된다. 또한, 알루미늄 황동을 비롯한 각종 구리합금은 해수 중에서 공식이나 응력부식균열이 발생하기 쉽지만, 티타늄은 공식의 경우와 마찬가지로 응력부식균열도 거의 발생하지 않았다. 그림 1.1은 각종 공업용 순수 티타늄 및 티타늄 합금에 대한 K_{ISCC}과 K_{IC}의 관계를 나타낸다. JIS2종에 해당하는 공업용 순수 티타늄은 K_{ISCC}과 K_{IC}가 동일하고 해수에서 균열감수성이 없다. JIS2종에 해당하는 공업용 순수 티타늄보다도 기계적 강도가 높은 JIS3종의 공업용 순수 티타늄은 해수에서 균열감수성이 발생하고 있어 응력부식균열이 유발될 가능성이 있다. 그러나 일반적으로 열교환기에 사용되는 공업용 순수 티타늄은 JIS2종으로 구분되는 비교적 가공하기 쉬운 재료가 이용되고 있으며 해수에서 티타늄의 응력부식균열은 대부분의 경우에 문제가 되지 않는다.

한편, 티타늄은 캐비테이션 에로젼 (cavitation erosion)에도 우수한 내식성을 나타낸다. 그림 1.2는 모래를 함유하는 유동해수 중의 각종 구리 합금의 부식속도이다. 네이벌 황동 등의 구리합금은 모래 함유량의 증가에 따라 부식속도가 증가하고 있지만, 티타늄은 모래를 함유하는 유동해수에서도 캐비테이션 에로젼을 일으키지 않는다는 것을 알 수 있다.

이상과 같이, 티타늄은 해수환경 속에서 전면부식을 비롯하여 공식, 응력부식균열, 캐비테이션 에로젼 등에 우수한 내식성을 나타내며 슬러리 등이 혼재하는 고농도의 염화물 용액에 노출되는 제염장치에서도 내식성이 기대된다. 그러나 티타늄의 부식특성에 전혀 문제가 없는 것은 아니다. 고온 고농도의 염화물 용액에서는 틈새부식이 발생하고 이종 금속재료와 함께 사용하는 경우에 상대 재질에 따라서 갈바닉 접촉에 의한 상대재의 부식 가속과 티타늄의 수소 흡수가 문제될 수 있다.

표 1-1 각종 열교환기용 금속재료의 내식성비교

재료	해수의 종류	부식형태				
		전면부식	공식	틈새부식	응력부식균열	캐비테이션 에로젼
티타늄	청정	1	1	1	1	2
	오염	1	1	1	1	2
Al 황동	청정	2	2	2	1	3
	오염	2	4	4	4	3
70/30 Cu-Ni	청정	1	2	2	1	3
	오염	2	4	4	4	3
스테인리스강	청정	1	1	2	1	2
	오염	1	2	3	2	2

내식성의 순위 : 1=우수, 2=양호, 3=보통, 4=열악

표 1-2 해수에서 각종 금속재료의 공식전위

금속재료	해수온도 (℃)	해수유속 (m/s)	공식전위 (V vs SCE)	자연전위 (V vs SCE)
티타늄	25	1.5	−8 ~ +10	−0.2 ~ +0.1
알루미늄	25	정지	−0.76	−0.8 ~ +10
Al 황동	25	1.5	−0.10	−0.26
70/30 Cu-Ni	25	1.5	−0.08	−0.27
SUS304	25	1.5	+0.3	−0.5
SUS316	25	1.5	+0.5	−0.4

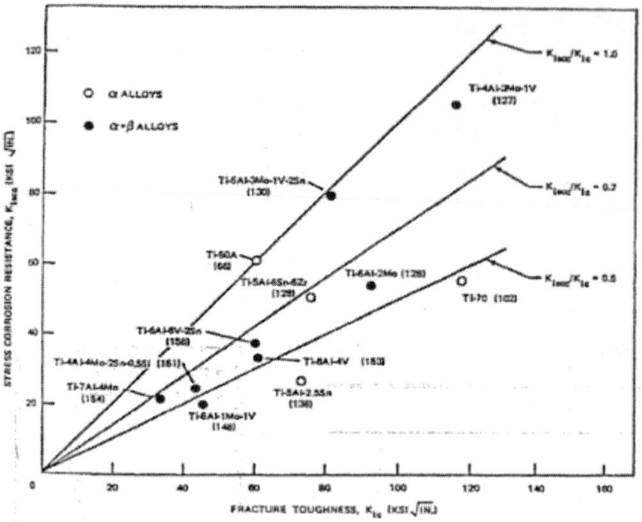

그림 1.1 각종 공업용 순수 티타늄 및 티타늄합금의 해수 중에서 K_{ISCC}와 공기 중에서 K_{IC}의 관계

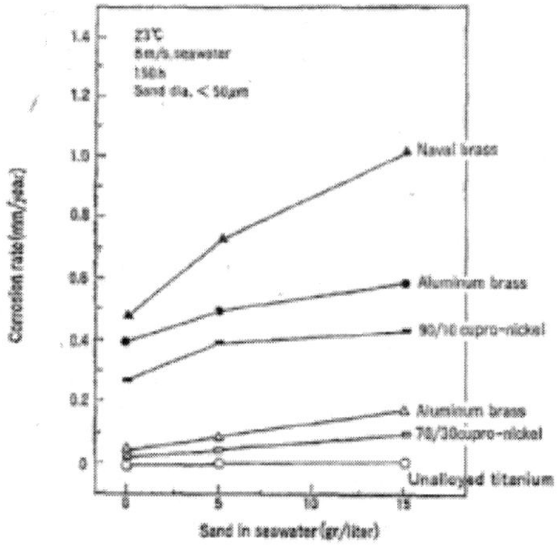

그림 1.2 티타늄과 구리합금의 유동해수 중에서 모래 에로존(sand erosion)에 의한 부식

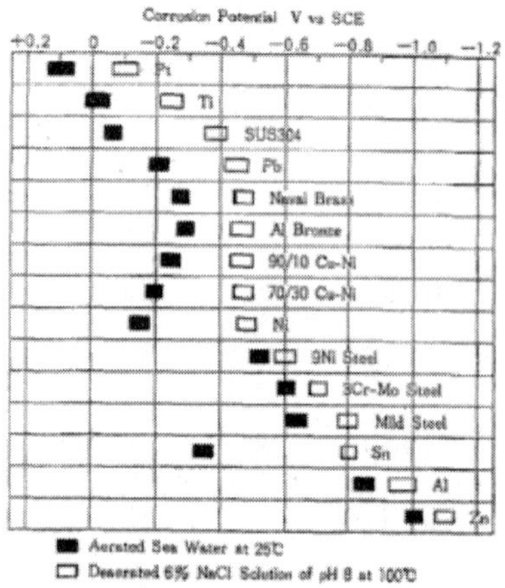

그림 1.3 각종 금속재료의 해수환경에서 자연전위

1.2 갈바닉부식과 수소 흡수

그림 1.3은 해수와 염수 중에 존재하는 각종 금속 재료의 자연전위를 나타낸다. 티타늄의 자연전위는 -0.3 ~ 0 V (vs SCE)이고, 백금을 제외한 모든 금속재료의 자연전위는 티타늄보다 전위가 낮다. 특히, 구리합금의 자연전위는 약 -0.3 ~ -0.5 V (vs SCE)의 범위이고 해수환경에서 단독으로 사용한 경우에는 어느 정도의 내식성이 기대되지만, 열교환기에서 튜브 시트와 수조에 구리합금을 사용하고 전열관에 티타늄이 사용되는 경우, 티타늄과의 자연전위의 차이 때문에 갈바닉부식이 발생한다. 그림 1.4는 각종 구리합금을 단독으로 해수에 노출하였을 경우의 부식속도와 티타늄과 접촉시킨 경우의 부식속도를 나타낸다. 티타늄과의 조합에 의해 어떤 구리합금도 부식속도는 몇 배로 증가하고 있다. 특히 네이벌 황동은 성분 원소인 아연이 선택적으로 용출하는 탈아연부식이 생기는 것으로 알려져 있다. 따라서 갈바닉부식을 방지하기 위해서는 모든 부위에 티타늄을 사용하든지, 티타늄과 같은 정도의 자연전위를 갖는 금속재료를 조합하여 사용하면 방지 또는 억제가 가능하다. 그러나 이종 금속재료와 조합하여 사용하는 경우에는 온도 상승과 염화물 농도의 증가에 의하여 갈바닉부식이 발생하는 경우가 있으므로 절연처리에 의해서 전기적 단락 제거와 음극방식 방법이 필요하다.

한편, 갈바닉부식이 티타늄에 미치는 영향으로는 수소 흡수를 들 수 있다. 표 1-3은 100℃의 탈기 6% 식염수 중에서 티타늄과 이종 금속재료를 접촉시킨 경우의 자연전위를 나타낸다. 이종 금속과의 접촉에 의해 티타늄의 자연전위는 낮은 전위로 전환하고, 수소를 흡수하기 쉽게 된다. 그림 1.5는 티타늄 수소 흡수에 미치는 음극인가전위의 영향을 나타낸다. 온도, 염화물 농도, 탈기 또는 비탈기 등에 따라 차이는 있지만, 티타늄은 어떤 전위보다 낮은 전위로 분극되면 수소를 흡수한다. 이 결과는 전극 전위가 낮은 이종 금속 재료와 접촉함으로써 티타늄은 수소를 흡수할 가능성이 있다는 것을 의미한다. 따라서 이러한 상대 금속 재료의 갈바닉부식을 외부전원방식과 희생양극을 사용하여 음극방식하는 것과 동시에, 과도한 방식에 의한 티타늄의 수소 흡수를 유발하지 않도록 하는 적정한 전위 영역으로 유지할 필요가 있다.

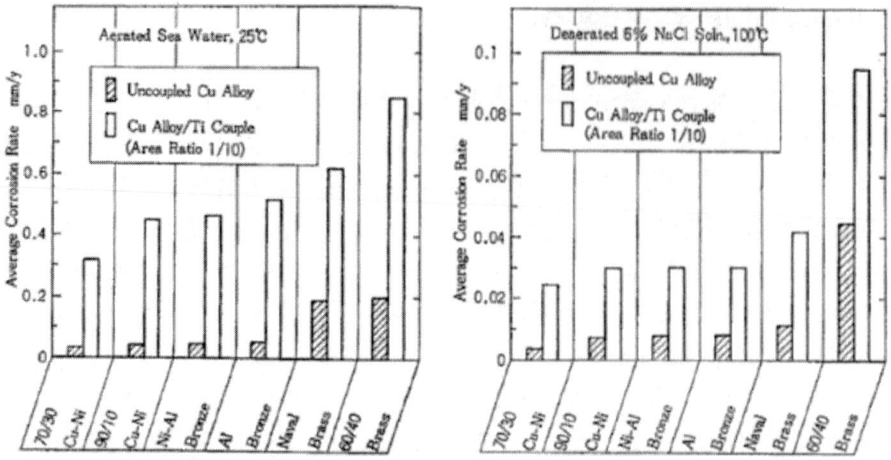

그림 1.4 티타늄과의 갈바닉 접촉이 미치는 각종 구리합금의 해수 중에서 부식속도의 영향

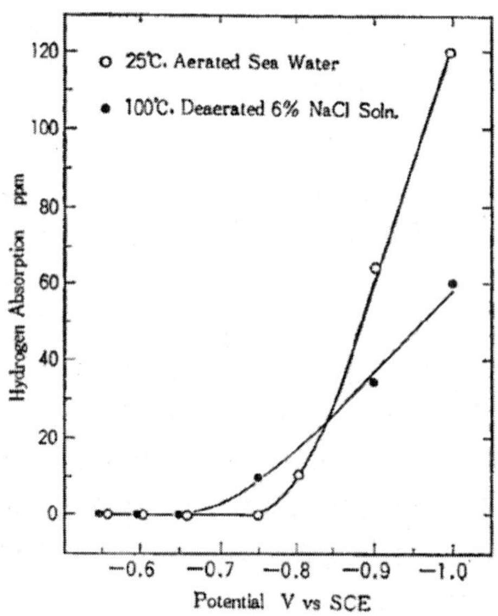

그림 1.5 해수환경에서 티타늄의 수소 흡수에 미치는 음극인가전위의 영향

표 1-3 이종 금속재료와 접촉한 티타늄의 자연전위
(탈기 6% NaCl 수용액, pH 6, 100℃)

접촉 금속재료	자연전위(V vs SCE)
티타늄(단상체)	-0.35
티타늄-네이벌 황동	-0.50
티타늄-탄소강	-0.80
티타늄-아연	-1.10

1.3 티타늄의 틈새부식

티타늄의 내틈새 부식성은 스테인리스강에 비해 뛰어나다. 그러나 염화물 농도의 증가와 온도 상승에 의해 틈새부식이 발생한다. 여기서는 티타늄 내틈새 부식성에 미치는 환경 인자와 재료 인자에 대하여 설명하고 개선 방법에 대해서도 언급한다.

그림 1.6에 나타내듯이 티타늄은 고온, 고 염소 이온 농도의 영역에서 틈새부식이 발생한다. 일반적으로 티타늄의 틈새부식은 스테인리스강과 마찬가지로 틈새 부분과 자유 표면과의 사이에 형성되는 산소농담전지로 인해 생기는 틈새부분에서 pH 저하와 염소 이온의 고농도로 활성용해에 의한 부식 손상이라 생각된다. 따라서 용존산소 농도의 증가, 용액온도의 상승, 염소이온의 농도 증가, pH의 저하에 의해 틈새부식의 발생이 촉진된다. 지금까지 티타늄이 틈새부식을 일으키는 한계 온도는 80~100℃ 정도로 알려졌지만, 이 한계 온도도 틈새를 구성하는 상대재에 따라 다르다. 그림 1.7은 한계 온도에 미치는 틈새 구성 재질의 영향을 나타내며 혐기성 접착제에 의한 틈새 부분의 밀봉(seal)이 오히려 틈새부식을 유발할 수 있다는 것을 알 수 있다. 또한, 이와는 반대로, 갈바닉부식이 문제가 되는 구리 합금과의 접촉은 틈새부식을 억제한다. 이것은 앞서 언급했듯이 틈새 부분과 자유표면의 전위차가 틈새부식의 구동력이 되고 있기 때문에 구리합금과의 접촉에 의해 낮은 전위에 티타늄이 유지되는 것으로 생각된다. 그림 1.8은 다양한 전위로 유지된 티타늄의 틈새부식 발생 시간을 보여주고 있다. 인가전위가 낮을수록 틈새부식이 발생하기까지 시간이 길어지고 이 환경 중에서는 인가전위가 -0.4 V (vs SCE) 이하에서 틈새부식이 발생하지 않는다. 이 결과에서 티타늄이 낮은 전위로 분극화되는 이

종 금속재료와의 갈바닉 접촉에 의해 틈새부식이 억제 또는 방지되는 것을 알 수 있다. 표 1-4는 갈바닉 접촉에 의한 티타늄의 틈새부식에 대하여 예방 효과를 갖는 금속재료와 효과를 갖지 않는 금속재료를 나타내었다.

이외에도 티타늄의 틈새부식에 영향을 미치는 환경 인자는 용존산소 등의 산화제를 들 수 있다. 표 1-5는 티타늄의 틈새부식에 미치는 각종 이온의 영향을 나타낸다. Fe^{3+}와 Cu^{2+} 등의 산화제로 작용하는 금속이온은 틈새부식을 촉진하고 산화성의 음이온은 억제하는 것으로 알려져 있다. 이것은 티타늄의 틈새부식이 틈새부분 안팎의 전위차를 구동력으로 하여 진행하기 때문에 산화제의 첨가에 의해 자유표면부의 전위가 높게 전환함과 동시에, 틈새부분에서 산화제의 소비에 의한 전위의 저하가 맞물려 전위차를 증가시킴으로써 촉진되는 것으로 생각된다. 한편 틈새 부분의 부식 진행에 따라 이온 균형을 유지하기 위해 농축하는 염소이온에 대하여 산화성 음이온은 농축을 지연시키는 효과를 가지고 있다. 그 결과 틈새부식이 억제된다고 생각하고 있다.

재료 인자의 관점에서 티타늄의 내틈새 부식성에 가장 영향을 주는 것은 합금화 원소이다. 이것은 뒤에서 설명하지만, 이것 이외는 표면 상태, 냉간가공 및 용접 틈새부식의 발생에 영향을 준다. 표 1-6에 나타내듯이 각종 표면 마무리에 따라서 티타늄의 틈새부식의 발생 확률이 변화한다. 즉 표면에 산화피막이 존재 또는 산화층이 잔존하고 있는 티타늄은 틈새부식이 발생하기 어렵게 되어 있다. 이것은 산화피막이 두꺼울수록 틈새부에서 활성 용해까지 시간이 지연되기 때문에 대기산화와 화학산화에 의해 틈새부식은 억제된다. 또한, PdO/TiO_2 코팅에 의한 티타늄의 틈새부식 방지 방법이 고안되어 지금까지 석유 정제과정 등에 실용화되고 있다.

이상으로 티타늄의 틈새부식에 미치는 영향인자에 대하여 논하였다. 제염장치 환경은 수십%에 달하는 염화물 용액에 고온으로 노출되기 때문에 티타늄을 사용하는 경우에 가장 우려되는 부식의 하나가 틈새부식이다. 이러한 환경은 지금까지 티타늄이 사용되어 내식성이 입증되어 있는 해수 담수화 장치에 비하여 열악한 환경이지만, 다음에 나타낸 방법으로 틈새부식을 억제 또는 방지하는 것이 가능하다.

(1) 틈새부식의 발생이 우려되는 부위는 밀봉 용접 등에 의해 틈새 부분을 없앤다.
(2) 대기 산화, 양극 산화 또는 화학 산화 등에 의해 티타늄 표면에 산화피막을 형성시킨다. 또한, 억제 효과가 있는 PdO/TiO_2 코팅을 실시한다. 단, 산화피막은 균열과 박리가 발생할 수 있으므로 처리에 충분한 주의가 필요하다.

(3) 이종 금속과의 접촉과 외부 전원으로 적당한 전위로 유지한다.
(4) 순수 티타늄보다 내틈새부식에 우수한 티타늄합금을 사용한다.

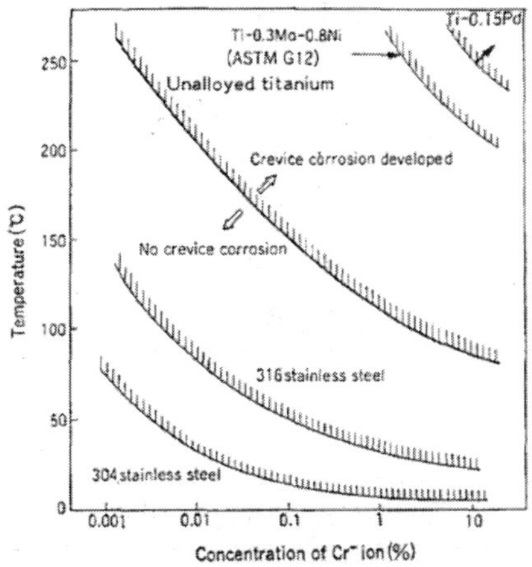

그림 1.6 포화 NaCl 수용액에서 티타늄 및 티타늄합금의 틈새부식발생 영역

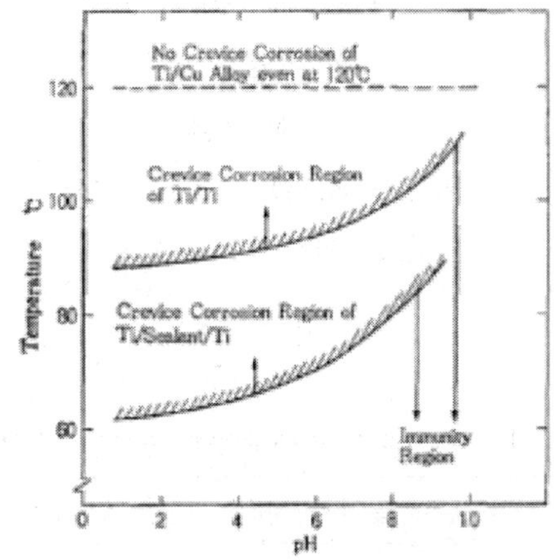

그림 1.7 틈새 구성 재료가 티타늄의 틈새부식발생 한계온도에 미치는 영향
탈기 6% NaCl 수용액

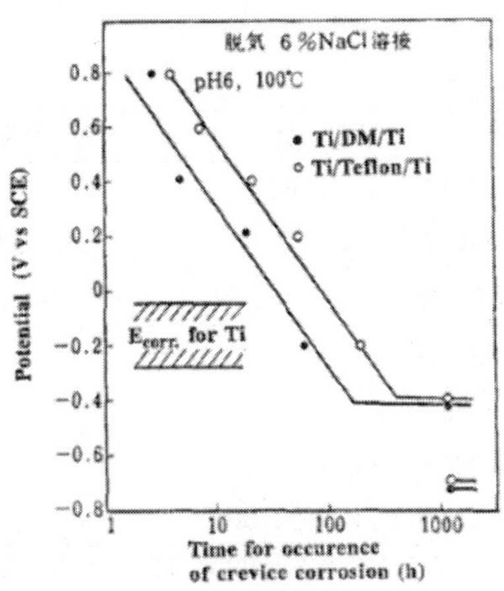

그림 1.8 틈새 구성재료가 다른 경우의 인가전위가 티타늄의 틈새부식 발생 시간에 미치는 영향
100℃, 탈기 6% NaCl 수용액, pH6 / 탈기 6% NaCl 용접

표 1-4 티타늄의 틈새부식에 미치는 접촉하는 이종 금속재료의 영향

틈새부식을 방지하는 금속재료	틈새부식에 영향을 미치지 않는 금속재료
귀금속(Pt, Pd, Ru, Ir, Rh)	알루미늄합금
구리합금(황동, 청동)	아연
Cu-Ni 합금	은
Ni기 합금(모넬, 625, C-276)	니오븀
스테인리스강(304, 316)	몰리브덴
마그네슘	납, 주석

표 1-5 티타늄의 틈새부식에 미치는 이온의 영향

틈새부식을 가속시키는 이온 및 가스	틈새부식을 억제하는 이온
Fe^{+3}, Cu^{+2}, Ni^{+2}, Ti^{+4}, Ce^{+1}, Sn^{+4}	OCl^-, ClO_3, ClO_4^{-2}, NO_3^-, $Cr_2O_7^{-2}$,
VO_2^+, $Te^{+4.6}$, $Se^{+4.6}$, Hg^{+4}, $Pt^{+2.4}$, Pd^{+2},	MoO_4^{-2}, MnO_4^{-2}, $S_2O_3^{-2}$, VO_4^{-3}, VO_3^-,
Ru^{+3}, Ir^{+3}, Rh^{+3}, Au^{+3}, O_2, Cl_2	IO_3^-, WO_4^-

표 1-6 각종 표면처리가 티타늄의 틈새부식에 미치는 영향

시험조건		시험온도		
틈새, 용액조건	표면상태	비등	90℃	125℃
1) Dimethacrylate 충진 6% Nacl, 48h	① 습식에머리 #400 연마	○(0/2)		
	② 습식에머리 #800 연마	×(2/2)		
	③ 빙초산세척	×(2/2)		
2) 용접 Ti 튜브-Ti 튜브 시트 (탈기) 6% Nacl, 120h	① 제관 그대로		○(0/2)	△(1/ 5)
	② 빙초산세척		×(3/3)	×(12/12)
	③ 대기산화(500℃)		○(0/2)	○(0/ 2)
	④ 화학산화(30% 초산, 60℃×1 h)		○(0/2)	○(0/ 2)

표중의 기호) ○:부식없음, △:일부부식, ×:준수부식, A는 시험횟수, B는 부식발생수를 나타낸다.

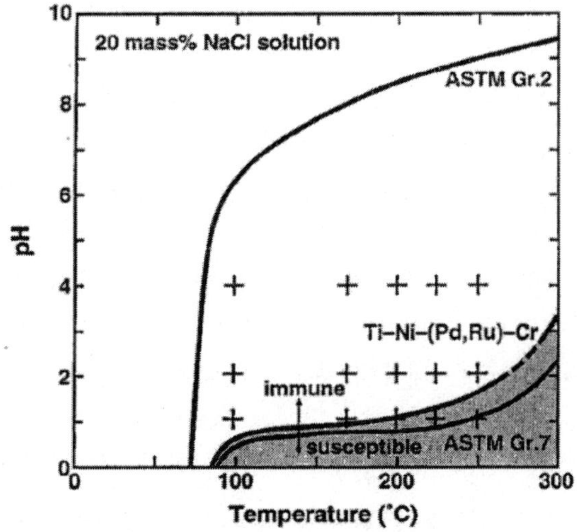

그림 1.9 Ti-Ni-(Pd, Ru)-Cr 합금의 틈새부식 발생 영역
20% NaCl 농도의 염산에 의한 pH 조정 수용액

1.4 내틈새 부식성 티타늄합금

고온 고농도 염화물 용액 중에서 티타늄의 내틈새 부식성을 개선하는 방법으로서 합금 원소의 첨가, 환경 중에 산화제 투입 또는 표면처리가 검토되어 왔다. 이들 중에서는 합금 원소의 첨가 방법이 가장 확실한 개선 방법이며 내틈새 부식성을 개선하는 원소는 Pd, Ru 등의 합금족, Ni, Co, Fe의 철족 및 Mo이 유효하다는 것이 밝혀졌다. 이와 같은 첨가 원소의 검토 결과에서 Ti-0.15Pd 합금 (ASTM Grade 7) Ti-0.8Ni-0.3Mo 합금 (ASTM Grade 12) 등의 합금이 개발되어 석유정제, 석유화학플랜트 등에 널리 사용되고 있다. 그림 1.6에 나타낸 것과 같이, 티타늄합금은 Pd 또는 Ni, Mo 합금 첨가에 의해 티타늄의 내틈새 부식성은 비약적으로 향상하고 있는 것을 알 수 있다. 이러한 합금의 내식성 기구에 관해서는 여러 가지 논의가 있다. 즉, Ti-0.15Pd 합금을 대표하는 백금족 원소의 첨가 합금은 수소 과전압이 작은 백금족 원소가 티타늄의 부동태화를 촉진한다는 것이다. 또한, 철족에 관해서는 예를 들면 Ni의 첨가로 수소 과전압이 작은 금속간화합물 Ti_2Ni이 석출하고 더

욱이 Mo은 티타늄의 활성 용해 반응을 억제한다는 점에서 부동태화를 촉진한다고 생각된다.

그러나 이들 합금은 Pd 첨가에 의한 재료 가격의 증대, Ni, Mo의 첨가에 의한 가공성 저하 등의 문제점을 가지고 있으며, 최근에는 가격 증가로 이어지는 백금족 원소의 첨가량을 최대한 억제한다. 그리고 그것을 보완하기 위해 가공성이 저하되지 않을 정도의 철족을 미량 첨가한 Ti-0.4Ni-0.01Pd-0.02Ru-0.15Cr 합금과 Ti-0.4Ni-0.05Ru 합금과 Ti-0.3Co-0.05Pd 합금이 개발되고 있다. 그림 1.9는 Ti-0.4Ni-0.01Pd-0.02Ru-0.15Cr 합금의 틈새부식 발생 영역을 나타내고 있다. Ti-0.15Pd 합금에 해당하는 내틈새 부식성을 얻을 수 있다. 이것은 Ni과 백금족 원소와 함께 첨가한 Cr이 부식의 초기 단계에서 백금족 원소의 표층부를 짙게 촉진하므로 백금족 원소의 첨가가 극미량이라도 부동태화가 일어나기 때문이다.

최근에는 이와 같이 새로운 내틈새 부식성 티타늄합금도 사용할 수 있게 되었지만, 이전부터 사용되고 있는 합금과 함께 사용되는 환경 및 합금의 부식특성을 충분하게 파악할 필요가 있다.

1.5 결론

지금까지 제염장치에 티타늄이 사용된 예가 적고 연구보고도 거의 없는 것이 현실이다. 따라서 여기서는 제염장치 환경에서 티타늄에 우려되는 부식에 관하여 지금까지 충분한 경험을 축적하고 있는 해수 사용 열교환기 및 해수 담수화 장치의 문제에서 추측되는 점에 관해 기술하였다.

그러나 티타늄뿐만 아니라 부식 현상은 환경에 혼재하는 미량의 불순물에 의해서 크게 영향을 받거나 미소한 온도 차이가 부식을 촉진하는 등 사전 예측을 벗어난 결과를 가져오는 경우가 많이 있는 것은 잘 알려졌다. 따라서 향후 티타늄을 제염장치에 적용할 경우에는 순수 티타늄을 비롯한 다양한 티타늄 소재를 실제 환경의 노출평가시험 등을 통하여 적용 여부와 한계를 아는 것이 필요하다. 특히, 이것에서 추출된 문제점의 개선책을 환경과 재료의 관점에서 검토, 확립하기 위하여 적용 여부뿐만 아니라 상세한 부식의 분석이 필요하다. 이들의 접근은 어떤 프로세스에 새로운 재료를 채택하고자 하는 경우에는 반드시 필요하지만, 특히 제염장치용 재료로서 티타늄이 내식성을 충분히 발휘할 것으로 기대되는 만큼 소재, 장치 업체 및 사용자인 제염업의 제휴에 의하여 상세한 검토가 필요할 것이다.

참고문헌

1) 佐藤廣士, 海水誌, 44, 200 (1990)
2) R. E. Curtis, R. R. Boyer and J. C. Williams,Trans. ASM, 62, 457 (1969)
3) 福塚敏夫, 下郡一利, 佐藤廣士, 上窪文生, 神戸製鋼技報, 32, 28 (1982)
4) H. Satoh, F. Kamikubo and K. Shimogori, Titanium Sci. Technol., 4, 2673 (1984)
5) 佐藤廣士, 上窪文生, 下郡一利, 福塚敏夫, 腐食防食, 32, 69 (1983)
6) 下郡一利, 佐藤廣士, 上窪文生, 神戸製鋼技報, 37, 29 (1984)
7) R. W. Schutz, Proc. 6th World Conf. Titanium,p.1917 (1989)
8) 山内重徳, 永田公二, 佐藤史郎, 防食技術, 29,585 (1980)
9) チタニウム協会耐食性分科会, チタニウム・ジルコニウム, 35, 223 (1987)
10) 福塚敏夫, 下郡一利, 佐藤廣士, 上窪文生, 防食技術, 28, 429 (1979)
11) M. Stern and H. Wissenberg, J. Electrochem,,106, 759 (1959)
12) M. Stern and C. R. Bishop, Trans. ASM,54, 286 (1961)
13) L. C. Convington, Titanium Sci. Technol,,4, 2395 (1973)
14) H. B. Bomberger and L. F. Plock, Mater.Prot., 4, 2395 (1973)
15) J. C.Griess, Jr., Corrosion, 24, 292 (1968)
16) 上田啓司, 杉崎康昭, 屋敷貴司, 佐藤廣士, 鉄と鋼, 80, 99 (1994)
17) 滝千尋, ソ\ーダと塩素, 38, 519 (1987)
18) 北山司郎, 志田善明, 鉄と鋼, 77, 1495 (1991)
19) Y. Sugizaki, K. Ueda, T. Yashiki, K. Mori,H. Yano and H. Satoh, Proc. 4th Int. Offshore and Polar Engineering Conf., p.238 (1994)

2장
스테인리스강의 해수환경 적용

자연환경 중에서 해양환경은 지구 전체 표면의 약 70%를 차지하며 가장 중요한 것 중 하나이다. 또한, 해수는 공업약품의 원료 및 공업 설비의 냉각수로서 산업적으로 큰 역할을 담당하고 있다. 한편, 해수는 토양과 대기 등의 다른 자연환경에 비하여 철강재료에 매우 심한 부식작용을 가지고 있다. 따라서 철강재료는 교량 등의 토목건축물 및 화학플랜트 설비기기로서 해수환경에 적용하는 경우, 부식 손상에 대한 충분한 배려가 필요하다.

본 장에서는 대표적인 내식성 철강재료인 스테인리스강의 해수환경에서의 부식 특성을 설명하고 최근 새로운 강종과 적용 예를 소개한다.

2.1 해수의 부식작용

먼 바다에서 해수의 화학 성분은 세계적으로 거의 같으며 표 2-1과 같이 각종 금속 염류가 다량 함유되어 있다. 이러한 염류 중에서 음이온의 대부분을 차지하는 염화물이 해수의 강한 부식성의 원인이다. 해수에서 탄소강(보통 강재)은 기본적으로 활성 상태에 있으므로 부식형태는 균일부식(uniform corrosion)이다. 해수에서 탄소강의 부식속도는 주로 용존산소 농도와 온도에 의존하고 산소농도 약 8 ppm의 표층 해양부에서 부식속도는 대략 0.1 mm/년으로 알려져 있다. 따라서 이 정도의 부식감육 속도를 구조상 허용하는 경우는 탄소강도 해수 환경에 적용할 수 있다. 그러나 바다 속 이외의 간조 및 만조 부분, 물보라 부착 부분 등 건습을 반복하는 부위는 불균일 부식하므로 부식속도도 1 mm/년 이상 증가하는 경우도 있다.

표 2-1 해수의 화학성분

	주요 성분		농도(ppm)
음이온	염화물	Cl^-	18980
	황산	SO_4^{2-}	2649
	중탄산	HCO_3^-	140
	브롬화물	Br^-	65
	플루오르화물	F^-	1
	붕산	H_3BO_3	26
양이온	나트륨	Na^+	10556
	마그네슘	Mg^{3+}	1272
	칼슘	Ca^{2+}	400
	칼륨	K^+	380
	스트론튬	Sr^{2+}	13

한편, 스테인리스강은 해수 중에서 부동태가 되므로 균일부식의 부식속도는 실용상 무시할 수 있을 만큼 작다. 스테인리스강은 염화물에 의한 국부부식, 즉 그림 2.1에 나타내는 공식(pitting corrosion), 틈새부식(crevice corrosion), 응력부식균열(stress corrosion cracking) 등이 문제된다.

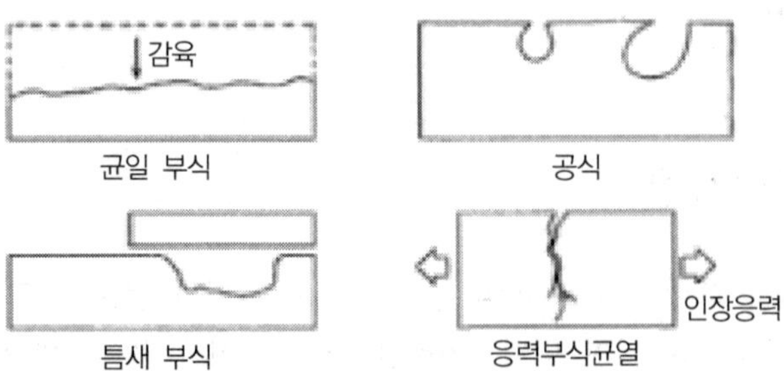

그림 2.1 철강재료의 부식형태

이러한 국부부식은 두께 방향의 부식 진행 속도가 매우 빠르고 1 ~ 102 mm/년에 달한다. 따라서 탄소강의 균일부식과 달리 스테인리스강은 원칙적으로 "국부부식의 발생"이 전혀 허용되지 않는 경우가 많다. 일반적으로 스테인리스강의 국부부식은 온도·염화물 농도가 높고, 전위가 높은 (산화성이 강한) 환경 일수록 발생하기 쉽다. 스테인리스강의 해수 부식은 염화물 농도 이외의 요인도 큰 영향을 미친다.

스테인리스강의 해수부식에 중요한 인자로는 미생물(세균)이 있다. 그림 2.2와 같이 미생물이 있는 자연해수 중에서 스테인리스강의 자연전위는 0.2 ~ 0.4 V (포화칼로멜전극 기준)까지 상승하는 것으로 알려져 있다. 최근의 연구는 전위의 상승에 대하여 스테인리스강 표면에 부착한 세균의 호기성 대사 활동(호흡)에 의한 기구가 제안되고 있다. 그림 2.3에 나타낸 바와 같이 호흡활동은 동화(옥시다아제) 효소의 작용으로 재료의 산화와 산소의 환원이 일어난다.

산소 환원으로 생성된 과산화수소 등이 산화제로 스테인리스강의 자연전위를 상승시킨다. 또한 50℃ 이상의 고온 영역은 미생물의 활동이 저하되기 때문에 자연전위가 상승하지 않는다는 보고가 있다. 따라서 자연해수에서 전위 상승에 국한하여 생각한다면 온도 상승에 의해서 해수의 부식작용은 완화될 것이다.

냉각수로서 해수를 사용할 때 생물부착을 방지하기 위해 염소주입에 의한 살균처리가 이용되는 경우가 많은데 이때 염소도 강력한 산화제가 되기 때문에 스테인리스강의 자연전위를 상승시키는 작용이 있다.

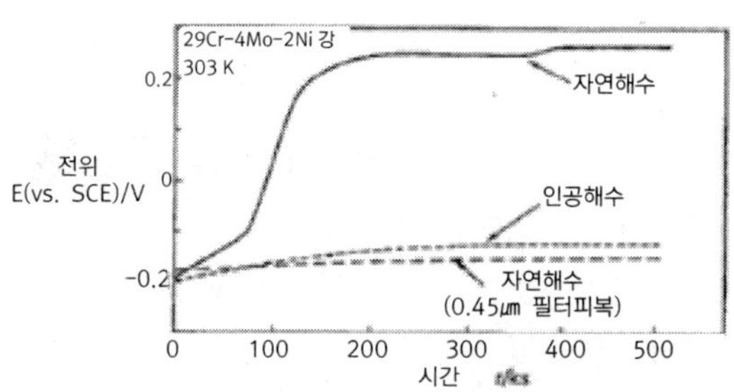

그림 2.2 자연해수와 인공해수에서 29%Cr-4%Mo-2%Ni 스테인리강의 자연전위

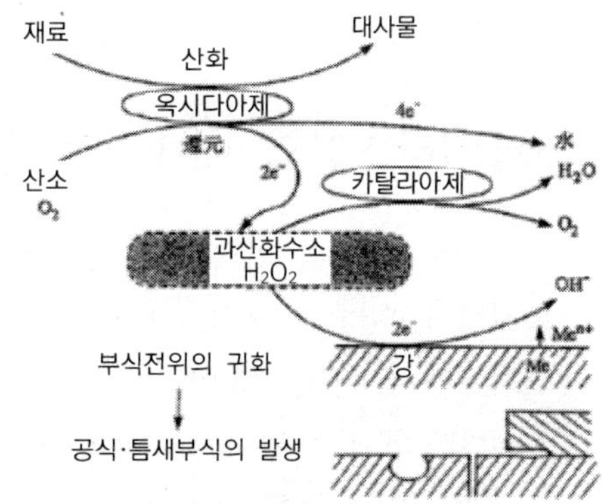

그림 2.3 호기성 세균의 영향에 의한 스테인리스강의 전위 상승 메커니즘 (모식도)

모래진흙의 퇴적과 생물의 부착에 의하여 스테인리스강 표면에 틈새가 생긴 경우에는 틈새 부분이 기점이 되어 국부부식이 발생하기 쉬워진다(틈새부식). 해수의 멈춤도 퇴적 및 부착을 촉진하기 때문에 국부부식이 가속하는 요인이다. 반대로, 해수의 유속 증가는 그림 2.4와 같이 스테인리스강의 공식전위를 상승시키므로 공식 억제에 유리하다. 이것은 빠른 유속에서 침식(erosion)이 발생하는 구리합금에 대하여 스테인리스강의 특징이다.

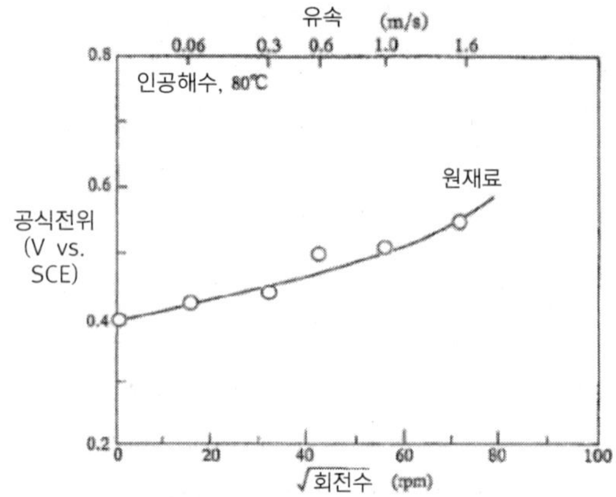

그림 2.4 이상스테인리스강 DP3의 공식전위에 미치는 액유동의 영향(회전원판전극사용, 인공해수, 80℃, 20 mV/min)

2.2 스테인리스강의 내해수성 평가

스테인리스강의 내해수성 평가 방법은 자연 해수에서 침지시험과 실험실에서 가속시험이 있다. 자연해수 침지시험은 수개월에서 수년의 기간이 필요하기 때문에 단시간에 평가가 가능한 가속시험 방법이 JIS(일본 공업 규격) 및 ASTM(American Society for Testing and Materials)에 규격화 되어 있다.

먼저 부식시험에 사용할 수 있는 해수와 같은 용액으로 인공해수(artificial sea water)의 시약 조성이 ASTM D-1141에 규정되어 있다. 다음은 해수에서 스테인리스강에 발생할 수 있는 공식, 틈새부식 및 응력부식균열은 표 2-2에 규격화된 시험

방법을 나타내었다. 이 시험은 해수에 한정되지 않고 염화물 수용액 환경에서 부식을 평가하기 위해 규정된 것이다. 공식·틈새 부식 시험 중 전기 화학적 시험(JISl-GO577, 부식·방식학회 안, ASTM-G61)에서는 공식·틈새 부식의 발생에 대한 임계 전위를 얻을 수 있다. 그림 2.5는 JIS-G0577 시험에 의한 인공해수에서 각종 스테인리스강의 공식전위이다. Cr, Mo, N을 많이 함유하는 스테인리스강 일수록 공식전위가 높고, 우수한 내공식성을 갖는 것을 알 수 있다.

표 2-2 스테인리스강의 공식 틈새부식, 응력부식균열 시험

공식 틈새부식시험	
JIS-G0577	스테인리스강의 공식전위 측정방법
JIS-G0578	스테인리스강의 염화제2철용액에 의한 공식시험 방법
ASTM-G48	스테인리스강 등 염화제2철수용액에 의한 공식·틈새부식 저항성의 시험방법
ASTM-G61	스테인리스강의 사이클릭 동전위 분극측정 실시 방법
ASTM-G78	Fe기, Ni기 스테인리스 합금의 해수 등 염화물수용액에서 틈새부식시험방법
부식방식협회안	중성염화물수용액에 대한 스테인리스강의 부식 틈새 재부동태화 전위측정법
응력부식균열시험	
JIS-G0576	스테인리스강의 비등 42% 염화 마그네슘 부식시험방법
ASTM-G30	U 밴드 응력부식균열 시험편의 제작방법과 사용방법
ASTM-G36	비등염화 마그네슘 용액에서 응력부식균열 시험 방법
ASTM-G38	C 링 응력부식균열 시험편의 제작방법 및 사용방법
ASTM-G39	굽힘보 응력부식균열시험편의 제작방범 및 사용방법

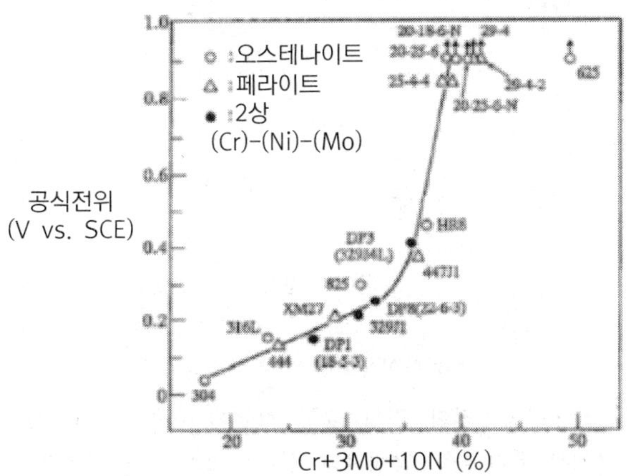

그림 2.5 각종 스테인리스강 및 고합금의 공식전위
(JIS-G0577 기준, 인공해수, 80 ℃, 20 mV/min)

한편, 침지시험인 JIS-GO578과 ASTM-G48는 시험액으로 6% 염화제2철 수용액을 규정하고 있다. 이 시험액은 염화물을 3.8% 포함하는 pH 1.2의 산성 수용액이며 약알칼리성의 해수에 비해 가혹하지만, 제2철 이온의 산화력에 의해 스테인리스강의 자연전위를 약 0.4 V (포화 칼로멜전극 기준)로 유지시켜, 자연해수에서 미생물에 의한 전위 상승을 모의하고 있다. 실제로, 염화제2철 수용액 침지시험에서 얻어진 틈새부식 발생온도는 자연해수 침지시험과 비슷한 결과를 나타내었다. 그림 2.6에 나타내듯이 해수 온도가 염화 제2철 에서 틈새부식 발생온도를 초과하지 않는 경우(그림 2.6에서 빗금 부분의 오른쪽)는 자연해수에서도 틈새부식이 발생하지 않는다. 규격화된 것을 제외하고, 실험실에서 자연해수의 산화성을 모의실험하는 방법으로서 (1) 활성탄의 첨가, (2) 산화 효소(포도당 산화 효소, GOD)와 기질(포도당)의 첨가 등이 고안되어 있다.

응력부식균열 시험은 시험재료의 응력부하 방법이 ASTM-G30, G38, G39에, 시험 용액이 JISGO576와 ASTM-G36에 규정되어 있다. 응력부하 방법은 U 밴드형, C 링형, 굽힘 보형 등 다양한 시편 형상이 있지만, 시험액은 비등 42% 염화마그네슘 수용액(142℃)만 사용되고 있다. 18Cr-8Ni 스테인리스강 열교환기의 부식 사례를 정리한 결과에서 응력부식균열은 미생물의 영향을 받는 50℃ 이하에서는 거의 발생하지 않기 때문에, 응력부식균열에 대해서는 해수 환경도 다른 염화물 수용액 환경과 같이 평가할 수 있는 것으로 생각된다.

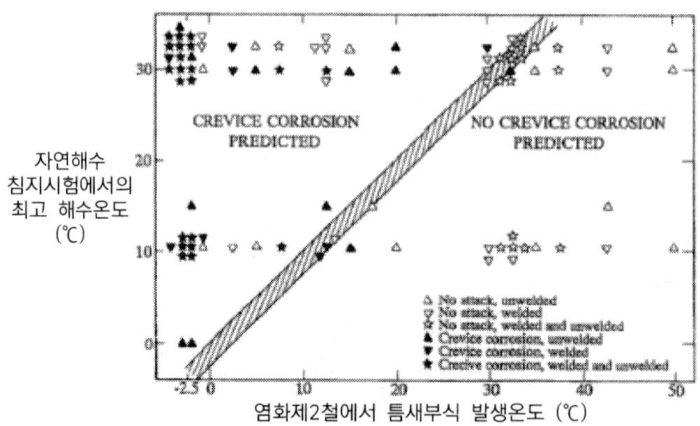

그림 2.6 각종 스테인리스강의 염화제2철 시험에 의한 틈새부식 발생온도와 자연해수 침지시험에서 틈새부식 발생과의 상관 (염화제2철시험은 24시간 마다 온도를 2.5℃ 상승, 해수침지기간은 1 혹은 2년), 허락을 받아 게재

2.3. 내해수성 스테인리스강의 특성

그림 2.5에 나타낸 바와 같이 스테인리스강에서 Cr, Mo 및 N의 증량이 해수에서 문제가 되는 국부부식의 저항성이 개선된다는 것은 널리 알려져 있다. 이러한 합금 원소의 작용 메카니즘은 완전히 해명된 것은 아니지만, Cr과 Mo은 스테인리스강 표면에서 각각 Cr 산화물과 몰리브덴산 이온이 되어 염화물에 의한 피막파괴의 저항성이 증가하고, N은 피막파괴 후의 복구에 기여하는 것으로 생각된다. 다양한 화학 조성을 갖는 스테인리스강의 내해수성을 비교 평가하기 위해, 아래 식으로 계산되는 내공식성지표(Pitting Resistance Equivalent, PRE)가 사용되고 있다.

· 페라이트 계 : %Cr + 3.3×%Mo
· 2상계 : %Cr + 3.3×%Mo + 16×%N
· 오스테나이트 계 : %Cr + 3.3×%Mo + 30×%N

여기서 N은 오스테나이트 상에만 고용하고 페라이트 상에서는 거의 고용하지 않기 때문에 페라이트계의 식에 N 함유량의 항은 들어가지 않고, 또한 페라이트 상을 50% 함유한 2상계는 N의 계수를 오스테나이트계의 거의 1/2인 16로 한다. 또한 Cr, Mo, N 이외에 내공식성 향상에 기여하는 W를 고려한 PREW값도 W를 함유하는 2상계에 대해서 제안되어 있다.

· W함유 2상계 : PREW = %Cr + 3.3×(%Mo + 0.5×%W) + 16×%N

기존의 범용 스테인리스강 STS304(18%Cr), STS316 (17%Cr-2%Mo) 등은 Cr, Mo이 낮아 해수 용도로는 내식성이 부족하였다. 그러나 최근 스테인리스강의 제조기술이 발전하여 고Cr과 동시에 Mo(W)의 강종이 가능해졌다. 해수 용도는 PRE(또는 PREW)값이 40 이상의 강종이 우수한 내식성을 나타내는 것으로 알려져 있다. 그림 2.7은 스테인리스 강판의 양쪽에 수지로 만든 틈새 형성재를 밀착시킨 다중균열(multi crevice) 시험편을 사용한 해수 침지시험결과이다. PREW값의 상승과 함께 틈새부식 발생 수는 감소하고, 40 이상의 강종은 틈새부식이 발생하지 않았다. 표 2-3에 나타내듯이 그림 2.7의 강종 이외에도 해수환경에 견디는 고내식 스테인리스강이 많이 개발되어, 수퍼 스테인리스강이라고 불리고 있다. 모두 Cr, Mo를 다량으로 함유하는 고합금 스테인리스강이다. 특히 2상계 및 오스테나이트계는 N을 적극적으로 첨가한 강종이 많다. N의 장점은 내식성 향상 작용뿐만 아니라 강력한 오스테나이트 안정화 작용을 갖는 것이다. 즉 고가의 합금 원소인 Ni를 N으로 치환하면 오스테나이트계는 재료의 비용이 절감되고 2상계는 용접부의 금속간 화합물 석출에 따른 성능 열화를 방지할 수 있다.

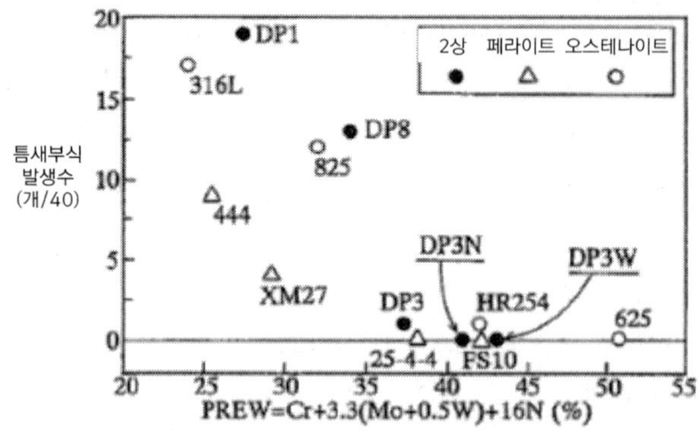

그림 2.7 각종 스테인리스강의 해수 침지시험 틈새부식 발생수와 PREW값과의 관계(다중 균열 시험편, 자연해수, 35℃, 6개월, 사용재료의 화학조성은 표 2-3, 그림 (2.5) 참조)

2.4. 내해수성 스테인리스강의 적용

2.4.1 적용상의 주의사항

국부부식에서 틈새부식은 공식에 비하여 더 온화한 조건에서 발생하기 때문에 틈새부식에 대한 대책이 가장 중요하다. 그러므로 틈새 구조가 없도록 설비 기기 및 배관은 설계와 시공을 권장한다. 틈새 구조를 피할 수 없는 경우에는 충분한 내식성을 가진 재질 또는 전기방식(희생양극, 외부전원)을 적용한다. 페라이트계 및 2상계 스테인리스강은 수소취성 감수성이 있으므로, 전기방식 적용 시에는 과잉 방식에 주의가 필요하다. 페라이트 스테인리스강은 그림 2.8과 같이 수소취성을 고려한 적절한 방식전위 범위가 밝혀져 있다.

또한, 여러 금속재료를 조합하여 사용하는 경우에는 이종 금속 접촉부식(갈바닉부식)에 대한 주의가 필요하다. 스테인리스강의 자연전위는 탄소강보다 높으므로

그림 2.8 29%Cr-4%Mo-2%Ni 페라이트계 스테인리스 강관(FS10)과 순수 티타늄 관의 적정 방식전위 영역

탄소강과 접촉한 상태에서 탄소강의 부식을 가속화한다. 한편, Ti와 탄소가 접촉한 상태에서는 탄소강과의 조합의 경우와 전위의 관계가 역전한다. 즉, 스테인리스강의 자연전위가 보다 높은 Ti와 탄소의 영향으로 상승하기 때문에 국부부식이 발생하기 쉽게 된다.

용접구조물은 용접부와 모재부의 내식성 차이를 고려할 필요가 있다. 우선 그림 2.9와 같이 동일한 화학조성의 스테인리스강에도 용융 금속부 (용접비드)의 내식성은 모재(비용융부)에 비해 떨어진다. 이것은 스테인리스강의 Mo가 응고 편석하여 용접금속에 미세한 저Mo 영역이 생성되기 때문이다. 따라서 용접금속 부분을 모재와 동등한 내식성을 확보하기 위해서는 모재보다 고내식 스테인리스강을 용접재료로 사용할 필요가 있다. 다음은 용접금속에 가까운 모재(열영향부, heat affected zone, HAZ)는 결정립계에 탄질화물이나 금속간 화합물의 석출에 따른 Cr 결핍 층이 형성되어 내식성이 저하하는 경우가 있다. 이 열영향부의 내식성 저하는 예민화(sensitization)라 부른다. 예민화 방지는 저C 스테인리스강 또는 Ti, Nb를 함유하는 안정화 스테인리스강의 사용이 효과적이다. 또한 그림 2.10과 같이 표면에 생성된 용접스케일(산화)에 의하여 내식성이 저하하기 때문에 스테인리스강의 용접스케일은 연마 산세에 의하여 제거하는 것이 바람직하다.

표 2-3 내해수성 스테인리스강

	강종명	Cr	Ni	Mo	N	기타	내공식성지표*
페라이트계	년447ㅓ1	30.0	-	2.0	-	-	36.6
	MONTIT	25.0	4.0	4.0	-	0.5Ti	38.2
	SEA-CURE	27.5	1.2	3.5	-	0.5Ti	39.1
	29-4C	29.0	0.3	4.0	-	0.5Ti	42.2
	2-4-2, FS10	29.0	2.0	4.0	-	-	42.2
2상계	SUS329J1	25.0	4.5	1.5	-	-	30.0
	SUS329J4L, DP3	25.0	7.0	3.0	0.15	0.3w	37.8
	SUS329J4L, DP3N	25.3	7.0	3.3	0.3	0.4w	41.3
	DP3W	25.0	6.7	3.0	0.3	2w	42.4
	SAF2507	25.0	7.0	3.8	0.3	-	41.9
오스테나이트계	904L	20.0	25.0	4.5	-	-	34.9
	HR8	20.0	25.0	5.0	-	0.4Ti	36.5
	AL68	20.0	25.0	6.0	-	-	39.8
	AL6XN, HR254	20.0	25.0	6.0	0.2	-	45.8
	254SMO, HR254	20.0	18.0	6.0	0.2	-	45.8

* : Cr + 3.3Mo (페라이트), Cr + 3.3(Mo + 0.5W) + 16N (2상), Cr + 3.3Mo + 30N (오스테나이트)

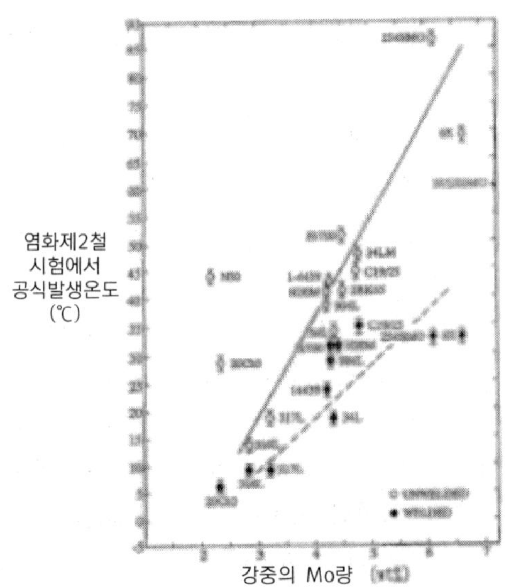

그림 2.9 스테인리스강 모재, 용접금속의 임계 공식발생온도에 미치는 Mo량의 영향(TIG 용접, 6%염화제2철수용액, 용접무, 용접) 허락을 받아 게재

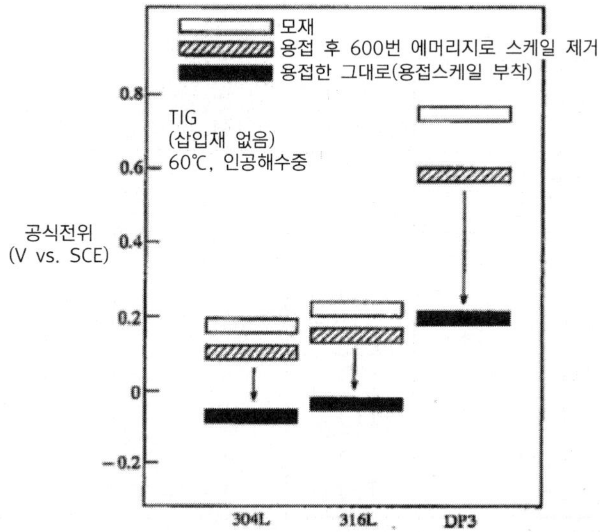

그림 2.10 스테인리스강의 공식전위에 미치는 용접스케일의 영향(TIG용접, 인공해수, 60℃)

2.4.2 적용 사례

(1) 발전소의 해수 냉각 복수기 튜브

발전소의 해수 냉각 복수기는 전열관 개수가 1기당 10000개로 매우 큰 대형 열교환기이고, 대표적인 내해수재료의 적용 사례이다. 튜브 재질은 1970년 이전에는 유일하게 구리합금 사용되었다. 그러나 구리합금 튜브는 증기에 의하여 암모니아 공격이나 오염 해수에 의한 부식 및 침식이 문제가 되어 대책으로서 미국에서 내해수성 스테인리스강이 채택되고 있다.

일본은 재질 개선 및 운전 관리의 고도화에 따라 여전히 구리합금이 주류를 이루고 있다. 그러나 최근 제철소 자가발전 복수기는 수퍼 페라이트 스테인리스강 용접관을 적용하여 양호하게 사용하고 있다. 표 2-4는 복수기 튜브 재질의 특성 비교를 나타낸다. 앞으로는 구리합금보다 내구성과 신뢰성이 높고 Ti보다 저렴한 스테인리스강의 채택이 기대된다.

표 2-4 수퍼 스테인리스강과 경합 재료의 복수기 관 특성 비교(스테인리스강의 해수환경으로의 적용)

특성항목		수퍼 스테인리스강관		구리합금관	순수티타늄관
		페라이트계	오스테나이트계		
전열	전열성능	○	△	◎	○
진동	관지지판 간격	○	○	○	△
튜브시트와의 접합	확관	○	○	○	○
	용접성	○	○	-	○
내침식성		○	○	×	○
내식성	부착부식	○	○	×	○
	입구부식	○	○	×	○
	암모니아부식(관외면)	○	○	×	○
	오염해수	○	○	×	○
그 외	생물부착	×*	×*	○	×*
	스펀지 볼 세정	○	○	△	○

양호 ◎ 〉 ○ 〉 △ 〉 × 열악 *대책가(스펀지 볼 · 약주입 멸균)

(2) 석유정제플랜트의 해수 냉각 열교환기

석유정제플랜트는 구리 합금을 사용할 수 없는 암모니아, 아민 등을 함유하는 공정 유체가 많다. 이 경우에는 전열관 재질로 2상 스테인리스강이 사용되는 경우가 있다. 2상 스테인리스강은 페라이트계, 오스테나이트계에 비해 표 2-5에 나타내는 장점이 있다. 그림 2.11에 2상 스테인리스강의 DP3 (STS329J4L)에 대한, 모형 해수 열교환시험과 실기 적용 결과에 따른 실적 범위를 나타낸다. 이 실적 범위 내에서 부식 사례에 대한 원인 조사가 실시되어, 그림 2.12와 같이 해수에 철 이온 주입에 따른 "녹막"에 의해 내식성이 저하되는 것으로 밝혀졌다. 해수부식에 대한 재질 대책으로서 더욱 내식성이 우수한 고N, 고Mo, W의 2상 스테인리스강이 개발되어 있다.

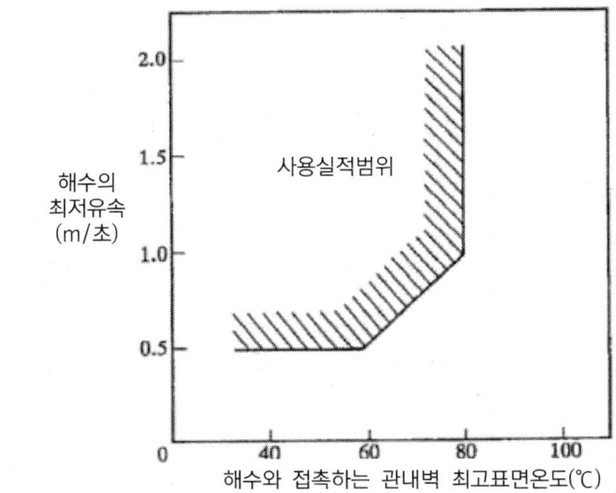

그림 2.11 2상 스테인리스강 DP3의 사용실적 범위

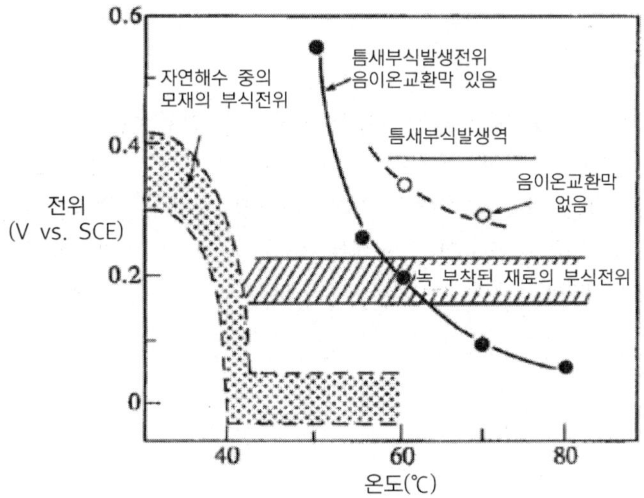

그림 2.12 2상 스테인리스강 DP3의 틈새부식 발생전위에 미치는 온도의 영향(금속/음이온 교환막/금속 틈새시험편, 인공해수 중, 정전위 스텝법, 각 전위 24 h 유지)

표 2-5 강종 스테인리스강의 특징

강종	물리적 성질	실용적인 성능
오스테나이트계	비자성 열전도도 낮음	가공성 용접성 양호 저Ni에서 SCC성 열악
페라이트계	강자성 열전도도 높음	용접성 다소 열악 내SCC성 우수
2상계	강자성 열전도도는 상기 두 종의 중간	고강도 가공성/용접성/내SCC성 양호
마르텐사이트계	강자성 열전도도 높음	고강도 용접성 열악

2.5 결론

스테인리스강에 대해 해수 환경에서 부식특성과 적용현황을 설명했다. 해양은 선박항해 및 천연자원을 위한 것뿐만 아니라 육지 면적이 한정된 일본으로서는 매우 중요한 것이다. 최근 새로운 내해수 스테인리스강 개발이 활발하지만, 주로 장치 재료이며, 해상 및 수중 구조물의 적용에는 설계, 용접, 시공 및 유지관리 기술개발이 필수적이라고 생각된다. 육상구조물에서 얻은 풍부한 지식과 경험을 살린 기술개발이 기대된다.

참고문헌

1) The Encyclopedia of Oceanography, Encyclopedia of Earth Sciences Series, Vol. I, Edited by Rhodes W. Fairbridge (1942), pp. 751
2) F. L. LaQue, Marine Corrosion, George News Ltd. (1963), pp. 113
3) 防食技術便覧, 腐食防食協会編, 日刊工業新聞社(1986), pp. 32
4) 天谷尚, 幸英昭, まてりあ, 35, 231(1996)
5) 石原靖子, 元田慎一, 鈴木揚之助, 辻川茂男, 材料と環境, 44, 358 (1989)
6) 天谷尚, 幸英昭, 日本{金属学会誌, 58, 775 (1994)
7) 幸英昭, 未発表\
8) 第103回腐食防食シンポジウム資料, 今井八郎主査, 腐食防食協会(1995)
9) A. Garner, CORROSION/80, Chicago, NACE(1980), Paper No. 35
10) H. Nagano, T. Kudo, Y. Inaba and M. Harada, Extrait de Metaux, Corrosion Industrie (1981), No. 677
11) 西野知良, 藤咲衛, 石油学会誌, 13 , 555 (1970)
12) ステンレス鋼便覧第3版, ステンレス協会編, 日刊工業新聞社(1995), pp. 325
13) H. Okamoto, Application of Stainless Steels'92, Stockholm (1992), pp. 360
14) 東茂樹, 幸英昭, 小川和博, 菅孝雄:住友金属, 49, No. 4, 57(1997)
15) 幸英昭, 本{地雅宏, 木村泰二, 内田弘,佐藤純一, 住友金属, 46, 38(1994)
16) A. Garner, Welding Journal, 62, 27 (1983)
17) 幸英昭, 日本{材料学会腐食防食部門委員会資料, 36, No. 198(1997), pp. 1
18) 石本{裕保, 日本{材料学会腐食防食部門委員会資料, 31, No. 166(1992), pp. 11
19) 幸英昭, 腐食防食'91講演集(1991), pp.225
20) 工藤赳夫, 東茂樹, 日本{材料学会腐食防食部門委員会, 34, No. 177(1993), pp. 11
21) 東茂樹, 石油学会第11回設備保全分科会シソ\ポジウム(1997), pp. 34.

3장

내해수성 수퍼 스테인리스

스테인리스강은 다양한 환경에 대하여 우수한 내식성을 갖는 금속재료로서 널리 사용되고 있지만, 해수와 같이 염소이온 농도가 높은 환경에서는 스테인리스강 중에서 STS304 등 범용 스테인리스강은 공식, 틈새부식 등의 국부부식이 발생하기 쉽고, 반드시 충분한 내식성을 나타내지 않는다. 해수에 대한 내식성이 우수한 스테인리스강도 여러 가지 개발되어 있으며, 해수용 기기 등으로 적용의 확대가 기대된다. 이러한 스테인리스강을 해수환경에 적용하기 위하여 적절한 재료의 선정과 적용은 부식 조건과 재료 특성의 파악이 필요하다. 본 원고는 해수가 관여하는 부식 환경에서 스테인리스강의 내식성에 대하여 기술함과 동시에 최근 개발된 고내식 스테인리스강의 특성과 사용상의 유의점에 대하여 나타낸다.

3.1 해수가 관여하는 부식조건과 부식형태

스테인리스강의 내해수성을 평가하려면 먼저 해수가 관여하는 부식조건의 파악이 필요하다. 즉, 해수의 상태에 따라 농도, 온도, 유속 등이 다르고 스테인리스강에 대한 부식성 및 발생하는 부식형태도 다르다. 그래서 먼저 스테인리스강에 대한 지배적인 부식인자로서 농도, 온도에 착안하여 부식조건을 분류하면 다음과 같이 된다.

(1) 상온 자연해수 : 농축 또는 희석을 동반하지 않는 자연해수 중에 접촉하는 경우로 염소 이온 농도는 약 1.8%이다.
(2) 부착 해염입자 : 해풍을 타고 날아온 해염 입자가 금속 표면에 부착하면 외기의 상대 습도와 평형한 포화수로 된다. 스테인리스강 표면의 온도는 한여름의 직사광선 에서 60 ~ 70℃가 된다. 해수는 주성분 NaCl 외에 조해성(潮解性)이 있는 $CaCl_2$, $MgCl_2$가 포함되어 있으며, 외기의 상대습도 저하와 함께 NaCl이 우선으로 석출하고 조해성이 있는 염화물 포화농도까지 염소이온 농도는 상승한다. 또한, 외기 중에서 스테인리스강 표면온도가 상승하면 상대습도가 저하되고, 부식 매체인 수분이 없어지므로 스테인리스강에 대한 부착 해수의 부식 조건인 온도는 상온이라고 생각해도 좋다.
(3) 고온해수 : 자연해수를 냉매로 한 열교환기의 해수 측의 전열면이 대상으로 되고 해수 농도는 자연해수와 동일하게 약 1.8%, 온도는 50 ~ 100℃로 된다.
(4) 고온 농축해수 : 제염장치나 해수 담수화 장치의 경우가 대상으로 된다. 염화물 농도는 17 ~ 35%이고, 염소이온 농도는 22%이다. 온도는 염소이온 농도에 비례하여 상승하고 상온부터 130℃의 범위가 된다.

이들의 각 상태를 그림 3.1에 나타내었다. 스테인리스강에 대한 부식성은 해수의 유속, 산화성 물질의 관여 등 영향 인자는 다른 것들도 있지만, 이 그림에 나타낸 염소이온 농도와 온도에 의한 영향이 크다. 여기에 제시된 4가지 경우에 대해서 스테인리스강에 발생하는 부식 형태 및 내식성에 미치는 영향 인자에 대해서 나타낸다.

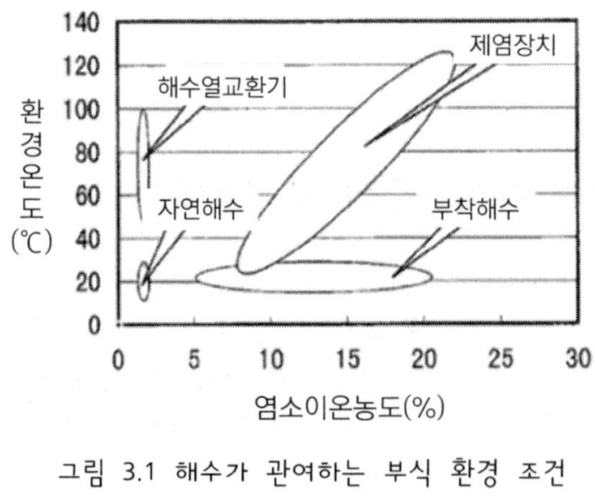

그림 3.1 해수가 관여하는 부식 환경 조건

3.1.1 상온 자연해수(농축 또는 희석을 수반하지 않는 상온해수와의 접촉)

상온해수 중의 스테인리스강의 내식성에 대해서는 총설이나 실제해수노출시험에 의한 연구가 많이 보고되어 있다. 그림 3.2는 각종 금속재료의 내식성에 미치는 해수유속의 영향을 나타낸 것이다. 스테인리스강은 유속이 높으면 부식이 억제되고 STS304나 STS316에서도 상당한 내식성을 나타낸다. 한편, 유속이 낮으면 깊은 공식상의 국부부식이 발생한다. 정지해수나 유속이 낮은 해수는 틈새부식이 발생한다. 그 원인이 되는 것은 구조상의 틈새 외에, 해양 생물, 예를 들어 따개비 등의 부착이나 퇴적물 아래의 틈새 부분이다. 표 3-1에 틈새 시험편을 1년간 해수 침지한 경우의 부식 상황을 나타낸다. 틈새의 종류에 따라 부식성이 다르다. 이것은 스테인리스강의 틈새부식이 틈새 구성재, 틈새부의 간격(clearance)의 영향을 반영하고 있다. 그림 3.3은 실제해수 노출시험과 실험실에서 틈새부식 가속시험에 의한 내식성 평가의 상관관계를 나타낸 것이다. 즉, 다양한 내식성을 갖는 스테인리스강의 틈새 시험편을 이용하여 실제해수 및 염화제2철 수용액에서 부식이 발생하는 한계 온도(CCT)를 구하여 나타낸 것으로, 두 가지는 좋은 상관관계를 보여주고 있다. 그림 3.4는 실제해수에서 스테인리스강의 침지전위의 시간에 따른 변화이지만, 전위가 300 mV(SCE)를 초과하고 있고, 그 후 부식의 발생에 따라 전위 강하가 나타난다. 전위의 상승은 미생물의 영향을 의미하고 미생물의 활동에서 중간 생성물로 생성하는 과산화수소에 의한 것으로 생각된다. 전위 상승이 해수중의 부식을 심하게 하고 강력한 산화제인 제2철 이온을 포함하고 있는 실험실 가속시험과 좋은 상관관계를 나타내는 요인으로 생각된다.

표 3-1 자연해수 노출시험 (시험기간: 1년)

강종	PRE (%)	인공틈새*	해양생물틈새
316L	23.0	×	×
444	24.6	×	×
317L	25.0	×	○
317J1	23.4	×	○
329J1	33.0	×	○
26Cr-1Mo	29.3	×	○
30Cr-2Mo	37.3	×	○

* 가스켓 재료: 테프론판

×: 틈새부식 발생 ○: 틈새부식 없음

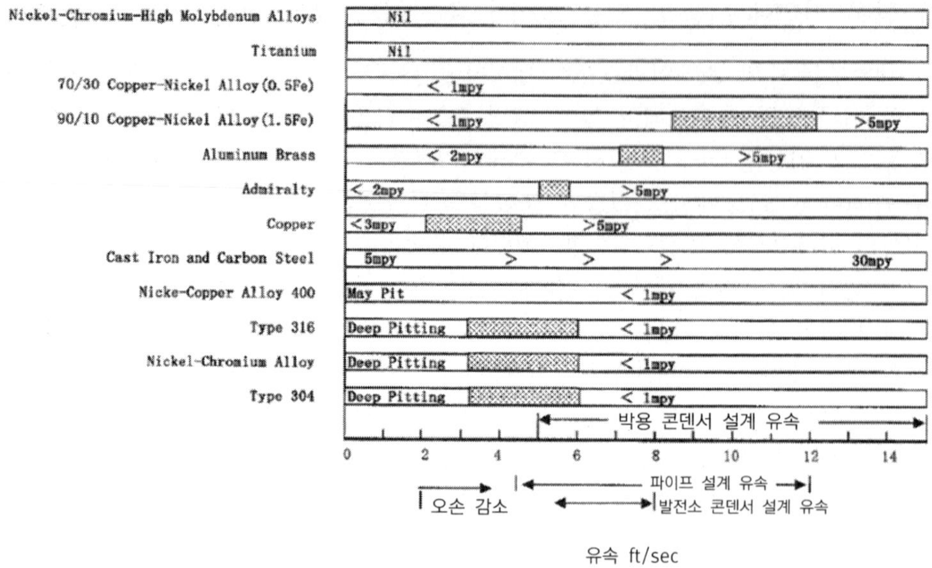

그림 3.2 해수의 유속과 부식

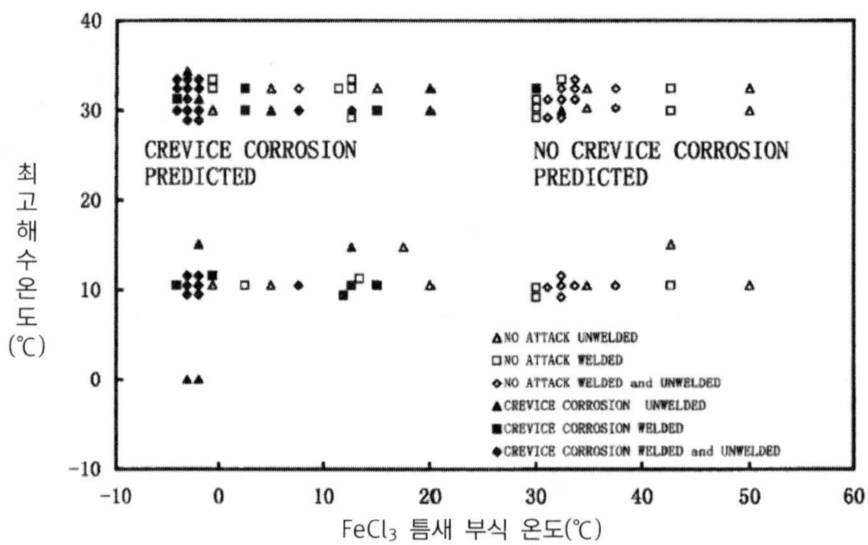

그림 3.3 해수 틈새 부식과 염화 제2철수용액에 의한 틈새부식 시험 결과

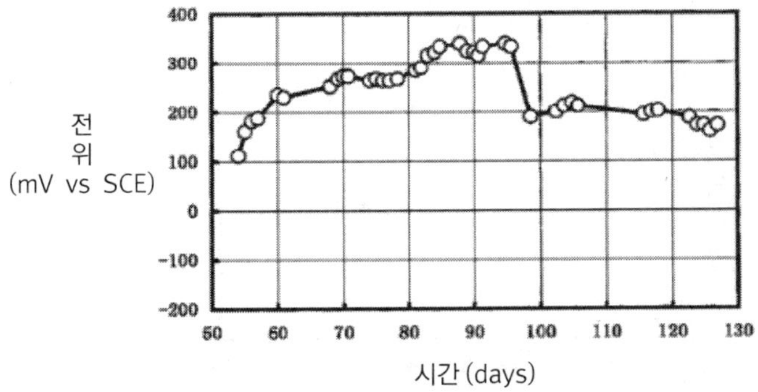

그림 3.4 해수탱크 침지전위 변화 (22Cr-12Ni-Mo-N steel)

3.1.2 부착해염입자에 의한 부식

해염입자의 부착에 의한 대기 중에서 스테인리스강의 문제점은 적녹 발생에 의한 외관 열화이지만, 그림 3.5와 같이 상당히 고급 스테인리스강에서도 부식이 발생하여 최근 임해 지역의 대형 건축물은 지붕 재료로써 30Cr-2Mo 페라이트 스테인리스강 등 수퍼 스테인리스강이 사용되는 경우가 있다. 그림 3.6은 스테인리스강의 대기부식 가속시험 결과로서, 녹 발생에 미치는 상대습도의 영향을 나타낸 것이다. 스테인리스강의 표면에 인공해수를 부착시켜, 고온항습수조 내의 대기 중에 노출시험한 결과이다. 부식이 발생하기 쉬운 습도범위가 있고, 이 습도범위에서 부착염화물은 습한 상태가 된다. 이 범위보다 높은 습도에서는 액적(液敵) 상태, 이보다 낮은 습도에서 수분은 건조한 상태가 된다. 대기부식의 특징은 결로수가 건조하는 과정에서 소금농도가 상승하고, 또한 액체 박막상태로 되면, 음극반응에서 소비되는 산소의 공급이 쉽게 되어 전위가 상승하여 부착해염입자가 습한 상태에서 이 두 가지 작용이 상승해서 부식이 심하게 된다.

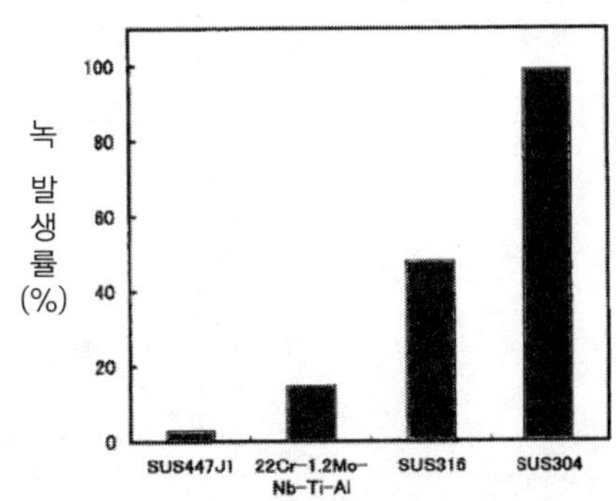

그림 3.5 오키나와에서의 스테인리스강의 대기 노출실험 결과 (2년간)

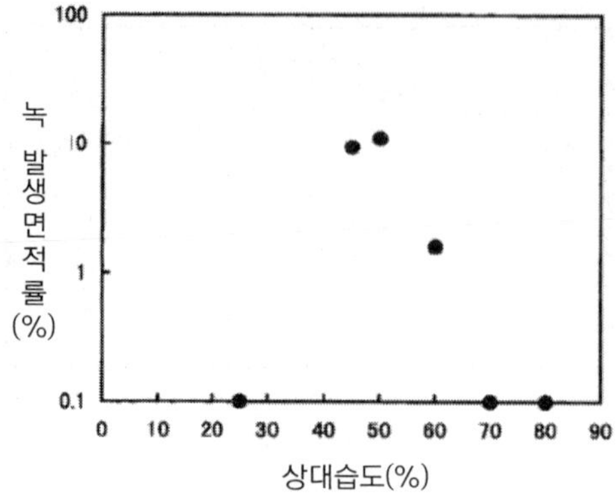

그림 3.6 STS304 녹 발생에 미치는 습도의 영향
(인공해수 도포 후 30℃ 항온 항습 탱크에 3일간 노출)

3.1.3 고온해수 (해수냉매로 하는 열교환기)

해수를 냉매로 하는 열교환기에서 해수의 농도 변화는 거의 없고 열교환기에 접촉하는 해수는 80℃ 이상의 온도로 되는 경우가 있다. 금속표면이 더러우면 전열이 나빠지고 열지점(hot spot)이 발생하여 해수가 접촉하는 금속 표면 온도가 국부적으로 높아 부식이 심하게 된다. 해수열교환기용으로는 스테인리스강도 6% 이상의 Mo를 함유하는 오스테나이트 스테인리스강 정도의 내식성이 필요하다. 그림 3.7과 같이 해수 유속의 영향이 있고 유속이 클수록 부식성은 완만하게 되고 동종 재료의 부식한계온도는 유속과 함께 상승한다.

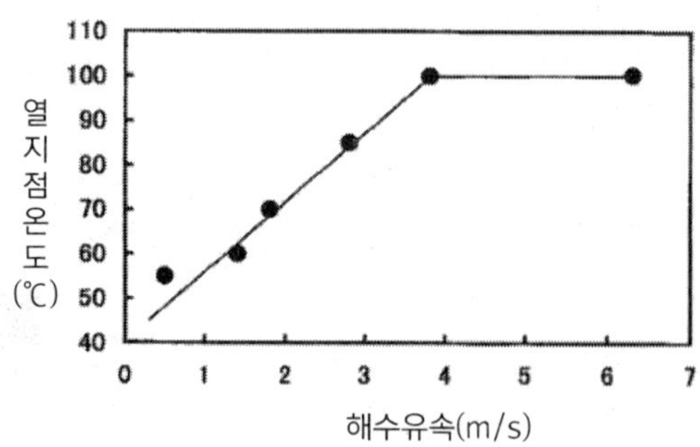

그림 3.7 스테인리스강 전열관내 부식발생온도와 관내 해수 유속의 관계 (22Cr-12Ni-Mo-N강)

3.1.4 고온 농축해수 (제염설비 및 해수담수화장치)

제염시설은 해수를 전기투석수조를 통하여 염수(염분 18%, 20℃)를 만들어 농축통(염분 24%, 50℃), 결정통(염분 30%, 온도 80 ~ 105℃)을 통해 모액(염분 29%, 80℃)이 생성하고 모액 농축통에서 간수(염분 35, 온도 110 ~ 130℃)가 생성된다. 각 공정의 염화물 조성은 표 3-2와 같다. 제염장치는 이와 같이 고온 고농도 염화물이 되고 또한 염화물 농도가 높아짐에 따라 NaCl 이외의 염화물 예를 들어 $MgCl_2$의 상대적 농도가 높아진다. 염화물 농도, 온도가 높아지면 표 3-3에 나타내듯이 STS304 및 STS316은 틈새부식 외에 응력부식균열이 나타나는 수가 있다.

표 3-2 제염장치 프로세스 액 조성

	NaCl	$CaCl_2$	$MgCl_2$	KCl	전염분	T-Cl
해수	2.50	0.19	0.32	0.77	3.21	1.78
염수	15.51	0.37	1.07	0.60	17.69	10.60
모액	11.90	2.60	9.00	5.60	29.10	18.90
간수	4.50	5.20	16.20	8.60	34.50	22.00

표 3-3 제염장치의 주요기기 사용 재질과 부식

기기명	온도(℃)	염화물 (%)	사용재질	비 고
배관	80 ~ 110	25 ~ 35	304 316	2 ~ 4 개월 3 ~ 6 개월
가열통 튜브 시트 및 튜브	75 ~ 100 90 ~ 110	25 ~ 30 30 ~ 35	316 304	4년 19%SCC 1년 SCC

위에 나타낸 해수가 관여하는 각각의 부식촉진인자 및 부식 형태를 정리하여 표 3-4에 나타내었다. 해수에서 스테인리스강의 부식거동이 해수용 기기로 종종 적용되는 Cu-Ni계 합금과 크게 다른 것은 부식 매체의 유속 영향의 차이다. 즉, Cu-Ni계 합금은 해수유속과 함께 부식속도는 높게 되고 또한 슬러리 등에 의한 부식마모의 영향도 받기 쉽다. 따라서, 부식 매체인 해수의 유속이 빠른 조건에서 스테인리스강이 내식성의 관점에서 유리하다. 또한, 정지해수나 유속이 느린 해수에서는 내식성이 심하게 되고 부식 형태로는 공식, 틈새 부식이 대상으로 된다.

표 3-4 해수 종류별 부식가속인자와 부식 형태

해수분류	부식촉진인자	부식형태
자연해수	· 틈새형성 (인공틈새, 해양생물부착) · 미생물의 대사로 H_2O_2생성 → 전위상승	틈새부식
부착해염입자 (해양대기)	· 염화물농축 · 액체 박막 (산소공급)	공식
고온해수 (해수열교환기)	· 고온해수 · 퇴적물(hot spot)	부착부식
고온농축해수 (제염, 담수화)	· 염화물농축 · 고온	틈새부식 응력부식균열

3.2 스테인리스강의 내해수성 평가

이상과 같이, 해수가 관여하는 부식 환경에서 스테인리스강은 공식, 틈새부식, 응력부식균열이 특히 중요한 부식형태임을 알 수 있다. 이러한 부식 형태는 부식 매체 중의 염소이온농도 및 온도에 의존한다. 따라서 내식성이 뛰어난 재료일수록 더욱더 고농도, 고온 조건의 염화물 수용액에 적용이 가능하다.

표 3-5에 대표적인 고내식 스테인리스강의 성분을 나타낸다. 스테인리스강은 크게 분류하면 오스테나이트계 스테인리스강, 페라이트계 스테인리스강 및 오스테나이트·페라이트 2상계 스테인리스강으로 나누어진다. 이 분류는 금속조직에 의한 것이지만, 내식성의 관점에서 각 성분에 특징이 있다. 오스테나이트계 및 2상계는 내식성에 유효한 원소로서 Cr, Mo의 함유량을 높이는 외에 N을 첨가하였다. 반면, 페라이트계 스테인리스강은 N은 유해 원소로 적게 첨가하고, 오스테나이트 계보다 Cr 함유량이 높은 것이 특징이다. "수퍼 스테인리스강"은 6% Mo를 함유하는 오스테나이트계 스테인리스강과 29%Cr-4%Mo 페라이트 스테인리스강 정도 혹은 그 이상의 내식성을 갖는 고내식 스테인리스강을 총칭으로 사용되고 있지만 명확한 정의는 없다. 표 3-5는 스테인리스강 외에 대표적인 Cr-Mo-Ni 계의 Ni기 내식 합금도 나타내었다. 이러한 내식재료 중에서 해수 기기용으로 적정 재료를 선택하는 경우에는 우열의 판단이 필요하다. 다음은 스테인리스강의 내식성에 중요한 내국부부식성의 평가에 효과적인 방법에 대해서 나타낸다.

3.2.1 내공식성, 내틈새부식성

고내식 스테인리스강의 내공식성, 내틈새부식성의 평가 방법은 10%$FeCl_3 \cdot 6H_2O$ 수용액을 시험액으로 사용하여 부식이 발생하지 않는 상한의 온도를 구하는 방법이 있다. 공식과 틈새부식의 각각에 대한 공식임계온도(CPT), 틈새부식임계온도(CCT)를 구해 내식성을 평가한다. 그림 3.2에 나타낸 바와 같이 내식성 지수는 실제 해수에서 내식성 평가 결과와 좋은 상관관계를 나타내고 있다. 또한, 이러한 지표는 그림 3.8의 예와 같이 스테인리스강의 내식성에 유효한 합금 원소량으로 나타낸 내공식지수(PRE) 또는 틈새부식지수(CRE)에 의존한다. 이러한 내식성 지표에 기여하는 합금원소에서 N은 오스테나이트 계 및 오스테나이트·페라이트 2상계의 스테인리스강에 적용되고, 페라이트계에서 N은 유해 원소이므로 지표에 포함하지 않는다. 그림 3.2 및 그림 3.8의 결과는 합금성분에 의한 해수에서 내틈새부식성의 부식 지표로 나타내는 것이 가능하다. 표 3-5는 스테인리스강의 PRE를 나타내지만, 스테인리스강에는 Ni기 초합금 정도의 내식성을 갖는 것도 있다.

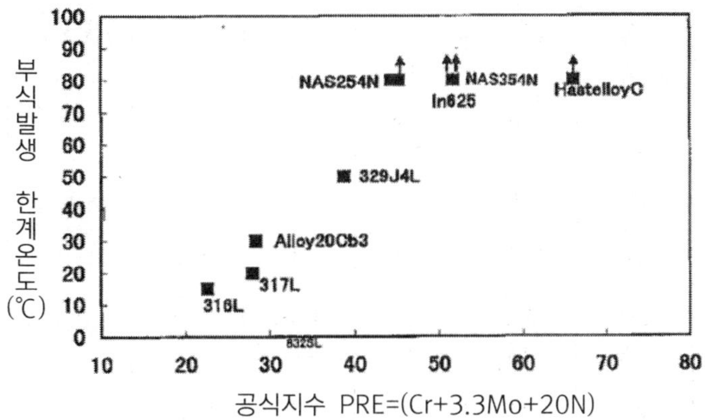

그림 3.8 스테인리스강 및 니켈기 합금의 공식발생한계온도와 공식지수의 관계 (공식시험 용액: 10%$FeCl_3 \cdot 6H_2O$ + (1/20)HCl)

표 3-5 고내식 스테인리스강 및 니켈기 합금의 화학 성분 (%)

	Cr	Ni	Mo	Cu	N		PRE*
페라이트계 스테인리스강							
STS444	18	-	2	-	-	Nb, Ti	24.6
SEA-Cure	27.5	2	3.5	-	-	Nb	39.1
AL29-4	29	-	4	-	-	Nb	42.2
AL29-4-2	29	2	4	-	-	Nb	42.2
STS447J1	30	-	2	-	-	Nb	36.6
2상계 스테인리스강							
STS329J1	23	5	1.5	-	0.15		31
STS329J3L	22	5.5	3	-	0.15		34.9
STS329J4L	25	6	3.3	-	0.15		38.9
Feraliuml255	25	6	3	2	0.2		38.9
SAF2507	25	7	4	-	0.25		43.2
오스테나이트계 스테인리스강							
STS316L	17	11	2	-	-		23.6
NAS125	18	13.5	1	2	-	Si3.5	21.3
STS317J1	18	16	5	-	-		34.5
STS317J2	25	14	1	-	0.3		34.3
STS317J3	21	12	2.5	-	0.2		33.3
NAS155N	18	15	4	-	0.15		34.2
STS836L (NAS254N)	23	25	5.5	3	0.2		45.2
Avesta254SMo	20	18	6	0.8	0.2		43.8
AL-6XN	20	24	6	-	0.2		43.8
Carp. 20Mo-6	23	34	6	3	0.12		45.2
NAS354N	23	35	7.5	-	0.2		51.8
Avesta654SMo	24	22	7.3	0.5	0.5		58.1
고니켈 합금							
NCF825	21.5	42	3	2.3	-	Nb	31.4
Hastelloy G-3	22	45	7	2	-	W1,Nb	45.1
Hastelloy G-30	30	41	5	1.7	-	W2.5,Nb	46.5

NCF625	21.5	61	9	-	-	Nb3.7	51.2
Hastelloy C-276	16	56	16	-	-	W4	68.8
Hastelloy C-22	22	55	16	-	-	W3	74.8
Inconel686	22	58	16	-	-	W4	73.8

*PRE=Cr+3.3Mo+20N

3.2.2 내응력부식균열성

오스테나이트 스테인리스강은 성형 가공성, 용접성이 우수하지만, 염화물에 의한 응력부식균열(SCC) 감수성이 높은 것으로 알려져 있다. 오스테나이트 스테인리스강의 내SCC 성을 높이기 위한 합금 원소로서 Cu, Si, Ni 등 유효원소의 함량을 높이거나, P, N, Mo 등을 유해원소로 규정한 재료는 있다. 그러나 합금원소의 영향이 시험조건에 따라 변화하기 때문에 공식지수와 같은 성분에 의한 지표화는 어렵다.

표 3-6은 스테인리스강의 SCC성을 평가하는 대표적인 시험액인 염화마그네슘 비등수용액에 의한 시험 결과를 나타내었다. 시험편은 U-Bend 시험편이다. SCC가 발생하지 않는 한계온도를 내식성의 지표로서 구하고 그에 따른 각종 스테인리스강의 내SCC성을 상대 비교하는 것이 가능하다.

표 3-6 각종 스테인리스강 및 니켈기 합금의 내응력부식균열성

합금명	주성분 (%)	비등염화마그네슘 수용액 SCC결과				
		42% (142℃)	35% (142℃)	30% (142℃)	25% (142℃)	20% (142℃)
STS304	18Cr-8Ni	C	C	C	C	C
STS316L	17Cr-12Ni	C	C	C	C	NC
STS329J4L	25Cr-6Ni-3.3Mo-0.1N	C	C	C	NC	NC
NAS125	18Cr-13.5Ni-1Mo-2Cu-3.5Si		C	NC	NC	NC
NAS155N	18Cr-15Ni-4Mo-3Cu-0.15N	C	NC	NC	NC	NC
STS836L (NAS254N)	23Cr-25Ni-5.5Mo-0.2N	C	NC	NC	NC	NC
NAS354N	23Cr-35Ni-7.5Mo-0.2N	NC	NC	NC	NC	NC
Alloy20Cb3	20Cr-33Ni-2.5Mo-3Cu	C	NC	NC	NC	NC
NCF800	20Cr-30Ni	C	C	NC	NC	NC
NCF600	17Cr-75Ni	NC	NC	NC	NC	NC

C: 균열 NC: 균열 없음

한편, 페라이트 스테인리스강은 염화물 응력부식균열에 대한 저항성이 높다고 하지만, Cu, Ni를 첨가함으로써 SCC 감수성이 나타난다. 수퍼페라이트강은 Ni을 함유한 것이 많고 그림 3.9에 나타내듯이 특정 온도 및 염소이온농도 범위에서 SCC가 발생한다. 그림 3.9의 결과에서 Ni 함유 수퍼 페라이트의 내SCC성은 $MgCl_2$ 수용액 시험에 의한 평가에 비교하면 35%로 된다. 페라이트 스테인리스강은 오스테나이트 스테인리스강에 비해서 내SCC성이 뛰어나다고 알려져 있지만, 수퍼 페라이트강과 같이 Ni 등을 첨가한 경우에는 내SCC성은 오스테나이트계의 수퍼 스테인리스강과 동등하게 된다.

고온 농축해수의 환경이 되는 제염장치 등의 적용을 생각하면 스테인리스강의 내해수성은 내틈새부식성 뿐만 아니라 내응력부식균열성을 고려할 필요가 있다. 그림 3.10은 양자의 특성을 고려한 복합적인 내식성 평가를 위해 내SCC와 내공식성, 내틈새부식성을 축으로 각종 재료를 나타낸 것이다. 실제 기기재료 선택에서 그림 3.10의 활용은 그림의 양축과 실제환경의 비교가 필요하다. 예를 들어 내틈새부식성의 관점에서 유속이 느린 자연해수는 PRE ≧ 35의 고내식 재료가 필요하며, 또한 제염시설은 응력부식균열 발생 임계가 되는 염화마그네슘 농도가 35% 이상의 내SCC성을 갖는 것이 판단 기준이 될 수 있다.

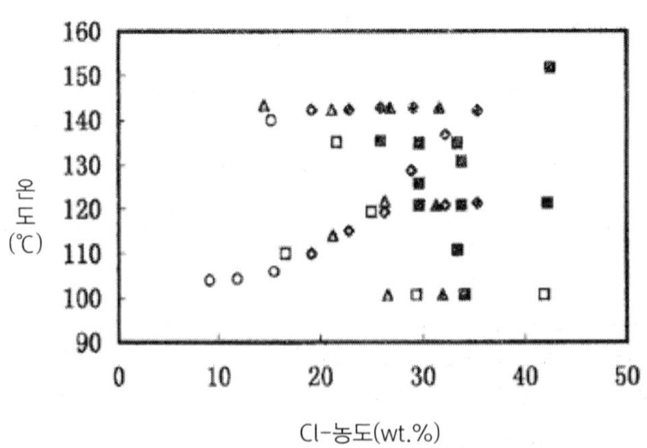

그림 3.9 25Cr-4Mo-0.45Nb-5Ni강의 응력부식균열 발생에 미치는 염소이온농도, 용액온도의 영향

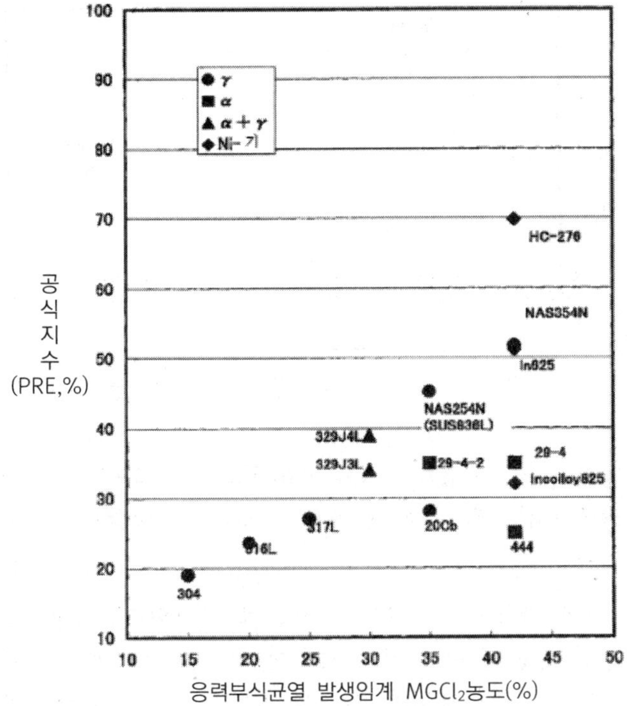

그림 3.10 내식 스테인리스강의 내응력부식균열성과 공식지수

3.3 내식 스테인리스강의 실기 적용에 유의점

내해수용으로 스테인리스강을 적용할 경우, 먼저 내식성의 관점에서 재질을 선택하게 되지만, 특히 성형 가공, 용접성 및 이종금속 접촉에 의한 전식 등의 영향을 고려하지 않으면 안 된다.

성형 가공성은 금속조직의 종류로 추정할 수 있다. 그림 3.11에 고내식 수퍼 스테인리스강의 기계적 성질을 비교하여 나타내었다. 오스테나이트계 스테인리스강은 연성이 우수하고 가공하기 쉬운 재료이다. 또한, 페라이트계 스테인리스강은 연신이 작고 두꺼워지면 고Cr, 고Mo강에서는 인성이 저하되고 공업적으로 공급 가능한 두께에 제한이 있다. 또한, 2상계 스테인리스강은 강도는 높고 연신은 작다. 이 경우

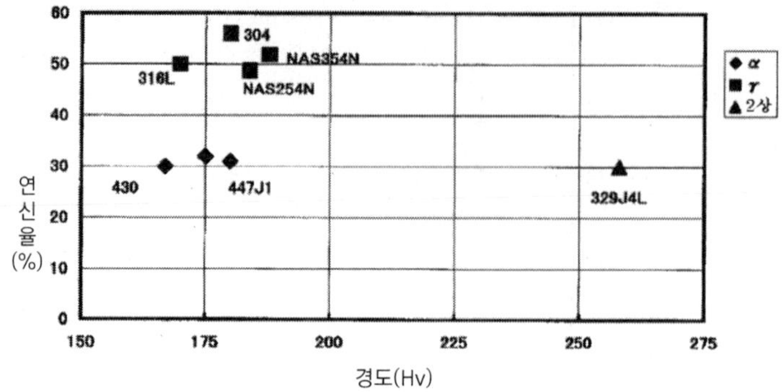

그림 3.11 스테인리스강의 경도, 연신율 분포

도 내식성을 향상시키기 위해 Cr, Mo 함유량을 많게 하면 σ상 등 취화의 원인이 되는 금속간 화합물의 석출속도가 빨라지고 내식성을 향상시키기 위한 합금화에 제약이 있다.

용접부의 인성의 관점에서는 오스테나이트계 스테인리스강이 뛰어나지만 용접성에 관해서 중요한 점은 특히 소재의 내식성 수준을 유지하기 위한 주의가 필요하다. 즉, 용착부의 응고 편석에 의한 내식성 저하와 용접할 때의 가열에 의한 산화가 문제가 된다. 용접부의 내식성 저하의 문제를 그림 3.12에 나타내었다. 용접 필러재는 응고편석을 고려하여 모재보다 높은 내식재료가 필요하다. 예를 들어, PRE = 45의 6%Mo계 수퍼 스테인리스강은 PRE ≧ 50 필러재가 필요하다. 또한, 산화에 의한 영향에 대해서는 산세와 연삭에 의한 스케일 제거가 필수적이다. 용접접합부의 모재 쪽은 고온열환경에 의한 조직변화가 생긴다. 2상계 스테인리스강은 영향이 크고 오스테나이트 조직과 페라이트 조직의 균형이 깨지고 내식성이 저하한다. 오스테나이트계 스테인리스강에서도 조직변화는 발생하지만 그 정도는 작다. 표 3-7은 용접부의 문제를 정리해 나타내었다.

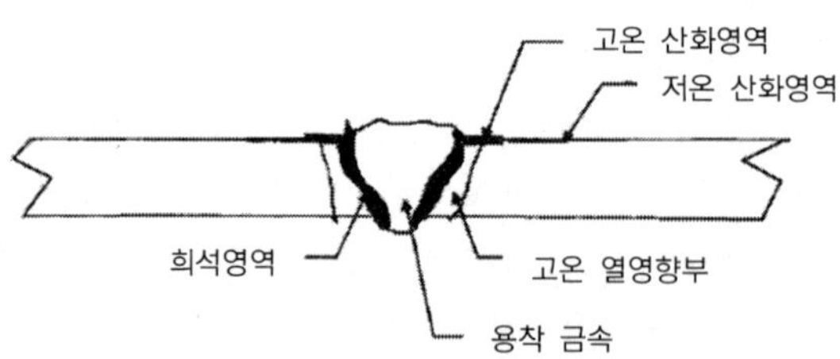

그림 3.12 용접에 의한 내식성 저하부위

표 3-7 스테인리스강 용접부의 내식성 열화와 방지책

	페라이트계	2상계 (329J4L)	오스테나이트계
용착금속부	입계탄화물석출에 의한 예민화 → 오스테나이트계 필러	상 비변화에 의한 내식성열화 → γ 리치 필러or 질소가스실	응고편석에 의한 내식성열화 → 고Mo 필러 (PRE의 높은 성분계)
열영향부 (고온열영향부)		조직변화(γ / α 상량비 변화)에 의한 열화	열영향 작음
산화스케일 (댐퍼 컬러부))	산세 또는 연마에 의한 스케일 제거		

3.4 결론

해수용 기기가 받는 부식 환경은 가혹한 조건이 많지만, 최근 Ni기 내식합금에 필적하는 스테인리스강이 개발되어 있고 스테인리스강의 적용을 검토할 것으로 생각된다. 본서는 문헌 등을 참고로 데이터를 정리하고 재료 선정의 방향을 제시했지만, 실기 적용에서는 케이스마다 특별한 조건이 중첩되고 이종금속 접촉에 의한 전식이나 산화제 등의 영향 인자를 종합적으로 고려하여 재료 선정, 시공 조건의 검토가 필요하다. 적절한 재료선정의 정확도를 높이기 위해서는 다각적인 사고 방식, 데이터의 축적이 요구된다.

참고문헌

1) 下平三郎, 海水誌, 22, pp. 163 (1968)

2) M. A. Streicher, Material Perf., 22 (5), pp. 37 (1983)

3) A. Garner, Corrosion, 37(3), pp. 178 (1981)

4) M. Akashi, Y. Imamura, T. Kawamoto and Y.Shinozaki, Boushoku Gijutu, 24, pp. 31 (1975)

5) 天谷尚, 幸英昭, 材料と環境, 44, pp. 94 (1995)

6) 宇都宮{武夫, "ステンレス鋼の材質と耐食性フォーラムシソ\ポジューム", 日本{鉄鋼協会, pp. 5-10 (1996)

7) Y. Fujiwara, R. Nemoto, A. Kurimoto, S. Kaneko, S. Kiya, M. Ogaya, Proceeding of International Conference on Stainless Steels, 1991, Chiba, ISIJ

8) 川本{輝明, 中川精和, '80春期学術講演大会講演予\稿集(1980), pp. 131-134

9) 藤田武失, "製塩装置材料シンポジューム資料「製塩装置の腐食と問題」(1994)

10) 小野山征夫, 第38回腐食防食シンポジューム資料, pp.1 (1981)

11) A. Garner, Welding J., 28 (1), pp. 27 (1983)

4장 해수환경에 클래드강의 적용

클래드는 다른 금속끼리 금속접합한 복합재료이며 고탄소강 및 저탄소강을 단련하여 접합한 대표적인 일본도 등 칼 종류가 시초다. 1930년대 초반에는 니켈의 비용절감, 강도향상을 목적으로 한 니켈클래드강이 압연법에 의해 공업화되고 1943년에는 스테인리스나 니켈계 등의 클래드강이 ASTM에서 규정되었다.

이하에서는 현재 제조되고 있는 클래드강의 용도, 제조법 및 종류에 대해서 설명하고 해수환경의 이용을 중심으로 선정이나 적용 사례를 소개한다.

4.1 클래드강의 용도와 종류

그림 4.1은 클래드강의 주요한 용도를 제품 형상별로 분류하였다. 클래드강을 이용하는 주된 장점은 ① 단일 금속에서는 얻을 수 없는 다기능성이 얻어진다. ② 배합 재료로 되는 고가의 기능재료를 필요최소두께로 한정해서 재료비용을 절감할 수 있다는 것을 들 수 있다. 양산되는 클래드강은 주로 후판, 박판, 강관으로 분류되며 박판제품의 대부분은 고기능성을 활용한 용도이다. 한편, 후판제품은 비용절감 측면에서 사용하는 용도도 많고 니켈합금클래드, 티타늄클래드가 대표적이다.

용도 (주용도순 ◎, ○)					기존재료	경합재료
후판클래드강판	석유화학, 석유정제플랜트 (파인케미컬 포함)	◎압력용기, 탱크, 탑 탱크, 열교환기			스텐리스강판 등	탄소강 코팅 각종라이닝
	조선	◎케미컬탱크			스텐리스강판 등	코팅
	◎ 해수담수화장치				스텐리스강 합금 Ti	
	수문	◎댐수문(방유관포함), 대형수문				탄소강+도장
	발전플랜트	○복수관판, 페가스도관, 연돌 석탄호퍼			Ti, 구리합금스텐리스	라이닝
	농기구	○브라우칼날			내마모성강	하드페이싱
	의료기구	○멸균탱크			스테인리스	
	제지펄프 플랜트	○증해통,표백탑				라이닝(Ti, 고무) 내산벽돌
	라인파이프, 탈염플랜트	sour gas, 오일용			탄소강, 스텐리스, 고합금	코팅
	기타	* 리니어 모터용 리액션 플레이트 * 이종재료 접합부(Al 합금계 LNG탱커)				비접합이중판 (코오킹식)

			기존재료	경합재료
박판클래드강판	전자조리기 냄비	전자특성, 모양, 청결성	강판	법랑 냄비
	칼류	경도, 녹쓸지 않음, 연마성	구리	Al/스테인리스(Cr계)
	수영장	내SCC성, 가공성	콘크리트 스테인리스 FRP	스테인리스
	빗물받이 통, 지붕, 옥외장식	내식성, 모양, 내후성	Zn도금 수지	Zn도금수지
	내SCC성	온수탱크	스테인리스	FRP 콘크리트 라이닝

				기존재료
클래드강관	석유정제 화학공업용	○배관 가열로 압력용기	원유 이송 라인 가열로관 맨홀 노즐	STS316
	일반공업용	○해수처리 수처리	해수담수화 플랜트 수력발전용댐 수도관	Ti모넬 메탈 큐프로 니켈
	구조용	구조물 기계부품	댐수수문 취수문•타워 제지용 스크류 컨베어축	
	물체수송용	◎ 유송관	원유, 천연가스 파이프라인	스테인리스 (13Cr고ND)
		슬러리관	인광석 슬러리	스테인리스 고CR
		○우물파는관	내식성 튜빙	스테인리스 (13Ct고Ni)
	열전달용	○ 보일러 열교환기 ○원자력발전 석탄처리	검은 액체회수 보일러 플랜트 배관 석탄액화 플랜트	STS304. 310. 316. 347

그림 4.1 클래드강의 제품 형상별 용도 분류

후판 클래드강을 예로 제조법과 특징을 표 4-1에 나타낸다. 용접육성법과 폭발압착법은 배합재료 재질을 가리지 않고 소량 다품종에 대응할 수 있고 매우 두꺼운 판재도 생산 가능하지만, 폭이 넓고 길이가 긴 재료는 곤란하여 양산성이나 비용 면에서 다른 제조법에 떨어진다. 주입법과 압연법은 최종 제품을 압연하여 제조하기 때문에 대형 강판도 가능하여 양산에 적합하지만, 배합 재질에 제한이 있다. 특히 주입법은 배합판재를 심재로 주위에 모재용강을 주입하므로 저융점 금속이나 얇은 재료를 배합판에 적용 할 수 없다. 한편, 압연법은 배합판재와 모재판을 슬래브에 조립하여 압연에 의해 고상확산접합하기 위해 활성금속이나 변형저항이 극단적으로 다른 배합재는 기존과 같은 제조가 곤란하였다. 그러나 후쿠야마 제철소(福山製鉄所)는 고도의 슬래브 조립기술과 강력한 후판가공능력, 가공열처리설비 등으로 스테인리스강을 비롯하여 니켈, 구리, 티타늄 및 합금 등 대부분의 내식금속재료에 대해서 클래드강의 제조가 가능하다.

표 4-1 클래드강판의 주요한 제조법과 그 특징

제조법	접합강도	양산성	배합재의 다양성	작은 롯드 다품종	대형 강판	비용
육성법	◎	△	○	○	○	△
폭착법	◎	△	◎	◎	△	△
주입법	○	◎	△	△	◎	○
압연법	◎	◎	◎	◎	◎	◎

◎: 우수함 ○: 보통 △: 약간의 문제

그림 4.2는 후쿠야마 제철소가 지난 2년 동안 생산한 후판 클래드강의 이용 분야를 강종별로 분류하였다. 후판 클래드강의 대부분은 스테인리스클래드강이며 화학플랜트 등의 압력용기, 케미컬탱크, 댐보나 파이프소재 등에 적용되고 있다. 또한 구리합금클래드강은 해수담수화장치 및 각종 열교환용기에 적용되고 있다. 최근에는 니켈합금클래드강이 화학플랜트 및 파이프라인에 사용되고 있으며 후술하는 티타늄클래드강의 적용도 해마다 증가하고 있다.

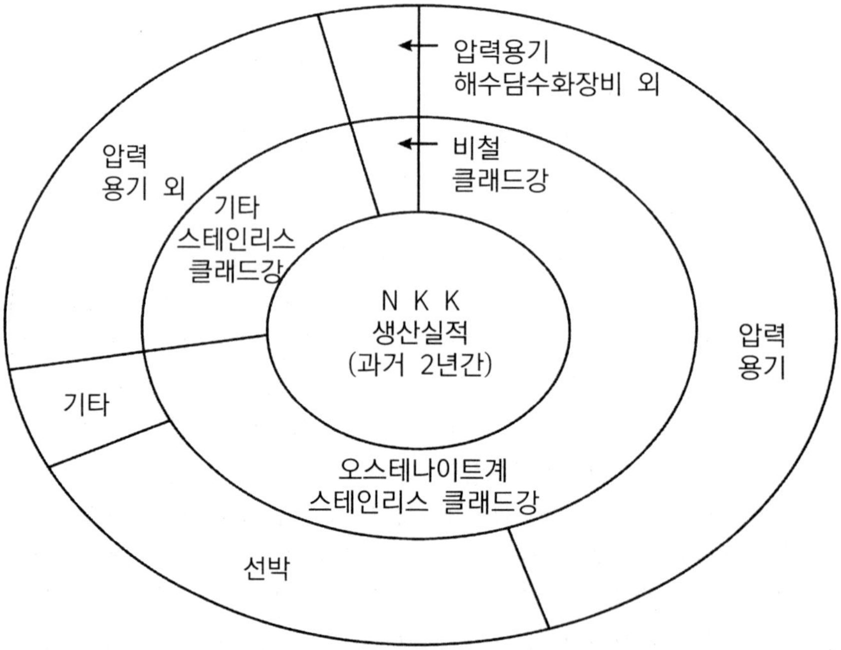

그림 4.2 압연 후판 클래드강의 이용분야별 분류

4.2 해수환경에 클래드강의 적용 사례

해수환경에 사용되는 클래드강의 많은 부분은 내식용도이지만, 바다생물 등의 부착 억제를 목적으로 한 방오성 클래드강도 있고 주요한 것을 표 4-2에 나타낸다.

해수환경에서 부식은 해수에서 공식 · 틈새부식, 고온해수에 의한 응력부식균열이나 해변 지역의 대기부식을 들 수 있으며, 내식목적에는 현재 STS304, 316 등의 범용 스테인리스클래드강, 티타늄클래드강 등 다양하게 적용되고 있다.

해변 지역은 날아오는 염분에 의해 대기 중에서도 녹이 발생하지만, 범용 스테인리스클래드강을 사용하여도 실용상 큰 문제가 되지 않는다. 그러나 미관을 중시하는 경우에는 최소한 2상계스테인리스 이상의 내식성을 갖는 클래드강을 적용해야만 한다.

범용 스테인리스는 해수에서 공식 · 틈새부식이 발생할 가능성이 있고 단기간에 관통 사고가 발생하는 경우도 많다. 그러나 음극방식에 의해 부식을 방지할 수 있기 때문에 대형 구조물 등, 재료비용 측면에서 범용 스테인리스클래드강을 사용하는 경우에는 전기방식을 병용하는 것이 바람직하다. 한편, 해수에서 틈새부식이 발생하지 않는 고내식금속클래드강을 일반적으로 내해수성클래드강이라고 부르고, 고몰리브덴 함유 스테인리스, 625급의 니켈합금 및 티타늄클래드강은 대기, 해수에서 모두 재료 단독으로 내식성을 확보할 수 있다. 그 중에서도 실제 적용되는 내해수성클래드강의 대부분은 티타늄클래드강이며 니켈합금클래드강도 함께 고온 해수에서도 높은 내식성을 가지고 있다.

방오성능의 면에서는 구리와 구리니켈클래드강을 들 수 있다. 방오성능 자체는 구리가 가장 뛰어나지만, 침식성능은 구리니켈을 능가하기 때문에 유속의 정도에 따른 구분이 필요하다.

표 4-2 해수 환경에서 적용된 주요한 클래드강

	배합재질		적용 부위
내식성 중시	스텐리스강	304, 316, 2상계	대기중, 해수중(전기방식이 바람직함)
		고몰리브덴계	대기중, 해수중
	니켈 합금	625	
	티타늄	순수 티타늄	
방오성 중시	구리, 구리합금	구리	저유속
		구리니켈	중고유속
기타		Al 청동	마모용 등

Photo. 1, 2는 해수 환경의 주요한 적용 사례를 보여준다. 범용 스테인리스클래드강은 대형 하구언에 적용된 예가 있다. 나가라강(長良川) 하구언의 수문은 최대 45 m의 상하 2단 구성이며, 많은 부위는 도장강판 + 전기방식의 사양이지만, 상하단 문이 접하는 스킨플레이트는 STS316L + 내해수(탄소)강의 클래드가 사용되고 있다.

티타늄클래드강은 복수기 등의 해수열교환기 및 해수담수화장치의 튜브시트와 널빤지에 적용되고 있다. 특히 대형 발전소의 복수는 3 × 5 m 정도의 튜브시트에 클래드강의 한 장을 사용한다.

최근에 대형 부유구조물(메가 플로트)에 적용이 있다. 대형 부유체는 매립의 대안으로 해상 공항이나 물류기지의 이용을 목표로 100년 수명의 해양구조물이다. 철강 중공업 회사의 출자에 의한 메가 플로트 기술연구조합은 실증시험으로 1995~1999년에 걸쳐 60 × 300 m의 모델 유체를 해상에서 제작했다. 여기서 가장 심한 부식 환경이 되는 부유 체 측면의 물보라 영역을 대상으로 STS316L, 625 및 티타늄클래드 후강판의 적용 검토가 이루어졌다. 또한 도쿄만 횡단 도로의 교각에서 사용된 적이 있는 박판티타늄클래드강의 용접 라이닝 시공도 동시에 검토되었다. 철강재료와 직접 용접할 수 없는 티타늄판의 현지 라이닝 수단으로 박판티타늄클래드강의 이용은 향후 확대될 것으로 보인다.

구리계 클래드강은 방오성능 뿐 만 아니라 내식성도 뛰어나 해수담수화장치 등에 구리니켈클래드강이 많이 이용되고 있으며 해수배관이나 선체에 적용 검토한 예가 있다.

대형 수문 (STS316L 클래드강)

발전소 복수기 튜브 시트(티타늄 클래드강)

Photo 4.1 해수환경에 대한 클래드강 적용 예(1)

대형 부유체 구조물 (STS316L, 625, Ti 클래드강)

무공해 방오선(구리니켈 클래드강)

Photo 4.2 해수환경에 대한 클래드강 적용 예(2)

4.3 결론

해변 구조물에 있어서도 유지비 제로가 주장되는 가운데 재료에 대한 내식성향상, 비용절감 요구는 더욱 높아지고 있다. 내해수성클래드강은 현재 티타늄클래드강의 독무대이지만, 널리 일반 구조물에 적용하기 위해서는 재료비용뿐만 아니라 용접시공성을 개선할 필요가 있다. 이 점에서 주목할 만한 것은 전술의 고몰리브덴 함유 스테인리스클래드강이다. 본 클래드강은 비록 실적은 적다고 할지언정 상온에서 거의 완벽한 내해수성을 가지고 있고, 용접 시공성도 범용 스테인리스클래드강과 큰 차이가 없으며 재료비를 포함하여 향후 유망한 내해수성클래드강이라 생각된다.

참고문헌

1) 通産省製鉄課編 ： ファインステール, pp. 134

제 2 부
비금속재료

5장
강구조물용 방식도료와 도장

쾌적한 생활을 기반으로 대형이고 기능적인 강구조물이 건설되고 있다. 금세기 최대의 프로젝트라고 말하는 혼슈와 시코쿠를 연결하는 다리, 석유의 안정 확보를 위한 1척당 80만kl 적재 가능한 석유저장선 13척에 의한 해상 비축기지, 더욱이 21세기를 향한 꿈의 프로젝트로서 해상 공항, 항만설비, 레저설비 등을 해상의 부유체 구조물로 건조하는 초대형 부체(浮體)식 해양구조물 계획 등이다.

이와 같은 사회 자본은 미래를 향한 유산으로서 장기간에 걸쳐서 유지 · 관리하는 것이 중요하다. 특히, 부식이 심한 해양환경에서 장기간에 걸쳐서 강구조물을 유지 시켜주는 장기 방식기술의 확립은 중요한 과제이다.

한편, 강구조물의 방식방법으로서 가장 효과적이고 미래에 역할이 기대되는 도료 · 도장은 강구조물이 설치되어 있는 환경에 의해 다양한 현상을 나타낸다. 특히, 장기간의 노출에서 발생하는 도막의 열화현상은 여러 가지 환경요인이 서로 영향을 미쳐 대단히 복잡하고 해명되지 않은 문제도 많다.

그러나 도막열화 문제의 해명은 장기간 강구조물을 유지하기 위한 도료의 설계와 도막의 내구수명이라는 과제에 대한 하나의 답이 된다고 생각된다.

그래서 강구조물용 방식도료와 도장이라는 제목으로 지금까지의 연구 결과를 정리하였다. ① 도막형성은 도료구성 재료와 도장방법을 간단히 설명하고 형성된 도막의 특징에 대해서 기술한다. ② 도막열화는 강구조물에 도장된 도막의 자연환경 노출에 의한 열화에 대하여 기술한다. ③ 도막수명은 도막수명에 대한 필자의 생각과 예를 기술한다.

5.1 도막형성

강구조물의 도료와 도장에 관계되는 요인을 표 5-1에 나타낸다. 강구조물을 도장에 의해서 장기간 방식을 계속하기 위해서는 강구조물의 건조계획 단계에서 강구조물의 구조, 설치 환경, 도료와 도장사양, 시공방법과 도장설비 등을 충분히 검토하고 환경조건에 적합한 양질의 도막을 시공함으로서 이루어진다.

한편, 넓은 면적을 갖는 강구조물은 각종 재료의 혼합물인 도료나 도료를 안개상태로 도장하는 현행 방법에서 오는 도막편차가 불가피하다. 이러한 요인을 최소화하기 위해 강구조물용 도료와 도장에 대한 지식을 심화하고 관리하는 것이 중요하며 요점을 5.2~5.4절에서 설명한다.

5.2 강구조물용 도료

5.2.1 도료의 역할(목적)

도료의 역할(목적)을 표 5-2에 나타낸다. 도료는 비교적 간편한 도장이라는 방법에 의하여 경제적으로 목적을 달성할 수 있다. 또한, 보수 · 재칠하기가 쉽고 반영구적으로 목적을 유지할 수 있으므로 모든 강구조물에 사용되고 있다.

5.2.2 도료의 구성(조성)

도료는 액상의 물질로 표 5-3에 나타내는 구성 재료로 이루어지고 강구조물의 도장 조건, 설치된 환경, 기대 사용수명 등을 고려해서 만든다.

표 5-1 강구조물의 도료와 도장에 관계하는 요인

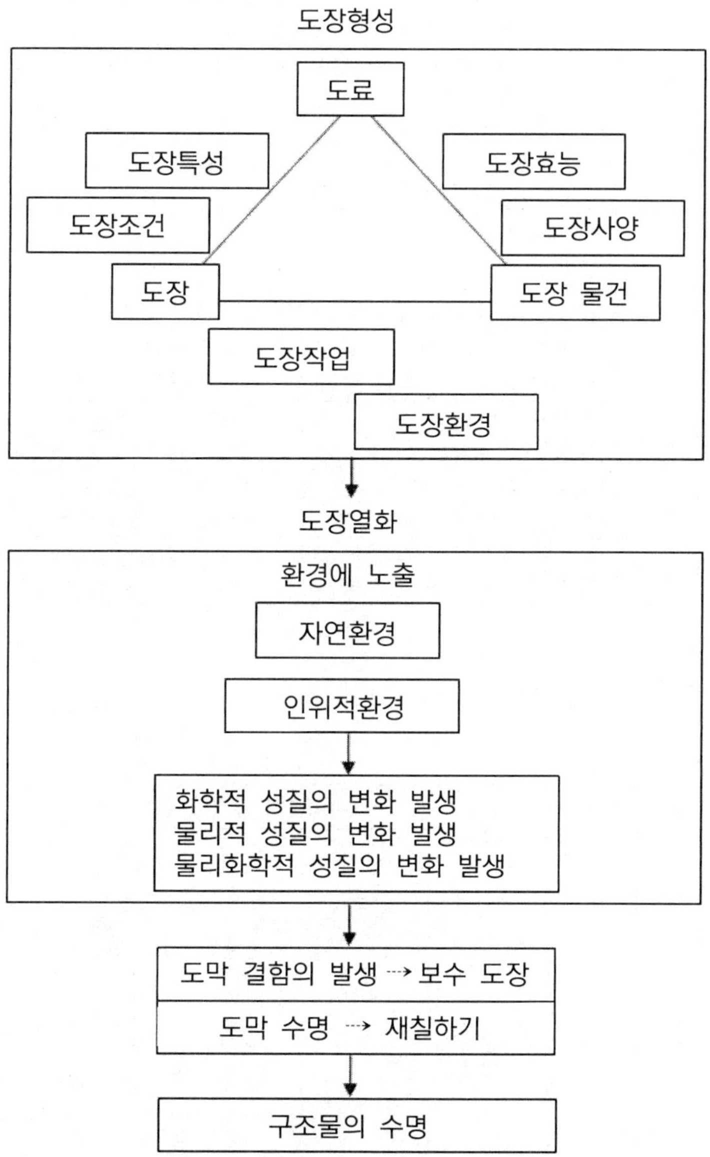

표 5-2 도료의 역할(목적)

도료의 역할	물건의 보호	철, 알루미늄, 나무, 콘크리트, 플라스틱 등의 물건 표면에 도장하고, 견고한 도막으로 되어 물건을 보호한다.
	물건의 미장	물건의 표면을 자유로이 마무리하고, 색체에 의한 환경개선이나 생활을 쾌적하게 한다.
	기능의 부여	물건 표면의 기능을 변화시켜, 물건의 가값를 높인다. 미끄럼 방지, 결로방지, 곰팡이 방지, 얼음 방지, 종이 부착방지, 수중 방오, 흐름 녹방지, 양식 등

표 5-3 도료의 구성(조성)

구분	두께	성분	역할	종류	
휘발분	도장막두께	용제	수지를 용해 액상으로 한다 도장하기 쉬운 점도로 한다 도장한 도막에 평활성 부여	저비점용제 중비점용제 고비점용제	탄화수소, 케톤 에스테르, 에테르 알콜
불휘발분	건조막두께	첨가제	도료상태의 유지 도료의 기능향상	침강, 탄력, 색분해 등의 방지 흘림, 윤기, 건조, 분산 등의 향상	
		안료	도막 두께, 강인성, 내구성 부여 색이나 기능의 부여	체질안료, 방청안료 착색안료, 방오염제 등	유기안료 무기안료
		수지	도막을 형성하는 주성분 수지의 종류가 도막 성능 좌우	수지(콩기름), 천연수지(송진) 합성수지, 그 외 (타르)	

표 5-4 유지와 알키드 수지

경화 형태	산화 중합				
	유지 불포화지방산	유지변성 알키드 수지			알키드 수지
		장유성	중유성	단유성	(프탈산 수지)
수지 구조	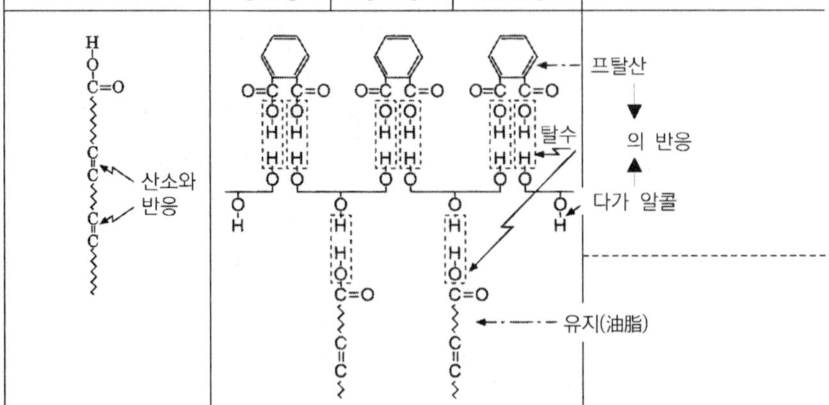				

특징	건조성	→ 양호
	경 도	낮음 → 높음
	가소성	연함 ← → 강함
	부착성	→ 양호 ←
	내수성	→ 양호 ←
	내유성	→ 양호
	작업성	양호 ←
용도		도료 기술의 기본적 의미를 가지며, 내구성이 약하기 때문에 직접 해수와 접하는 부위에는 사용되지 않는다. 비교적 온화한 환경의 내륙부나 실내의 부위에 사용된다. 각종 방청안료를 배합한 방식 도료와 상도 도료로써 사용되지만 두꺼운 도장이 되지 않고 1회당 40 μm로 억제되고 있다.

(1) 도료 특성값

도료의 조성은 수지, 안료, 용제, 첨가제를 중량 %로 나타내는 것이 일반적이다. 한편, 도장은 도막두께(길이)로 관리되므로 용량으로 취급하는 것이 편리한 경우도 많다. 대표적 도장 특성값에 대하여 표 5-3과의 관계로 설명한다.

1) solid volume ratio (SVR)%

SVR은 도장도막두께(습식도막두께)에 대한 건조도막두께를 나타내고 식 (5.1)으로 나타낸다.

$$SVR(\%) = \frac{X}{Y} \times 100 = \frac{\frac{P}{\rho_p} - \frac{S}{\rho_s}}{\frac{P}{\rho_p}} \times 100 \qquad (5.1)$$

X : 건조도막두께(㎛) Y : 습식도막두께(㎛)

P : 도료량(g) ρ_p : 도료의 비중 (g/cm^3)

S : 용제량 (g) ρ_s : 용제의 비중 (g/cm^3)

2) 이론도포량과 실제도포량

이론도포량 Tw(g/㎡)는 식 (5.2)의 X=Y×SVR에서 건조도막두께 X(㎛)와의 관계로 도출된다.

$$X = \frac{T_w}{\rho_p} \times \frac{\frac{T_w}{\rho_p} - \frac{S}{\rho_s}}{\frac{T_w}{\rho_p}} = T_w(\frac{100}{\rho_p} - \frac{100 - NV}{\rho_s}) \div 100 \tag{5.2}$$

Tw : 이론도포량(g/㎡) NV : 비휘발분(중량%)

그러나 용량에서 이론도포량 Tv(l/㎡)는 식 (5.3)으로 간단히 계산 가능하다.

$$T_v = \frac{X}{SVR \times 1000} \tag{5.3}$$

실제도포량 Pg/㎡(도료 예비량)은 이론도포량에 손실계수(loss factor) R이 가산된다.

$$P = T_w(1 + R) \tag{5.4}$$

손실계수 R은 도장시의 비산손실, 도막두께의 변동, 잔존(폐기)도료 등이 원인이고 도장사양, 도장방법, 강구조물의 형상 등에 따라 다르다. Airless 도장의 경우는 간단한 형상에서 0.7~1.0, 복잡한 형상에서 2~5의 손실계수가 필요하다.

3) PVC (Pigment Volume Concentration)

PVC는 건조도막두께 중의 체적안료농도를 말하고, 도료의 전체적 구성을 나타냄과 동시에 도막성질을 나타내는 도료 설계상 중요한 수치로 식 (5.5)으로 계산된다.

$$PVC(\%) = \frac{\frac{\text{안료량(중요\%)}}{\text{안료 비중}}}{\frac{\text{수지량(중요\%)}}{\text{수지 비중}} + \frac{\text{안료량(중요\%)}}{\text{안료 비중}} + \frac{\text{첨가제량(중요\%)}}{\text{첨가제 비중}}} \times 100 \tag{5.5}$$

일반적으로 하도도료는 방식성의 향상을 위하여 PVC를 높게 하고 상도도료는 미관, 광택, 물성의 향상을 위하여 PVC를 낮게 한다. 이와 같이 만들어진 하도도료와 상도도료의 조합은 상호부착성도 향상한다.

(2) 강구조물용 도료의 구성 재료

1) 수지구조와 특징

수지는 도료의 특징을 나타내는 가장 중요한 재료이다. 강구조물용 도료의 수지 구조와 특징을 기술한다. 표 5-4에 유지와 알키드수지의 수지구조와 특징을 나타낸다.

표 5-5는 염화고무수지와 염화비닐수지의 수지구조와 특징을 나타낸다. 표 5-6은 에폭시수지의 수지 구조와 특징을 나타낸다. 표 5-7은 우레탄수지의 수지구조와 특징을 나타낸다. 표 5-8은 실리게이트수지의 수지구조와 특징을 나타낸다. 수지의 구조와 작용기는 도막성능을 이해하기 쉽게 하고 대표적인 것을 표 5-9에 나타낸다.

2) 안료

① 체질 안료

표 5-10은 각종 체질안료와 특성값을 나타낸다. 환경에 대한 안정성(안료의 주성분이 관계한다), 환경인자의 억제(안료의 형상이 관계한다), 수지와의 배합 비율 결정(안료의 진비중, 흡유량을 고려), 색조에 미치는 영향 등에 의해 선택된다.
강구조물용의 하도 도료는 수분 등의 투과 억제에 효과가 있는 엽편상이나 인편상의 활석이나 운모, 상도 도료는 색상을 해값지 않는 석회나 점토가 많이 사용된다.

② 방청안료

표 5-11은 각종 방청안료와 특성값을 나타낸다. 방청완료의 효과는 5.5~5.6절에서 설명하므로 여기서는 생략한다.

③ 용제

표 5-12는 각종 용제와 특성값을 나타낸다. 용제는 도료 설계시의 수지용해나 안료분산용과 도장시의 점도조정용에 각종 용제를 혼합해서 사용한다. 수지를 용해시킬 때에 사용하는 SP값(용해 파라미터), 건조시간이나 도장시의 도막형성에 영향을 미치는 증발속도는 중요한 수치이다.

표 5-5 염화고무수지와 염화비닐수지

<table>
<tr><td colspan="2">경화형태</td><td colspan="2">휘발건조</td></tr>
<tr><td colspan="2" rowspan="3">수지구조</td><td>염화고무수지
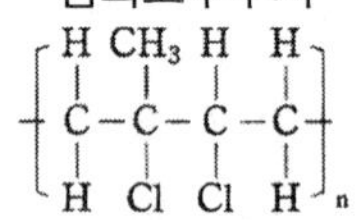
(분자량 수만)</td><td>염화비닐수지
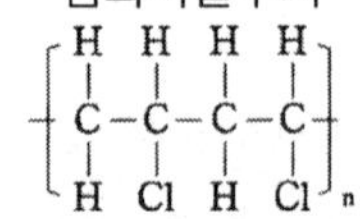
(분자량 수만)</td></tr>
<tr><td colspan="2">열가소성수지이지만, 응집력이 강하고 단단하여 취성 성질을 갖는다. 가소제로서 염소화 파라핀이나 프탈산 에스테르를 사용한다.</td></tr>
<tr><td>메틸기(-CH3)을 가지며 알키드, 페놀, 타르 등과 서로 용해한다.</td><td>다른 수지와 서로 용해하기 어렵고 초산이나 알콜과 중합된다. 타르는 반용해 하여 있다.</td></tr>
<tr><td rowspan="7">특징</td><td>건조성</td><td>대단히 양호</td><td>대단히 양호</td></tr>
<tr><td>경 도</td><td>수지는 단단하지만 가소제로 부드럽다</td><td>수지는 단단하지만 가소제로 부드럽다</td></tr>
<tr><td>가소성</td><td>높다</td><td>높다</td></tr>
<tr><td>부착성</td><td>비교적 양호</td><td>비교적 양호</td></tr>
<tr><td>내수성</td><td>양호</td><td>양호</td></tr>
<tr><td>내유성</td><td>비교적 양호</td><td>염화고무수지보다 양호</td></tr>
<tr><td>작업성</td><td>다른 수지와의 병용으로 양호하게 된다</td><td>비교적 나쁘다</td></tr>
<tr><td colspan="2">용도</td><td colspan="2">유성이나 알키드수지에 비해 내수성이나 내약품성이 좋기 때문에 한 때 대량으로 사용되었다. 그러나 에폭시 수지의 출현에 의해 감소 경향에 있다. 염화고무수지는 다른 수지와의 상용성이 좋고, 목적에 적합한 도료로 변성하고 하도에서 상도 도료까지 일반 방식용으로 널리 사용되고 있다.
일액성의 도료로 사용하기 쉽고, 하도 도료는 엑폭시수지 도료, 상도 도료는 염화고무수지 도료를 조합하여 도장하는 경우도 있다. 1회당 도막 두께는 40-60μm가 많다. 염화비닐수지는 응집력이 강한 용제에 용해하기 어려우므로 도막 두께가 얻어지기 어렵고, 또한 비닐수지 특유의 시트상의 도막 벗겨짐이 생기는 경우가 있으므로 사용되지 않게 되었다. 타르를 배합한 타르비닐수지도료로서 선저부의 방식도료로서 사용되고 있다.</td></tr>
</table>

표 5-6 에폭시수지

경화형태	중합건조(서로 반응하려는 에폭시기와 아미노기로 중합반응 한다)
수지구조와 특징	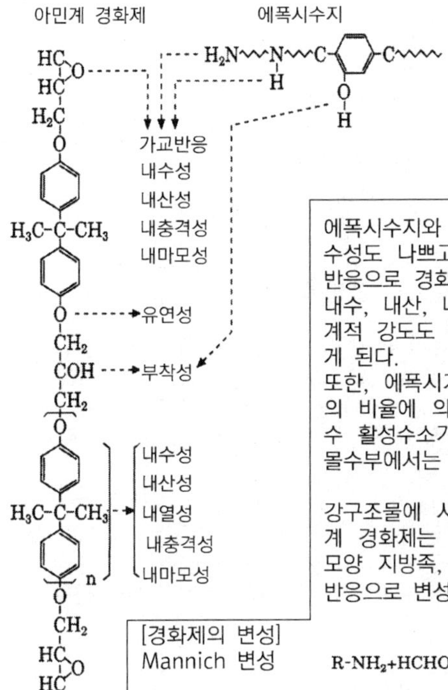 에폭시수지와 아민계 경화제는 단독으로는 내수성도 나쁘고 기계적 강도도 약하지만, 가교반응으로 경화하면 치밀한 3차원 구조를 갖고, 내수, 내산, 내용제성이 우수하고 강인하여 기계적 강도도 강하게 되어 재료와 부착성이 좋게 된다. 또한, 에폭시기 수와 아민의 활성수소기 수와의 비율에 의해서도 성능이 다르고, 에폭시기 수 활성수소기수가 몰수부에서는 0.5-0.7, 비몰수부에서는 0.6-0.8로 설계 된다. 강구조물에 사용되는 에폭시수지 도료의 아민계 경화제는 방향고리를 포함한 지방족, 사슬모양 지방족, 지환족의 아민을 아래에 나타낸 반응으로 변성하여 사용한다. [경화제의 변성] Mannich 변성 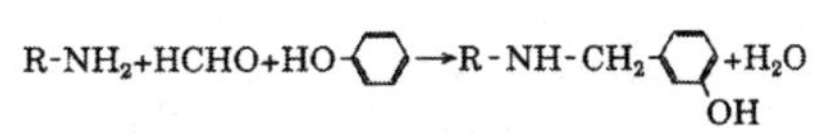 에폭시아다쿠트 $N\text{-}NH_2 + CH_2\text{-}CH(\text{-}O\text{-})\text{-}R1 \rightarrow R\text{-}NH\text{-}CH_2\text{-}CH(OH)\text{-}R1$ 폴리아미드아민 $R\text{-}NH_2 + HOOC\text{-}R1 \rightarrow R\text{-}NH\text{-}OC\text{-}R1 + H_2O$ 마이켈부가 $R\text{-}NH_2 + CH_2{=}CH\text{-}R1 \rightarrow R\text{-}NH\text{-}CH_2\text{-}CH_2\text{-}R1$ 케치민화 $R\text{-}NH_2 + R1\text{-}CO\text{-}R2 \rightarrow R\text{-}N{=}CR1(R2) + H_2O$
용도	위에서 언급한 바와 같이 여러 가지 특성을 가지고 있는 에폭시수지는 강구조물의 중요한 방식도료로 되어 있다. 특히, 해수와 접하는 가혹한 부식환경 부위의 방식도료로서 에폭시수지 도료, 변성에폭시수지 도료, 타르에폭시수지 도료로서 널리 사용되어, 100 μm에서 수 mm까지의 도막 두께로 도장 가능한 도료가 있다. 더욱이, 수십년이라는 장기방식이나 도료중의 용제 규제에 대응 가능한 도료로서 앞으로도 수요가 증가할 것으로 생각된다.

표 5-7 우레탄수지

경화형태	중합건조(서로 반응하려는 수산기와 이소시아네이트기와 중합반응 한다)	
수지	수산기(기본) $-O-H,\ -\underset{\underset{O}{\parallel}}{C}-O-H$	이소시아네이트기(경화제) $-N=C=O$
	① 아크릴폴리올 : 내후성 상도 ② 폴리에스테르폴리올 : 내후성 상도 ③ 폴리에테르폴리올 : 유연성 부여 ④ 수산기도입 폴리부타젠 : 고무탄성 ⑤ 수산기도입 에폭시수지 : 방식용, 저온경화 ⑥ 수산기도입 불소수지 : 초내후성 상도	① 지방족계의 무황변 타입 : 상도용에 사용한다 ② 방향족계의 황변 타입 : 상도용에 사용한다
특징	① 에폭시/아민의 반응에 비해 반응이 빠르고 저온 경화성이 좋다. ② 에폭시/아민의 결합보다 결합력이 약하다.(내수성, 내유성, 내산성, 내알카리성 등이 나쁘다) ③ 겨울용 타르에폭시수지도료는 수산기도입에폭시수지와 방향족계 이소시아네이트를 반응시켜 방식 성능 향상을 꾀함과 동시에 타르 첨가에 의해 내수성이 향상한다. ④ 기본 및 경화제 모두 방향족을 포함하지 않은 지방족계로 내후성이 좋은 상도 도료가 되고, 특히 불소기 도입에 의해 초내후성 상도 도료가 된다.	
용도	우레탄수지는 건조가 빠르고, 내후성, 부착성이 좋지만, 비교적 가격이 비싸서 주로 상도 도료로 사용한다. 재 도장 주기의 연장에 도움이 되므로 긴 다리의 표준 도장 사양으로서 두꺼운 도막 무기아연 상도(75 μm) -에폭시수지 하도(60 μm, 2회)-우레탄수지 중도(30 μm)-우레탄수지 상도(25 μm)로 사용하고 있다. 수mm 도장 가능한 도료도 가능하므로 에폭시수지와 함께 장기 방식 도료로 적용될 것이다.	

표 5-8 실리게이트수지

경화형태	자기축합(아연 미혼입에 의한 중성에서 자기경화반응)	
수지	알킬실리게이트	알킬실리게이트(물유리)
	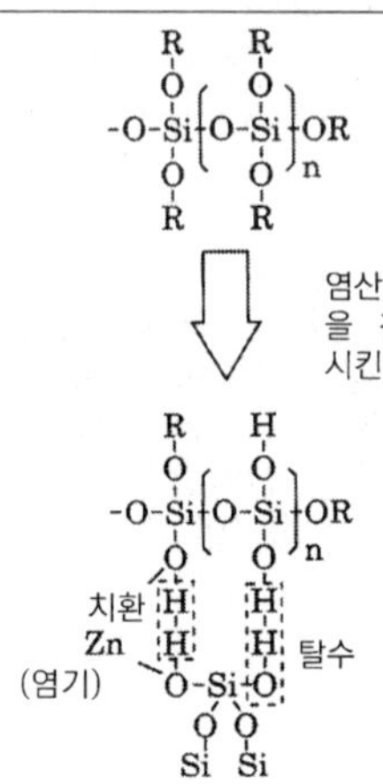 R : C_2H_5 n : 4 ~ 5 염산을 촉매로 하여 물을 첨가하여 축합반응 시킨다 R : C_2H_5 n : 수백 자기탈수 축합반응과 아연에 의한 치환반응으로 도막이 된다.	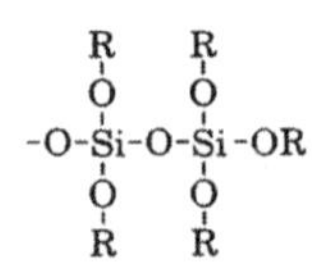 R : Li, Na, K } 알카리금속 -OH HO- 자기탈수 축합반응에 의해서 고분자화 한다 아연에 의한 치환반응 -Si-O-Zn-O-Si

특징	① 방식성이 매우 좋다 ② 내열성이 매우 좋다 ③ 유기분이 적고 용접성이 좋다 ④ 유기도막 위에 부착하지 않는다 ⑤ 단단하고 강하지만 두껍게 도장하면 깨어진다 ⑥ 내산성, 내알카리성이 나쁘다	① 방식성이 매우 좋다 ② 내열성이 매우 좋다 ③ 매우 단단한 도막이 된다 ④ 도장이 어렵다 ⑤ 부착이 나쁘다
용도	shop 프라이머(15 μm) 비몰수부, 내열부의 프라이머(75 μm) PC 탱크의 방식 프라이머(75 μm)	PC 탱크의 방식 프라이머(75 μm)

표 5-9 수지의 구조와 도막 성능

수지의 분자량, 가교도, 가교분자량은 도막 성능에 큰 영향을 미치지만, 수지의 구조에 의해서 도막 성능이 다르다

수지구조		명칭	도막성능					
			내후성	내수성	내충격	단단함	연함	부착성
수지골격	− CH2 −	포화지방족	○	○	□			
	− CH2=CH2 −	불포화지방족	X	○	□		○	
	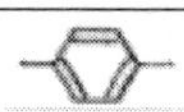	방향족	X	◎	○	○		
	− O −	에테르구조			○		◎	○
	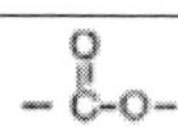	에스테르구조		X			○	○
	− SI − O − SI −	실리케이트구조	○	○		◎		
말단기	− CH3	메틸기	○	○	○		○	
	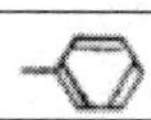	페닐기		◎	○	○		
	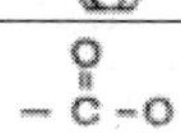	카르복실기		X			△	(○)
	− OH	수산기		△				◎
	− NH2	아미노기		X				(○)
	− NCO	이소시아네트기		X			△	◎

양호 ◎ ○ □ △ X 불량　　공란 : 불명 또는 영향 작음

표 5-10 체질안료와 특성

체질 안료명	입자형상	주성분		진비중	흡유량 /100g	흡수량 /100g	수용력 %
		성분	%				
탄산칼슘 (석회)	경질육방정	$CaCO_3$	54.1	2.7	29	135	1.5
	중질무정괴상	$CaCO_3$	55.8	2.7	18	30	0.2
	입상	$CaCO_3$	57.0	2.7	불능	25	0.1
규산 알루미늄 (점토)	박편상	Al_2O_3/SiO_2	43/52	2.2	64	80	0.1
	다공상	Al_2O_3/SiO_2	10.7/61.6	2.2	102	140	1.2
	엽편상	Al_2O_3/SiO_2	25.5/59	2.7	49	75	0.1
	괴상	Al_2O_3/SiO_2	6-7/89	2.6	22	37	0.1
	파이프상	Al_2O_3/SiO_2	5.8/91	2.3	76	108	0.8
규산 마그네슘 (활석)	엽편상	MgO/SiO_2	32.1/53.2	2.8	45	121	0.2
	엽편상 〉 괴상	MgO/SiO_2	29.0/52.2	2.9	27	55	0.2
	엽편상 〉 괴상	MgO/SiO_2	30.4/56.0	2.8	34	95	0.4
	엽편상 〉 괴상	MgO/SiO_2	30.0/40.3	2.9	26	55	0.5
이산화규산 (실리카)	덩어리상	SiO_2	97.8	2.6	31	45	0.2
	규석분	SiO_2	89.5	2.7	23	35	0.1
운모 엽편상	엽편상	Al_2O_3/SiO_2	35.8/45.8	2.9	64	84	0.4
유산바륨 (바리타)	희성	$BaSO_4$	98.2	4.4	8.4	13	0.1
	침강성	$BaSO_4$	97.6	4.2	16	42	0.1
소석고		$CaSO_4 1/2H_2$	–	2.7	24	130	17.6

표 5-11 방청안료와 특성

안료명	조성	색	밀도	수용분 (%)	수용분 (pH)	주요한 방식기구
사산화삼납	Pb_3O_4	적등색	8.9	0.2이하	8.3	약 알카리성 부동태화 작용 비누의 생성
시안아미드납	$PbCN_2$	황색	6.5	2.5이하	9.2	알카리성 산성물질의 중화 비누의 생성
아산화납	Pb_2O	암회색	9.9	0.3이하	9.3	〃
염기성크롬산납	$PbCrO_4 \cdot PbO$	오렌지색	5.9	0.5이하	7.2	약 알카리성 부동태화 작용 비누의 생성
염기성유산납	$2PbSO_4 \cdot PbO$	흰색	6.5	2.0	7.0	비누의 생성

납산칼슘	$2CaO \cdot PbO_2$	크림색	5.7	3.0이하	11	알카리성 비누의 생성
징크 크로메이트 (ZPC형)	$K_2O \cdot 4CrO_3 \cdot$ $4ZnO \cdot 3H_2O$	황색	3.8	7.0이하	6.8	부동태화 작용
징크 크로메이트 (ZTO형)	$ZnCrO_4 \cdot$ $4Zn(OH)_2$	황색	2.9	0.5이하	6.8	부동태화 작용
아연말	Zn	회청색	7.1	0.1이하	6.9	음극방식작용 비누의 생성
알루미늄 가루	Al	은백색	2.5	–	–	투과성이 작은 도막의 형성
아연화	ZnO	백색	5.6	0.1	6.5	비누의 생성

표 5-12 용제와 특성

용제명	화학구조	분자량	비중	비점	증발속도 (초산부틸기준)	용해도 파라메터	표면장력 (dyne/cm)
미네랄스피릿	석유계혼합용제	(143)	0.79	150-205	0.08	7.8	–
톨루엔 크실렌	$C_6H_5CH_3$ $C_6H_4(CH_3)_2$	92.14 106.17	0.86 0.86	110 139	1.96 0.59	8.9 8.8	28.5 30.0
초산부틸 세로솔브(Cellosolve) 세로솔브 아세테이트 (Cellosolve acetate) 부틸 세로솔브	$CH_3COOC_4H_9$ $C_2H_5OC_2H_4OH$ $CH_3COOC_2H_4OC_2H_5$ $C_4H_9OC_2H_4OH$	116.16 90.12 132.16 118.18	0.88 0.93 0.97 0.90	126 135 156 171	1.00 0.38 0.18 0.068	8.6 9.9 8.7 8.9	27.6 27.9 28.2 27.3
에틸알콜 이소프로필알콜 n-부틸 알콜 이소부틸알콜	C_2H_5OH $(CH_3)_2CHOH$ $CH_3(CH)_3OH$ $CH_3CH(CH)_3CH_2OH$	46.07 60.10 74.12 74.12	0.79 0.78 0.81 0.79	78.3 82.3 117.7 107.8	1.61 1.44 0.43 0.62	12.7 11.5 11.4 10.7	22.2 21.4 24.6 22.8
아세톤 메틸에틸케톤 메틸이소부틸케톤	CH_3COCH_3 $CH_3COC_2H_5$ $CH_3COCH_2CH(CH_3)_2$	58.08 72.10 100.16	0.71 0.80 0.80	56.1 79.6 116	5.59 3.79 1.62	10.0 9.3 8.4	22.3 24.6 23.6
Ethylene glycol n-헥탄	HOC_2H_4OH $CH_3(CH_2)_5CH_3$	62.07 100.2	1.11 0.68	193.7 93-99	0.006 4.16	14.7 7.4	48.4 20.3
물	H_2O	18.02	1.00	100	0.36	23.4	72.3

5.3 강구조물의 도장

5.3.1 도장 공정

교량이나 선박의 도장은 제조공정에 따라 부위 마다 구분되고, 아래와 같은 공정으로 실시한다.

공정	도장장소	도막두께(μm)
일차 원재료 조정	공장내	-
shop 프라이머 도장	공장내	15-20
이차 원재료 조정	옥외 또는 공장내	-
하도(방식도장)	옥외 또는 공장내	80-250
중도	옥외	40
상도	옥외	40

shop 프라이마는 후판 강판에 쇼트블라스트 한 후에 도장한다. 하도의 도막두께는 도료의 종류와 기대수명 등에 의해 필요한 도막 횟수만큼 도장한다. 중도는 부착성 향상, 상도는 색상을 고려하여 도장하지만, 부위에 따라서는 생략되는 경우도 있다.

5.3.2 원재료 조정(기초처리, 표면처리)

(1) 원재료 조정의 목적

원재료 조정은 강재와 도료의 부착성을 좋게 하고, 장래에 미치는 도막의 기초로써 공장 스케일이나 이물질, 구 도막을 제거하는 작업으로 선박도장에서는 도장 공수의 50%이상을 점하는 아주 중요한 작업공정이다.

(2) 원재료 조정의 공구, 기계

그림 5.1에 원재료 조정에 이용되는 공구, 기계를 나타낸다.

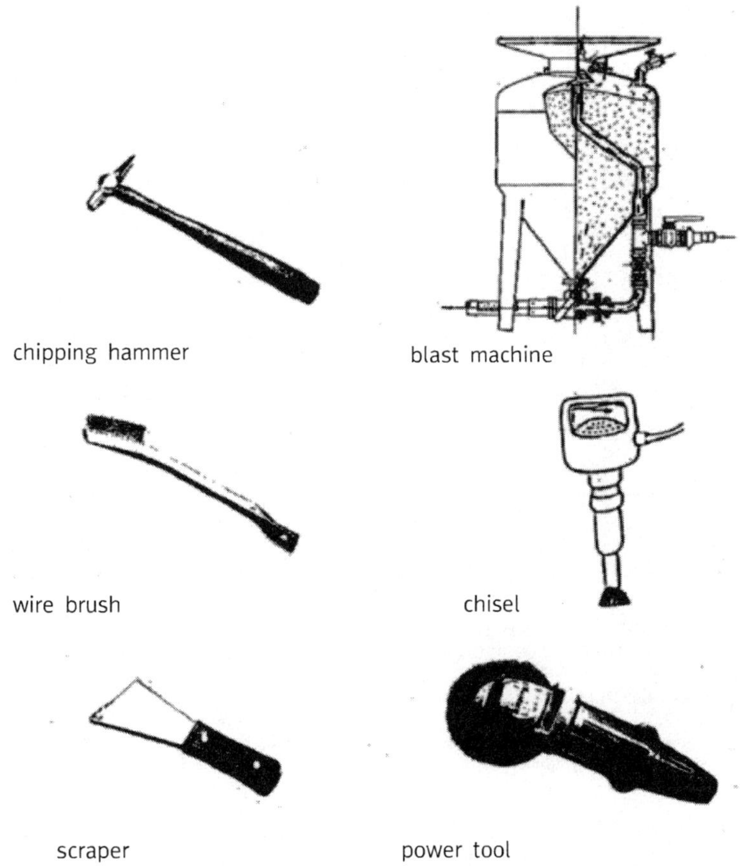

그림 5.1 도장할 구조물 정비 공구, 기계

(3) 원재료 조정의 규격과 등급 대비

표 5-13에 각국의 표면처리 기준, 표 5-14에 일본의 표면처리 기준을 나타낸다. 선박에서는 SIS, 해양구조물에서는 SSPC, 교량에서는 일본의 표면처리 기준이 이용되어 왔지만, SIS을 기초로 한 ISO의 기준이 제정되어 일반화 되고 있다.

표 5-13 표면처리에 관한 각국의 기준

SSPC (미국)*1	SIS (스웨덴)*2	BS4232 (영국)*3	NACE (미국)*4	JSRA SPSS (일본)*5	표준제거율 (미국)*6
White Metal Blast Cleaning SP-5	Sa 3	FIRST (NIL)	No. 1	Sh 3 Sd 3	99.9%이상 (-NIL)
Near White Metal Blast Cleaning SP-10	Sa 2.5	SECOND (95%이상)	No. 2	Sh 2 Sd 2	95%이상 (-99)
Commercial Blast Cleaning SP-6	Sa 2	THIRD (80%이상)	No. 3	Sh 1 Sd 1	67%이상 (-80)
Brush-off Blast Cleaning SP-7	Sa 1		No. 4		
Power Tool Cleaning SP-3	St 3			Pt 3	
Hand Tool Cleaning SP-2	St 2				
시공조건 등을 문장으로 표현	사진집 있음	( )는 녹 제거율을 나타냄		사진집 있음 Pt 2, Pt 1	( )는 가장 심각한 경우의 녹 제거율을 나타냄

(주) *1 Steel Structure Painting Council
*2 Svensk Standard SIS 05 5900-1967
*3 British Standard
*4 National Association of Corrosion Engineers
*5 일본조선연구협회 「도장전강재표면처리기준」 Standard for The Preparation of Steel Surface Prior to Painting
*6 The Society of Naval Architects and Marine Engineers 발행(1969.12)의 Abrasive Blasting Guide for Aged or Coated Steel Surface의 표준치이다. 더욱이 이 기준에서는 소재의 상태에 의해 녹 제거율을 변동시키고 있다.

표 5-14 일본에서 자주 사용되는 표면처리의 종류

원재료 조정 정도		작업방법	관련규격
청정도 1종	흑피, 녹, 이전 도막을 충분히 제거하고 청정한 금속면으로 한다	블라스트법	SSPC SP-5 SSPC SP-5 SSPC SP-10
		산세척	SSPC SP-8
청정도 2종	녹, 이전 도막을 제거하고 강 표면을 노출시킨다. 단, 패인 부분이나 좁은 부분에는 녹이나 이전 도막이 존재한다.	디스크 연마기· 와이어 휠 등의 전동공구와 수동공구 병용	SSPC SP-3
청정도 3종	녹, 열화 도막을 제거하고, 강 표면을 노출시킨다. 단 열화하지 않은 도막(활막)은 남김다.	동상	SSPC SP-2
청정도 4종	분화물 및 부착물을 제저하고, 활막을 남긴다.	동상	

5.3.3 도장

(1) 도장의 목적

넓은 의미는 원재료 조정에서 도료의 목적을 최대한 발휘하여 완성 도막의 형성까지를 말하며 좁은 의미는 도료를 재료에 도장하는 작업을 말한다.

(2) 강구조물에 채용되고 있는 도장 방법

표 5-15에 강구조물에 채용되고 있는 주요한 도장 방법을, 그림 5.2에 도장 기기를 나타낸다. 강구조물은 광대한 면적을 가지며 복잡한 형상으로 중량도 있다. 따라서 도장은 기계화 · 합리화가 대단히 어렵다. 이 때문에 인위적 작업이 주로 되어 안정한 도막이 얻어지는 것이 어렵다. 그러므로 각 공정 마다 도막 검사가 행하여져 양호한 도막을 얻도록 노력하고 있다.

표 5-15 강구조물에 사용하는 주요한 도장 방법

명칭	도장방법	장점	단점
붓 도장	붓에 도료를 적셔 손으로 도장한다	누구라도 쉽게 취급한다 구조물의 형상에 관계없이 도장 가능하다 용구가 간단해서 마무리도 쉽다.	붓털이 선다 건조성 도료는 도장하기 어렵다 도막 두께가 균일하지 않다
롤러 도장	롤러에 도료를 적셔 손으로 도장한다	특별한 훈련을 하지 않아도 비교적 잘 도장할 수 있다 작업능률도 비교적 좋다 롤러의 선택에 의해 도장 상태가 변한다	평면 이외에는 도장하기 어렵다
air 스프레이 도장	공기압에 의해 도료를 분무하여 구조물에 도장한다	도료 입자가 작고 마무리 상태가 양호하다 조작이나 운반이 간단하다 소량의 도료로 도장 가능하다	도료의 비산 손실이 많아 도장 효율이 나쁘다 고점도의 도료는 도장이 불가능하다
airless 스프레이 도장	도료에 고압을 가하여 특수 노즐에서 분무시켜 구조물에 도색시킨다	두꺼운 도막 사양에 적합하다 작업 효율이 좋다 고점도 및 저점도 도료에 적합하다	어느 정도의 숙련이 요구된다 에어 스프레이 다음으로 비산 손실이 많다.

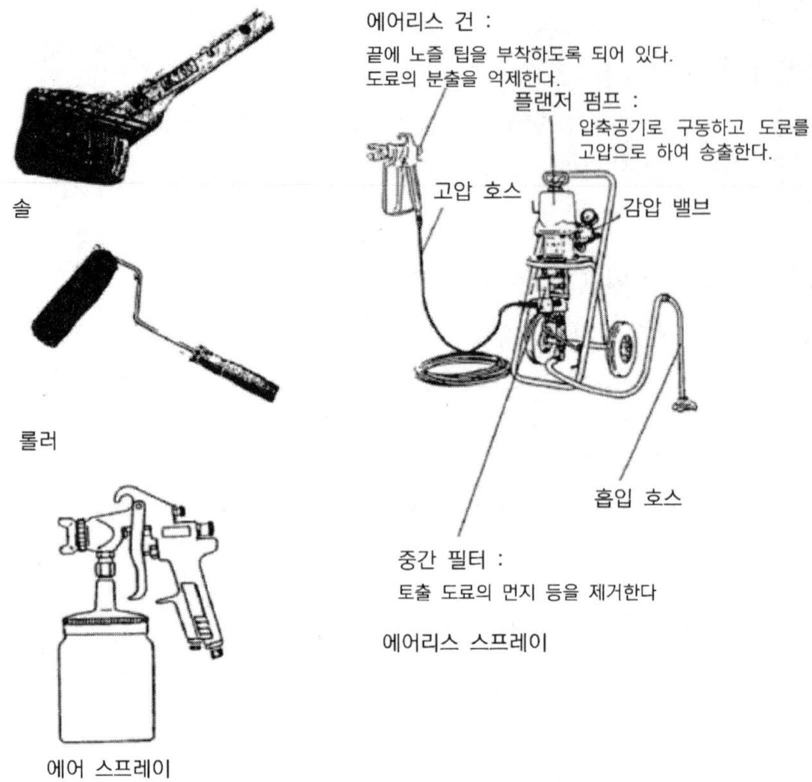

그림 5.2 도장의 공구, 기계

(3) 도막의 건조

도막의 건조는 도료에서 도막으로 변하는 과정으로 도막성능에 영향을 미치는 중요한 공정이다. 도료의 용제가 휘발하는 과정에서는 도료의 완만한 대류가 일어나고 표면은 용제에 녹은 수지가, 강판은 안료가 다소 많이 분포한다. 환기가 나쁘면 도막의 잔존용제가 많게 되어 도막의 부풀음의 원인이 되기도 하고 용제의 휘발이 너무 급격하게 되면 구멍이 많은 도막이 되기도 한다. 또한, JIS의 시험방법에서 말하는 지촉건조, 반경화건조, 경화건조는 1차적인 건조로 도장 작업상의 관리 항목으로 사용된다. 충분한 용제휘발과 경화반응에 의한 완전건조는 도막 본래의 성능을 발휘할 수 있다.

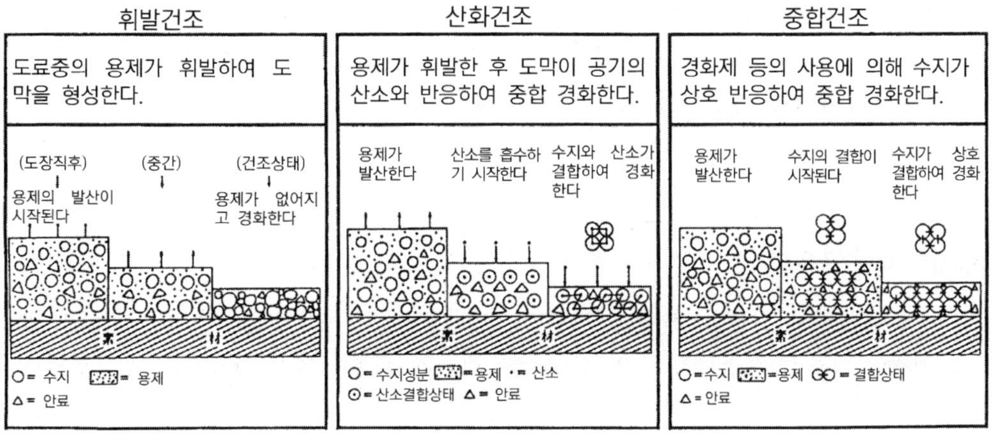

그림 5.3 도막의 건조 형태

건조의 대표적인 형태를 그림 5.3에 나타낸다. 수지나 용제의 종류, 도막두께 등에 의해서 다르지만, 일반적으로 휘발건조형은 건조가 빠르고, 산화중합형은 건조가 느리게 된다. 충분히 건조하지 않은 도막에 중복하여 칠하면 도장 결함이 생기는 경우도 있어 중복하여 칠하는 시간을 지켜서 도장하는 것이 필요하다.

(4) 도장과 건조도막두께

도장에 의한 방식은 건조도막두께가 중요하다. 규정도막두께(사양도막두께)와 평균도막두께에 대한 생각을 그림 5.4에 설명한다. 도장한 도막두께의 분포는 정규분포가 되고 표준편차, 평균값, 최대값, 최소값이 얻어진다. 한편, 방식성을 유지하기 위한 도막두께의 사양은 방식성능을 최고로 하기 위하여 최소값으로 하는 것이 이상적이지만, 평균도막두께가 과도하게 두껍게 되어 경제적이지 못하다. 그래서 규정도막두께를 설정해서 도장한다. 예를 들면, 전체 면적의 90% 이상이 규정도막두께 이

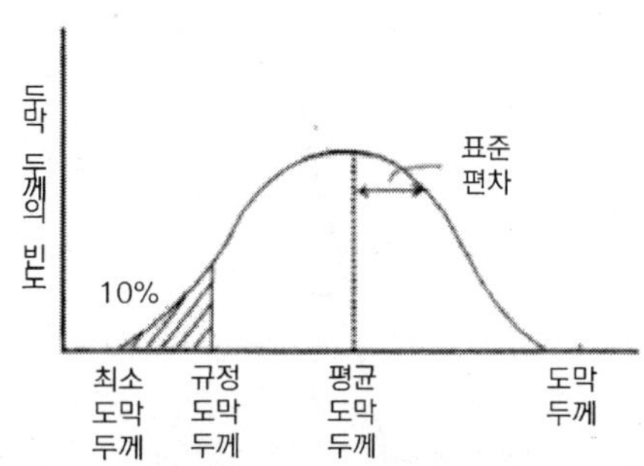

그림 5.4 규정도막두께(사양도막두께)
도막두께 계측점 총수의 90%는 규정도막두께 이상으로 하고, 나머지 10%는 규정도막두께의 90% 이상으로 한다.

상으로 되도록 조장하고 나머지 10%도 규정도막두께의 90% 이상이 되도록 도장한다. 오히려, 표준편차는 비교적 단순한 형상의 구조물에 airless 도장한 경우에서 평균도막두께의 20~25%로 되는 경우가 많다.

5.3.4 도장설계

도장설계시 고려할 사항을 그림 5.5에 나타낸다. 이들 항목을 하나씩 검토하고 계획을 세워서 시공하는 것이 강구조물 건조의 최종 공정인 도장에는 필요하다.

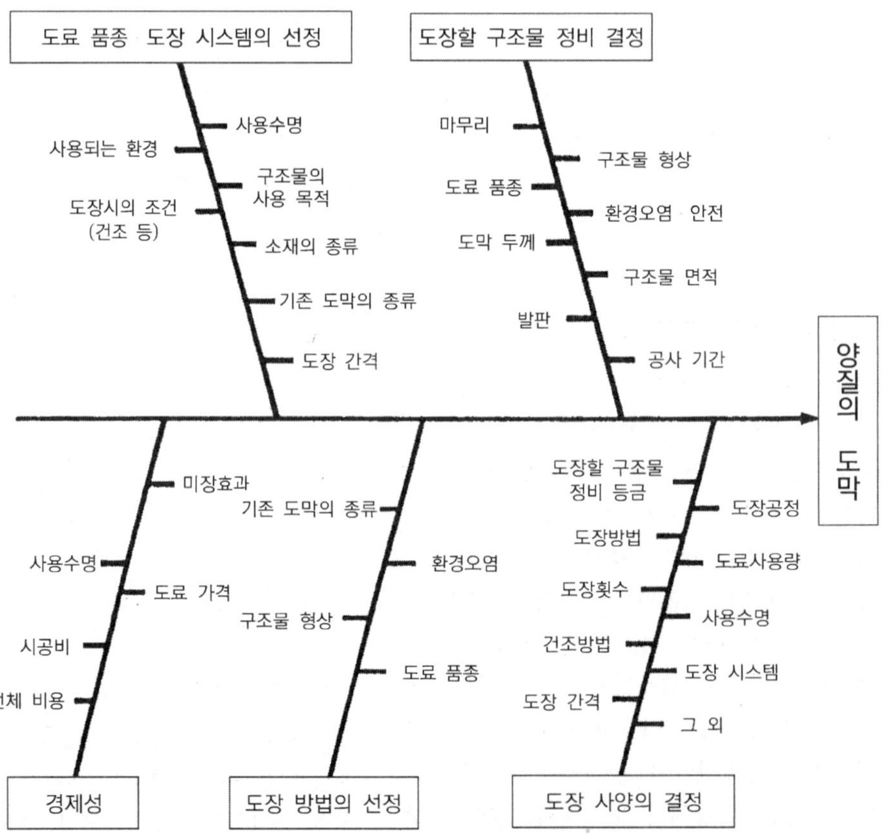

그림 5.5 도장 설계 요인

5.4 강구조물의 처한 환경과 도막의 요구 기능

강구조물 중에서 다양한 환경조건이나 사용조건에 노출되는 선박을 예로, 환경과 도막의 요구 기능을 표 5-16에 나타낸다. 특히 해수와 접하는 외판과 밸라스트 탱크, 적하와 접하는 카고탱크는 부식조건이 심하고 방식성이 좋은 도료의 사용과 온도환기 등 제어 가능한 특별한 도장공장에서 관리된 도장이 실시된다. 특히 그림 5.6에 나타내는 도장하기 어려운 곳이나 도막결함이 발생하기 쉬운 용접부, corner, edge는 도막두께 확보를 위해 선행 도장이 실시된다.

마지막으로, 기능을 발휘하는 것은 도막이고 도료는 기능을 가지고 있는 재료이다. 보다 좋은 시공환경과 도장작업에서 양호한 도막을 만드는 것이 강구조물의 장기 방식에 도움이 된다.

표 5-16 선박 각 부위의 환경과 요구 기능

부위	환경	요구기능
외판선저부	해수에 침수되어 부식이 현저하다 해중 생물이 부착한다 운항시의 해수응력이 작용한다 전기방식에 의한 가전압이 작용한다	내해수성, 방식성 해중생물부착방지성 내전기방식성
외판수선부	해수와 대기를 반복한다 운항시의 파도에 의한 응력이 작용한다 입항 시, 손상을 받는다	내해수성, 방식성 내후성 내충격성
외판외현부	대기에 노출된다 해수의 물보라 영향을 받는다 입항 시, 손상을 받기 쉽다	방식성 내후성 내충격성
노출 상갑판 상부 구조물 외면 등	대기에 노출되어, 주야간의 온도 변화가 있다 해수 물보라의 영향을 받는다 사람의 작업 또는 기계를 설치 한다 기름 부착 또는 광석이 낙하 한다	방식성 내마모성 내유성 내충격성
발라스트 탱크	해수를 공급한다 전기방식에 의한 과전압이 걸린다 선체의 응력이 집중한다	내해수성, 방식성 내전기방식성 도막 물성
카고 탱크	원유의 영향을 받는다 혼입수에 유황이 용해되어 강산의 영향을 받는다 해수를 적재하는 경우도 있다 석유정제품 적재 선박도 있다	내원유성 내산성 내해수성 내제품성
청수 탱크	청수가 적재된다 엔진 룸과 온도차가 생긴다	내수성 온도차
거주구 내부	염분의 영향을 받는다 노출 상갑판의 뒷면은 주야간의 온도 변화가 있다	방식성 내결로성

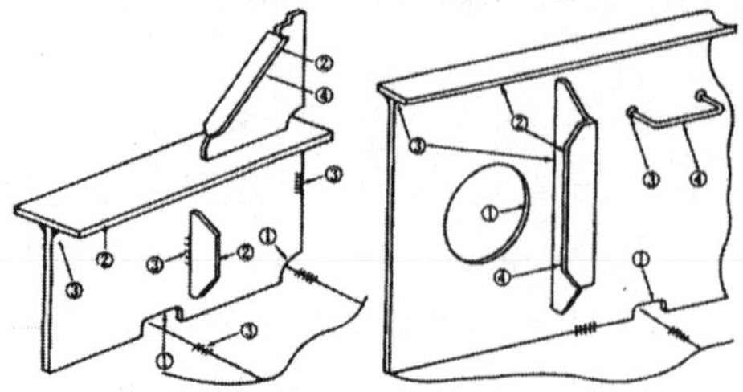

구멍의 내측 및 가장자리 ················ ①
모서리 ··· ②
수동 용접 비드 ······························· ③
도장 곤란한 장소 ··························· ④

그림 5.6 선행 도장 부위

5.5 도막결함

5.5.1 도막결함과 도막열화

강구조물은 강구조물이 설치되는 환경에 적합한 도료의 선택과 도장방법에 따라서 장시간의 방식기능을 나타낸다.

그러나 도막은 장시간 환경의 영향을 받아 서서히 열화하기 때문에 관리, 점검, 보전이 필요하다. 관리, 점검은 정기조사와 상세조사로 나누어 실시하지만, 방대한 도장면적을 갖는 강구조물은 주로 눈으로 조사한다.

눈으로 이상이 발견된 도막을 도막결함이라 부르지만, 강구조물의 형상이나 표면상태, 사용한 도료, 도장방법이나 도장환경, 불균일한 도막두께 등의 원인에 의하여 도막의 불균일 부분에서 짧은 시간에 발생하는 도막의 '초기결함'과 도막의 목적을 달성한 후에 환경의 영향을 받아서 서서히 발생하는 '열화결함'이 발생한다.

두 종류의 도막결함은 형상이 같아서 눈으로 구별하기 어려운 경우도 있지만, 열화결함은 화학적, 물리적, 물리화학적 변화를 동반하기 때문에 상세한 조사에 의하여 구별할 수 있고 원인도 추정할 수 있다.

5.5.2 강구조물의 대표적인 도막결함

강구조물의 도막에 발생하는 대표적인 도막결함은 팽창, 녹, 벗겨짐, 균열, 백청 등이 있다. 도막결함은 단독으로 발생하는 것도 있지만, 중복하여 발생하는 수도 있다. 그림 5.7 ~ 5.11은 각각 도막의 팽창, 녹, 벗겨짐, 균열 및 백청을 나타낸다. 초기결함은 강구조물용 방식도료와 도장(5.2~5.4절)이나 다른 문헌을 참조하기 바라며 여기서는 도막열화에 따라서 발생하는 도막 결함의 기구에 대하여 설명한다.

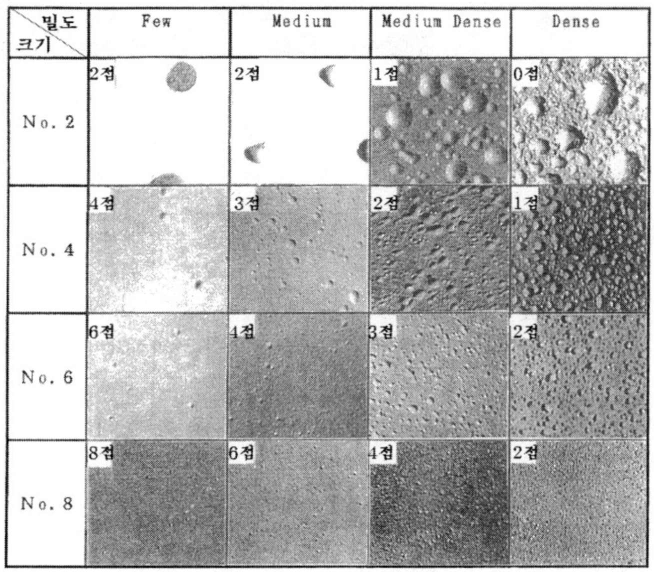

그림 5.7 도막의 팽창

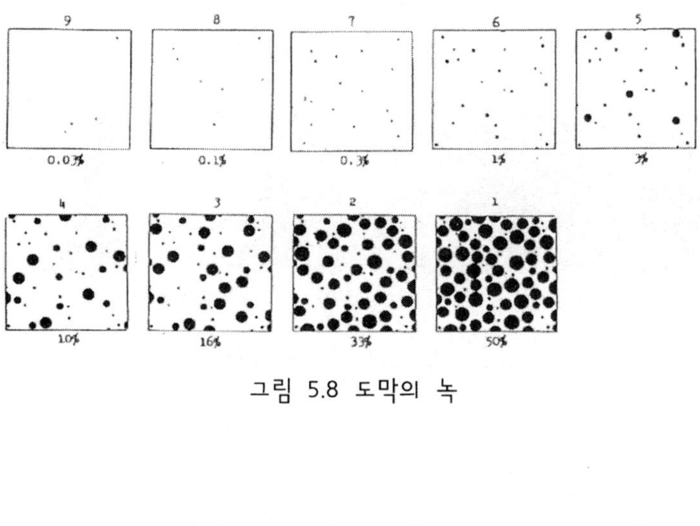

그림 5.8 도막의 녹

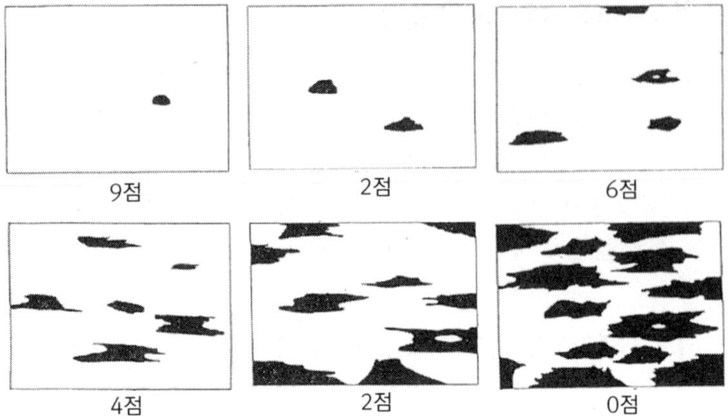

그림 5.9 도막의 벗겨짐

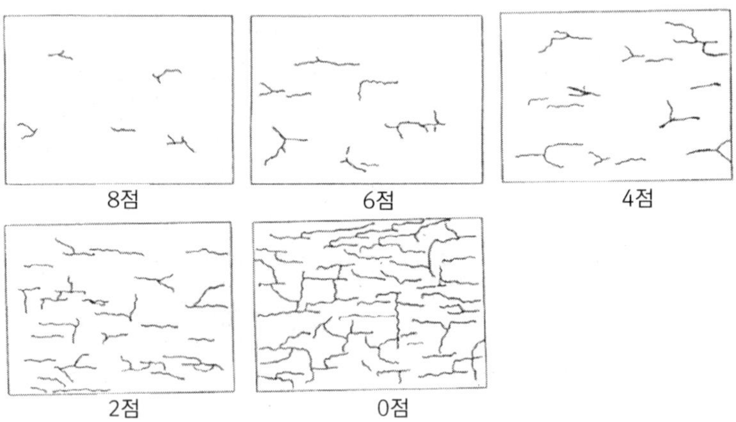

그림 5.10 도막의 균열

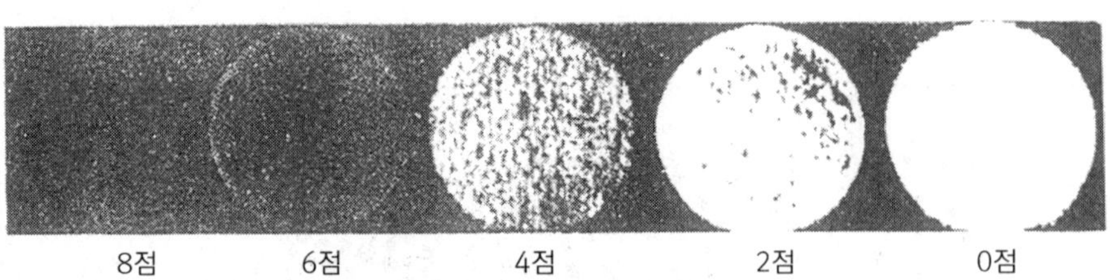

그림 5.11 도막의 백청

5.6 도막열화

도막은 환경의 영향을 받아서 도막의 특성이 서서히 변화하는 즉, 도막열화현상이 발생한 후에 도막결함이 발생하는 것은 앞에서 설명하였다. 여기서는 도막 열화를 발생시키는 폭로환경 요인의 영향과 도막결함과의 관계, 또한 도막선정에 대하여도 설명한다.

5.6.1 도막의 팽창과 내수성

도막의 팽창은 도막이 물을 만났을 때 발생하는 결함으로 그림 5.12에 나타내는 것과 같이 도막으로 물이 투과하여 강과 도막 사이에 물이 머무는 현상을 말한다. 따라서 물이 투과하는 구동력, 도막의 물 투과성과 도막의 부착성이 관계한다.

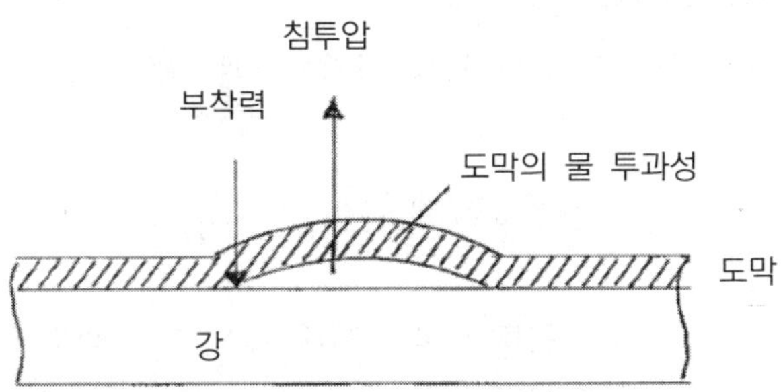

그림 5.12 도막의 부풀음에 관계하는 요인

(1) 물을 투과시키는 구동력(침투성)

그림 5.13과 같이 박리도막을 사이에 두고 물의 압력차가 있는 경우 및 물에 용해한 물질의 농도차가 있는 경우나 수온 차이가 있는 경우는 도막 내를 물이 이동하는 힘(침투압)이 작용한다.

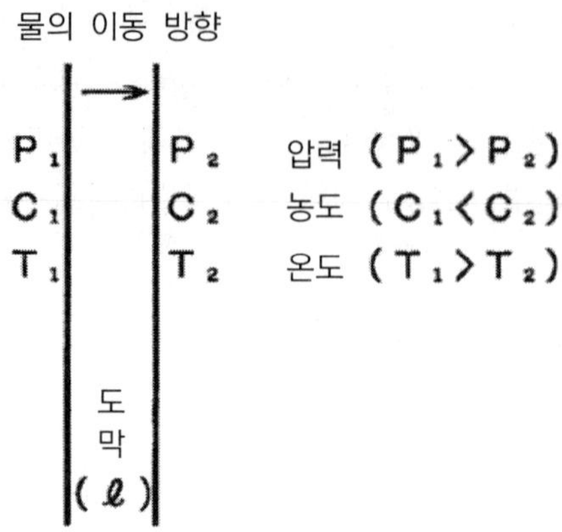

그림 5.13 침투압

1) 압력차에 의한 침투압

박리도막을 사이에 두고 물의 압력 차이가 있는 경우, 고압에서 저압으로 물이 이동한다.

$$\pi = \frac{RT}{V} ln(P_1 - P_2) \tag{5.6}$$

π : 침투압, R : 기체 상수, T : 절대 온도,
V : 물의 분자 체적, $P_1 - P_2$: 압력차

강에 칠한 도막의 부착력이 나쁘거나 용제에 의한 기공이 발생하면 박리도막과 같이 압력차에 의한 침투압이 작용하고 도막 내로 물이 이동한다.

2) 농도차에 의한 침투압

강 표면이나 도막 중에 물 성분이 존재하는 경우, 수용액 농도를 평행으로 하려는 힘이 작용하여 농도가 낮은 곳에서 높은 곳으로 물이 이동한다. 따라서 순수할수록 침투압이 높게 된다.

$$\pi = RT(C_1 - C_2) \tag{5.7}$$

$$C_1 - C_2$$: 농도(용질의 몰 수)차

3) 온도차에 의한 침투압

도막을 사이에 두고 물의 온도차가 있는 경우도 고온에서 저온으로 침투압이 작용하고 물이 이동한다. 예를 들면, 강의 내・외면을 도장하고 내면에 온수, 외면에 냉수를 흐르게 하면 내면의 도막에는 물이 침투하는 힘이 작용하고 외면의 도막에는 물을 배척하는 힘이 작용한다.

$$\pi = \frac{R}{V} ln(T_1 - T_2) \tag{5.8}$$

$$T_1 - T_2$$: 온도차

(2) 도막의 물 투과성

다음으로 도막의 특성에 관계되는 물 투과성에 대하여 설명한다. 도막을 통해서 고압(P1)에서 저압(P2)으로 물이 이동하는 과정에 도막 내에 확산이 정상적으로 일어날 때는 Fick의 제1 법칙이 적용되고 투과 속도 P는 식 (5.4)으로 나타낸다.

$$P = Ds(P1 - P2)/l \tag{5.9}$$

D : 확산 계수 S : 용해도 계수 l : 막 두께

한편, 농도 차이는 Hennry의 법칙에서 C=sP의 관계가 성립하는 식 (5.10)이 된다.

$$P = D(C1 - C2)/l \tag{5.10}$$

즉, 도막 속을 이동하는 물(물과 같은 다른 물질)의 투과 속도는 확산계수, 용해도 계수, 압력 차이와 농도 차이에 비례하고 막 두께에 반비례한다. 확산 계수, 용해도 계수는 도막의 조성, 구조에 관계되는 특성 값으로 도막의 내구성과 관계있다.

1) 확산계수

물은 물 분자보다 큰 수지의 간극, 수지와 안료의 간극이나 도막 형성시의 불균질 부분을 확산하고 투과한다.

따라서 수지 내의 분자가 밀집하여 응집력이나 결정성이 강하고 더욱이 곁사슬의 분자가 작아서 곁사슬에 대칭성이 있는 수지는 확산계수가 작다. 또, 고가교로서 가교 사이의 분자량이 작은 수지일수록 물이 투과할 때 변형이 작아 물 확산을 방해한다.

에폭시수지는 상기의 특징을 가진 페닐기를 가지고 아미노기로서 고가교함과 동시에 두꺼운 막으로 도장할 수 있으므로 장기방식 도료용 수지로서 많이 사용된다.

수지와 안료의 섞임이 나쁜 경우도 계면에 간극이 발생하고 물 확산이 크게 된다. 안료 표면의 화학적 성질이나 안료 표면의 표면 전위, 안료의 산·염기도와 수지의 극성기 등에 의하여 안료에 대한 수지의 섞임 정도와 부착이 다르다.

일반적으로 카르복실기나 수산기, 아미노기를 적당량 가지고 있는 수지는 안료와 섞임이 좋다.

가소제는 수지의 응집력을 약하게 하고 수지를 부드럽게 하므로 확산계수가 크게 된다.

2) 용해도 계수

수지를 구성하고 있는 원자단에는 물에 용해하기 쉬운 성질을 가지고 있는 것이 있다. 안료에 대하여 섞임이 좋은 카르복실기나 수산기, 아미노기 등을 많이 가지는 수지는 물과 친화성이 좋고 물이 표면에서 순차 용해하므로 용해도계수가 높게 된다.

이러한 극성기는 확산계수와 용해도계수로서 물 투과성에 대하여 상반되는 성질을 나타내고 특히 내수성을 요구하는 도료는 적당한 극성기를 가지는 수지가 양호한 경우가 많다. 또, 물과 친화성이 좋은 수지가 반응하여 만들어진 소수성고분자라도 장시간 폭로에 의하여 분해하여 원래의 물 친화성이 좋은 수지로 변하여 물이 용해하기 쉽게 된다. 더욱이 수지에 물이 용해하면, 수지가 팽창하여 가소화되기 때문에 물보다 분자직경이 큰 예를 들면 산소나 염소 등의 부식 이온도 물과 함께 투과하게 된다.

그 결과 강이 부식하여 부식성 생성물이 생기고 투과압에 의하여 물의 투과가 더욱 높아진다.

(3) 도막의 부착성

원자와 원자를 연결하는 화학결합은 이온결합, 공유결합, 금속결합의 3종류가 있으며 매우 강한 결합력을 가진다. 한편 분자 사이에 작용하는 힘은 동종 분자가 끌어당기는 응집력과 이종 분자 사이에 끌어당기는 부착력이 있다. 동종 또는 이종 분자 사이에서 끌어당기는 힘은 수소 결합력과 반데르발스 힘으로 도막의 부착에 관여한다.

수소 결합력은 분자 내에서 ⊕ 전기를 가지는 수소원자가 매체가 되고 ⊖로 전기를 가진 전기음성도가 큰 원자 사이에 작용하는 정전기적 인력이다. 또 반데르발스 힘은 분자간에 작용하는 힘이다.

1) 흡착설

그림 5.14에 수소 결합력과 반데르발스 힘의 포텐셜 곡선을 나타내었다.

수소 결합력이 강하게 작용하기 위해서는 $2 \sim 3\dot{A}$까지 접근할 필요가 있지만, 반데르발스 힘은 $5\dot{A}$의 거리까지 작용한다. 즉, 상호간에 끌어당기는 힘이 발생하기 위해서는 일정한 거리까지 접근할 필요가 있다. 이 단계를 확산단계와 흡착단계로 나눈다.

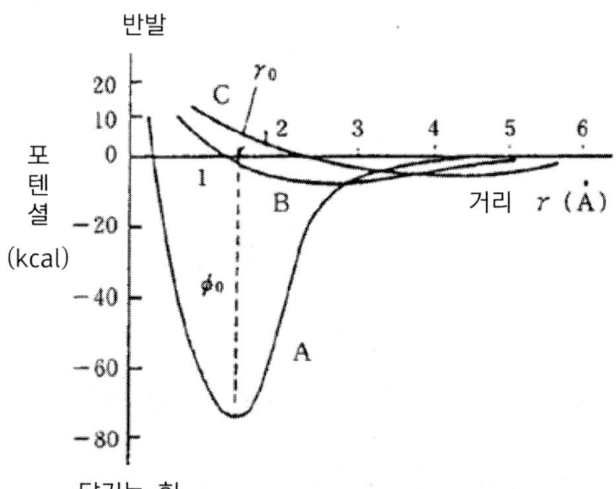

A : 공유결합, $\phi_o = 75\,kcal, r_o = 0.15nm$
B : 수소결합, $\phi_o = 6\,kcal, r_o = 0.27nm$
C : 반데르발스 힘, $\phi_o = 2\,kcal, r_o = 4.5nm$

그림 5.14 포텐셜 곡선

확산단계는 수지의 극성기가 물체의 표면에 접근하는 단계이고, 흡착단계는 수지와 물체의 거리가 어느 범위 내에 있으면 흡착평형이 발생하여 부착력이 발생하는 단계이다. 그림 5.15는 금속표면에 수소결합 하는 에폭시수지의 모습을 나타낸다.

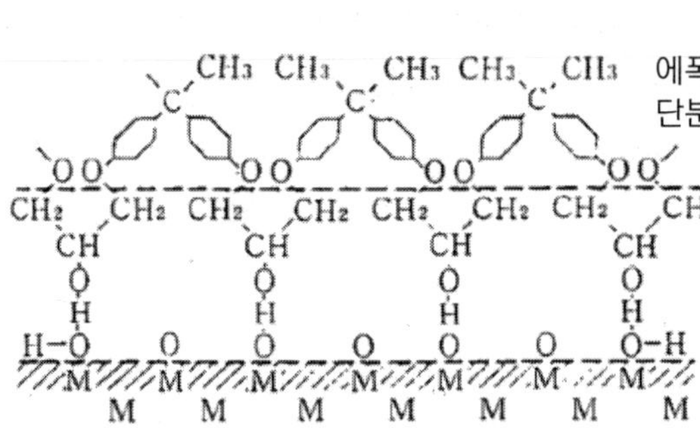

그림 5.15 금속표면에 수소결합 하는 에폭시수지

2) 확산설

물체와 수지가 상호간의 용해 파라미터가 접근할수록 부착성이 향상한다. 또 용해 파라미터와 표면장력 사이에는 비례관계가 있는 것으로 알려져 있다. 도료가 물체에 접착하는 현상으로 각 계면에 작용하는 에너지로서 그림 5.16에 나타낸다.

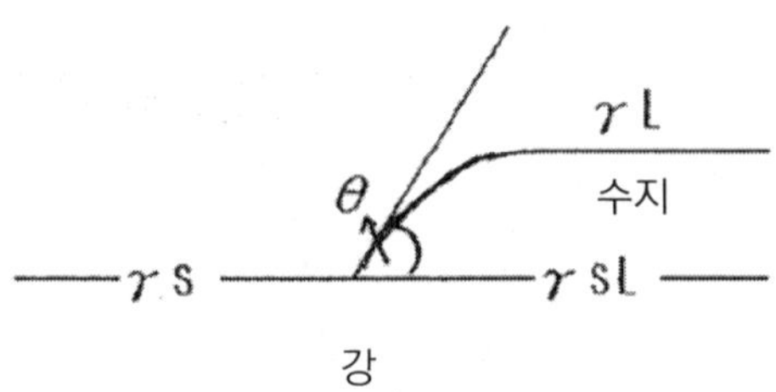

그림 5.16 표면에너지와 접착에너지

접착에너지W는 각 계면의 표면장력(표면에너지)에서 식 (5.11)으로 주어진다.

$$W = \gamma s + \gamma L - \gamma s L (5.7) \tag{5.11}$$

γs : 도료의 표면장력, γL : 물체의 표면장력, $\gamma s L$: 도료와 물체

즉, γs와 γL의 표면장력이 크고, γsL이 작은 쪽이 접착에너지가 크게 된다.
또 도료와 물체의 접촉각은 식 (5.12)의 관계가 있고 접촉각이 작을수록 부착력이 크게 된다.

$$W = \gamma s(1+\cos\theta)(5.8) \tag{5.12}$$

θ : 접촉각

또 식 (5.13)의 관계가 있다.

$$W = n\epsilon(5.9) \tag{5.13}$$

n : 1 ㎠ 당의 결합수, ϵ : 결합에너지

그러므로 도료는 물체와의 접촉각을 작게 하여 잘 퍼지도록 하고 표면장력을 될 수 있는 한 크게 하여 물체에 가까운 값으로 하는 것이 바람직하다.

3) 그 외

정전기 2중 층설, 약 경계설, chain설 등이 있다.

4) 부착장해와 부착열화

도막의 부착장해에는 외적조건과 내적조건이 있다. 외적조건으로서 물체 표면에 이물이 있고 수지가 물체의 표면에 확산될 수 없는 경우나 물체의 표면장력이 낮아 부착하기 어려운 경우이다.
또, 내적조건으로서 도료가 물체에 대한 부착력이 나쁘거나 건조·경화 할 때에 발생하는 수축응력이 있다. 응력과 변형의 관계는 5.6항에 도막의 균열, 벗겨짐과 도막물성을 나타낸다.
도막은 장시간 폭로에 의하여 물의 투과나 온도 변화 등에 의하여 팽창과 수축을 반복한다. 그 결과 수지 내의 결합력이 약한 부분에서 절단, 물체와 도료의 부착력 저하, 강의 용해에 의한 부착력의 저하 등이 발생한다.
표 5-17에 수지의 각종 결합에서 결합분해에너지를 나타내지만, 결합분해에너지가 낮을수록 분해하기 쉽다.

표 5-17 각종 결합의 결합분해에너지

Kcal/mole

	$-H$	$-Cl$	$-Br$	$-I$	$-OH$	$-NH_2$	$-CHO$	$-COCH_3$	$-CN$	$-OR$ *	$-HNC_6H_5$
CH_3-	101	80	67	54	90	79	75	77?	105	–	–
C_2H_5-	98	80	65	51	90	78	71?	77?	–	–	–
$n-C_3H_7-$	95	77	–	50	92	77	71?	77?	–	–	–
$(CH_3)_2CH-$	89?	–	–	46?	90	–	–	73?	–	–	–
$(CH_3)_3C-$	85?	75?	61?	45?	91?	–	–	–	–	–	–
$CH_2=CH-$	104?	86?	–	50	–	–	84?	–	121?	–	–
$CH_2=CH \cdot CH_2-$	77	58	48	35~37	76	64	50	–	92?	–	–
$C_{11}ClO \cdot C_6H_{11}-$	–	–	–	49?	–	–		–	–	–	–
C_6H_5-	104?	88?	–	57	107?	94?	83?	–	124?	–	–
$C_6H_5 \cdot CH_2-$	78	–	51	39	73	59	–	63	95?	–	–
C_6H_5NH-	–	–	–	–	–	–	–	–	–	–	48
$HCO-$	79?	–	–	–	90	89?	–	59?	–	–	–
CH_3CO-	85?	82?	67?	–	90	98?	59?	60	–	–	–
$NC-$	121	–	–	–	–	–	–	–	117	–	–
$^*R \cdot O-$	–	–	–	–	–	–	–	–	–	30~35	–
NH_2-	104	–	–	–	–	15	–	–	–	–	–
COl_3-	89	70	57	–	–	–	–	–	–	–	–
CH_2Br-	99	–	–	–	–	–	–	–	–	–	–
CBr_3-	93	–	–	–	–	–	–	–	–	–	–
$CHCl \cdot Br-CHCl-$	–	–	51	–	–	–	–	–	–	–	–

$^*R=R'$: C_2H_5-, $1C_3H_7-$, $1(CH_3)_3C-$

5.6.2 도막의 녹과 방식성

물과 함께 산소, 염소 등의 부식인자가 도막 내를 투과하여 강의 표면에 도달하고 강이 부식하여 만들어진 생성물(녹)이 도막의 표면에 나타나 현상을 도막의 녹이라 한다. 즉, 도막의 녹은 강의 부식과 도막 내로 부식인자의 투과가 관계한다.

(1) 강의 부식

우리들은 자유에너지가 작은 철광석을 정련(환원)하여 자유에너지가 큰 강(철)로 하여 사용한다. 따라서 강은 자유에너지가 작은 녹으로 변하는 성질(산화)을 가지고 있다. 이 현상을 강의 부식이라 부른다.

강의 부식에는 물이 관여하지 않는 고온에서 철과 산소가 직접 화학반응하는 건식과 물이 관여하여 양극부와 음극부에서 반응이 동시에 발생하는 전기화학반응(전지반응)의 습식이 있다.

이하는 자연환경에서 발생하는 습식에 대하여 설명한다.

1) 녹의 상태와 조성

내륙부 폭로(해안에서 6 Km 지점)와 비말대 폭로에서 발생한 녹의 단면 SEM 사진 및 XMA선 분석결과를 그림 5.17에 나타낸다.

내륙부 폭로에서 발생한 녹은 치밀한 입자상이지만, 비말대 폭로에서 발생한 녹은 층상으로 강과 녹의 계면에 염소이온이 응집이 되어 있다.

그림 5.18에 녹의 변화를 산화와 탈수의 관계로 개념적으로 나타내었다.

그림 5.19에 각 부식 환경 하에 폭로한 때의 녹을 적외선 흡수 스펙트럼 분석한 결과를 나타내었다.

수분의 영향이 현저한 해수침지이나 비말대 폭로에서 발생한 녹은 무정형으로 FeOOH(옥시 수산화철)이 많고, 내륙부 폭로에서 발생한 녹은 FeO(산화철)이나 Fe_2O_3(이삼산화철)이 많다.

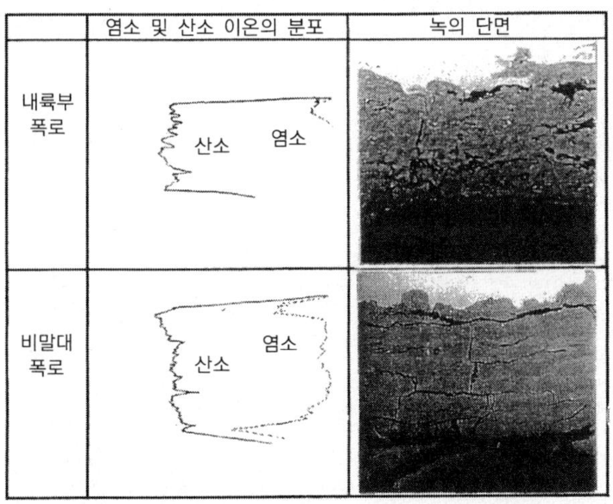

그림 5.17 녹의 단면과 염소 및 산소 이온의 분포
녹의 단면 : SEM 사진
녹의 두께 : 내륙부 폭로 95, 비말대 폭로 450
염소 및 산소 이온의 분포 : X-ray micro analyzer 선분석

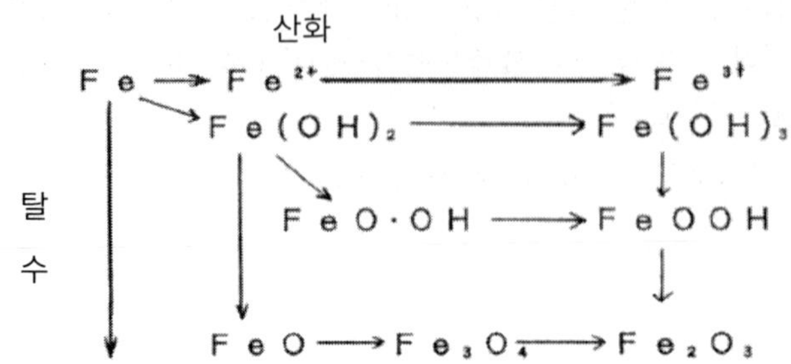

그림 5.18 녹의 변화

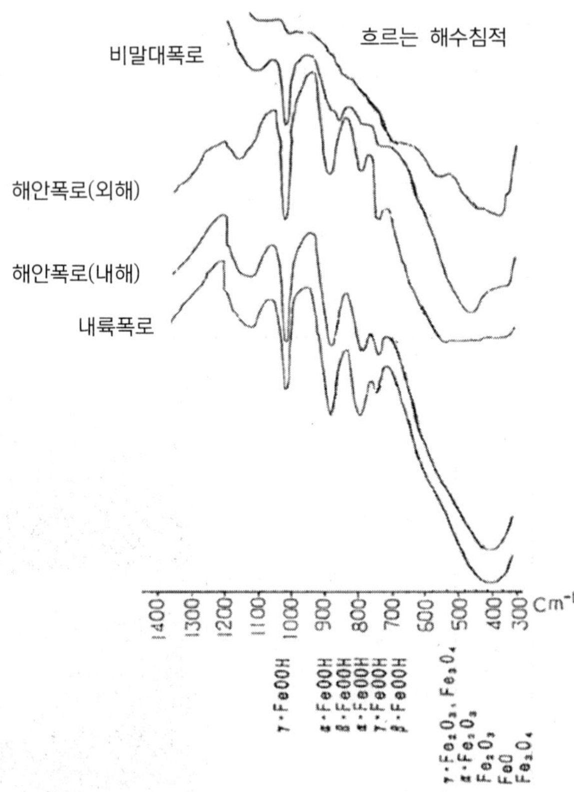

그림 5.19 강의 적외선 흡수 스펙트럼 KBR법

2) 강의 부식조건

그림 5.20은 강의 대표적인 부식조건과 양극부와 음극부를 나타낸다.
화살표 방향은 부식반응에 따르는 전자의 흐름 방향을 나타낸다. 화살표 끝단이 음극부를 나타내고, 처음 부분이 양극부를 나타낸다. 부식전류는 용액 내를 흐르고, 전자의 흐름 방향과 역방향이 된다. 강과 용액 사이에는 전기 셀이 된다. 다른 조건에 의한 부식도 마찬가지로 화살표의 끝단이 음극부를 나타낸다. 산소농도 차이에 의한 부식은 산소공급량이 많은 쪽이 음극부가 되고, 산소공급량이 작은 쪽이 양극부가 되어 강이 용해(녹)한다.

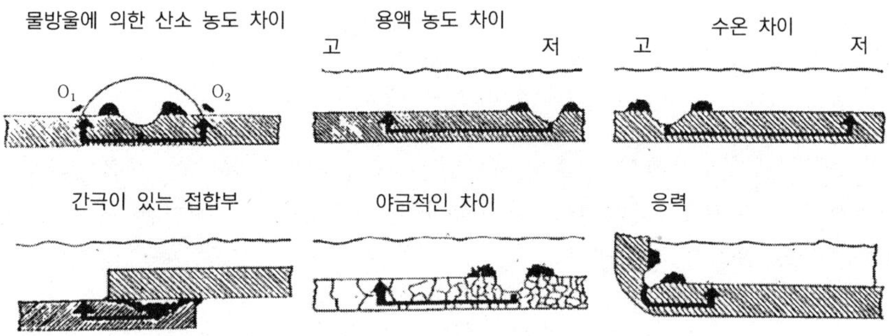

그림 5.20 대표적인 강의 부식조건

3) 강의 부식반응

그림 5.21은 탈산소 환경에서 강의 부식반응을 나타낸다.

$$\text{양극반응 : } Fe \rightarrow Fe^{2+} + 2e^- \quad (5.14)$$

$$\text{음극반응 : } 2H_2O + 2e^- \rightarrow H_2 + 2OH^- \quad (5.15)$$

$$(\text{산소가 있을 때는 } 2H_2O + O_2 + 4e^- \rightarrow 4OH^-) \quad (5.16)$$

일반적으로 한 개의 전극반응은 다음과 같이 나타낼 수 있다.

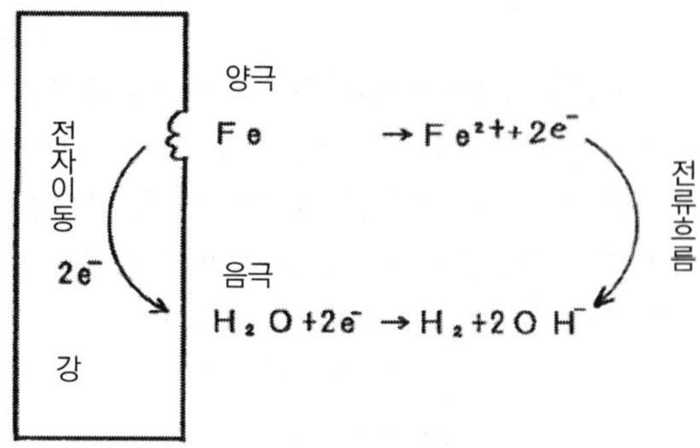

그림 5.21 강의 부식반응

$$Ox + ne^{-} = Red \quad (5.17)$$

화학 포텐셜 에너지에서 산출할 수 있는 평형상태의 화학적 자유에너지 변화(Δ G)는 식 (5.18)으로 나타낸다. 또, 화학적 자유 에너지 변화는 전기적 에너지와 식 (5.15)의 관계가 성립한다.

$$\Delta G = \Delta G_0 + RT\ \ln[Ox]/[Red] \quad (5.18)$$

$$-G = -nFE \quad (5.19)$$

강의 부식반응에서 발생한 기전력 E는 식 (5.18, 5.19)을 대입하면, Nernst equation이 얻어진다.

$$E = E_0 + RT/NF \cdot ln[Ox]/[Red] \quad (5.20)$$

E_0 : -0.44 V (철의 표준전위)

R : 기체 상수 (1.987 cal/K · mol)

T : 절대온도 (K)

n : 1 mol 당 이동하는 전자수 (철은 2)

F : 패러디 상수 (96500 C/mol)

(23060 cal/V · 당량)

Nernst equation은 반응에 관여하는 물질의 농도에 의하여 전극전위가 어떻게 변하는가를 나타내고, 수소 이온 농도 즉, pH 의존성이 있다.

4) 불활태, 부식태, 부동태

Pourbaix diagram은 각종 금속에 대하여 pH-전위도를 작성하고 있다. pH-전위도는 금속의 각 화학반응식에서 식 (5.16)의 전위, H 또는 OH 이온, 전자의 관계로 나타낼 수 있다.

그림 5.22는 철의 pH-전위도를 나타낸다. 이 그림은 반응의 평형상태를 기본으로, 환경의 용액pH와 부식전위와의 관계로 나타내고 있고, 철의 부활태, 부식태, 부동태의 가능성을 알 수 있다. 따라서, 용액pH와 부식전위를 측정하면 철이 부식상태에 있다는 것을 추정할 수 있다.

그림 5.23은 아연의 pH-전위도를 나타낸다.

아연은 pH, 전위 모두 부식 상태 영역이 넓어서 부식하기 쉬운 금속인 것을 알 수 있다.

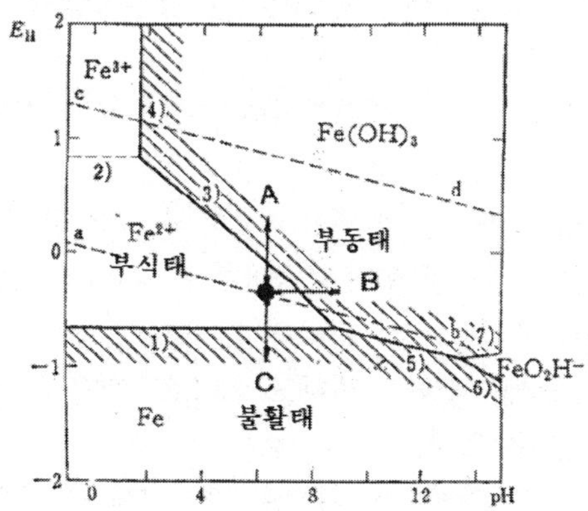

1) $Fe \rightleftharpoons Fe^{2+} + 2e$
2) $Fe^{2+} \rightleftharpoons Fe^{3+} + e$
3) $Fe^{2+} + 3(OH^-) \rightleftharpoons Fe(OH)_3 + e$
4) $Fe^{3+} + 3(H_2O) \rightleftharpoons Fe(OH)_3 + 3H^+$
5) $Fe + 3H_2O \rightleftharpoons Fe(OH)_3 + 3H^+ + 3e$
6) $Fe + 2H_2O \rightleftharpoons FeO_2H^- + 3H^+ + 2e$
7) $FeO_2H^- + H_2O \rightleftharpoons Fe(OH)_3 + e$

그림 5.22 철의 pH-전위도

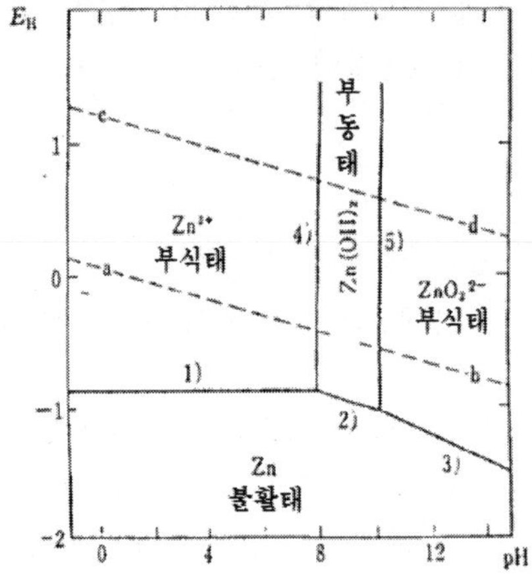

1) $Zn \rightarrow Zn^{2+} + 2e$
2) $Zn + 2H_2O \rightleftharpoons Zn(OH)_2 + 2H^+ + 2e$
3) $Zn + 2H_2O \rightleftharpoons ZnO_2^{2-} + 4H^+ 2e$
4) $Zn(OH)_2 + 2H^+ \rightleftharpoons Zn^{2+} + 2H_2O$
5) $Zn(OH)_2 + 2OH^- \rightleftharpoons ZnO_2^{2-} + 2H_2O$

그림 5.23 아연의 pH-전위도

5) 강의 부식속도

그림 5.24는 각종 환경 하에 보통강을 폭로했을 때, 폭로시간과 강부식량의 관계를 나타낸다.

그림 5.17에 나타낸 XMA 선분석과 그림 5.24를 대비시키면 염소이온이 강부식량을 많게 한다는 것을 알 수 있다.

부식량(속도)는 식 5.16의 패러디 상수로도 알 수 있듯이 부식전류량(부식전류)으로 그림 5.25의 전위-전류도로 나타낸다. 양극반응과 음극반응을 분리(분극)하여 측정하고 그 교점(등가)이 부식전위와 부식전류를 나타낸다. 양극반응은 그림 5.26의 pH나 그림 5.27의 염소이온농도에 의하여 변하고 캐소드 반응도 그림 5.23의 pH 등에 의하여 변하는 것을 알 수 있다.

부식반응에서 반응을 지배하는 것은 반응을 억제하는 쪽으로 양극지배, 음극지배, 혼합지배 등으로 부르고 또, 용액의 전기저항이 높거나 양극부와 음극부가 떨어져 있는 경우는 용액의 영향이 크게 되고 용액지배라 불린다.

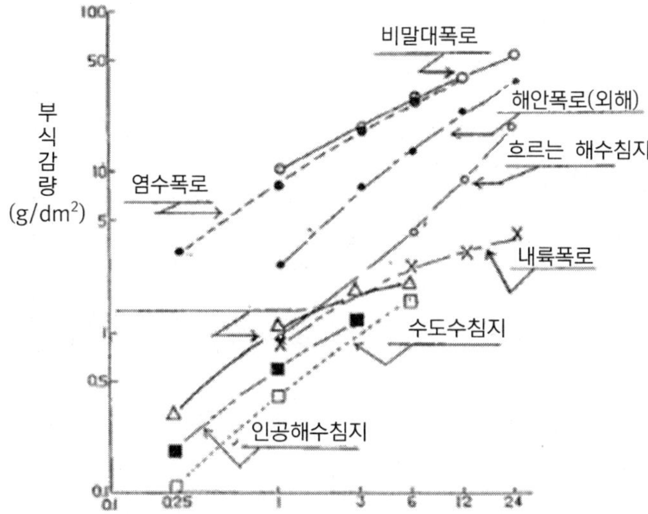

그림 5.24 각종 환경에서 강의 부식감량

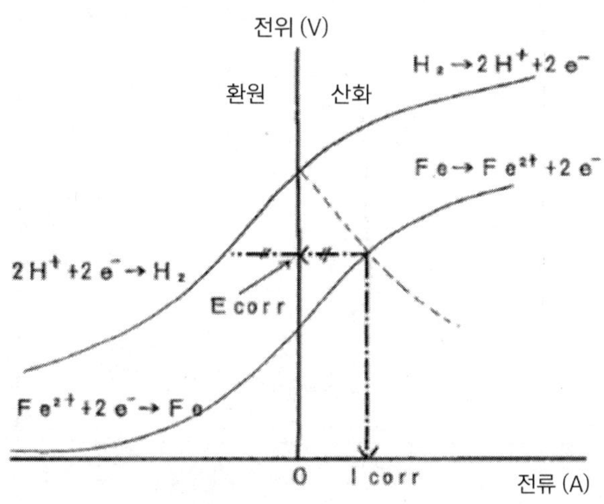

그림 5.25 전위-전류 관계

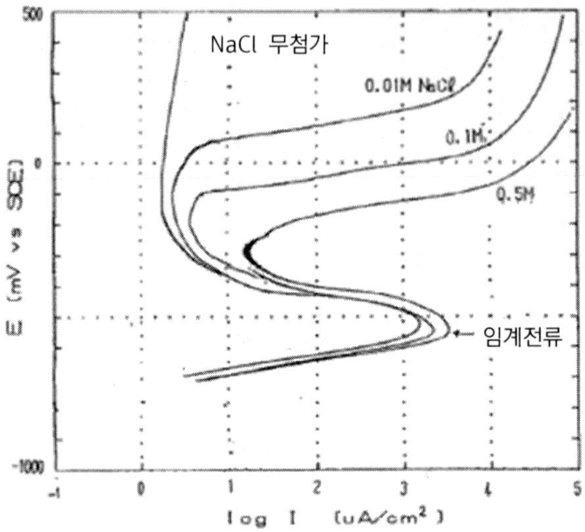

그림 5.26 염소 이온 농도에 의한 양극반응의 변화

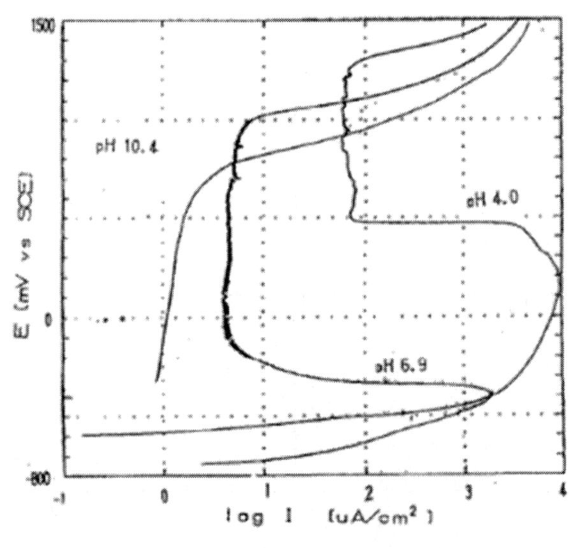

그림 5.27 pH에 의한 양극반응의 변화

(2) 도막에 의한 방식

강이 부식하기 위해서는 부식환경에 폭로되고 그림 5.17의 철 pH-전위도에서 부식역에 있어 부식전류가 발생하는 것이 필요하다는 것을 위 (1)항에서 설명하였다.

따라서 방식하기 위해서는 강을 부식환경에서 멀리 하든지, 그림 5.22의 철 pH-전위도의 부식역 ●에서 A, B, C의 화살표 방향으로 이동시켜 부동태역이나 불활태역으로 이동하는 것이 필요하다.

1) 양극방식

강표면이 산화하여 산화피막(부동태막)이 만들어 지도록 산화성 안료나 억제제를 첨가하든지 강이 (+)극으로 되도록 전류를 흘려 A 영역으로 이동시키는 방법(양극 분극)이다. 이때의 부식전류는 그림 5.26에 나타내듯이 작게 되고 전위가 귀측이 된다.

그러나 염소이온의 혼입에 의하여 전위가 귀측이 되어도 양극전류가 작게 되지 않고, 가해진 전류에 의해 더욱 부식이 진행하는 경우가 있으므로 주의가 필요하다.

이런 한 것을 고려한 도료는 유성이나 초유성 프탈산 수지에 강구조물용 방식도료와 도장(1) 표 5-11의 녹 방지 안료를 배합한 것으로서 염소이온의 영향이 작은 육상의 강구조물이나 해양강구조물의 내부에 적용된다.

2) 알칼리화 방식

부식환경의 용액을 단순하게 알칼리 쪽 B로 함으로서 그림 5.27, 5.28에 나타낸 것과 같이 강의 방식은 가능하지만, 자연환경은 용액이 변하고 용액을 항상 알칼리성으로 유지하는 것이 곤란한 경우가 많아 알칼리화 방식을 유지하기가 어려운 경우가 많다.

도료는 유성이나 초유성 프탈산 수지에 수용액pH가 알칼리성을 가지는 녹방지 안료를 혼합하여 도막을 투과한 수분을 알칼리성으로 하여 방식한다.

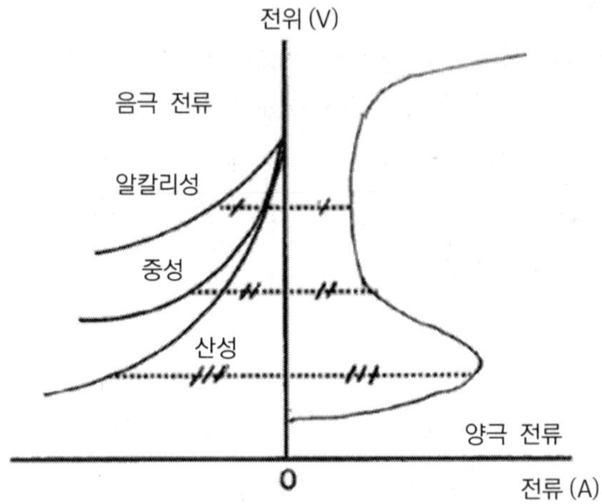

그림 5.28 pH에 의한 음극반응의 변화

3) 음극방식

양극방식과는 역으로 강이 (-)극이 되도록 전류를 흘리고 전위를 불활태역 C까지 이동시키는 방법이다. 이 방법은 전류를 계속 흐르게 하고 방식전위를 유지하는 것이 필요하지만, 전위만 유지하면 방식이 이루어지므로 부식이 많은 해수 방식 방법으로 많은 강구조물에 적용된다.

이러한 것을 고려한 도료는 아연이 풍부한 페인트가 있고 에폭시수지나 실리케이트수지에 강보다도 전극전위가 낮은 아연분말을 고농도로 섞어 강을 음극, 아연을 양극으로 하여 강과 아연과의 사이로 흐르는 전류로 방식한다. 아연이 풍부한 페인트는 강에 직접 도장하는 프라이머로서 많은 강구조물에 적용된다. 이 작용은 (3)항의 전기방식에 설명한다.

4) 부식환경의 차단

물 만으로는 부식반응이 발생하지 않지만, 산소나 염소 등의 부식인자가 도막을 투과하여 강표면에 도달하면 부식반응이 일어난다. 이 부식인자의 차단 또는 투과를 억제하는 것이 방식의 주요한 방법이 될 것이다.

부식인자의 투과도 (2)항의 물 투과성과 같이 생각할 수 있지만, 부식인자는 물 분자보다 큰 물보다 도막 내를 투과하기 어렵다. 따라서 물이 도막내로 확산하고 도막을 팽창시킴과 동시에 이송체가 되어 용해한 부식인자를 투과시킨다고 생각된다.

한편, 도막은 금속 가루 등의 양도체를 포함하지 않는 한 절연성에서 높은 전기저항을 가진다. 따라서 강과 용액 사이의 고저항막에서 식 (5.21)의 i・R이 떨어지고 부식전위가 0에 가까워진다.

$$E = i \cdot R \tag{5.21}$$

E : 전압, I : 전류, R : 저항

이것을 그림 5.29에 전위-전류도로 나타낸다.

도막이 없는 경우는 E_{corr}점의 전위, i_{corr}의 부식전류가 흐르지만, 도막이 있는 경우는 음극부는 E_c, 양극부는 E_a 전위가 되고, i_a의 부식전류가 된다. 도막의 부식인자 차단성이 클수록, 점선의 기울기가 크게 되고, 환경인자 차단성이 좋은 방식효과가 있는 도막이라 할 수 있다.

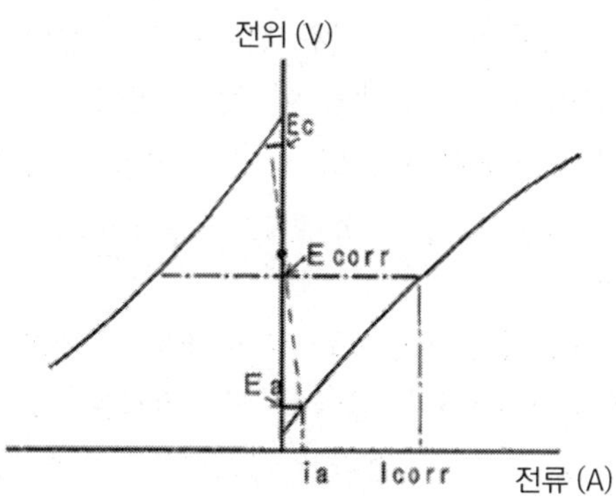

그림 5.29 고 차단성 도막에 의한 전위-전류 관계

또, 막 두께가 두꺼울수록 식 (5.22)에서 저항이 크게 되고 방식효과가 높게 된다.

$$R = \rho S/l \tag{5.22}$$

ρ : 비저항, S : 단위단면, l : 막 두께

5) 도료 종류에 의한 방식효과

도료 종류에 의한 방식효과를 표 5-17에 나타내었다.

(3) 전기방식과 도장

강구조물의 방식방법의 하나로 전기방식이 있고 도장과 병용하여 사용되는 수가 많다.

여기서는 전기방식과 도장의 관계에 대하여 설명한다.

1) 전기방식

전기방식이라는 것은 부식환경에 폭로된 금속(예를 들면 강)에 방식전류를 강제적으로 가하여 방식에 필요한 전위를 유지하는 것으로 그림 5.22의 불활태역 C 영역으로 이동시키는 것이다. 방식전류를 강제적으로 가하는 방법은 방식하는 금속보다 전극전위가 낮은, 예를 들면 강에 대하여 아연이나 알루미늄 등의 비금속을 접합하는 유전양극법과 외부에서 전류를 흘리는 외부전원법이 있다.

전기방식의 개념은 그림 5.30의 전위-전류도에서 설명한다. 금속부식은 양극 곡선과 음극곡선의 교점에서 발생하고 이 점의 전위를 E_{corr}, 전류를 i_{corr}라 부른다. i_{corr}을 0로 하기 위해서 별도의 방식 양극을 설치하고 음극 쪽에 전류 i_c가 가해지도록 하여 전위를 비측(－쪽)으로 이동시켜 부식을 억제하는 것으로서 양극 방식이라 부른다.

유전양극법에서는 아연이나 알루미늄 등의 방식 양극의 종류에 의하여 전위가 결정되지만, 설치 장소의 주변과 떨어진 장소에서는 식 (5.17, 5.18)에서, 용액에 의한 저항이 무시 할 수 없고 전위가 다르다. 따라서 강의 방식면적, 방식양극의 종류(표준전위), 위치, 수, 면적(중량), 수명 등을 검토하여 설치한다.

일반적으로 방식되는 강의 전위가 철의 표준전위(-0.44 V)에 의해 아연을 양극으로 하는 경우는 −0.25 V, 알루미늄의 경우는 −0.3 V 비측(－쪽)으로 이동하도록 설계한다.

한편, 외부전원법에서는 주요한 곳에 여러 개의 양극 전극을 설치하여 강전체를 음극으로 하고 발생된 전류와 전압을 자유롭게 조정하여 강을 방식 할 수 있다.

전기방식은 강에 설치된 귀(貴)한 금속 예를 들면, 스테인리스나 황동 등에 의한 이종금속을 접합하여 부식이나 극간부식의 방지에도 도움이 된다.

또, 장기간의 전기방식에 의해 해수에서는 칼슘이나 마그네슘의 산화물이 음극 쪽으로 석출하는 소위 전기 코팅이 되어 방식전류가 작아도 강이 방식되는 것 같이 된다.

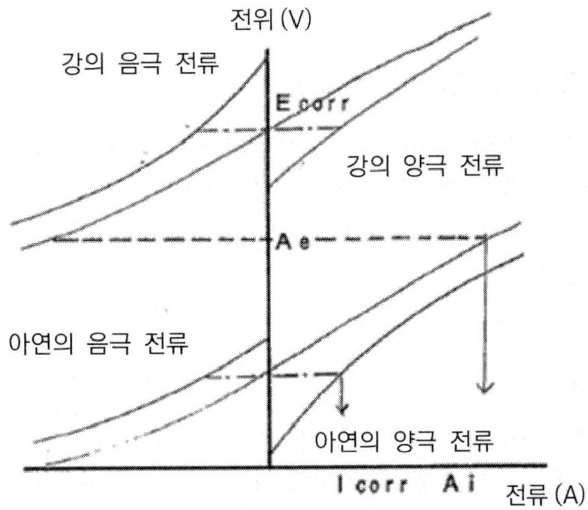

그림 5.30 전기방식에 의한 전위-전류 관계

2) 도장과 전기방식의 병용

도장은 경제적으로 얻어지는 효과도 크기 때문에 대면적에 대하여 방식에 적합하지만, 모서리 등의 막두께 부족부분이나 도장하기 어려운 곳에 부식이 발생하는 수가 있다. 이것들을 보충하는 방법으로서 수몰환경의 강구조물은 도장과 전기방식을 병용하는 소위 복합전기방식의 방법을 사용한다.

복합전기방식은 전기방식이 도막 결함부를 방식하므로 방식대상이 되는 면적이 작아도 되고 아연 등 방식양극 소모가 작아도 되므로 효과적이다.

3) 전기방식의 도막영향

전기방식은 방식양극으로서 양극반응이 발생하고, 강의 양극반응이 억제되지만, 음극반응이 강에 발생하므로 강제적으로 가해진 전류 때문에 강표면에 수소가스나 OH-가 생성된다. 이 때문에, 강과 도막과의 사이에 알칼리가 발생하고 도막의 열화나 물의 침투를 촉진시켜 부착 저하가 발생하여 도막의 팽창이 나타나는 수가 있다.

과도한 전압이 되지 않도록 표준전극으로 염화고무 수지 도료는 −0.65 V 이하, 에폭시수지도료는 −0.75 V 이하로 관리하는 것이 바람직하다.

5.6.3 도막의 벗겨짐, 균열과 도막물성

온도변화에 의한 강의 연신과 수축, 도막의 연신과 수축, 흡수와 탈수에 의한 도막의 팽창 수축, 외력 등에 의한 도막 균열, 부착저하에 따르는 벗겨짐에 동반하는 벗겨짐이 발생하는 수가 있다. 이것들은 도막의 점탄성과 관계가 있고 도막 물성(역학적성질)으로 설명한다.

(1) 응력과 변형율

수지에 응력을 가하면 초기에 연신이 발생하고 파단한다. 이 관계를 그림 5.31에 응력-변형율 곡선으로 나타내고 5개의 대표적인 응력-변형률 곡선과 수지를 나타낸다. 이 곡선의 형상은 수지골격이나 세그멘트의 작용, 수지의 응집력이나 가소성, 가교도와 가교 사이의 분자량 등이 관계하고 수지의 성질을 알 수가 있다.

응력-변형율 곡선	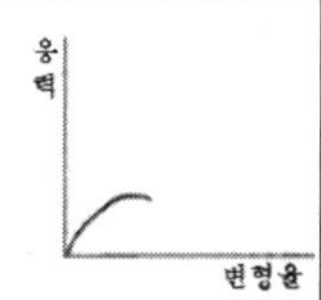	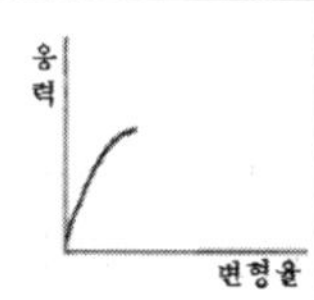	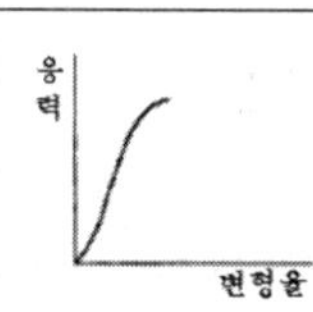	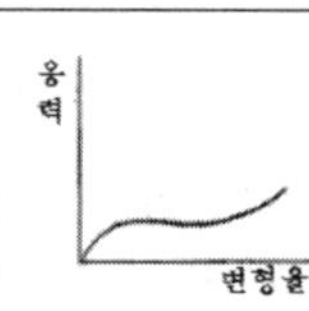	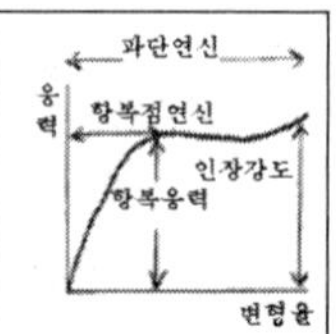
영율 항복값 파단연신 인장응력	소 소 소 소	대 없음 중 대	대 대 중 대	소 소 대 중	대 대 대 대
수지 성상	부드럽고 약함, 가교도 낮음	단단하고 취성적임	단단하고 강함, 응집력 강함	부드럽고 늘어남, 가소화한 수지	가교도 높음, 재응집성 강함
수지 종류	장유성알키드	폴리스틸렌	염화고무페놀	가류고무가소 화염화고무	고반응에폭시 나일론

그림 5.31 수지의 응력-변형율 곡선과 특성

(2) 응력완화

수지는 점탄성을 가지고 힘을 가하면 식 (5.23)과 같이 연신이 발생한다.

$$\tau = \eta / E \tag{5.23}$$

τ : 응력, η : 점성, E : 영율

수지에 일정응력을 가하여 변형을 주어 그 후, 시간경과에 따르는 응력 변화를 응력완화라 한다.

그림 5.32는 응력완화의 간단한 개념도를 나타낸다. 수지는 spring(응력에 의하여 변형하는 성질)과 dashpot(응력을 흡수하는 성질)의 두가지 성질을 가지고 수지에 급격한 힘을 가하면 spring이 늘어나고 dashpot는 늘어 나지 않는다. 그러나 시간경과에 다라서 spring이 수축하고 dashpot가 늘어나므로 초기에 가해진 응력이 서서히 저하한다.

이것을 시간으로 나타낸 것이 응력완화시간으로 초기에 가해진 응력의 1/e배 (36.8%) 저하하는데 필요한 시간이다.

통상, 1/2배까지 저하하는데 필요한 시간으로 측정되어 τ 1/2로 기록한다.

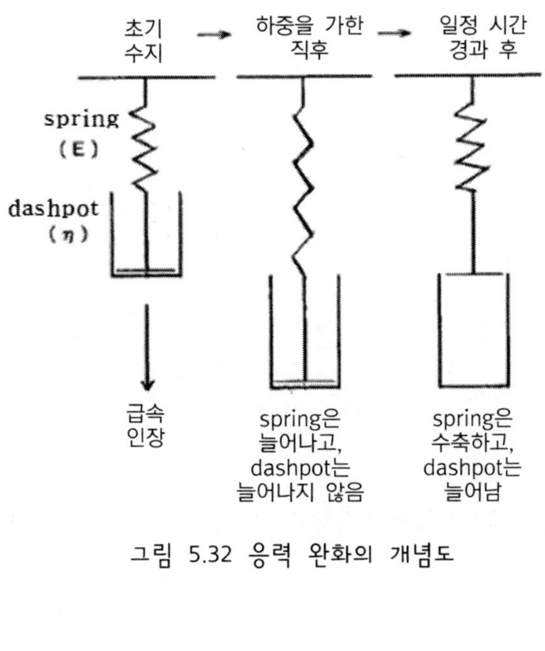

그림 5.32 응력 완화의 개념도

(3) 도막물성과 도막의 균열, 벗겨짐

그림 5.33은 도막물성과 도막의 균열과의 관계도를 나타낸다. 도막이 늘어나거나 수축하기 쉬운 것일수록 응력완화하기 쉽고 부착저하나 균열이 발생하기 어렵다.

또, 佐藤는 응력완화시간과 물 침투와의 관계에 의한 도막의 팽창을 조사하여 그림 5.34의 관계도를 만들었다.

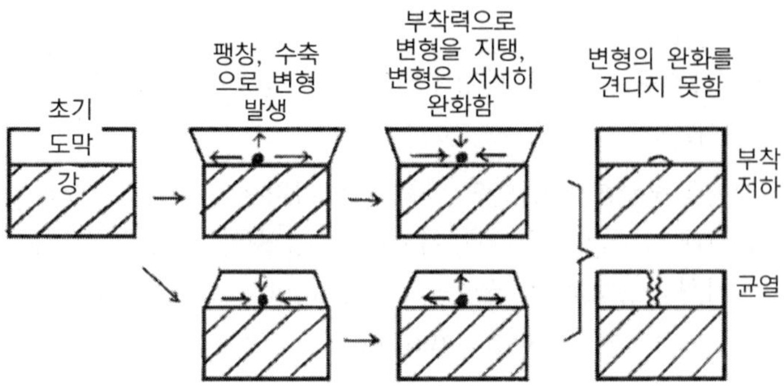

그림 5.33 도막의 응력완화, 부착저하 및 균열

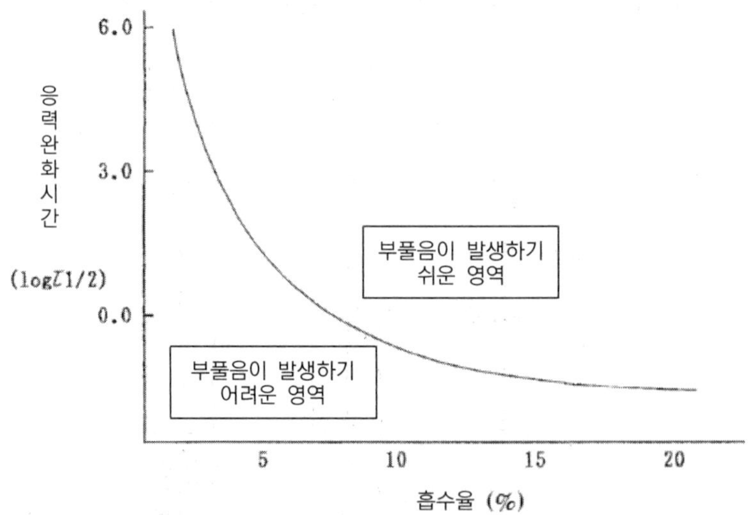

그림 5.34 도막의 응력완화시간, 흡수율 및 팽창 관계

5.6.4 도막의 백청, 변색과 내후성

도막이 대기중에 폭로되어 발생하는 도막 결함에 백청과 광택저하, 변색이 있다. 백청과 광택저하, 변색은 주로 태양광과 산소, 수분이 관계있다.

(1) 백청과 광택저하에 영향을 주는 요인

1) 자외선

그림 5.35는 태양광이 지표에 도달하는 스펙트럼 분석의 상대강도를 나타낸다. 수지를 열화시키는 태양광은 400 μm 이하의 단파장의 자외선이지만, 300μm 이하는 대기 중의 물질에 흡수되어 지표에 도달하지 않는다. 수지에 300~400 μm의 자외선이 흡수되면 그림 5.17에 나타낸 수지중의 결합 분리 에너지가 낮은 곳이 려기하여 분리한다.

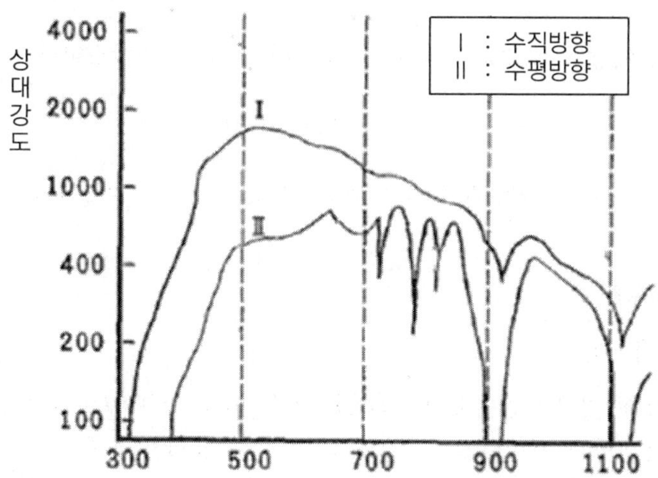

그림 5.35 태양광의 지표에서 스펙트럼 분석

2) 산소

자외선에 의한 려기나 분리한 수지는 산소에 의한 연쇄반응으로 분해하고 저분자화함과 동시에 산화한다.

$$RH + O_2 \rightarrow R\bullet + \bullet O$$
$$R\bullet + O_2 \rightarrow ROO\bullet$$
$$RH + ROO\bullet \rightarrow R\bullet + ROOH$$
$$2ROOH \rightarrow RO\bullet + ROOH + H_2O$$
$$RH + RO\bullet \rightarrow R\bullet + ROOH$$

3) 수분

수분은 자외선이나 산소의 작용을 촉진시킴과 동시에 수지를 가수분해 반응시켜 수가용성 물질이 만들어진다. 또, 비 등에 의하여 쉬가 오랫동안 씻겨서 안료가 노출된 현상을 백청이라 부른다.

4) 온도

400 μm 이상의 태양광은 광에너지로 바뀌고 온도가 상승한다.

$$E = 2.85 \times 10/\lambda \tag{5.24}$$

E : 광량자 1 몰의 에너지 (Kcal/몰), λ : 파장(μm)

(2) 도막의 내후성

1) 수지의 내후성

그림 5.36은 강구조물 도료용 수지의 광에너지에 의한 분리 부분을 나타낸다.
수지는 말단에서 분리하기 쉽지만, 특히 짝 이중결합 이웃의 α정도의 부분에서 절단. 이 부분에 전자가 모이고 려기나 분리하는 것이라 생각된다. 이 주변의 극성기도 관계있다.

2) 안료의 영향

안료의 종류에 의해서도 수지의 열화가 촉진된다. 천이금속이나 알칼리토류금속계의 안료는 산소의 흡수가 촉진되어 산화분해반응의 촉매로 된다.
안료의 색채에 의해서도 태양에너지의 흡수량이 다르다. 검은색은 도달한 태양에너지를 거의 100% 흡수하지만 흰색은 50%정도이다.
특수한 예로서, 흰색 안료인 흰 티타늄은 n형의 광반도체 성질을 가지므로 수지와의 계면에 전자를 공급하여 수지를 열화시킨다.

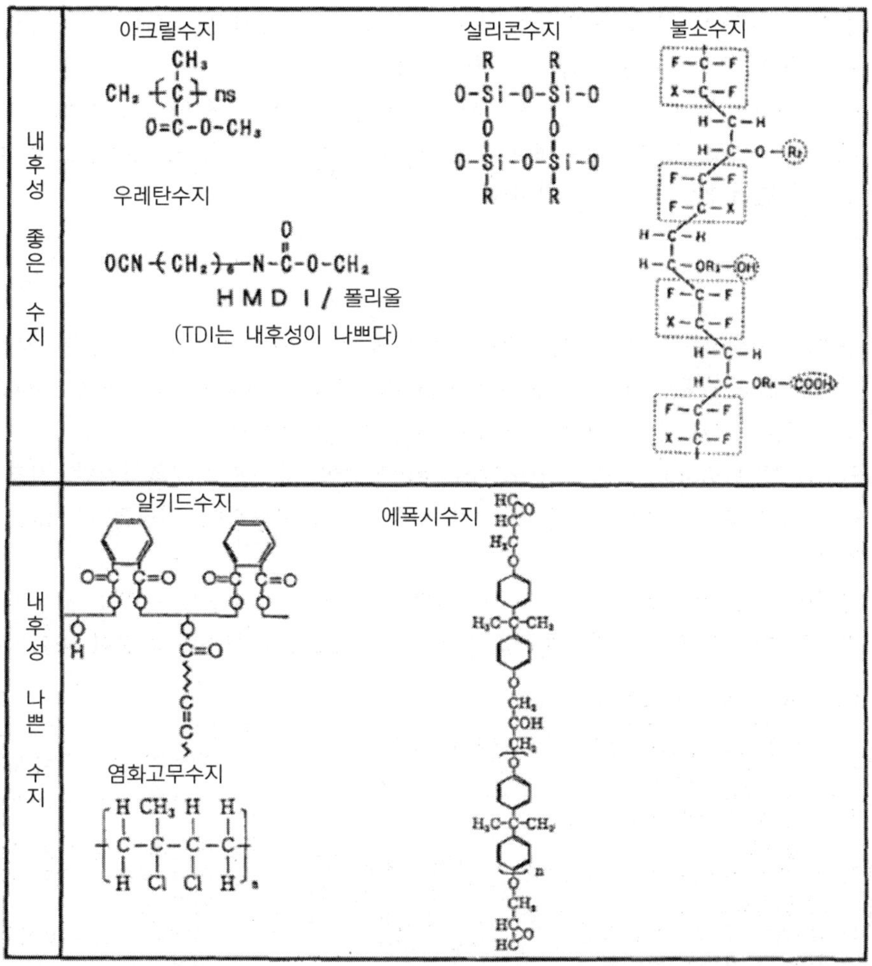

그림 5.36 내후성 좋은 수지, 나쁜 수지

(3) 도막의 변색

1) 안료

무기안료는 일반적으로 변색하기 어려운 것이 많다. 그러나 노란색 납(크롬산납, 류산납)이나 몰리브덴산 오렌지는 변색하기 쉬운 안료로 꼽힌다. 이유는 알 수 없지만, 태양에너지에 의한 전자작용이나 산성환경에서 변색하는 쉬우므로 산화에 의해서 결정구조가 변화하는 것이라 생각된다.
유기안료는 내광성이 나쁜 것이 많다. 내광성이 나쁜 대표적인 것에 아조계의 유기안료가 있고 특히 붉은 색이나 노란 색이 변색하기 쉽다. 유기안료의 발색단 구조가 변화하는 것이라 생각된다.

2) 수지

수지도 변색하는 것이 있다. 강구조물용 도료의 변성에폭시수지도료에 사용되는 방향족계 변성제는 대기 중에 폭로되면 퀴논구조를 만들고, 노란색으로 변색하는 것이 있다. 특히 질소 원자를 포함한 것에 이 경향이 있다.
이상, 자연환경요인이 미치는 도막의 열화현상에 대하여 설명하였지만, 자연 환경은 알 수 없는 요인도 많고 도막의 열화기구도 복잡하여 해명할 수 없는 것도 많다.
향후에 예정되어 있는 50년과 100년의 초장기 방식사양의 확립을 향하여 열화기구의 해명과 함께 더욱 내구성 있는 도료와 도장의 시스템 개발이 바람직하다.

표 5-18 도료의 종류에 의한 방식기구

	유성, 장유성 알키드 수지 방식 도료	에폭시 수지 계 방식 도료	아연이 많은 프라이머
방식기구	① 녹 방지 안료에 의한 강의 부동태화 ② 녹 방지 안료에 의한 용액의 알칼리화 ③ 유지와 강의 산화작용에 의한 강 표면의 안정화 ④ 환경 부식 인자의 차단	① 고 저항 막에 의한 환경 부식 인자의 차단 ② 강한 부착에 의한 강 표면의 안정화	① 아연에 의한 희생 방식 ② 아연 용해에 의한 용액의 알칼리화 ③ 아연에 의한 부식인자의 저하
내구성	① 도막의 내후성이 나쁘고, 도막 열화가 비교적 빠르다 ② 연소 이온 환경에서 방식 효과가 비교적 나쁘다	① 도막의 내수성이 좋고, 장기 내구성이 유지된다 ② 두꺼운 막의 도장이 가능하고, 초장기 방식도 가능하다	① 방식 효과가 매우 좋다 ② 강과의 부착성 좋고, 고성능 방식 시스템

5.7 도막수명

도막수명에 대한 많은 연구가 있지만 실제 강구조물의 도막수명에 대해서는 확립된 것이 없다. 그러나 도막수명은 매우 중요한 문제이므로 실제 강구조물의 도막수명에 대하여 설명한다.

강구조물의 도막이 장시간 환경에 폭로되면 도막열화가 발생하고 도막결함이 나타나는 것은 알고 있는 사실이다. 더욱이 도막열화가 진행되면 강구조물이 부식되고 강구조물의 기능에 나쁜 영향을 미치고 안전상의 문제가 발생한다.

일반적으로 강구조물 수명 이상의 도막수명이면 도막수명은 문제가 되지 않는다. 그러나 도막수명이 짧기 때문에 강구조물 기능에 나쁜 영향을 미치기 전에 부분도장 또는 전면도장 보수를 실시한다. 즉, 강구조물의 기능을 발휘할 수 없는 도막상태를 도막수명이라 한다.

더구나, 도막수명은 강구조물의 목적과 기능을 유지하기 위하여 결정되어야 하고, 강구조물의 사용 방법, 보전 방법에 따라 변한다.

5.7.1 도막열화곡선

도막은 환경에 폭로되면 도막열화가 발생하므로 종축에 도막열화의 정도, 횡축에 폭로시간으로 하여 경과시간에 따르는 도막열화의 변화를 그리면 도막열화곡선이 그려진다.

도막열화곡선의 모델을 그림 5.37에 나타낸다.

도막열화곡선은 도막열화의 정도에 따라서 4개로 구분하고 특징을 다음에 나타낸다.

(1) 초기결함 : 도료나 도장이 적절하지 못하여 도막에 초기부터 결함이 있거나 막두께가 극단적으로 불충분한 때에 생기고 한정된 장소에 부분적으로 발생하는 조기결함 및 그 시기.
(2) 열화 유도기 : 도막의 열화는 진행하고 있지만 새로운 도막결함의 발생은 적고 초기결함의 확대나 극히 부분적인 곳에 정지해 있는 결함 및 그 시기.
(3) 열화 진행기 : 도막열화가 더욱 진행하고 다른 곳에도 새로운 도막결함이 발생하는 시기. 그러나 결함면적은 비교적 적다.

(4) 열화 확대기 : 도막결함이 전면에 발생하고 도막의 기능이 소실된 시기. 결함면적이 급격하게 확대한다.

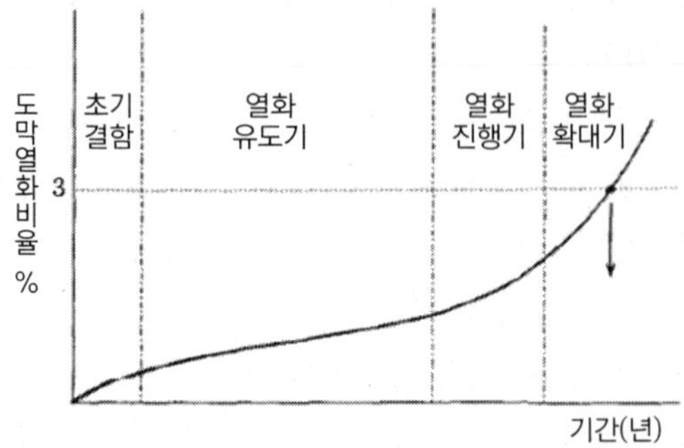

그림 5.37 도막열화의 모델 곡선 (도막열화비율이 3%되었을 때를 도막수명(상태)로 하였을 때, 도막열화곡선과의 교점에서 도막수명(기간)을 얻는다)

5.7.1 도막수명의 정의

"강구조물의 방식을 할 수 없게 되었을 때"를 도막수명이라 정의한다. 이것을 기술적 측면과 경제적 측면으로 나누어 설명한다.

(1) 도막수명의 기술적 측면

강구조물의 방식에 필요한 도막열화곡선은 종축의 도막열화 정도를 어떤 방법으로 측정하면 도막수명을 결정할 수 있느냐는 문제다.

표 5-19에 도막 열화의 대표적 측정방법을 나타낸다.

ESCA와 FTIR로 수지의 주 사슬 및 사이드 사슬의 화학적 변화를 조사하는 방법, 물과 산소, 부식 이온의 침투와 투과를 조사하는 물리 화학적 방법, 도막의 전기저항과 전기용량의 변화를 조사하는 전기적 방법, 도막의 강도와 부착성, 점탄성을 조사하는 물리적(기계적)방법 등 많은 보고서가 있다. 측정값의 변곡점을 도막수명이라는 보고서가 있지만, "도막의 녹"과의 관계가 분명하지 않으므로 방식수명이라 하기는 무리가 있다고 판단한다.

표 5-19 도막열화의 대표적 측정 방법

관찰법	측정 방법	측정 대상	방식성 평가와의 관계
외관 관찰	눈(확대하는 경우도 있다)	녹, 부풀음 벗겨짐, 균열	도막 전체를 평가할 수 있다. 정량성이 부족한 경우가 있다.
화학적 변화	FTIR, ESCA GPC 등	관능기의 변화 분자량 변화	변화 방법을 측정할 수 있다. 상도 백청 등에 이용
물리화학적 변화	흡수, 투습율 가스투과율 이온침투 등	물, 산소, 부식 이온의 침투	도막 성질을 조사한다. 여러 가지 검토되고 있다. 수명 예측에 이용되고 있다.
물리적 변화	인장 부착 등	점탄성변화 부착성변화	방식성과 직접 관계없다. 새로운 지식의 가능성 있다.
전기적 변화	임피던스 전위, 전류값 등	전기저항, 용량 부식전위, 전류	강의 부식연구를 도막에 응용 많은 연구가 실기되고 있다.

한편, 도막표면에 나타난 녹을 외관 관찰하는 방법도 많이 사용되고 있다. 이 방법은 광범위한 면적의 도막열화상태에서 발생한 녹을 직접 관찰하는 것으로 「도막의 녹」과 직결된다. 방식의 정의에서 또한 경험에서 작은 녹이 몇 점 발생한다고 누구도 도막수명이라고는 말하지 않을 것이다. 따라서 녹 발생 면적비율을 외관으로 측정하는 것이 방대한 면적을 가지는 강구조물에서 실용적이고 자연적이라 생각한다.

그러나 정량성이 부족하다는 지적이 있다. 이것을 해결하기 위하여 강구조물의 실체에 맞는 평가기준의 작성 및 이미지 프로세싱에 의한 도막평가를 하는 것이 바람직하다.

(2) 도막수명의 경제적 측면

강구조물의 도막은 보수가 필요하다고 생각하면 JIS Z 8115-1981 신뢰성 용어의 “보호를 반복해도 열화, 노화 현상에 의해 고장률이 증가하고 보호에 대한 투자가 경제적으로 맞지 않는 시점을 수명이라 부른다”라는 생각을 적용 할 수 있다.

도막의 사용수명으로 바꾸어 말하면 "부분 보수에 드는 비용이 전면 경신에 드는 비용과 같게 되는 때"라고 말할 수 있고 또한, "도막결함을 보수하기 위한 기초작업이 전면에 되어 버리는 도막상태"라고 바꿔 말할 수 있다.

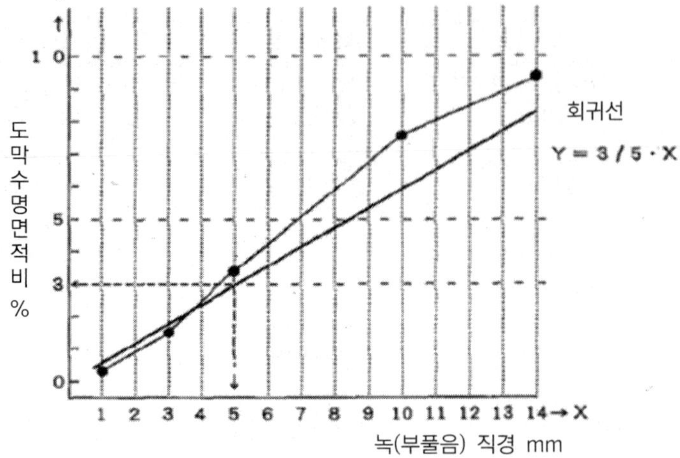

그림 5.38 도막수명 설정 (녹(부풀음)의 직경과 전면 disk sander 처리가 필요한 녹(부풀음)의 면적비 관계)

그림 5.38은 타르에폭시도막 위에 직경 1, 3, 5, 10, 14 mm의 유사도막 결함을 각 3개씩 만들고 도료기술자 5인이 3회씩 반복하여 전동공구(disk sander) 처리 한 결과의 평균값을 그래프화 한 것이다. 유사도막결함의 크기에 의한 전동공구(disk sander)로 처리면적을 구하여, 전동공구(disk sander) 처리면적이 100%로 되는 유사도막결함의 직경(X)에 의한 면적비%(Y)의 관계를 산출하여 그리고 회귀선을 구하였다.

회귀식은

$$Y = \frac{3}{5}X$$

으로 근사 할 수 있으며, 도막결함의 크기로 도막내구수명이 다른 것을 알 수 있었다. 만일 강구조물의 보호에 직경 2 mm 이상의 도막 녹을 도막수명의 대상으로 하면 약 1% 도막의 녹 발생 면적은 도막수명이 된다. 또한 도막부풀음은 직경 5 mm 이상을 대상으로 하면 3%의 부풀음 발생면적은 도막사용수명이 된다.

(3) 도막 수명의 결정

위에서 설명한 것과 같이 도막수명은 기술적 측면과 경제적 측면을 고려하여 강구조물의 사용자가 도막결함의 상태(크기, 면적 등)를 결정함으로서 검토가 시작된다. 도막수명으로 결정된 도막상태가 분명해 지면 도막의 열화곡선에서 도막수명의 시기를 구할 수 있다. 즉 도막수명은 도막의 열화 상태와 시기를 나타내야 한다.

5.7.3 도막수명 예측

우리가 알고 싶은 것은 강구조물에 도장된 도막수명을 예측해야 한다. 도막수명 예측은 하나의 시험에서 유추하는 것이 아니라 많은 연구결과에서 종합적으로 판단되어야 실용성 있는 것이 된다.

(1) 촉진시험, 실제 폭로시험, 실태조사

도막수명은 단시간에 구해지면 문제가 해결된다. 종래보다 환경조건을 엄격하게 하여 "도막의 열화를 빠르게 하는 촉진시험이 실시되어 왔지만, 열화형태(열화모드)가 바뀌면 촉진되어 있는지가 문제가 되고, 촉진배율도 문제가 된다. 촉진시험, 실제 폭로시험, 실태조사의 특징과 문제점을 표 5-20에 정리한다.

표 5-20 수명예측 시험의 특징과 문제점

시험방법	특징과 문제점
촉진시험	표준조건을 설정하고 공통적으로 실내실험을 실시할 수 있다. 촉진적으로 열화가 진행하지만, 항상 문제가 되는 것은 실제 상태와의 정합성이다.
실폭시험	가장 확실한 실험이지만, 시간이 걸리고, 폭로환경조건이 개별적인 것으로 여러 가지 조건에서 시험이 필요하고 방대해 진다.
실태조사	정량적 파악, 문제점 발견 등에 적용되지만, 각종 요인이 혼재하고 도막 본래의 성능이라는 점에서는 신뢰성 있는 데이터가 어느 정도 얻어질지 문제가 된다.

(2) 도막수명예측

강구조물의 도막수명은 강구조물의 형상, 구조 및 도장된 도료, 기초작업, 도장환경, 조건 및 등급 및 폭로환경 등 많은 요인이 관계하고 이들의 조합에 대하여 시험하는 것은 실제적으로 불가능에 가깝다. 따라서 대표적인 개별 요인과 도료의 조합에서 시험결과 및 실태조사결과에서 종합적으로 판단되어야 한다고 생각한다.

이 때문에 어느 정도 개략적으로 될 수밖에 없다. 또한 실제도막수명예측은 이런 것이라고 생각한다.

"석유 저장선의 도막열화진단기술"연구회의 연구 성과를 예로 든다.

1) 선박의 도막수명(실태조사 결과)

각종 선박의 밸러스트 탱크에 도장한 타르에폭시도막의 도막수명을 조사한 문헌을 표 5-21에 소개한다.

문헌은 20% 도막 결함(녹, 부풀음, 벗겨짐)이 발생한 때를 도막수명이라 하고 전체적으로 새롭게 도장하는 것을 권장한다.

이 표에서 알 수 있듯이 전기방식을 병용함으로서 도막수명이 많이 연장되므로 대부분의 강구조물에서 복합방식을 사용하고 있다.

표 5-21 밸러스트 탱크에 도장된 타르에폭시도막의 수명조사 결과

조사 내용	도막 수명	`도막 회수 x 도막두께 ㎛	밸러스트 %	전기 방식
선박의 방식 방지 대책지침 일본해사협회(1986년)	8~10년 10~15년	1 x 200 2 x 125	- -	- -
선박, 해양구조물의 수명평가에 관한 연구 일본조선학회(1993년)	30년 15~20년 8~10년	1 x 250 1 x 200 1 x 150	50% 50% 50%	유 유 유
선체 부식방지법 일본해사협회(1993년)	20년 양호 20년 양호 10~18년	1 x200 1 x 200 1 x 125	- 50% 50%	불명 유 유
적절한 선체 방식 관리법에 관한 연구 일본해사협회(1993년)	20년 양호 30년 양호	200 250	- -	- -
실선조사	19년 이상	2 x 125	-	유
Aquapolis	20년 양호	1 x 250	-	-

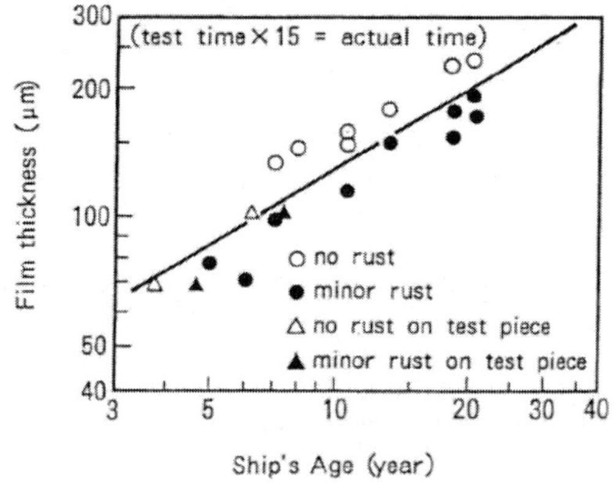

그림 5.39 WBTs와 모델 탱크에서 TE 코팅의 녹/부풀음과 막 두께사이의 관계 (밸러스트 동안 침지 면적, 대기 온도, BTR= 약 50%).

일본해사협회에서 정리한 "Guidance Corrosion Protection System of Hull Structures"는 타르에폭시가 도장된 밸러스트탱크의 방식상태를 조사하여, 그림 5.39에 도막수명(Y년)과 막 두께(Lμm)의 관계식을 제안하였다.

$$Y = kL^n$$

$$k : 2.47 \times 10,\ n : 1.7$$

더욱이 도막수명은 5단계 평가하여 도막의 녹(cA~cE)과의 관계를 그림 5.40과 같이 제안하였다.

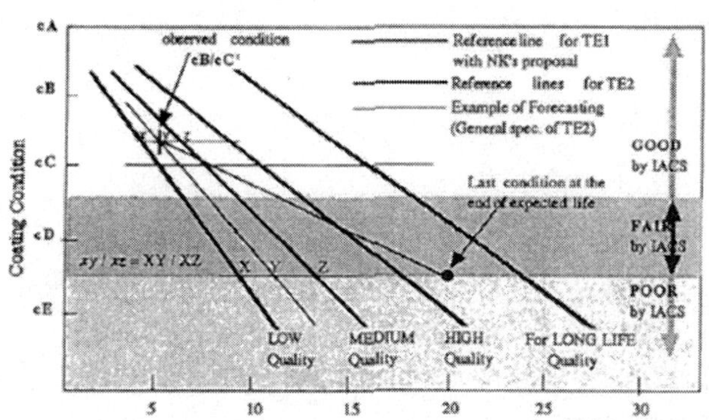

그림 5.40 에이징 효과에 의한 WBT에서 TE 코팅의 예측 방법

2) 석유 저장선의 각종 원인에서 도막수명 추정

석유 저장선의 도막수명을 결정하는 원인은 구조요인, 환경요인, 시공요인 및 도료의 추정내구수명으로 나누고 더욱이 각 원인을 조건별로 세분화하고 유사 강구조물을 오랫동안 조사하고 있는 숙련된 도료 기술자의 연구 성과를 표 5-22에 나타낸다.

표 5-22에서 석유 저장선의 도막수명(3% 도막 결함이 발생한 때)은 아래 식으로 구할 수 있다.

$$SL = Pf \times Sf \times Ef \times Af$$

SL : 도막수명

Pf : 도료의 추정 내구수명

Sf : 구조원인

Ef : 환경원인

Af : 시공원인

상갑판 외면과 수밀탱크(밸러스트 탱크)를 예로 계산한 결과를 그림 (5.41)에 나타낸다.

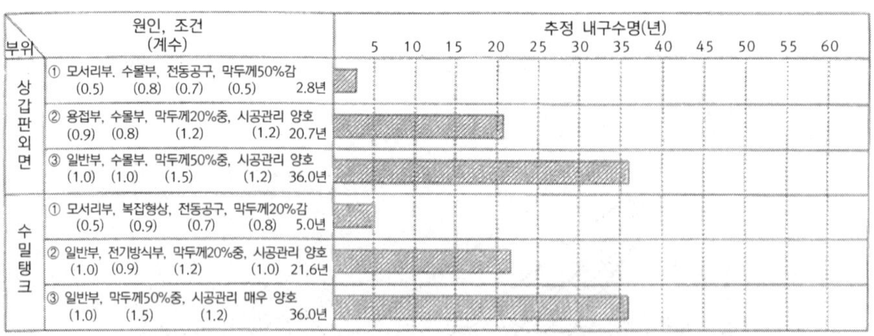

그림 5.41 석유 저장선의 추정 도막수명 계산(예)

표 5-21에서 알 수 있듯이 각 부분의 도막수명을 계산할 수 있어 도막이 열화하기 부분도 추정할 수 있고 주의점도 알 수 있다. 조건의 차이로 도막수명이 크게 다르지만 실제 도막 결함의 발생 상황과 잘 일치한다.

표 5-22 석유 저장선의 도막수명 원인과 계수

원인	조건	부위	상갑판 외면	외판 외현부	외판 수몰부	카고 탱크	수밀 탱크
① 구조요인		1.1 일반부	1.0	1.0	1.0	1.0	1.0
		1.2 복잡형상	0.9	–	–	0.8	0.8
		1.3 용접부	0.9	0.9	0.9	0.9	0.9
		1.4 열영향부	0.9	0.9	0.9	0.9	0.9
		1.5 모서리 처리무	0.3	0.3	0.3	0.3	0.3
		1.6 모서리 처리유 1C	0.5	0.5	0.5	0.5	0.5
		1.7 모서리 처리유 3C	0.8	0.8	0.8	0.8	0.8
		1.8 전기방식 주변부	–	–	0.9	–	0.9
② 환경요인	태양광	2.1 수평 폭로부	1.0	1.0	–	–	–
		2.2 수직 폭로부	1.0	1.0	–	–	–
	온도	2.3 상온	1.0	1.0	1.0	1.0	1.0
		2.4 고온(40℃이상)	0.8	0.8	0.8	0.8	0.8
	강우, 결로수	2.5 유	1.0	1.0	–	0.8	–
		2.6 무	2.0	2.0	–	2.0	–
		2.7 물 고임부	0.8	–	–	–	–
	해수	2.8 상시 침지	–	–	1.0	–	1.0
		2.9 비말	0.9	0.8	–	–	–
	밸러스트 %	2.10 50%	–	–	–	–	0.8
		2.11 100%	–	–	–	–	1.0
	용존산소	2.12 고	–	–	1.0	–	1.0
		2.13 저	–	–	1.2	–	1.2
	원유종류(유황, 수분)	2.14 대	–	–	–	0.8	–
		2.15 소	–	–	–	1.0	–
	생물부착	2.16 무					1.0
		2.17 동물부착				0.9	
		2.18 조류부착				1.0	
③ 시공요인	하지처리	3.1 블래스트	1.0	1.0	1.0	1.0	1.0
		3.2 전동 공구	0.7	0.7	0.7	0.7	0.7
	S/P의 T/U	3.3 유 (아연)	1.1	1.1	1.1	1.1	1.1
		3.4 무	1.0	1.0	1.0	1.0	1.0
	도막방법	3.5 airless	1.0	1.0	1.0	1.0	1.0
	막 두께	3.6 표준의 50% 증	1.5	1.5	1.5	1.5	1.5
		3.7 표준의 20% 증	1.2	1.2	1.2	1.2	1.2
		3.8 표준	1.0	1.0	1.0	1.0	1.0
		3.9 표준의 20% 감	0.8	0.8	0.8	0.8	0.8
		3.10 표준의 50% 감	0.5	0.5	0.5	0.5	0.5
	도장회수시공관리	3.11 1회	1.0	1.0	1.0	1.0	1.0
		3.12 2회	1.2	1.2	1.2	1.2	1.2
	시공관리	3.13 보통	1.0	1.0	1.0	1.0	1.0
		3.14 양호	1.2	1.2	1.2	1.2	1.2

④ 도료 (기대 내구 년수)	① 무기 아연(75μ)+에폭시(100μ)	20년				
	② 무기 아연(75μ)+에폭시(100μ) ~ 우레탄(40μ)		22년			
	③ 에폭시 AC(300μ)+에폭시(100μ)		20년			
	④ 타르에폭시JIS 1종(250μ)				20년	
	⑤ 타르에폭시JIS 2종(250μ)					20년
	⑥ 타르에폭시JIS 1종(400μ)				25년	

- : 해당없음, 확정할 수 없는 계수는 1.0으로 한다.

3) 부식이온의 침투, 투과

염소 등의 부식이온이 도막을 투과하여 강가지 도달하였을 때를 도막수명이라 하여 부식이온의 침투에서 구하는 방법도 검토하고 있다.

시간에 따르는 부식이온의 침투폭을 도막단면의 XMA(X선 마이크로 분석기)등의 분석수법으로 구하여 회귀선과 규격두께와의 교점에서 수명을 구하는 방법이다. 촉진 시험과 함께 이루어지는 경우도 있다.

① 栗栖는 타르에폭시를 도장한 시험판을 해수 중에 침지하여 Cl이온이 강에 도달하였을 때를 부식이 시작한다는 전제하에서 다음 식을 제안하였다.

$$L = \frac{l^2}{D} exp \frac{256(20-T)}{T+273} \times \frac{1}{31,536,000}$$

L : 도막수명(년), l : 판 두께(cm), D : 도막 중의 Cl이온 확산계수(cm/sec),

T : 해수온도(C)

② 栗栖의 식에 의하여 촉진배율을 98배하였을 때, MHI 촉진액에서 타르에폭시 도막 250 ㎛의 시험을 한 결과 도막수명은 약 28年이 되었다.

$$D = \frac{(7.41+6.50+6.32)}{3} \times 10^{-10} \times \frac{1}{98} = 7.05 \times 10^{-13} (\text{cm/ sec})$$

$$L = \frac{(250 \times 10^{-4})^2}{7.05 \times 10^{-13}} \times \frac{1}{31,536,000} = 27.9\text{년}$$

이 Cl 이온의 침투와 침지기간과의 관계를 그림 5.42에 나타낸다.

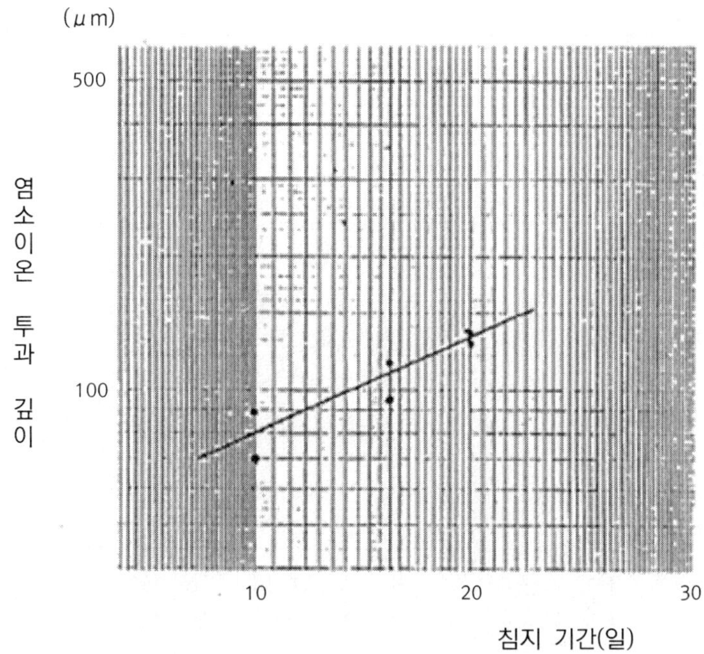

그림 5.42 염소 이온 투과도와 침지 시간의 관계

4) 도막열화곡선과 도막수명

석유저장선의 수밀탱크(밸러스트탱크)와 상갑판 외면의 도막열화곡선을 와이블 확률지에 나타낸 것이 그림 5.43이다.

수밀탱크는 타르에폭시 도막이 350 ㎛(평균)도장되어 항상 수몰환경에서 전기방식이 되고 있다. 도막부풀음이 주된 도막결함이지만 일부 모서리 등에서 강판의 노출도 나타나 3% 결함면적을 도막수명으로 하였다.

한편, 상갑판 외면은 무기아연과 에폭시도막으로 250 ㎛(평균)도장되어 대기 폭로환경에서 도막의 녹이 주된 도막결함이므로 1% 결함면적을 도막수명으로 하였다. 단, 백청에 의한 막두께 감소는 제외하였다.

그림 5.43에서 와이블 분포 $F(t) = 1 - \exp^{-(t/\eta)m}$의 파라미터와 특성치를 구하면 다음과 같다.

	수밀탱크	상갑판 외면
m : 형상 파라미터	3.3	5.8
η : 척도 파라미터	106	64
μ : 평균	95년	59년
σ : 표준편차	32	12
t* : 모드	94	62
F90.03) : 3%때의 수명	38년	–
(F0.01) : 1% 때의 수명	–	28년

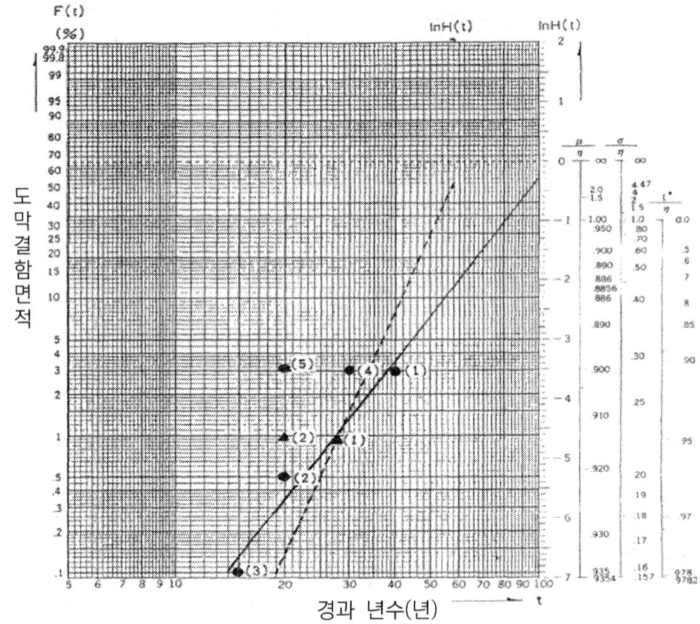

그림 5.43 석유저장선의 도막열화곡선

- : 수밀탱크의 도막열화곡선 (전기방식 병용)

●(1) : 막 두께 350 ㎛ (측정 실적) 때의 요인 계수 계산값

●(2) : 일본해사협회 보고에서 추정값

●(3) : 일본해사협회 보고에서 추정값

●(4) : 막 두께 250 ㎛ (규격 막 두께) 때의 추정 내구수명

●(5) : 막 두께 250 ㎛ 때의 염소이온 침투 (촉진 계산값)

그 외, 8년 경과 후, 0.01 % 결함 실적 (그림에 기입하지 않음)

--- : 상갑판 외면의 도막 열화 곡선

▲(1) : 막 두께 250 ㎛ (측정 실적) 때의 요인 계수 계산값

▲(2) : 막 두께 175 ㎛ (구격 막 두께) 때의 추정 내구수명

그 외, 8년 경과 후, 0.001 % 결함 실적 (그림에 기입하지 않음)

5.8 도막조사

5.8.1 도막조사 목적

강구조물은 오랫동안 사용하기 때문에 방식관리가 중요하다. 방식법은 경제성 측면에서 도장이 주체로 되어 있지만, 환경에 폭로되면 도막열화가 발생하므로 정기적인 도막조사가 필요하다. 더욱이 도막조사 결과에 의하여 도막진단, 도막수명을 예측하고 부분 보수도장이나 전면도장을 해야 한다.

5.8.2 도막조사 방법

강구조물의 종류에 따라서 사용조건 등으로 도막조사 시기나 조건이 제약받는 경우가 많다. 그러나 법적규정이 있는 강구조물은 가동을 중지하여 검사하므로 이에 맞춰 상세한 도막 조사가 가능하며 이에 중심을 두고 그동안의 도막 조사도 계획하게 된다. 따라서 도막조사 주기와 도막 조사 등급이 필요하다.

또한 넓은 도장면적을 전체적으로 상세하게 조사하는 것은 불가능에 가깝고 일반조사 장소 및 세부조사 장소를 정해 둘 필요가 있다. 또한, 조사항목 및 조사 팀도 조사의 목적에 따라 정해 둘 필요가 있다. 도막조사에 대한 필자의 개인적인 안을 소개한다.

(1) 도막조사 주기

도막조사는 매년 실시하는 것이 바람직하지만, 법적검사의 상세조사와 구분하여 계획해야 한다고 생각한다.

석유저장선을 8척 소유하고 있는 白島 석유비축기지를 예로 든다.

석유저장선은 정박지 내 (도크에 들어가지 않음) 검사에서 대표선 (8척 중 1척)을 순차적으로 매 4년마다 실시하도록 선박 안전법의 강선 규칙이 개정되는 방향으로 검토되고 있다. 석유저장선에 대하여 도막조사 주기에 따라 도막조사 등급을 생각한 것이 표 5-23이고 연도별로 할당 한 것이 표 5-24이다.

표 5-23 석유 저장선의 조사 등급과 주기 (예)

부위	조사	조사 그룹1	조사 그룹2	조사 그룹3
상갑판 외면		전 선박 1년 마다	전 선박 2년 마다	대표 선박 4년 마다
의장품		전 선박 1년 마다	전 선박 2년 마다	대표 선박 4년 마다
외판 외현부		전 선박 1년 마다	전 선박 2년 마다	대표 선박 4년 마다
외판 수몰부	반적재선 흘수상	반적재선 1년 마다	반적재선 2년 마다	-
	흘수아래	전 선박 1년 마다	-	대표 선박 4년 마다
	항상 수몰부	-	-	대표 선박 4년 마다
카고 오일 탱크		-	-	대표 선박 4년 마다
수밀 탱크		-	전위 전 선박 2년 마다	대표 선박 4년 마다

표 5-24 白島 석유 저장선의 년도별 할당 (예)

	93	94	95	96	97	98	99	00	01	02	03	04	05	06	07	08	09	10	11	12
白島1호	▲			▮	1	2	1	◎	1	2	1	2	1	2	1	2	1	2	1	2
白島2호		▲		▮	1	2	1	2	1	2	1	◎	1	2	1	2	1	2	1	2
白島3호		▲		▮	1	2	1	2	1	2	1	2	1	2	1	◎	1	2	1	2
白島4호			▲	▮	1	2	1	2	1	2	1	2	1	2	1	2	1	2	1	◎
白島5호			▲	▮	1	2	1	2	1	2	1	2	1	2	1	2	1	2	1	2
白島6호			▲	▮	1	2	1	2	1	2	1	2	1	2	1	2	1	2	1	2
白島7호				▲▮	1	2	1	2	1	2	1	2	1	2	1	2	1	2	1	2
白島8호				▲▮	1	2	1	2	1	2	1	2	1	2	1	2	1	2	1	2

▲ : 저장선 정박, ▮ : 오일 급유
◎ : 정박지 내 대표선 조사 (조사 그룹3)과 다른 선박 조사 (조사 그룹2)
1, 2 : 정박지 내 조사 (조사 그룹 1, 2)

(2) 도막조사 등급

도막조사 등급을 3단계로 나누어, 내용을 나타낸 것이 표 5-25이다.

표 5-25 석유 저장선 도막 조사 등급 (예)

조사 등급	조사 항목과 방법
1	전체 외관 조사 (녹, 부풀음, 벗겨짐, 균열)를 실시하고, 전체의 상태를 파악한다. 동시에 사진 촬영을 한다.
2	전체 외관 조사 (녹, 부풀음, 벗겨짐, 균열)와 정해진 조사 장소의 상세 외관 조사와 기기 측정을 실시한다. 동시에 사진 촬영을 한다. 기기 측정은 부착성, 임피던스, 전위, 광택, 백청을 실시한다.
3	전체 외관 조사 (녹, 부풀음, 벗겨짐, 균열)와 정해진 조사 장소의 상세 외관 조사와 기기 측정을 실시한다. 동시에 사진 촬영을 한다. 기기 측정은 부착성, 임피던스, 전위, 아노드 소모도, 강판 부식%와 강판의 부식 깊이, 부식 이온 침입도, 광택, 백청을 실시한다.

조사하는 선박의 부위에 따라서 조사 할 수 없는 항목과 필요 없는 항복은 생략한다.

(3) 조사팀

설비 소유자가 주체가 되어 조사하게 되지만 조사 등급에 따라 전문가 조사팀을 구성하여 조사 결과의 검토도 실시하고 향후 조치에 대한 제언을 할 수도 있다.

(4) 도막의 조사항목

도막조사의 오차를 줄이기 위하여 조사항목과 평가기준을 정해 둘 필요가 있다. 육안조사를 중요시하고 기기측정은 향후 추이의 가정이나 육안조사의 보완으로 사용한다.

육안검사 : 녹, 부풀음, 벗겨짐, 균열 (7. 도막 열화의 그림 5.7~5.11 참조)
기기측정 : 막두께 측정 (평균값, 최대값, 최소값)
크로스 컷 시험 (5 x 5 mm, 9칸)
부착성 시험 (박리값, 박리층)
백청시험 (chalking 시험)
광택측정 (60도 광택)
이온 침입도 (XMA 분석)
임피던스 측정 (1, 0.5, 0.2 KHz)
전위측정 (포화 전극)
강판의 부식깊이 (분포와 최대값 측정)
강판부식% (도막박리 후 외관조사)

5.9 도막의 평가와 진단

도막조사의 결과를 정리하여 도막평가를 실시한다. 도막평가 결과에 의하여 현재 도막의 상태를 종합적으로 판단하는 도막진단을 실시하고 부분보수도장 또는 전면보수도장 여부를 결정한다. 도막의 평가는 외관 조사로 하는 것이 전체적인 도장막 상태를 파악할 수 있고 실 구조물에 적합한 것은 앞서 언급했지만 이것과 각종 기기에 의한 조사와의 연관에 대해서도 언급하고 싶다.

5.9.1 도막평가

도막열화의 그림 5.7, 5.11에 나타낸 외관평가기준은 열화정도에 따라 점수로 표시하고 있다. 도막 조사에서 얻어진 각 외관조사 결과의 점수에 구조물의 기능에 따라 결정된 계수를 곱해 합계를 구하고 도막 평가하는 방법이 일반적이다. 단, 중요한 조사항목은 일정 점수 이하의 경우는 불량으로 볼 수도 있다.

또한 각종 기기 조사 결과도 기재하고 일정 값 이하의 경우는 주의하여 향후 추이를 조사하는 것이 필요하다.

표 5-26에 방식도막의 평가를 실시한 작업 기록표를 나타내었다. 참고 바란다.

표 5-26 도막평가 작업 기록표 (예)

	조사항목	조사 결과	계수	결과 x계수	비고
외관 조사	녹	8점	10	80	4점 이하는 도장
	부풀음	6점	7	42	4점 이하는 도장
	벗겨짐	10점	5	50	벗겨짐 층 확인 요망
	균열	8점	3	24	균열층 확인 요망
	합계	32점		196	250만점
기기 측정	막두께 ㎛(평균, 최대, 최소)	265, 456, 175			-
	크로스 컷 시험(5x5 ㎜, 9칸)	7/9			도막 박리 관찰
	부착성 시험	25 kg/㎠			kg/㎠ 〉 관찰
	백청	측정않음(대상외)			-
	광택	측정않음(대상외)			-
	임피던스(저항값, tan δ)	10-6, 0.18 (1 ㎑)			10-4 〉 관찰
	전위측정(포화전극)	-915 ㎷			-800 ㎷ 〉 관찰
	이온침입도(막두께 ㎛)	145			XMA 분석
	도막 아래 부식(%)	3			도막 박리 후 육안
도막 평가	녹, 부풀음, 균열이 확인되지만, 비교적 적고, 도막수명이 이르지 않았다. 추이를 계속 조사할 필요가 있다.				

5.9.2 도막진단

도막진단은 향후 처리 즉, 이대로 방치하여 향후 추이를 지켜 볼 것인가, 부분보수도장을 할 것인가, 전면보수도장을 할 것인지를 결정하는 것이 주요 목적이다. 앞에서 석유저장선의 예에서 도막의 녹에 한정하여 도막 평가, 도막 결함, 보수 도장의 필요 여부를 표 5-27에 나타내었다.

표 5-27 석유저장선의 도막평가, 진단 예

도막평가	도막진단	보수 여부
① 155 ㎜φ 이상의 녹과 부풀음이 섞여있고, 전면에 불규칙하게 발생하였을 때. ② 부분적으로 녹과 부풀음이 발생하여 밀집부분을 전부 100%로 보고, 전 면적의 30% 이상 되었을 때	도막수명이 되어 보수할 필요가 있다. ②의 평가는 즉시 보수 할 필요가 있다.	전면 보수가 필요하다.
① 녹이 5 ㎜φ 이상으로 1% 이상 되었을 때 ② 부풀음이 5 ㎜φ 이상으로 1% 이상 되었을 때	도막수명에 도달하지 않았지만 주의하여 조사를 계속한다.	보수 계획을 세워 수년 후부터 보수 도장을 준비한다.
① 특정 장소에 녹이나 부풀음이 집중해 있을 때. ② 점으로 녹이나 부풀음이 있을 때	결함부를 확실하게 구분한다.	부분보수를 하고 결함이 커지는 것을 방지하는 것이 바람직하다.

5.9.3 도막조사, 평가, 진단과 보수 흐름도

그림 5.44는 도막조사, 평가, 진단과 보수도장 관계의 흐름도 (예)를 나타낸 것이다.

이상, 도막형성, 도막열화, 도막수명에 대하여 설명하였다.

혼슈 시코쿠 연락다리와 석유저장선과 같은 기존 강구조물에 대한 방식 보존, 향후 계획되고 있는 대형 부유체 강구조물 및 기타 구조물에 대해서도 평생의 수명주기를 고려한 도장설계 및 보전설계가 필요하다고 생각한다.

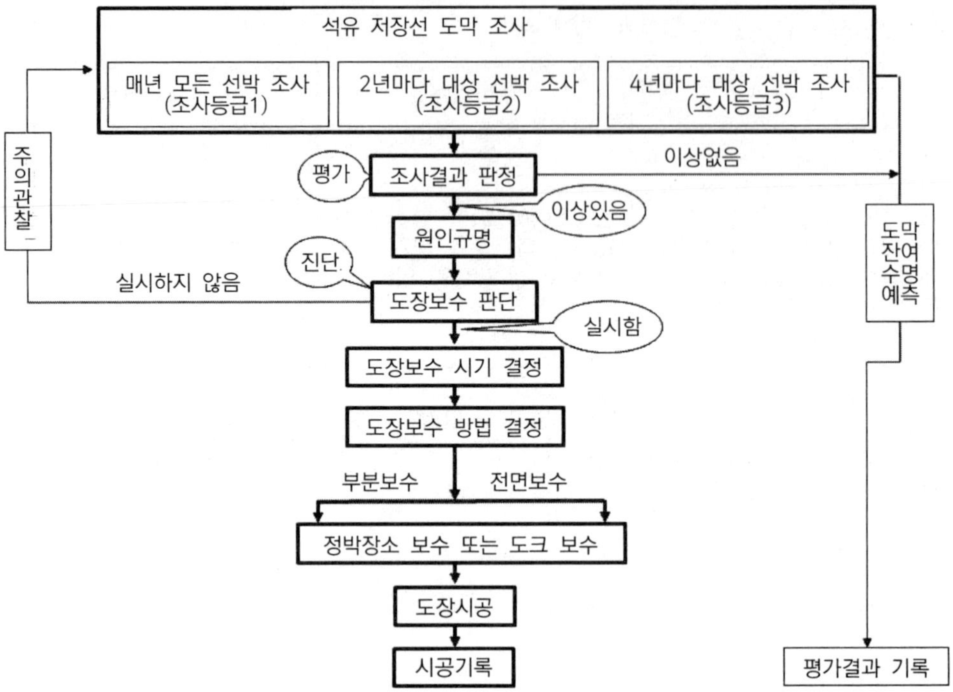

그림 5.44 도막 조사, 평가, 진단과 보수 흐름도 (예)

참고문헌

1) "やさしい塗料続本〈塗装編〉", 関西ペイント(株) 1990.3 発行
2) "重防食塗装ガイドブック", (社)日本塗料工業会, 1995.12 発行
3) "機能性コーティング", 日刊工業新聞社(1986)
4) "塗膜の付着性と内部応力", 色材協会誌68(8) (1995)
5) "電気化学的方法による腐食状態の実時間計測技術", 金属表面技術, Vol.32, No.6 (1981)
6) "新稿塗料物性入門", 塗装技術, Vol.5 (1997)
7) "塗膜の劣化機構", 塗装技術, Vol.10 (1976)
8) "さびへの挑戦", 塗装技術, Vol.12 (1977)
9) ATLAS OF ELECTORO CHEMICAL EQUILIBRIA (1966)

6장
수용액환경에서 수지 및 FRP의 부식

1940년대 초 미국에서 유리섬유를 불포화 폴리에스테르수지로 굳히는 기술이 개발되어 소위 GFRP(Glass Fiber Reinforced Plastics)가 세상에 등장한지 70년이 되려고 한다. 이 사이, 수지, 유리섬유, 성형법 등의 발달에 의하여 용도가 크게 확대되었고 생활 용품부터 공업제품까지 없어서는 안되는 소재로서 확고한 지위를 확보하고 있다.

FRP는 여러 가지 뛰어난 특성을 가지고 있지만 그 중에서도 경량, 고강도 및 고내식성의 특징을 살려서 심한 부식성환경인 화학장치의 탱크와 배관 등의 구조재료로 사용되고 있다. 그러나 심한 환경에서는 내식성도 충분하다고 할 수 없고 더욱이 재료와 환경의 조합에 의하여 다양한 거동을 나타내기 때문에 내식설계와 수명예측을 실시하는 것이 곤란하다.

그래서 FRP 또는 매트릭스가 되는 열경화성수지를 중심으로 여러 가지 고분자재료의 화학적 열화, 즉 부식에 대한 연구를 실시하였다. 여기서는 이러한 연구 결과를 중심으로 수용액환경에서의 수지 및 FRP의 부식에 대하여 살펴본다.

6.1 물리열화와 화학열화

열화를 실험에 의하여 정량적으로 평가하기 위해서는 목적으로 하는 환경 액체에서 침지실험을 실시하게 된다. 일정시간 침지 후, 액체에서 꺼내 무게를 측정하여 침지 전후의 중량변화를 구한다. 이때 액체에서 꺼내어 무게측정까지의 시간에 따라 데이터가 크게 다른 것이 보통이다. 액체에서 꺼내어 즉시, 또는 그것에 가까운 상태, 즉 재료 내에 침입 한 액체가 그대로 내부에 머물러있는 상태로 측정하는 경우(이것을 습윤무게라고 부르기로 한다)와 완전하게 건조시킨 후 측정하는 경우 (이것을 건조중량이라 한다)를 비교한 것이 그림 6.1이다. 폴리아미드(나일론 66 : PA)를 물에 침지했을 경우의 결과이지만 습윤상태에서는 무게가 증가하였지만 건조 상태에서는 거의 0, 즉 원래 상태로 돌아오고 있다. 그림 6.1는 6.2의 나일론의 굽힘강도를 측정한 결과이다. 세로축의 유지비율은 침지 전의 강도에 대한 침지 후의 강도비율이다. 습윤상태에서는 크게 강도가 감소하지만 건조시키면 침지 이전의 수준을 유지하고 있는 것을 알 수 있다. 즉 침지하면 액체가 침입하지만 건조하면 완전히 원래 상태로 돌아가는 것을 의미하며 액체와 수지와의 화학 반응에 의해 수지의 일부가 분해되어 용출 같은 현상은 발생하지 않는 것을 나타낸다. 그러나 습윤상태는 굽힘강도가 저하하고 있다. 이것은 폴리머 분자 사이에 침입 한 액체에 의해 분자간의 2차 결합력이 약화되기 때문이다. 이와 같이 폴리머분자사슬을 화학적으로 절단하지 않고 기계적 성질 등이 저하되는 현상을 물리적 열화라고 부른다.

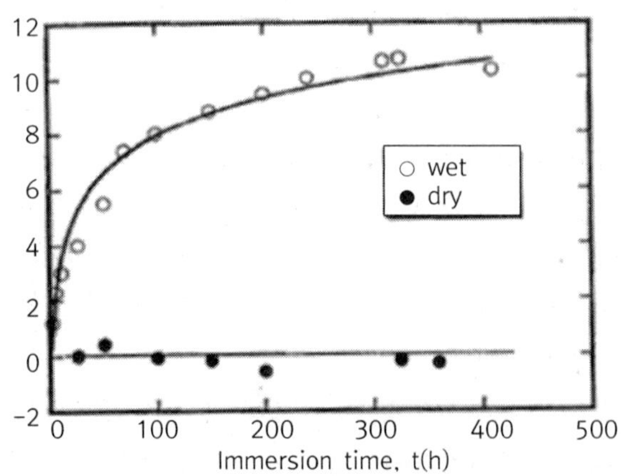

그림 6.1 Weight change of PA at dry and wet conditions (H2O, 50℃)

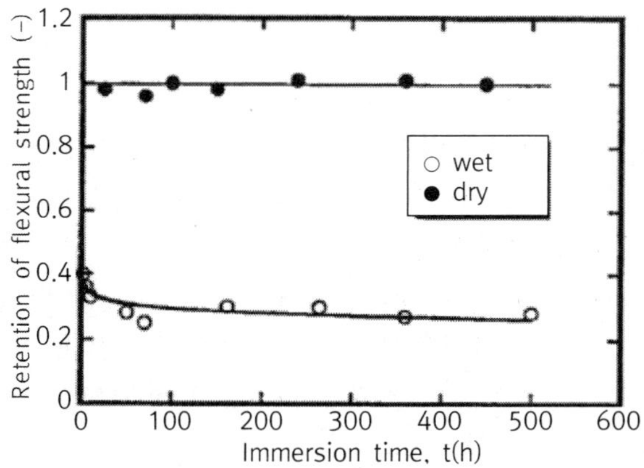

그림 6.2 Change of flexural strength of PA at dry and wet conditions

한편, 후술하는 바와 같이 건조중량에서 감소가 인정되는 경우는 어떤 형태로 수지의 일부가 액체에 용해하는 것을 의미하며 이것은 액체와 수지와의 화학반응에 기인하기 때문에 화학적 열화라 부른다. 화학적 열화를 우리는 "부식"라고 부르고 있다. 이하, 부식에 대해 자세히 살펴보자.

또한 수지를 물에 침지하면 많은 물리적 열화가 발생하고 화학적 열화는 없다. 해수나 몇% 소금 수용액의 경우도 마찬가지이다.

6.2 부식형태와 부식기구

6.2.1 부식형태

각종 수지의 침지실험 결과, 수지와 환경과의 조합에 따라서 3가지 형태로 나누어진다는 것을 밝혔다. 첫 번째는 액체가 접촉하고 있는 표면에서 수지가 균일하게 용출하면서 감육하고 금속의 전면부식(균일부식)과 유사한 거동을 나타내는 것으로 '표면 반응형 부식'이라고 부른다. 두 번째는 표면에서 균일한 두께의 변색층 (부식 잔류층)을 형성하고 이 두께가 시간이 지남에 따라 증가하는 타입으로 '부식층 형성형'이라고 부른다. 이것은 금속의 고온산화에서 산화막을 형성하는 것과 유사하다. 세 번째로 '전면 침입형'이라고 부르고 환경액체가 수지 내부에 침입 한 후 반응이 진행하는 타입으로, 수지 특유의 부식 형태이다.

6.2.2 표면 반응형 부식

이 유형의 부식은 구조적으로 주사슬 및 가교부분이 단순한 저분자로서 결합 부분이 에스테르결합과 같은 분해반응을 쉽게 받는 결합으로 구성된 유형의 수지에 생긴다. 즉, 그림 6.3과 같이 주사슬과 경화제와의 결합 부분이 분해되어 (점선 부분) 각각이 뿔뿔이 흩어져 용해한다. 한 예로서 무수프탈산(MTHPA : Methyl tetra hydro phthalic anhydride)으로 경화한 에폭시수지(MTHPA-EP)를 NaOH에 침지하면 표면에 점성이 높은 젤 형태의 물질을 형성하면서 두께는 시간에 비례하여 균일하게 감소한다. 즉 부식두께(x)는 그림 6.4와 같이 시간(t)에 비례하여 증가하고 식 (6.1)이 성립한다. (k_1은 정수)

$$x = k_1 t \tag{6.1}$$

이 부식생성물을 적외분광광도계로 관찰하면 그림 6.5와 같이 침지에 의해 침지 전에 보인 1720 cm^{-1}의 에테르결합$(-\overset{\text{O}}{\overset{\|}{\text{C}}}-\text{O}-)$의 흡수가 소실하고 대신에 1570, 1440 cm^{-1}에 카르복실산 음이온 $(-\overset{\text{O}}{\overset{\|}{\text{C}}}-\text{O}^{-})$의 흡수가 나타난다. 이것은

$$(\text{R}-\overset{\text{O}}{\overset{\|}{\text{C}}}-\text{OR}' + \text{OH}^- \rightarrow \text{R}-\overset{\text{O}}{\overset{\|}{\text{C}}}-\text{O}^- + \text{R}'\text{OH} \quad (\text{알칼리 중}) \tag{6.2}$$

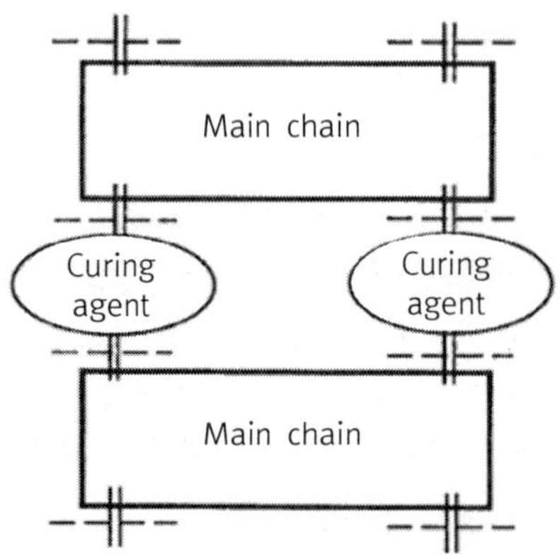

그림 6.3 Chemical structural model for surface reaction type corrosion

되는 반응으로 가수분해되는 것을 의미한다. 또한 부식생성물을 제거한 후의 수지 부분에서 침지전과 똑같은 스펙트럼이 얻어졌다.

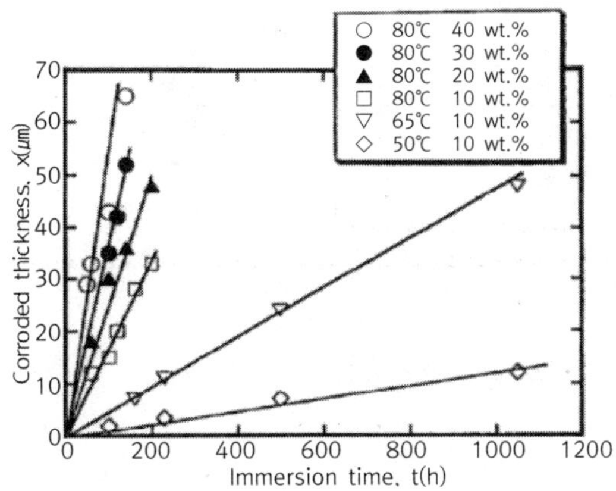

그림 6.4 ange of corroded thickness of MTH-PA-EP by immersion into NaOH solutions

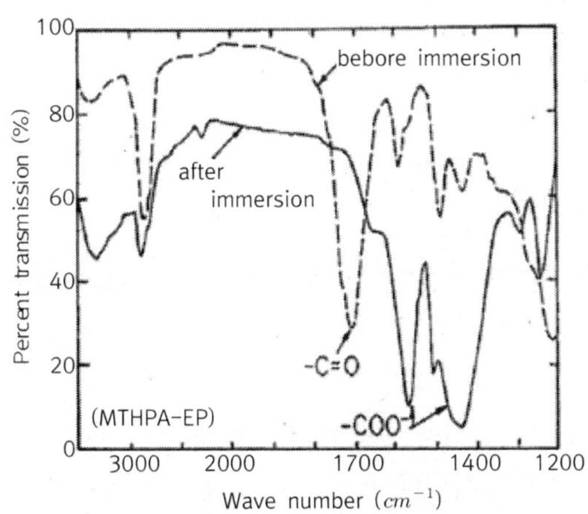

그림 6.5 IR spectrum of MTHP-EP (dotted line : before immersion, solid line : after immersion into 40 wt.% NaOH, 80 ℃, 350 h)

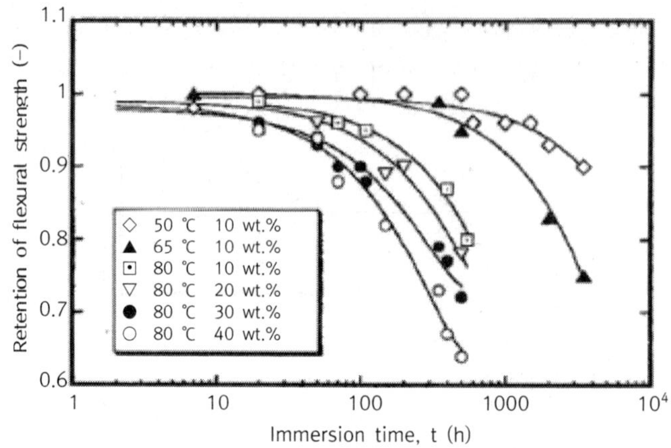

그림 6.6. Change of flexural strength of MTHPA-EP by immersion into NaOH solutions

이와 같이 이 계는 시험편의 두께가 감소하기 때문에 당연히 강도도 한다.(그림 6.6)

이상에 나탄 것 이외에, 이 형태를 나타내는 사례는 주사슬 중에 에스테르결합을 갖는 지환식 에폭시수지/수산화나트륨 수용액계, 아민경화에폭시 수지(MDA-EP)/산 및 알칼리 수용액 계 등이 있다.

6.2.3 부식층 형성형 부식

표면에서 균일한 두께의 변색층을 형성하고 이 두께가 부식의 진행에 따라 점점 증가하는 유형의 부식으로 대부분의 열경화성 수지의 산·알칼리 환경에서 볼 수 있는 형태이다.

이소프탈산계 불포화 폴리에스테르(Iso-UP)의 10 wt.% 수산화나트륨수용액중의 부식거동을 그림 6.7에 나타낸다. 흰 기호, 검은 기호는 각각 습윤 및 건조중량 변화를 나타낸 것으로, 습윤무게 증가, 감소, 다시 증가로 변화하지만, 건조중량은 시간과 함께 감소하고 있다. 이것은 수지 중 어떤 성분이 용출하고 그곳에 다시 환경액체가 침입하는 것을 보여주고 있다. 단면을 관찰하면 그림 6.8과 같이 표면 부분에 부드럽게 변색된 층이 형성되고 중앙에는 원래 수지와 같은 변색하지 않은 층이 관찰된다. IR 분석하면, 앞서 언급한 그림 6.4와 같은 변색층에서는 에스테르결합 피크가 사라지고 대신 카르복실산 음이온의 피크가 출현하고 변색하지 않은 층은 원래 수지와 같은 스 펙트럼을 나타낸 것으로부터 외부 만 가수 분해에 의해 부식된 층이 되어있는 것을 알 수 있다.

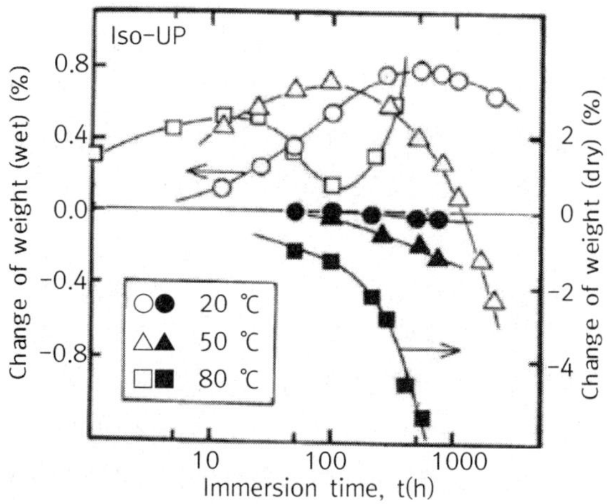

그림 6.7 Weight change of Iso-UP at dry and wet conditions by immersion into 10 wt.% NaOH solutions

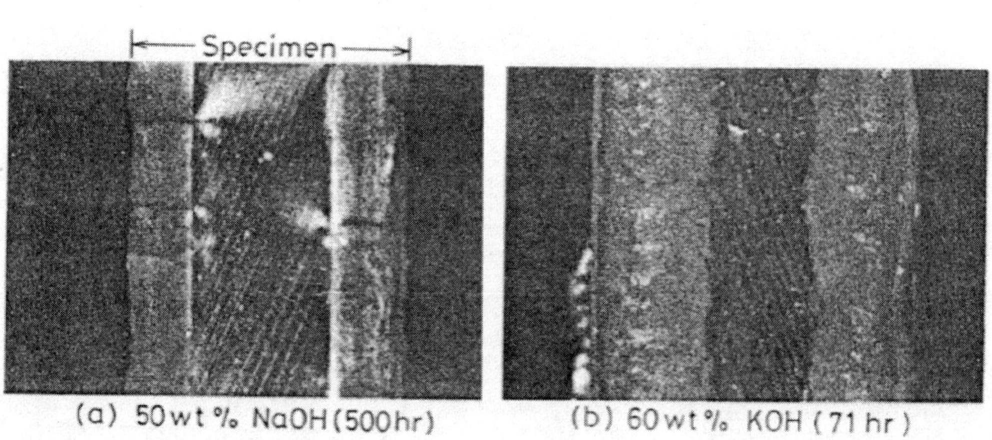

그림 6.8 Optical micrographs of cross section of Iso-UP immersd into NaOH (a) and KOH (b) solution at 80 ℃

이 변색층, 즉 부식층의 깊이를 광학현미경과 IR로 구하여 침지시간에 대하여 나타낸 것이 그림 6.9의 ●, △ 기호이다. 이것으로부터 부식층 깊이(x)는 시간의 제곱근에 비례하는 것을 알 수 있다.

$$x = k_2 - t^{1/2} \tag{6.3}$$

Iso-UP는 주사슬에 가수분해를 받는 에스테르결합을 가지고(그림 6.10의 =부), 스티렌으로 가교한 부분은 강력한 C-C 결합이기 때문에 에스테르 결합이 분해되어(그림의 점선) 생기는 분해생성물이 비교적 긴분자사슬이 되므로, 확산 저항이 되는 부식층을 형성하는 것으로 생각된다. 이것은 금속 고온산화의 포물선 법칙에 비슷한 것이다.

한편, Iso-UP의 수산화칼륨수용액 환경 하에서 형성되는 부식층은 그림 6.8에 나타낸 바와 같이 NaOH의 경우에 비하여 더욱 팽창층을 형성하고 NaOH에서와 달리 환경액체가 수지표면에서 내부로 확산하는 경우의 저항이 되지 않는다. 이것은 칼륨이 더 반응성이 높기 때문이라고 생각되고 부식깊이와 침지시간과의 관계는 그림 6.9의 ○기호와 같이 시간에 대하여 1차로 되고 표면반응형의 감육두께와 같이 식 (6.1)으로 표시된다. 이 경우의 거동은 금속의 고온산화에서 조잡한 산화막이 발생하는 경우와 비슷하다. 이상과 같이 부식층 형성형의 부식형태는 환경액체와 반응하여 변색한 층의 열화정도, 즉 잔류하는 분자의 길이에 따라 환경액체의 확산에 대하여 저항이 되는 것과 되지 않는 것이 존재한다.

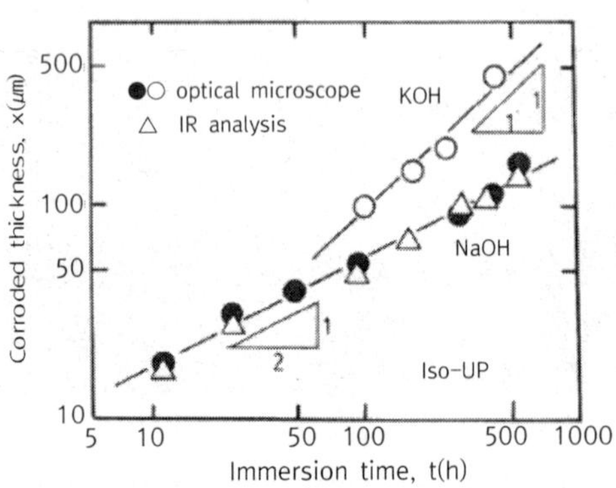

그림 6.9 Change of corroded thickness of Iso-UP by immersion into NaOH(10 wt.%) and KOH(25.6 wt.%) solutions(80℃)

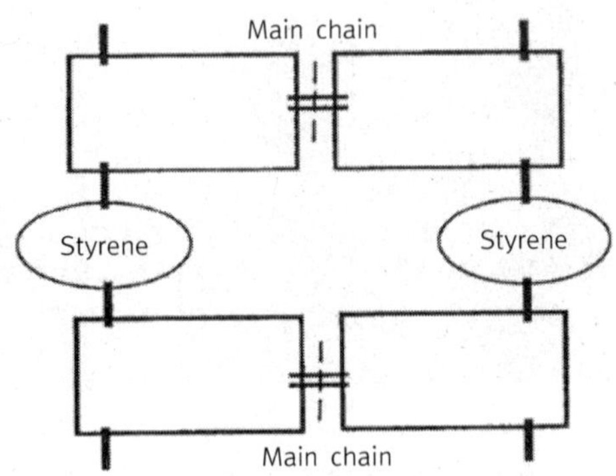

그림 6.10 Chemical structural model for correded layer forming type corrosion.

무수프탈산(PA)를 경화제로 피스페놀 A형 에폭시수지의 반복 단위수(n)을 바꾸어 수산화칼륨수용액에서 침지시험을 실시하였다. 이 때, n=0처럼 주사슬이 짧은 경우에는 표면 반응형이 되고 부식생성물은 용출하지만, n=0.5에서 더 이상 표면에 생성하는 부식생성물은 겔 상태가 아니고 쉽게 박리층을 형성한다. 또한 n=1 이상이 되면 수지표면에서 박리하지 않는 제대로 된 부식층을 형성한다. 부식층의 형성속도도 n=0.5에서 거의 시간에 대하여 1차이지만, n=1 이상에서는 시간이 지남에 부식층의 형성은 늦어지는 경향을 나타낸다.

이상에 나타낸 부식층 형성형은 부식층에는 거의 강도가 없고 부식층을 제외한 수지의 강도에 따라 강도를 평가할 수 있다. 그러나 노볼락형 비닐에스테르수지는 가교부 이외 에스테르를 가지지 않고 입체적이고 안정적인 화학 구조를 가지기 때문에 가교부 이외에서 거의 반응하지 않고 일반적으로 내식성이 우수하다. 이 경우에는 강도를 유지하는 유형의 부식층은 식 (6.2)에 따라 형성한다. 그러나 완전하게 안정이라 할 수 없고, 조건에 따라서는 pit와 crack이 발생하여 금속의 pitting과 같은 거동을 나타내는 수가 있다.

이상에 나타낸 것 이외에, 이 유형의 부식을 보여주는 사례로는 주석계 촉매를 사용하여 에테르결합을 많이 한 프탈산경화에폭시(PA-EP (Sn))/알칼리 환경과 orthophthalic 불포화 폴리에스테르 (Ortho-UP)/알칼리 환경 등이 있다.

6.2.4 전면 침입형 부식

환경액체가 수지의 내부, 즉 수지의 분해 반응이 일어나는 부분에 확산침투에 의하여 도달 한 후 반응이 진행하는 유형의 부식을 "전면 침입형"'이라고 부른다. 이 형태는 수지 특유의 부식형태로 menthanediamine(MDA)으로 경화한 에폭시 수지(MDA-EP)/황산 및 Ortho-UP/끓는 물에 보인다.

MDA-EP를 산성수용액에 침지했을 때의 거동을 나타낸 것이 그림 (6.11)이다. 황산에서는 큰 무게 증가가 보인다. 이것은 환경액체인 산이 아민염을 형성하면서 확산침입하기 때문이다. 시험편 단면의 원소분석(XMA)에서 황산환경에서는 S 원소가 표면에서 계단상으로 침입하고 중량변화에 상응하여 약 500 시간에 중심까지 이른다. 침지시간 초기에는 아민염이 형성할 뿐이고 분자사슬의 결합은 끊어지지 않는다. 따라서 IR 스펙트럼은 거의 변화가 없고 건조하면 초기에는 강도는 거의

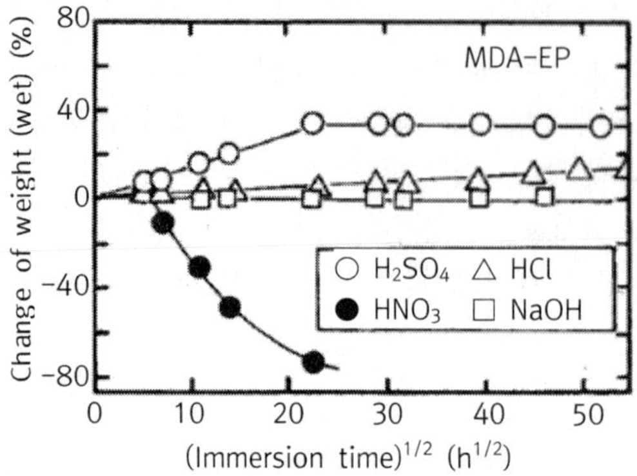

그림 6.11 Weight change of MDA-EP at wet conditions by immersion into several solutions(80℃).

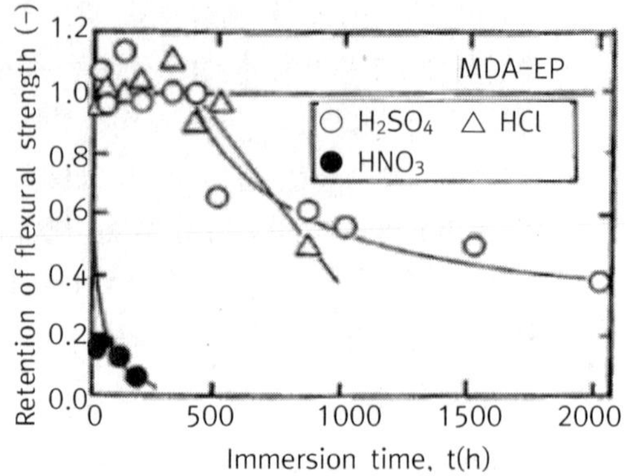

그림 6.12 Change of flexural strength of MDA-EP at dry conditions by immersion into several acids(80℃)

원래의 값을 나타내는 그림 6.12 등 물리적 열화가 나타난다. 그러나 환경 액체가 어느 정도 이상 침입 한 후에는 어떠한 분해반응이 일어나고 이것이 황산에서는 환경액체의 침입이 거의 포화에 도달하는 500 시간 이상 강도 저하의 원인이라고 생각된다.

또한 그림 6.11은 황산 이외의 수용액에 침지한 결과도 함께 나타낸 것이다. 이 중 질산은 앞서 언급한 표면 반응형을 나타내고 NaOH는 전혀 부식되지 않는다.

6.2.5 그 외 유형의 부식

범용 엔지니어링 플라스틱, 폴리아미드 수지(PA)을 10% 황산수용액에 침지하면 무게는 시간의 제곱근에 비례하여 증가하고 결국 평형에 도달하고(그림 6.13) Fick의 확산법칙을 따른다. 단면을 관찰하면 명백한 변색층이 형성되어 있지만 이것은 부식층 형성형과는 달리 SEM 관찰에서 표면에 형성되는 균열의 깊이에 해당하지만 XMA분석에 의하면 S원소는 균열층보다 내부까지 서서히 침투하고 있는 결과를 얻을 수 있었다. 또한 변색층 부분의 강도를 0으로 두어도 실제 강도보다 높은 값이 추정되는 것으로부터 변색 영역보다 더 안쪽까지 부식열화가 발생하는 것을 의미한다.

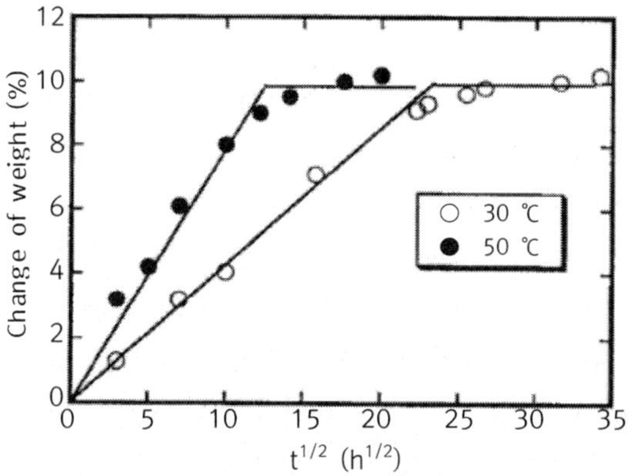

그림 6.13 Weight change of PA at wet conditionss by immersion into 10 wt.% H_2SO_4

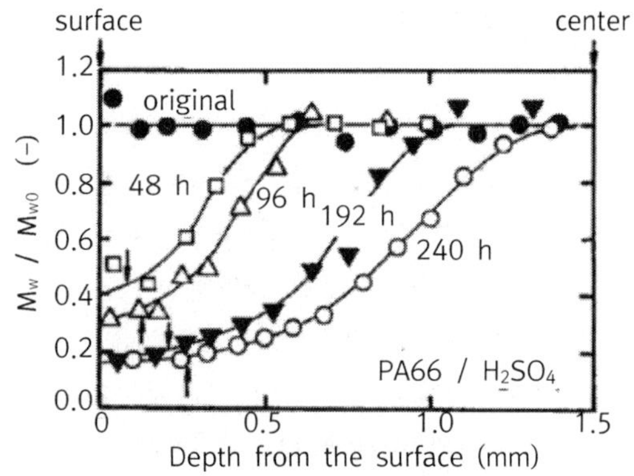

그림 6.14 Change of molecular weight of PA with depth from the surface(10 wt.% H_2SO_4, 50℃)

PA 수지의 분자량 분포를 점도법 또는 SEC법을 사용하여 평가하면 침지 시간의 증가와 함께 저분자량 쪽으로 이동하고 있는 것이 확인되었다. 각 침지 시간에서 시험편의 깊이 방향의 중량 평균 분자량(Mw)의 변화를 나타낸 것이 그림 6.14이다. 또한 Mw_0는 초기 분자량이다. 그림 속에 화살표로 나타낸 부분이 관찰된 변색층의 경계이지만 명백한 변색층을 형성하는 열경화성 수지 보인 부식층 형성형과 달리 부식반응은 수지표면에서 변색 영역까지 계단상으로 발생하는 것이 아니고 환경 액체의 침입에 상응하고 산당한 내부까지 연속적으로 진행되고 있는 것을 알 수 있다.

PA/H_2SO_4계는 열경화성수지에서 나타나 것과 같은 부식형태로 분류되지 않는다. 즉, 환경액체의 확산침입과 분해반응이 동시에 진행하고 명확한 부식생성물과 원래 수지의 계면을 만들지 않고 서서히 부식되어 부식층 형성형과 전면 침입형의 중간적인 부식이라 생각된다.

6.3 FRP 부식

그림 6.15에 MDA-EP를 매트릭스로 하는 FRP를 다양한 환경액체에 침지시켰을 때의 무게변화를 나타낸다. 질산 및 과산화수소로 심하게 부식되는 것을 알 수 있다. 열경화성수지를 유리섬유로 강화한 FRP의 내식성 및 부식거동은 기본적으로 매트릭스인 수지에 지배된다. 그림 (6.16, 6.17)은 FRP를 질산에 침지했을 때의 중량변화를 매트릭스와 유리섬유로 나누어 측정한 결과이다. 매트릭스인 MDA-EP는 6.2.2에서도 언급했듯이 질산에 의해 표면에서 균일하게 용해하는 유형의 부식을 보여주기 때문에 FRP의 경우도 심하게 부식되고 마침내 모두 용해한다(그림 6.16). 또한 수지의 용해 거동은 섬유의 유무 또는 섬유형태 (매트, 크로스)에 관계없이 거의 동일하다. 그러나 이러한 경향은 수지의 부식속도와 부식형태 등에 따라 다를 수도 있다.

한편, 이 계(E-유리/질산)는 그림 6.17과 같이 유리섬유도 용해한다. 이것은 섬유(E유리) 중의 Al_2O_3와 CaO 성분이 질산에 의해 용해하는 것이며 이것들이 모두 없어지면 중량감소는 거의 일정하게 된다. 또한 용해에 따라 강도도 저하한다(그림 6.18). 그림 6.18은 내산성이 우수하다고 알려져 있는 C-유리 및 T-유리를 질산에 침지했을 때의 결과도 보여 주지만 이들 섬유는 E-유리에 비해 강도저하가 매우 작은 것이 인정된다.

이상과 같이, MDA-EP를 매트릭스로 하는 FRP는 질산과 과산화수소에 침지하면 심하게 부식되고 수지성분은 모두 용해하여 유리섬유 만이 남게 된다. 이 거동은 FRP의 폐기물 처리, 특히 유리섬유를 매트릭스에서 분리하는 과정에 응용할 수 있는 가능성을 나타낸다. 또한 분리한 유리섬유에 주안점을 두고 뭔가를 사용하고자 하는 경우에는 유리섬유를 용해하지 않는 과산화수소를 사용하거나 C- 또는 T-유리섬유를 사용하는 것이 좋다고 할 수 있다.

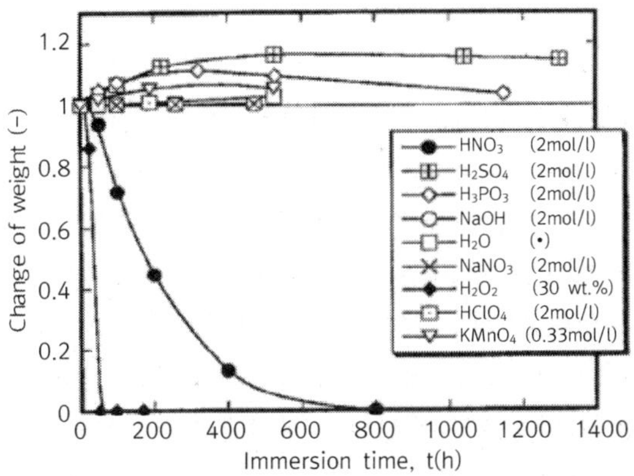

그림 6.15 Weight change of MDA-RP FRP at dry conditions by immersion into several solution(80℃, E-glass mat).

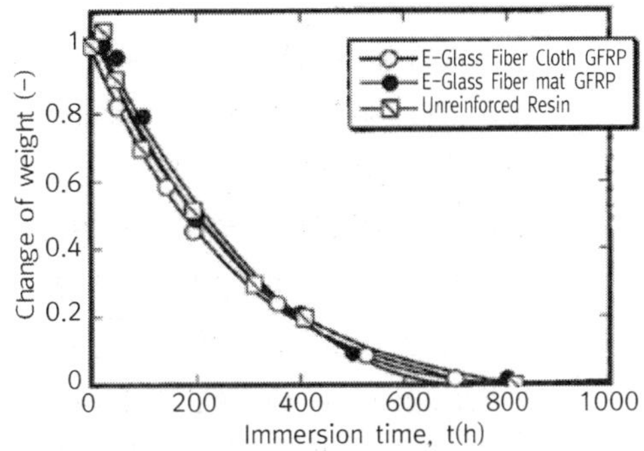

그림 6.16 Weight change of matrix resin in MDA-EP FRP by immersion into 2mol/l HNO_3 (80℃)

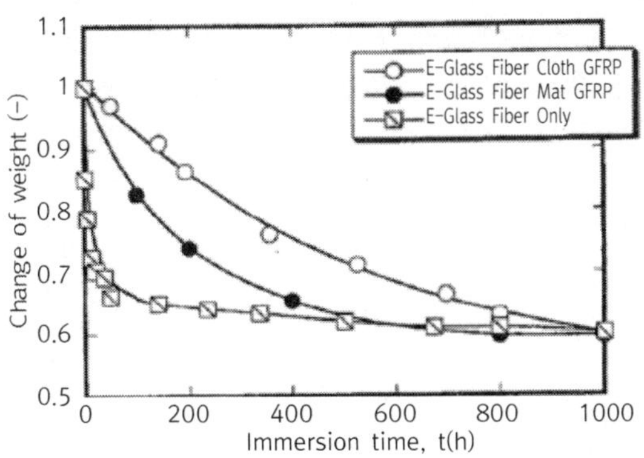

그림 6.17 Weight change of glass fiber in MDA-EP FRP by immersion into 2mol/l HNO3(80℃)

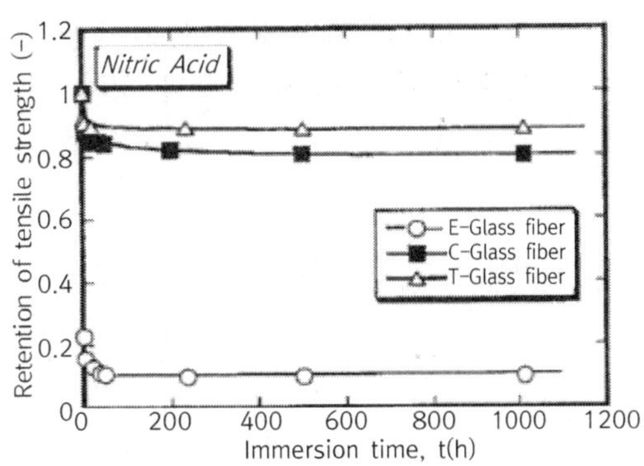

그림 6.18 Change of tensile strength of glass fiber by immersion into 2 mol/l HNO3(80℃)

6.4 결 론

열경화성 수지는 3개의 부식 형태가 관찰된다. 이러한 부식 형태는 확산과 반응 속도의 관점에서 통일적으로 정리할 수 있다. 먼저 표면 반응형 및 부식층 생성형이 될지, 전면 침입형이 될지는 환경 액체의 수지 내로의 확산속도와 수지의 가수분해 속도와의 상대적인 관계에 달려있다. 즉, 확산속도≪반응속도라면 표면 반응형 및 부식층 생성형, 확산속도≫반응속도면 전면 침입형을 나타내는 것으로 생각된다. 양자가 거의 같은 정도로 진행하는 경우도 존재하고 대표적인 예가 PA/황산이다. 또한 표면 반응형 또는 부 층 형성형이 되는 것은 분해 반응에서 생성되는 부식생성물의 분자량으로 대략 설명된다. 즉, 가교 점을 주사슬도 절단되어 분해생성물이 저분자화합물로 되는 경우에는 환경액체 중에 쉽게 용출되어 버리기 때문에 표면 반응형이 된다. 분자 사슬의 일부만이 절단되는 것 같은 경우 분해생성물은 어느 정도의 분자량을 유지하기 때문에 모두가 용출하지 않고 부식층을 형성한다.

또한 화학장치의 탱크 및 배관 등에 사용되는 FRP도 섬유 자체의 강도 열화 및 섬유계면의 문제 등이 있지만 대략 매트릭스가 되는 고분자재료에 따라서 부식 형태가 결정되는 경우가 많다. 어쨌든 고분자 재료의 부식열화가 금속과 다른 것은 환경액체의 확산침투가 반응과 함께 큰 요인이 되는 점이며 이에 따라 다양한 형태가 발생한다.

참고문헌

1) 高圧ガス保安協会編, "耐食FRPハンドブック", (1983)高圧ガス保安協会
2) 小笠原, et al., 材料科学, 22, (5), 280 (1986)
3) 小笠原, et al., 日本複合材料学会誌, 12, (1), 16 (1986)
4) 北條, et al., 強化プラスチックス, 34, (2), 49 (1988)
5) 北條, et al., 日本複合材料学会誌, 17, (6), 243 (1991)
6) S. Ono, et al., Proc. 10th Intern. Conf. Composite Mater., VI, 215 (1995)
7) J. M. West: "Basic Corrosion and Oxidation", (1986) Ellis Harwood Pub.
8) 北條, et al., 防食技術, 38, (12), 639 (1989)
9) 久保内, et al., 第40回腐食防食討論会講演集, 699 (1993)
10) 津田, et al., 化学工学会第60年会研究発表講演要旨集, 2, 68 (1995)
11) 森定雄, "サイズ排除クロマトグラフィー", (1991) 共立出版
12) 久保内, et al., 材料と環境'97講演集(腐食防食協会), 97 (1997)

7장 해양환경에서 콘크리트의 장기거동

일본 국토교통성 항만기술연구소는 여러 가지 항만정비사업에 필요한 기술적 문제를 해결하기 위한 국립시험연구기관으로서 가나가와현 요코스카시에 설치되어 있다. 사면이 바다인 일본은 해양공간을 유용하게 이용하는 것이 일본의 발전 및 국민생활의 향상에 필요하다. 해양공간 이용방법의 하나인 선박교통 연절점 또는 해상운송과 육상운송의 연절점으로서 전국 각지에 항만시설이 건설되어 있다. 또한 최근에는 사람들의 생활 공간의 일부로서 항만공간의 정비도 진행되고 있다. 다양한 항만 시설의 구조물은 주로 강재와 콘크리트로 건설되고 있다. 물론, 석재 또는 토질재료도 사용되고 있지만, 여기서는 구조물의 구성재료로, 강재와 콘크리트를 주요 재료로 한다. 일례로 일본의 방파제는 대부분 중력식 구조물이며 콘크리트는 없어서는 안 되는 재료이다. 한편, 선착장 구조의 소형선 접안시설 건설은 강관을 말뚝으로 매우 많이 사용한다. 항만시설은 여러 가지가 있으나 직접 해수의 영향을 받는 환경에 있기 때문에 항만구조물도 해양구조물의 한 종류라 생각된다. 향후 다양한 목적으로 해양구조물의 건설이 진행되어 갈 것으로 예상되는데 강과 콘크리트가 주요 재료로 사용 될 것에는 큰 변화가 없을 것이다.

그러면, 주요 건설재료 중 하나인 콘크리트(철근콘크리트 포함)는 해양환경에서 얼마나 내구성이 있을까. 불행하게도 완전한 해답은 없다. 또한 장기적으로 콘크리트는 해양환경에서 어떤 거동을 나타내는 지 이것에 대해서도 우리는 충분한 지식이 없다. 여기서는 콘크리트구조물이 해양환경에서 나타내는 장기거동에 대한 과거의 연구결과를 정리하였다.

7.1 해양환경에서 콘크리트 내구성을 좌우하는 요인

7.1.1 서론

콘크리트라는 용어는 누구나 알고 있는 것으로 생각되지만 구체적으로 아는 사람은 적을 것이다. 콘크리트(정확히 말하면, 시멘트·콘크리트)는 시멘트와 골재(자갈, 모래)와 물을 섞어 만든다. 이름대로 골재로 뼈대를 형성하고 시멘트로 굳히는 구조로 되어있다. 물은 반죽 혼합 시 콘크리트에 유동성을 주고 시멘트 경화반응(수화반응)에 필수적인 재료이다. 또한 최근에는 각종 혼합재료(혼합재와 혼합제의 총칭〉도 콘크리트에 필수적인 재료이다.

위에서 설명한 대로, 골재를 시멘트로 싸서 굳힌 것이 이른바 콘크리트이다. 콘크리트는 압축력에 대해서는 매우 큰 저항성(압축강도)이 있지만 인장력에 대한 저항성(인장강도)은 매우 작다. 따라서 낮은 인장강도를 보강하는 의미에서, 콘크리트 내부에 높은 인장강도를 갖는 강재가 배치된다. 이것이 소위 철근콘크리트이다. 철근콘크리트 구조가 발명됨으로서 콘크리트는 구조 재료로서 용도가 확대되었다.

콘크리트를 보고 마치 인공석 같다라는 인상을 가진 사람은 많지 않을까. 어떤 면에서 확실히 그렇다. 그러나 자연석과 콘크리트의 큰 차이점 중 하나는 경화체 내부에 수분이 침투 할 수 있는지 여부이다. 자연석의 경우 매우 높은 차수성을 나타내는 것이 많다. 유럽 국가에서 몇 세기의 세월을 거쳐도 여전히 건전한 상태로 석조 건축물이 사용되는 것은 석재가 수분을 통과시키지 않기 때문에 석재 자체가 매우 장기간에 걸쳐 지극히 안정된 상태에 있기 때문이다. 한편, 콘크리트의 경우 외관상 매우 치밀한 경화체처럼 보여도 미시적인 관점에서 보면 공극을 다수 갖는 구조로 되어있다. 따라서 장기적으로 조금씩이지만 수분이 콘크리트 내부로 침투하게 된다.

해양환경에서는 해수가 콘크리트 표면에 직접 접하고 서서히 콘크리트에 침투한다. 그 때, 해수 중의 각종 성분이 콘크리트 내부로 침투한다. 콘크리트가 장기적으로 열화하는 것은 콘크리트에 해수가 침투하는 것이 근본적인 원인이다. 콘크리트의 열화에 관한 가장 중요한 해수의 성분은 황산이온(SO_4^{2-})과 염화물이온(Cl^-)이다. 다음 절에서 이러한 이온이 콘크리트에 어떤 영향을 미치는지에 대하여 설명한다.

7.1.2 콘크리트 경화체의 열화(내해수성)에 대하여

콘크리트의 열화를 논하는데 있어 먼저 확인해 두어야 하는 것은 콘크리트 경화체 자신의 열화와 콘크리트 내부 강재의 부식을 명확하게 구별하여 생각할 필요가 있다. 콘크리트구조물은 강재를 사용하지 않은 것도 있고(무근콘크리트이라 칭한다), 이와 같은 경우에는 콘크리트 경화체의 열화가 매우 중요한 문제가 된다. 본 절에서는 해수의 작용에 의해 콘크리트 경화체가 받는 열화에 대한 기존의 지식을 설명한다.

외부 환경의 화학적 작용에 의한 콘크리트의 열화 사례는 해양환경에서는 그다지 눈에 띄지 않는다. 오히려 온천환경, 하수시설 또는 특수토양과 같이 황산이온이 고농도로 되어 있는 환경에서 현저하게 나타나고 있다. 그러나 해수에도 황산이온이 포함되어 있기 때문에 초 장기적으로 보면 황산이온의 영향을 받을 가능성을 부정할 수 없다. 황산이온과 콘크리트 성분이 관여하는 화학반응식은 다음 식 (7.1)과 같다.

$$
\begin{aligned}
&Ca(OH)_2 + MgSO_4 + 2H_2O \\
&\qquad \rightarrow CaSO_4 \cdot 2H_2O + Mg(OH)_2 \\
&3CaO \cdot Al_2O_3 + 3CaSO_4 \cdot 2H_2O + mH_2O \\
&\qquad \rightarrow 3CaO \cdot Al_2O_3 \cdot 3CaSO_4 \cdot nH_2O
\end{aligned} \tag{7.1}
$$

식 (7.1)에서 마지막에 생성되는 '$3CaO \cdot Al_2O_3 \cdot 3CaSO_4 \cdot nH_2O$'가 소위 에트린가이트라고 하는 것으로 일반적으로 n=32 정도가 되기 때문에 매우 팽창이 풍부한 결정성 물질이다. 식 (7.1)에 나타낸 것과 같이 해수의 황산이온과 콘크리트 성분인 $C_3A(3CaO \cdot Al_2O_3)$가 화학적으로 수차의 반응을 거쳐 에트린가이트가 생성된다.

해양환경이 아닌 경우에도 건전한 콘크리트는 에트린가이트가 소량이지만 생성된다. 또한 에트린가이트를 적당량 생성시킴으로서 콘크리트의 고강도화를 실현하는 재료기술도 이미 개발되어 있다. 에트린가이트는 콘크리트에 적당량 존재하는 경우에는 아무런 문제가 없지만 생성량이 너무 많으면 콘크리트가 팽창하여 파괴한다. 위와 같이 해양환경의 콘크리트는 에트린가이트의 생성 가능성이 있다. 그러나 건전한 콘크리트가 해수의 황산이온의 영향으로 팽창파괴하였다는 실구조물의 예는 지금까지 거의 보고되어 있지 않다.

그러나 어떤 특수골재를 사용한 경우에는 극히 비정상적인 팽창파괴에 이르는 사례가 있다. 이 사례에 대해서는 7.2.3에 설명한다.

7.1.3 콘크리트 철근부식에 대하여

해양환경에서 콘크리트(철근콘크리트)의 열화를 일으키는 또 하나의 큰 문제가 콘크리트의 철근부식의 문제이다. 철근부식을 일으키는 근본 원인이 해수 중에 포함되는 염화물이온(Cl^-)이며 이 문제가 염해라고 하는 근거이기도 하다.

철의 부식은 철근을 형성하는 금속 철이 철이온이 되고, Fe_2O_3, Fe_3O_4, $Fe(OH)_2$ 등의 녹을 형성하는 반응을 말한다. 그림 7.1은 철근 표면에 부동태가 존재하지 않는 경우의 부식반응의 개략도를 나타낸다. 금속 철은 양극부에서 철이온이 되고 용해한다 ($Fe \rightarrow Fe^{2+} + 2e^-$). 이 때 발생한 전자는 금속의 음극부에 이동하여 물과 산소와 반응하여 수산화이온을 형성한다 ($2H_2O + O_2 + 4e^- \rightarrow 4OH^-$). 수산화이온은 콘크리트의 음극부에서 양극부로 이동하고, Fe^{2+} 이온과 반응하여 $Fe(OH)_2$를 형성한다. $Fe(OH)_2$는 산소와 반응하여, Fe_2O_3 또는 Fe_3O_4를 형성한다.

이러한 산화철을 이른바 녹이라고 한다. 콘크리트의 세공용액은 보통 pH12 정도의 알칼리성을 나타낸다. 알칼리성환경에서는 철근 표면에 부동태가 존재하기

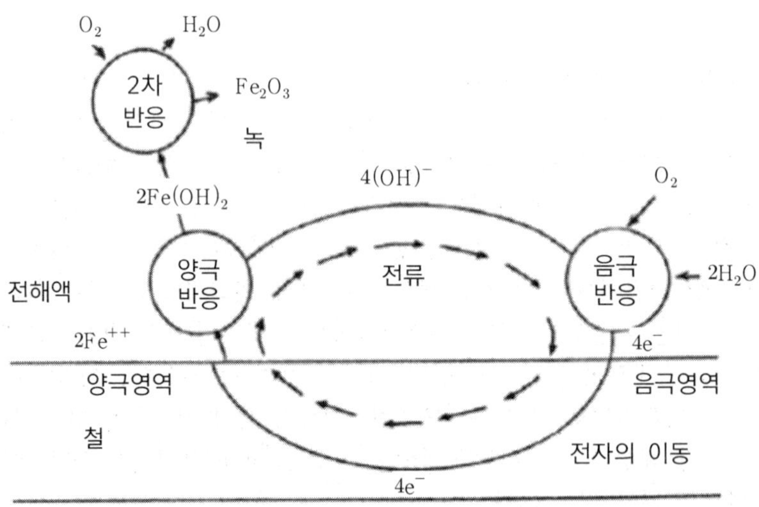

그림 7.1 철근부식반응의 개략도

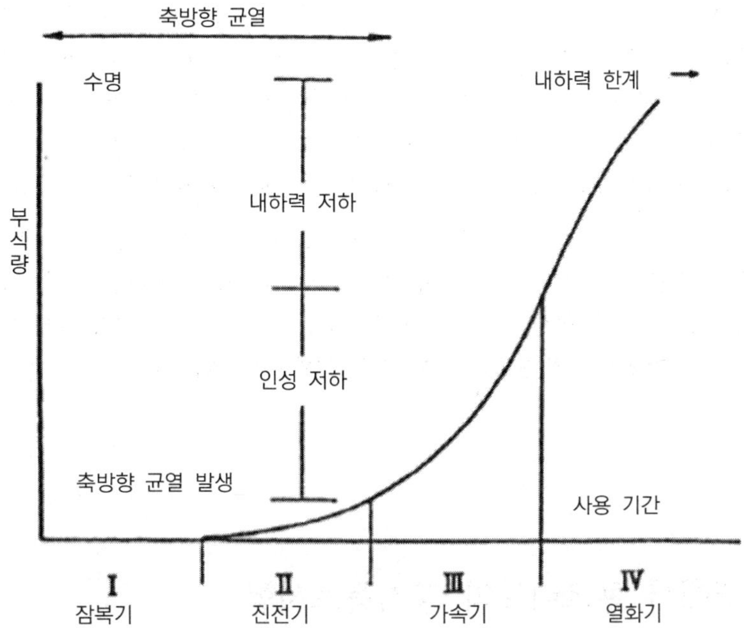

그림 7.2 염해 열화의 진행과정 모델

때문에 부식속도는 매우 작은 것으로 알려져 있다. 따라서 콘크리트는 철근 부동태의 존재에 의해 부식속도가 매우 낮은 상태에 있다. 그런데 철근표면에 염화물이온이 존재하면, 부동태가 파괴되어 철근부식이 시작된다. 콘크리트가 바닷물의 침투를 완전히 차단하지 못하기 때문에, 결과적으로 해수 중의 염화물이온이 철근 표면에 도달하게 내부 철근의 부식이 시작된다.

그림 7.2에 宮川들에 의해 제안된 RC부재의 염해 열화의 진행 과정 모델을 나타낸다. 宮川들에 따르면, 염해의 진행 과정은 '잠복기', '진전기', '가속기', '열화기'로 구분한다. 또한 K.Tutti도 염해의 진행 과정을 'Initiation Period'와 'Propagation Period'로 구분한다. 宮川의 '잠복기'와 K.Tutti의 'Initiation Period'는 같은 기간을 의미하며, 이 기간은 사용 시작부터 콘크리트의 철근부식이 시작되기 전까지의 기간

이라 정의되어 있다. 철근부식이 시작되는 시간을 결정하는 것은 어렵지만 지금까지의 연구결과에서 철근 주위의 염화물 함유량이 어떤 임계값을 초과하면 철근의 부식이 시작된다고 하는 생각이 현재 가장 일반적이다. 그리고 임계농도는 시멘트에 대한 염화물이온의 질량비로 0.4% 근방이라는 연구보고가 있다. 따라서 실제 구조물에서 잠복기의 길이를 결정하는 것은 콘크리트에 염화물이온의 침투속도이다.

진전기는 내부의 철근이 부식하기 시작하고, 콘크리트에 균열이 발생할 때까지의 기간으로 정의된다. 실제 구조물에서 진전기의 길이를 결정하는 것은 내부 철근의 부식 속도, RC부재의 형상 · 치수 및 콘크리트의 강도라고 생각된다. 더욱 열화가 진행하여 가속기와 열화기는 RC 부재의 역학특성이 저하한다.

7.2 해양환경에서 콘크리트의 장기폭로시험

7.2.1 서론

해양환경에서 콘크리트 (철근콘크리트를 포함)의 장기거동을 파악하는 가장 현실적인 방법은 여러 가지의 시험편을 실제 환경에 폭로하는 방법이다. 가장 간단한 방법이지만 실제 환경에서 시험편을 폭로하는 것은 예상보다 많은 어려움이 따른다. 이러한 장기간 폭로시험은 세계적으로 몇 가지 사례가 있다. 여기서는 오타루 항의 장기간 폭로시험 및 항만기술연구소의 장기폭로시험의 사례를 소개한다.

7.2.2 오타루 항의 장기폭로시험 (100년 시험)

많은 콘크리트 기술자는 너무나도 유명한 시험이지만 홋카이도 오타루 항에서 100년에 걸친 시험편의 장기노출시험이 실시되고 있다. 오타루 항의 폭로시험은 1896년 廣井박사가 시작하였다. 廣井박사는 오타루 항 북쪽 방파제 건설시 사용한 콘크리트가 해양환경에서 어느 정도의 내구성을 가지고 있는지를 파악할 필요성을 강하게 느끼고 폭로시험을 시작했다고 한다.

그림 7.3과 같은 시험편을 6 만개 이상 제작하여 해수, 담수 및 대기에 보존을 계속하였다. 이러한 형상의 시험편은 현재 전혀 사용되지 않는다. 시험편은 그림 7.4와 같은 시험장비를 사용하여 시험하는 것이며 기본적으로 순수 인장시험을 실시하기 위한 것이다. 그림 7.5는 현재의 시험편 보존 상황이며 홋카이도 개발국 오타루 항만건설사무소에 보관되어 있으며 정기적인 데이터 수집이 현재도 계속되고 있다. 오타루 항 방파제 건설시 사용 된 재료의 특징 중 하나는 포졸란계 반응을 기대한 천연화산재를 혼합재로 사용한 것이다. 그림 7.6은 인장강도의 시간변화를 보여준다. 화산재의 사용 유무, 공기 및 해수 보존에 관계없이 폭로 40 ~ 50년에서 강도는 최대를 나타내고 그 후 서서히 강도가 저하되는 경향을 보이고 있다. 강도는 어느 정도의 폭로기간 후, 반죽 직후 수준까지 떨어지는 지는 현재 명확하지 않지만 귀중한 폭로시험을 계속함으로써 파악할 수 있을 것으로 기대된다.

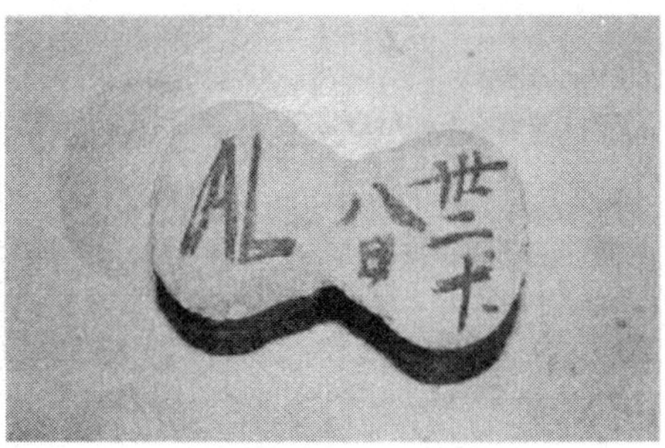

그림 7.3 시험편

그림 7.4 인장 시험기

그림 7.5 시험편 보존 상황

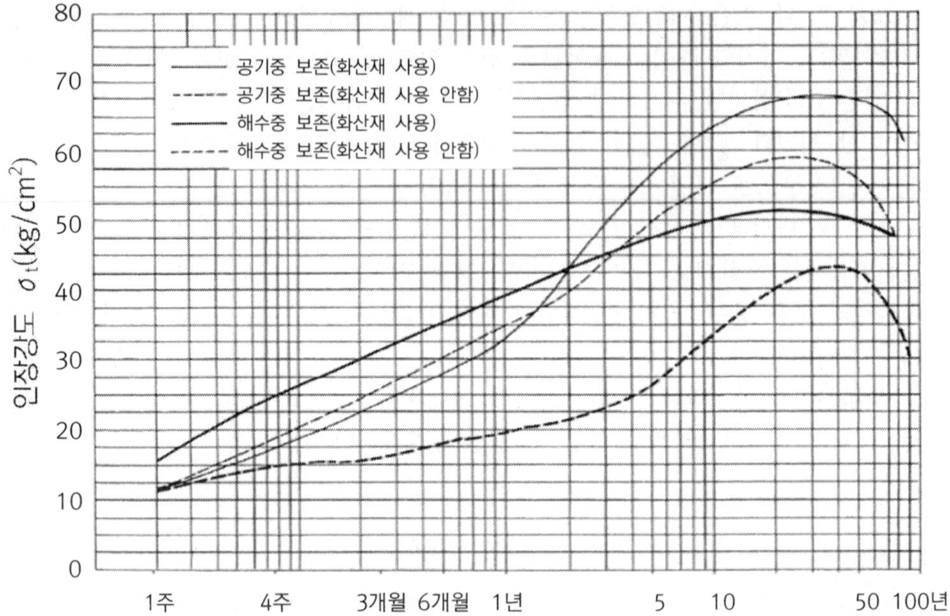

그림 7.6 시간에 따르는 인장강도의 변화

7.2.3 항만기술연구소의 장기폭로시험

(1) 개요

항만기술연구소의 폭로시험의 역사는 약 30년이다. 그림 7.7은 연구소 구내에 설치되어 있는 폭로시설(해수 순환 수조이라 칭한다)이며, 구리하마만(가나가와현 요코스카시)의 자연해수를 이용하여 해저부, 간만(干滿)부, 물보라 부와 육상부 등에 연직방향으로 설치하는 서로 다른 4개의 해양환경을 시뮬레이션 할 수 있게 되어있다. 또한 그림 7.8, 7.9는 사카타항(야마가타현)과 가고시마항(가고시마현)에 설치되어 있는 실제 항만 내의 폭로시설이다. 두 시설은 1974년과 1975년에 설치되었으며 이미 40년이 경과하였다. 이상 3곳의 폭로시설에 많은 종류의 콘크리트 시험편이 폭로되어 있다. 이하 설명하는 시험결과는 폭로시험에서 얻은 것이다.

그림 7.7 해수순환수조

그림 7.8 사카타항 폭로시설

그림 7.9 가고시마항 폭로시설

(2) 콘크리트강도의 변화

해양환경에서 콘크리트의 내구성을 논할 때 콘크리트가 가지는 역학적 성질과 화학적 성질이 중요하다. 역학적 성질의 가장 기본적이고 중요한 것은 압축강도이다. 왜냐하면, 콘크리트구조물에서 콘크리트는 압축응력을 받기 때문이다. 그림 7.10은 해양환경에서 콘크리트의 압축강도 변화를 나타낸 것이다. 그림 7.10의 결과가 얻어진 시험의 개요를 간략하게 설명한다. 사용하는 시멘트는 여러 가지이고 현재에도 많이 사용하고 있는 보통 포틀랜드시멘트, 조강 포틀랜드시멘트, 고로시멘트 및 현재는 거의 사용되지 않는 알루미나시멘트이다. 콘크리트의 물/시

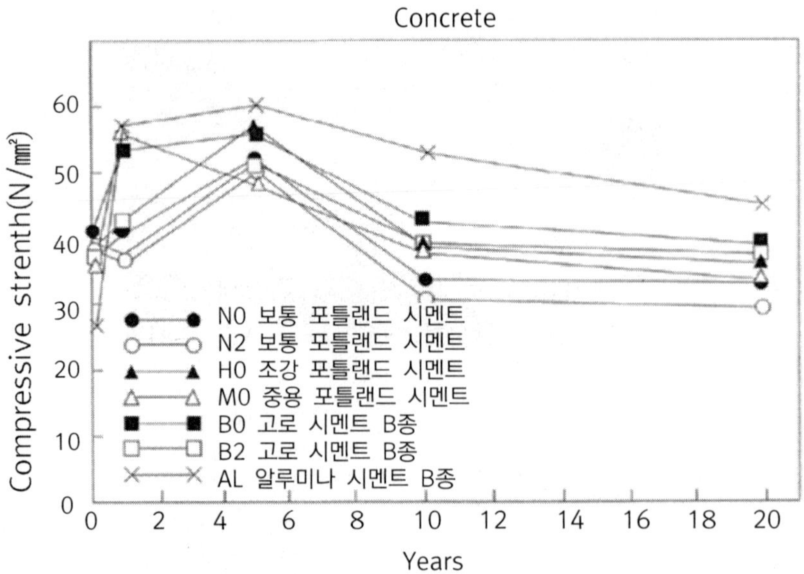

그림 7.10 해양환경에서 콘크리트 압축강도의 변화

멘트 비 (W/C)는 52 ~ 55% 정도로 배합 설계되었다. 시험편의 형상 치수는 φ15 × 30 cm의 원통형이며 반죽 혼합수로 해수를 사용하였다.

그림 7.10과 같이 콘크리트가 해수의 영향을 받는 즉 해수가 침투하기 시작 하는 초기단계는 압축강도가 상승하는 경향을 나타낸다. 이것은 단순히 해수의 영향뿐만 아니라 조금씩이지만 시멘트의 수화반응 때문이다. 그런데 폭로기간이 10년 지나면, 압축 강도는 저하 경향을 나타낸다. 그림 7.10에 나타낸 결과의 경우 폭로기간 20년이 지난 시점에서 초기압축강도와 같은 수준까지 저하하고 있다. 폭로기간이 더 길어지면 강도 저하가 더 진행 되는가는 현시점에서 명확하지 않지만 다소 하락하는 경향은 계속 될 것으로 추측된다.

(1)항에서 소개 한 오타루항의 100년 폭로시험결과와 공통되는 것은 폭로 시작 후, 어느 시기까지 강도 (압축강도, 인장강도)는 상승하는 경향을 보여 주지만 그 후 저하 경향에 변화하는 점이 있다. 변곡점의 시기는 환경 조건 및 콘크리트의 품질에 좌우된다고 생각한다. 이것을 개념적으로 나타내면 그림 7.11과 같다. 이와 같이 내구성은 간단하게 표현할 수 없는 것이라 생각되지만 내구성이 뛰어난 콘크리트 즉 강도의 증가량이 장기간 계속하여 크고 강도 저하의 속도가 작은 콘크리트이라고 할 수 있다.

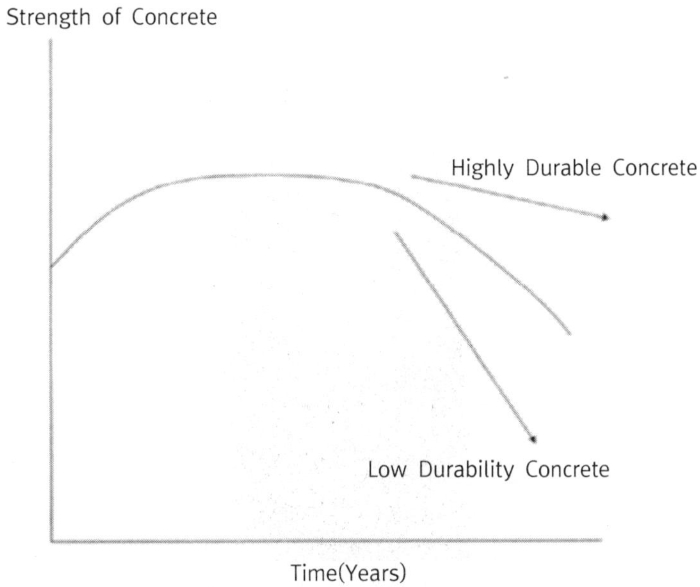

그림 7.11 해양환경에서 콘크리트 압축강도 변화의 개념도

(3) 특수한 골재를 사용한 경우의 이상팽창

7.1.2에서 건전한 콘크리트라면, 해양환경에서 에트린가이트의 생성에 의한 팽창파괴의 예는 없다고 했다. 그러나 해양환경의 콘크리트에서 에트린가이트의 생성에 의한 것으로 생각되는 이상열화의 사례가 있다. 그림 7.12는 항만기술연구소의 폭로시험에서 발생한 이상팽창파괴의 사례이다. 시험편은 X선 회절, 시차주사열량분석, SEM-EDXA 등의 분석을 실시한 결과, 이상팽창의 원인은 어떤 요인에 의한 에트린가이트의 생성팽창에 의한 것으로 확인되었다. 시험편의 특징은 골재로 탁비석(laumontite : $CaAl_2Si_4O_{12} \cdot 4H_2O$)을 사용하였다. 이것으로부터 일반적으로 해양환경에서 에트린가이트의 생성팽창에 의한 열화가 발생하는 것은 극히 적지만 사용 골재가 탁비석의 경우 에트린가이트의 생성에 의한 콘크리트의 팽창파괴가 발생할 수 있다는 것이 확인되었다. 또한, 탁비석을 골재로 사용한 경우 에트린가이트가 생성이 촉진되어 콘크리트의 열화 가능성을 보고한 문헌도 있다. 현재 항만기술연구 소에서 팽창파괴에 관한 시험을 실시하고 있다.

그림 7.12 특수 골재를 사용한 이상팽창 파괴 예

(4) 콘크리트의 철근부식에 영향을 미치는 요인

앞에서도 언급 한 바와 같이 콘크리트의 철근부식을 일으키는 근본 원인은 해수 중의 염화물이온에 의한 철근 표면 부동태피막의 파괴이다. 그러나 더 미시적인 관점에서 관찰하면, 철근부식 발생, 부식의 진행속도에 영향을 미치는 요인은 많다. 항만기술연구소는 23년간 폭로한 시험편의 관찰에서 철근과 콘크리트 계면의 공극이 중요한 요인이라는 결과를 얻었다. 여기서는 이러한 연구결과를 설명한다.

콘크리트는 비중이 다른 다양한 재료로 구성되어 있기 때문에 비교적 가벼운 물과 공기는 상승하고 상대적으로 무거운 골재와 시멘트 침강하는 경향을 나타낸다. 이 때, 콘크리트에 철근이 존재하면 상승한 물이나 공기는 그 자리에서 상승이 차단되기 때문에 철근과 콘크리트의 계면(철근의 아래쪽)에 수막이나 공극이 형성된다. 수막은 콘크리트의 경화(시멘트의 수화) 및 건조에 따른 수분의 소비 또는 증발에 의해 결국은 공극이 된다. 이를 모식 적으로 나타내면 그림 7.13과 같으며 실제 관찰 예를 그림 7.14에 나타낸다. 그림 7.14는 일반적으로 사용되는 콘크리트를 이용한 시험편의 절단면이다. 분명히 철근 아래에 공극이 발생하여 있는 것을 알 수 있다.

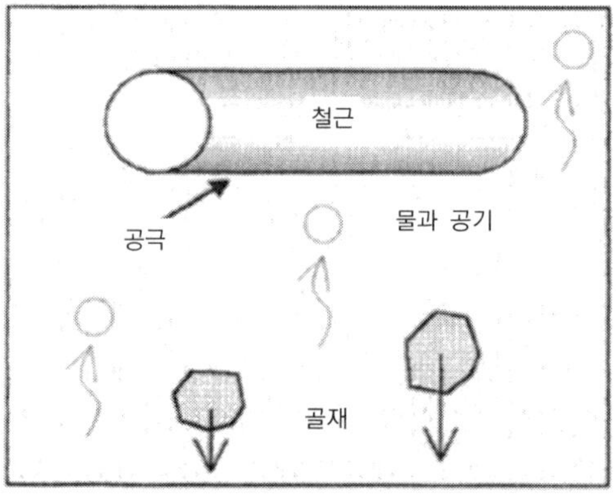

그림 7.13 철근 아랫면의 공극형성 모식도

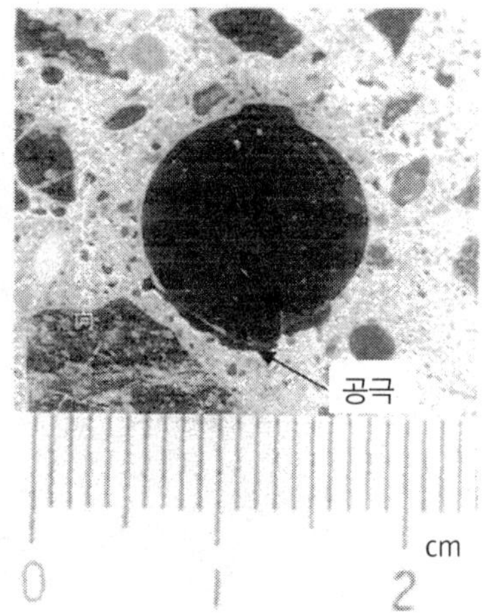

그림 7.14 수평 철근 아랫면에 형성된 공극

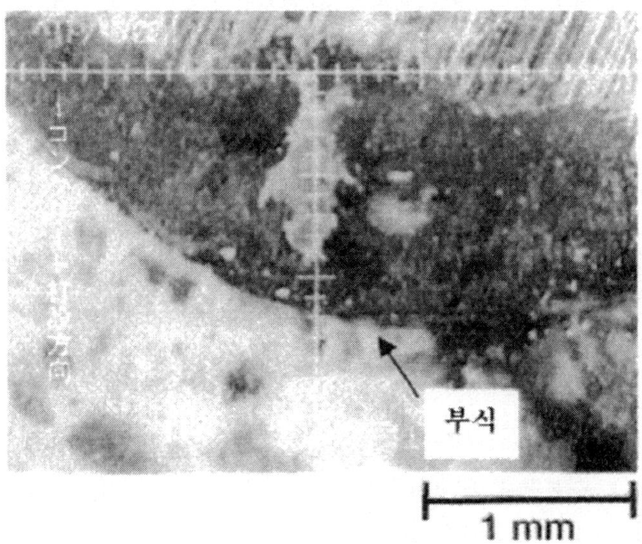

그림 7.15 수평 철근 아랫면에 진행하고 있는 부식 예

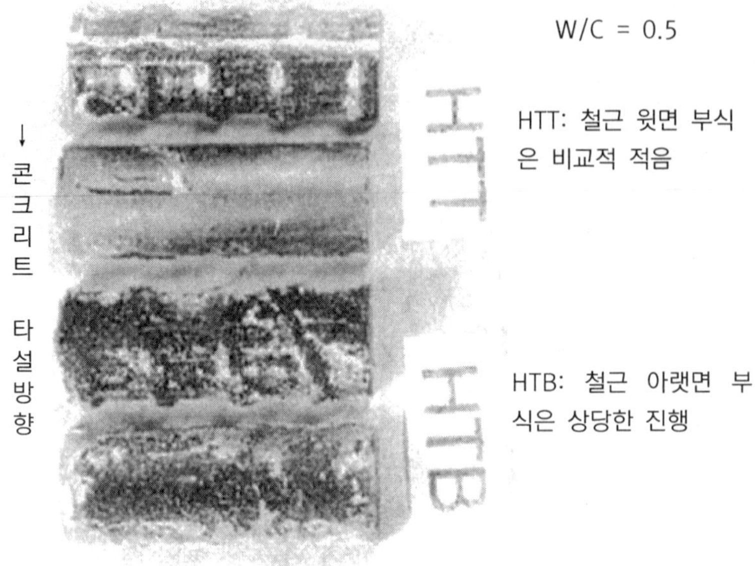

그림 7.16 철근 윗면과 아랫면의 부식 정도의 차이

이와 같은 철근 주위의 공극은 철근의 부식을 유발하는 것으로 밝혀졌다. 이것을 나타내는 것이 그림 7.15이다. 그림 7.15는 해양환경의 간만(干満)대에 23 년간 폭로한 철근콘크리트보 시험편에서 채취한 철근의 예이다. 확실하게 공극이 존재하는 철근 아래에서 부식이 진행되고 있는 것으로 나타났다. 또한, 그림 7.16은 실험을 위해 제작한 콘크리트시험편에서 채취한 철근 예이며, 공극이 존재하는 철근 아랫면과 공극이 없는 철근 윗면의 부식상황을 보여준다. 그림 7.16에서 알 수 있듯이, 철근 윗면은 부식이 비교적 경미한 것에 대하여 철근 아랫면은 부식이 상당히 진행되어 있다.

한편, 그림 7.16에 나타내는 철근은 콘크리트 타설방향에 대하여 수평으로 배치된 철근이지만 수직으로 배치된 철근은 물이나 공기의 상승을 방해하지 않으므로 철근 주위에 공극이 형성되지 않으므로 현저한 부식이 나타나지 않는 것이 확인되고 있다.

철근과 콘크리트의 계면에 약간의 공극, 자칫 지나칠 수 있는 작은 요인이 콘크리트의 철근부식에 영향을 미치는 중요한 요인임을 장기간 폭로한 시험편을 관찰함으로써 밝힐 수 있었다.

(5) 철근콘크리트 부재의 내하력

여기서는 RC부재의 내하력을 설명한다. 해양환경의 콘크리트는 철근의 부식이 불가피하다. 그러면 어떤 열화상태에서 철근콘크리트 부재가 가지는 내하력이 어느 정도 저하되어 있는지 파악하는 것이 현실적으로 매우 중요하다. 여기서는 보시험편을 이용하여 가고시마 항에서 20년 이상의 장기간 폭로 시험한 콘크리트 부재의 성능 확인 결과를 설명한다. 가고시마 항은 비교적 온난한 기후이며, 적어도 동결융해 작용은 없다. 여름부터 가을까지 태풍이 가끔 있지만 평온한 날이 많다. 한편, 가고시마의 특징은 사쿠라지마의 화산재가 있어 시험편 표면에 재가 부착하는 경우도 있었다.

사용한 시험편은 단면이 15 × 30 cm 및 20 × 30 cm, 보의 길이가 240 cm의 철근콘크리트로 각각 제작 시에 인공적인 굽힘균열을 도입 한 것과 도입하지 않는 것의 2 종류로 하였다. 콘크리트 배합은 설계기준강도 (240 kg/㎠)를 만족하는 배합이다.

그림 7.17은 보시험편의 굽힘시험결과를 나타낸다. 이것은 폭로전의 굽힘모멘트(굽힘하중에 상당)를 1.0로 하고 폭로 후와 비교하였다. 그림 7.17에서 알 수 있듯이 굽힘모멘트는 노출 후 10년 및 20년에도 폭로 전과 같은 정도의 수치를 나타내고 있어 장기폭로(최소 20년간 폭로)에 의한 큰 내하력 저하는 발생하지 않는 것으로 확인되었다.

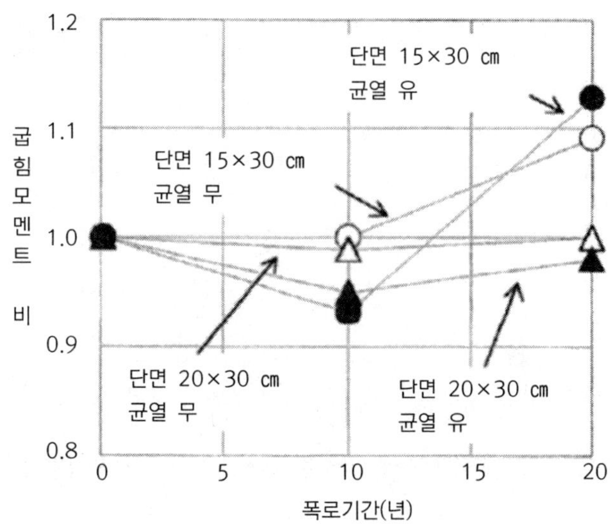

그림 7.17 폭로시간에 따르는 보시험편의 굽힘모멘트 비

한편, 굽힘시험 후 시험편에서 매설철근을 꺼내어 부식상황을 관찰하였다. 그림 7.18에 주철근의 부식면적율의 변화를 나타낸다. 그림 7.18에 의하면, 부식면적율은 폭로 시작 후 시간의 증가와 함께 증가하고 있는 것이 관찰된다. 이것은 앞의 굽힘 시험결과와 모순되는 결과이지만 본 시험편에서 관찰된 부식은 철근의 단면 결손을 초래할 수 있는 것이 아니라 극히 표면 근방의 비교적 경미한 부식이었다.

콘크리트 부재로서의 내하력(구조성능)과 철근부식상황(재료성능)과의 관계를 보다 분명히 하기 위하여 노후화된 실 구조물에서 보 및 바닥 부재를 채취하여 양자의 관계에 대하여 검토한 사례를 설명한다. 검토 대상 실 구조물은 준공 후 23 ~ 58년을 경과 한 부두식 계류벽이다. 그 결과 어떤 보도 콘크리트와 철근 자체는 열화가 비교적 진행한 단계라도 부재의 내하력은 유지하고 있어 실험결과와 비슷한 결과를 보여 주었다. 이 때문에 현재의 철근콘크리트 구조의 경우 재료열화(콘크리트 강도의 저하, 철근부식)와 구조성능 저하(부재의 내하력 저하)가 반드시 같은 시간 간격으로 발생하지 않는 것으로 확인되었다. 내하력 저하가 지연되는 것은 바람직한 결과이지만 미래에 어떤 시점에서 내하력이 저하 될 것인지를 확실하게 파악하기 위해서라도 더욱 장기간의 폭로시험을 계속할 예정이다.

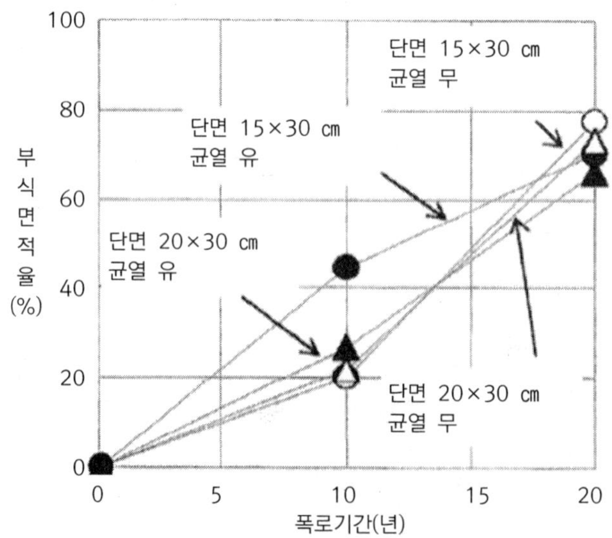

그림 7.18 폭로 시간에 따르는 보시험편의 철근부식면적율

7.3 결론

장기간 폭로시험에서 얻은 결과를 중심으로 설명하였다. 콘크리트는 종류도 많고 갖는 성질도 매우 다양하다. 또한 콘크리트구조물은 종류도 매우 많다. 따라서 해양환경에서 콘크리트의 장기거동을 한마디로 설명하기는 매우 어렵다. 그러나 콘크리트라는 재료가 건설재료 중 가장 많이 사용되고 있는 재료이고 해양구조물의 건설이 앞으로도 계속될 것이라는 감안하면 해양환경에서 콘크리트구조물의 장기거동에 대하여 가능한 파악하는 동시에 데이터를 정리하는 것이 중요하다고 생각된다. 게다가 장기거동을 정확히 파악하기 위해서는 장기간의 시험이 역시 필요하다. 앞으로도 장기간의 폭로시험 등 꾸준한 연구 데이터를 축적해 나갈 필요가 있다. 또한 연구성과를 효율적으로 관리하기 위해서도 지금까지 축적되어 온 데이터를 많은 사람들이 볼 수 있도록 정리해 두는 것도 중요하다.

위에서와 같이 항만기술연구소는 지금까지 약 30년 이상 장기간 폭로시험을 계속하고 그때마다 얻은 지식을 「항만기술연구소 보고서」 혹은 「항만기술연구소 자료」로 정리하였다.

참고문헌

1) 松下博通, 濱田秀則, 牧角龍憲, "硫酸塩を含む土壌におけるコンクリートの劣化", 第8回コンクリート工学年次講演会論文集, 1986
2) 高谷精二,"東石崩壊の発生した地域にみられる塩類集積現象について", 土と基礎, 30, 1 (1983)
3) 水上国男, "化学的腐食", コンクリート構造物の耐久性シリーズ, 技報堂(1986)
4) コンクリート標準示方書・維持管理編, 土木学会 (2001)
5) 2001年制定コンクリート標準示方書[維持管理編]制定資料, コンクリートライブラリー104号 (2001)
6) 例えば, 岡田清編,最新コンクリート工学, 国民科学社, (1986)
7) 大即信明, "コンクリート中の鉄筋の腐食に及ぼす塩素の影響に関する研究", 港湾技術研究所報告, 24, 3 (1985)
8) 宮川豊章, 小林和夫, 藤井学, "塩分雰囲気中におけるコンクリート構造物の寿命予測と耐久性設計", コンクリート構造物の寿命予測と耐久性設計に関するシンポジウム論文集 (1984)
9) K. Tutti, "Service Life of Structures with Regard to Corrosion of Embedded Steel", ACI Special Publication No. 65, pp. 223-236 (1980)
10) R. D. Brown., "Mechanism of Corrosion of Steel in Concrete in Relation to Design", Inspection and Repair of Offshore and Coastal Structures, Performance of Concrete in Marine Environment, ACI SP 65, pp. 169-204 (1980)
11) 長瀧重義監修, コンクリートの長期耐久性[小樽港百年耐久性試験に学ぶ], 技報堂 (1995)
12) 中村信之, 木村克俊, "小樽港の百年コンクリートー広井勇博士とその偉業一", セメント・コンクリート, No. 527 (1991)
13) 福手勤, 山本邦夫, 濱田秀則, "海水を練り混ぜ水とした海洋コンクリートの耐久性に関する研究", 港湾技術研究所報告, 29, 3 (1990)
14) 大越康史, 大即信明, 横井聡之," 海水作用により劣化が増進される骨材反応に

ついて", 土木学会第40回年次学術講演会 (1985)

15) 尾野幹也, 永嶋正久, 齋藤征士," 骨材の化学的安定性について", セメント技術年報, 35 (1981)

16) T. U. Mohammed, 大即信明, 濱田秀則, 渡邉弘子," 耐久的なRC構造物とするための設計上の課題について", コンクリート工学, 38, 11 (2000)

17) T.U. Mohammed, "A Study on Corrosion of Plain and Deformed Steel Bars with Respect to Bar Orientation and Cracks in Concrete", Doctoral Thesis, Department of Civil Engineering, Tokyo Institute of Technology(1997)

18) T. U. Mohammed, N. Otsuki, M. Hisada and H. Hamada, "Marine Durability of 23-Year-Old Reinforced Concrete Beams" , Proceedings Fifth International Conference on Durability of Concrete, ACI SP-192, pp.1071-1088, June (2000)

以下は港湾技術研究所における長期耐久性に関する研究

19) 赤塚雄三, 関博, 浅岡邦一, 佐々木克彦, "海水の作用を受けるコンクリートの中性化に関して", 港湾技研資料, 88号 (1969)

20) 関博, 小野寺幸夫, 丸山浩, "長期間海水に暴露された無筋コンクリート構造物の劣化状況調査", 港湾技研資料, 142号 (1972)

21) 関博, 丸山浩," 長期間海水浸漬した鉄筋コンクリート貼りのひびわれと内部鉄筋の腐食", 港湾技術研究所報告, 12, 3 (1973)

22) 関博, 古賀尚宏," 海洋環境におけるプレストレストコンクリートの耐久性", 港湾技研資料, 191号 (1974)

23) 関博, 大即信明," 海水練りコンクリートならびに残留ひび割れが鉄筋腐食に及ぼす影響について(5年結果報告)", 港湾技研資料, 237号 (1976)

24) 関博, 堀井修身," 建設後20年を経過した鉄筋コンクリートさん橋の劣化状況調査", 港湾技研資料, 255号 (1977)

25) 関博, 大即信明," レジンコンクリートの耐海水…性について", 港湾技研資料, 275号 (1977)

26) 森好生, 大即信明, 下沢治," 海水練りコンクリートの耐海水性試験", 港湾技研

資料, 378号 (1981)

27) 大即信明, 下沢治," 7年間海洋環境下に暴露したプレストレストコンクリートはりの耐海水性について", 港湾技術研究所報告, 21, 2 (1982)

28) 大即信明," コンクリート中の鉄筋の腐食に及ぼす塩素の影響に関する考察", 港湾技術研究所報告, 24, 3 (1985)

29) 大即信明, 原茂雅光, 濱田秀則," 沖縄産骨材を用いたコンクリートの耐海水性(材令10年結果報告)", 港湾技研資料, 594号 (1987)

30) 大即信明, 濱田秀則, 原茂雅光," 鉄筋およびプレストレストコンクリートパイルの耐海水性(材令10年結果報告)", 港湾技研資料, 605号 (1988)

31) 大即信明, 原茂雅光, 濱田秀則," コンクリートの各種打継目の耐海水性(材令10年結果報告)", 港湾技研資料, 606号 (1988)

32) 濱田秀則, 大即信明, 原茂雅光," 酒田港および鹿児島港に暴露したコンクリート梁の耐海水性(材令10年結果報告)", 港湾技研資料, 614号 (1988)

33) 大即信明, 原茂雅光, 濱田秀則," 桟橋コンクリート上部工劣化実態概略調査報告", 港湾技研資料, 617号 (1988)

34) 大即信明, 原茂雅光, 濱田秀則," 桟橋コンクリート上部工劣化実態詳細調査報告", 港湾技研資料, 627号 (1988)

35) 福手勤, 山本邦夫, 濱田秀則," 海水を練り混ぜ水とした海洋コンクリートの耐久性に関する研究", 港湾技術研究所報告, 29, 3 (1990)

36) 濱田秀則, 福手勤, 阿部正美," 鋼一コンクリート接合ハイブリッド部材の海洋環境下における耐久性", 港湾技術研究所報告, 29, 4 (1990)

37) 福手勤, 濱田秀則, 山本邦夫," 港湾コンクリート構造物に発生した亀甲状のひびわれの原因調査および対策に関する考察", 港湾技研資料, 694号 (1991)

38) 濱田秀則, RN. Swamy," 種々の海洋環境下におけるコンクリート中への塩化物イオンの浸透に関する一考察", 港湾技研資料, 810号 (1995)

39) 横田弘, 秋山哲治, 濱田秀則, 三上晃, 福手勤," 海洋環境(酒田港20年)に暴露したコンクリート梁の材料劣化が梁の力学性能に及ぼす影響", 港湾技術研究所報告, 38, 2 (1999)

40) 濱田秀則," RC港湾構造物の塩害に係わる環境要因の定量的評価に関する研究", 港湾技術研究所報告, 38, 2 (1999)

제 3 부

구조물

8장 해수펌프의 부식과 대책

9장 제염장치의 부식과 문제점

10장 제염설비용 기기의 제작

8장
해수펌프의 부식과 대책

해수펌프의 재료는 해마다 고급화되는 경향이다. 예를 들어 총 중량 10 t에 달하는 대형펌프가 20% 니켈, 2% 크롬 연성형 오스테나이트 주철(ASTM A 439 Type D2)와 20% 크롬, 29% 니켈, 2.5% 몰리브덴, 3.5% 구리의 고급 스테인리스 주강(JIS SCS 23) 등으로 만들어져 나름대로 방식효과가 있다(그림 8.1, 8.2). 그러나 이 정도의 재료를 사용하여도 부식 문제는 피할 수 없기 때문에 경제적인 관점에서 상대적으로 저렴한 재료를 잘 선택하여 사용하고 싶다는 욕구는 여전히 강하다. 여기에서는 실기 펌프의 부식사례에 대하여 기초적인 실험결과를 제시하면서 실용적인 방식수단 및 효과 등을 설명한다.

그림 8.1 ASTM A 439 type D2 펌프

그림 8.2 JIS SCS 23 (Alloy 20) 펌프

8.1 유속 차이에 의한 부식

펌프 내부는 유속이 빠른 부분과 느린 부분이 공존한다. 이것이 유속 차이에 의한 마크로 셀을 형성하여 부식에 크게 관여하는 경우가 있다. 그림 8.3에 보통 주철 케이싱의 부식상황을 나타낸다. 해수에 자연침지한 주철의 부식속도는 0.2 mm/년 정도이며 유동해수에서는 유속의 증가와 함께 부식은 증가하지만 그림 8.3의 경우는 반대로 유속이 느린 축 구멍 근방 부분의 부식이 심하고 이 부분은 흑연화 층의 두께가 2 mm 이상이다(그림 8.3(c)). 이것은 높은 유속 부분이 음극, 낮은 유속 부분이 양극이 되는 셀이 형성되어 부식이 진행하기 때문이다. 그림 8.4는 식염수(용존산소 포화)의 경우, 주철 케이싱에 형성된 유속 차이 전지에 의한 부식전류를 실측 한 결과이지만 분명히 낮은 유속 부분이 양극으로 되어 부식하고 있다.

유속 차이에 의한 부식거동은 재질이 바뀌면 변한다.

그림 8.5는 크롬 1%를 가지는 주철 해수펌프케이싱의 부식상황을 나타낸 것으로 그림 8.3의 예에 비하여 부식이 매우 적다.

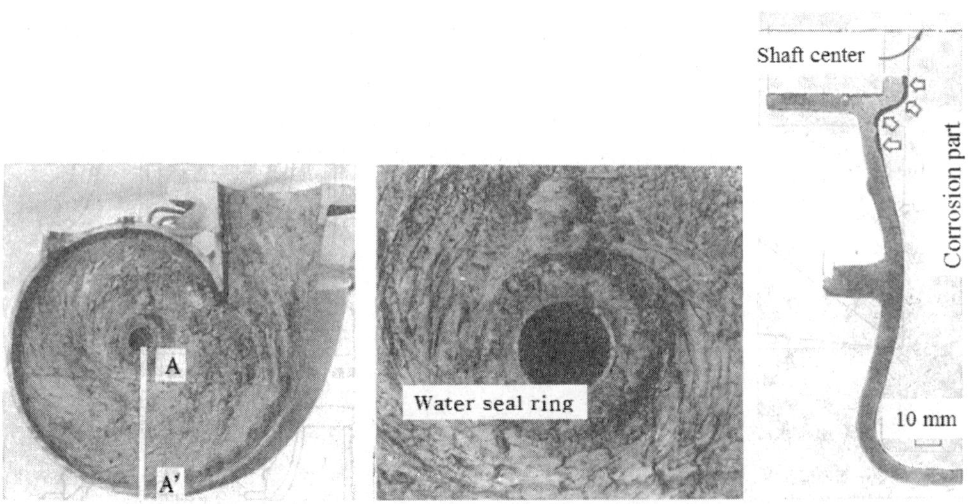

(a) 펌프 단면 (b) 축 구멍 근방 확대 (c) A-A'단면

그림 8.3 FC 20 펌프케이싱 내면의 부식상황(해수, 190일간)

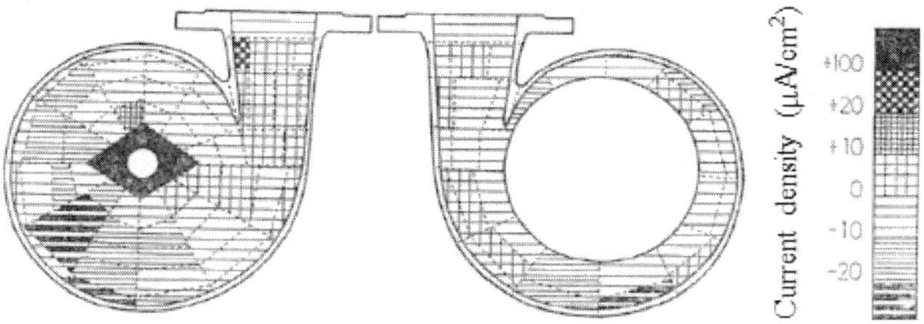

그림8.4 유속 차이 전지에 의한 마크로 부식전류밀도분포
(주철 펌프케이싱, 3% 식염수, 25℃)

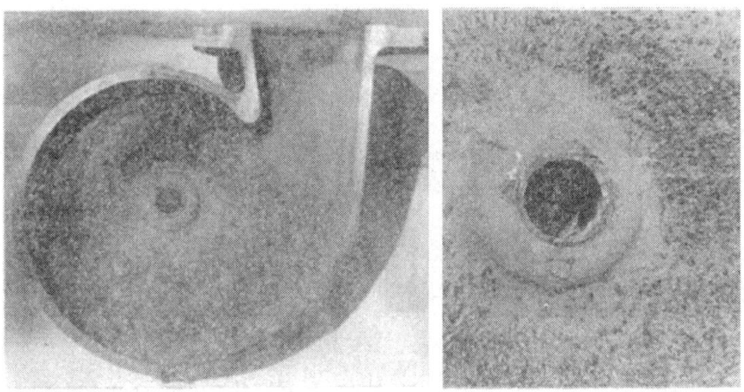

(a) 펌프 단면 (b) 축 구멍 근방 확대
그림 8.5 1% 크롬주철 펌프케이싱 내면의 부식 상황

그림 8.6은 보통주철(FC20)케이싱 및 1% 크롬주철(ES 51 F)케이싱에 대하여 부식전류를 측정하고 그 결과에서 축 구멍 근방부의 부식량을 구한 것이다. 1% 크롬주철부식은 보통주철의 1/5 정도로 작고 앞서 말한 실기의 부식상황(그림 8.3, 8.5)과 좋은 대조를 나타내고 있다. 유속 차이 전지부식은 크롬을 첨가함으로서 내식성 향상 효과가 현저하게 높다. 오스테나이트 주철(A 436 Type 2, 18 ~ 22% 니켈, 1.5 ~ 2.5% 크롬)과 구리합금주물케이싱에 부식전류를 측정 한 결과 오스테나이트 주철의 부식전류는 무시 할 정도로 작고 주석청동주물은 주철로 만들어진 제품 거동과는 반대로 높은 유속 부분이 양극으로 되었다.

유속 차이에 의한 부식은 설계로 유속 차이를 줄이는 방법에 따라서도 줄일 수 있을 것이다. 그림 8.7은 균형 챔버를 갖는 형태의 주철펌프에서 임펠러에 설치한 균형 홀의 위치를 바꾸거나 후방 날개를 달고 함으로써 축 홀 근방의 국부에 양극이 집중되는 것을 방지하기 위해 시도한 결과이다. 개량형 (b), (c), (d) 중에는 구조강도 및 다른 이유에서 즉시 사용하지 못하겠지만 기존형 (a)에 비하여 부식전류가 상당히 감소하고 있다.

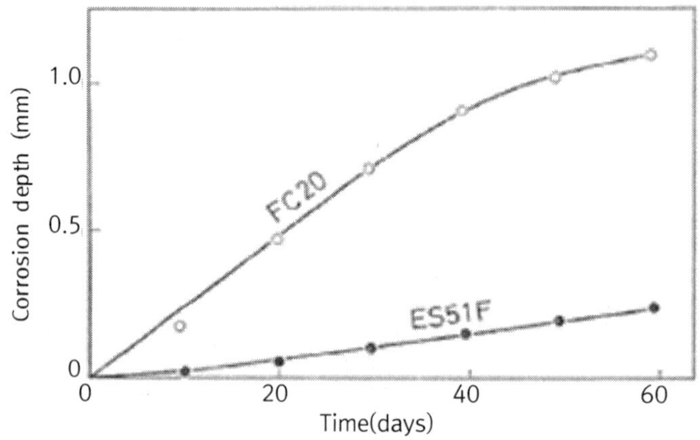

그림 8.6 케이싱 축 구멍 근방의 부식 속도 비교
(3% 식염수에 의한 실험)

이상에서 설명한 바와 같이 유속 차이에 의한 부식 대책으로

1) 유속 변화에 둔감한 재료를 사용한다.
2) 유속 기울기가 작도록 또한 양극·음극의 면적비에 유의하고, 음극부의 면적을 상대적으로 최대한 작도록 설계에 배려하는 등의 방법이 효과적이다.

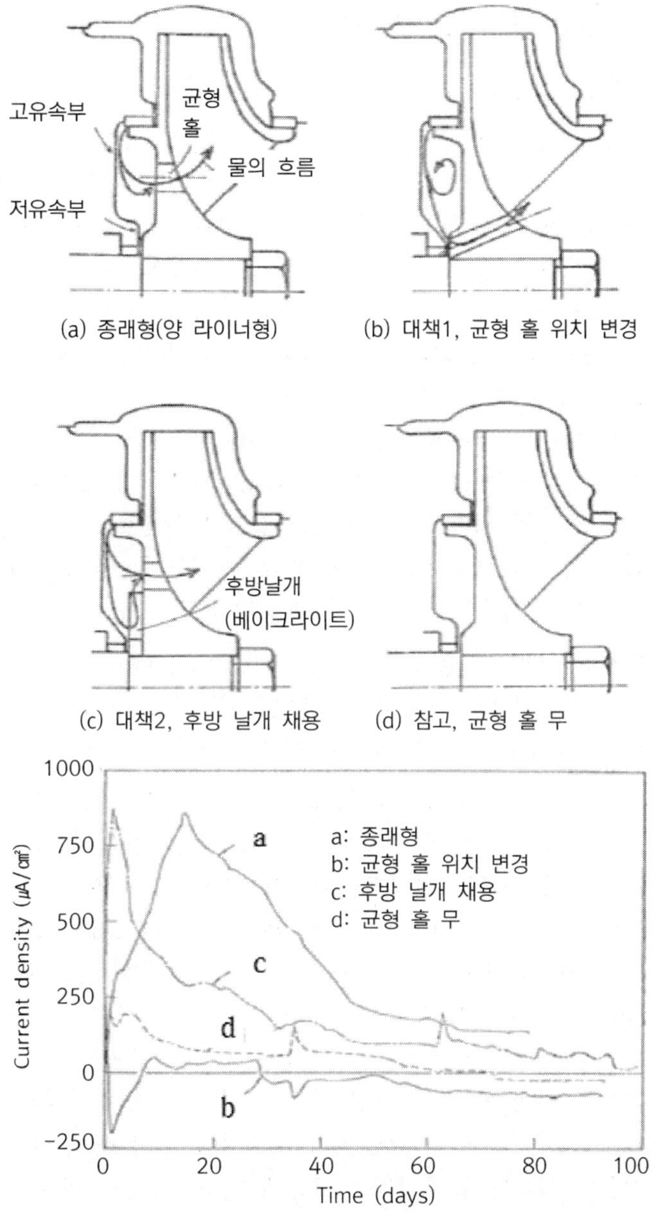

그림 8.7 유속차이 전지부식 설계 변경에 의한 경감 대책
(축 근방의 부식전류밀도)

8.2 이종재료의 혼용에 의한 부식

대형 해수펌프에 스테인리스강의 적용은 당초 극히 일부의 부품을 스테인리스강으로 치환함으로서 시작되었다. 이 경우 주철부품은 희생양극을 겸하는 것이 되고 스테인리스강부품은 음극방식 된다. 이 결과는 초보자의 눈에는 스테인리스강이 해수에 완전무결 재료인 것처럼 보여 부품의 스테인리스화에 박차를 가하였다. 이것은 음극면적이 증가하고 양극면적이 감소하였다. 양극인 주철부품의 부식이 현저하게 증가하고 주철의 평가는 점점 나쁘게 되었다. 이러한 상황에서 설계자와 사용자는 타르에폭시 등의 도장에 의해 주철의 부식을 줄이려고 했다. 이 경우 부식방식의 지식이 있으면 음극면적을 줄이기 위하여 스테인리스강에 도장하는 것을 생각하겠지만 일반적으로 반대로 주철이 도장되어 스테인리스강은 원상태로 남았었다. 게다가 불행하게도 치수정밀도의 유지라는 이유로 플랜지부착표면이나 케이싱의 단면 등 스테인리스강과 직접 접촉하는 부분의 주철이 원상태로 방치되었다. 이 결과 주철부품에서 약간 남겨진 무도장부나 도막의 결함부 등에 부식전류가 집중하여 단기적으로 결정적인 피해 사례가 적지 않게 발생했다(그림 8.8, 8.9).

최근 이 문제를 파악하여 올바른 대응을 하고 있다. 예를 들어 그림 8.10은 스테인리스강부품 및 주철부품을 혼합할 때 절연판(페놀수지 적층판) 및 절연볼트를 사용한 펌프이다. 이와 같은 구조의 채용이 점차 정착되고 있다.

위에서와 같이 스테인리스강과 주철과의 혼용은 논외이지만 이것은 다른 종류의 재료의 조합에 대해서도 영향을 파악해 두어야 한다. 전국 수십 군데의 해역에서 시험한 결과는 면적 비율 1:1로 접촉시킨 경우 주석청동 BC6과 스테인리스 STS304의 조합은 BC6가 양극이 되어 해역에 따라서 다르지만 부식은 BC6 단독의 1-6배, 평균 3배 가속되어 0.07 ~ 0.45 mm/년의 부식속도를 나타내었다. 또한 알루미늄청동 AIBC2 또는 AIBC3과 STS304의 조합은 알루미늄청동이 양극이 되고, 부식속도는 0.02 ~ 0.20 mm/년, 단독의 1 ~ 3.7배, 평균 2배 증가하였다. 이 조합으로 면적비율을 다양하게 변경하면 두 재료의 접촉면 직하에서 STS304에 틈새부식이 발생하는 경우도 볼 수 있었다. 오스테나이트주철과 주철 또는 스테인리스강과의 조합시험의 결과는 표 8-1처럼 오스테나이트주철은 주철과 조합시키면 스테인리스강과 같은 정도의 음극으로 작용하고 주철을 심하게 침식했다. 한편 오스테나이트주철을 스테인리스강과 결합하면 상당한 양극이 되어 격렬하게 침식했다.

그림 8.8 스테인리스강부품과 주철부품의 부식 – 2년 사용에서 두께 25 mm 베어링 케이스 플랜지가 완전하게 흑연화

그림 8.9 스테인리스강부품과 주철부품의 도장결함부의 부식 – 도장결함부에 부식전류가 집중하고, 깊이 20 mm 흑연화 부식이 관찰. 2년 사용

그림 8.10 절연판, 절연볼트를 사용한 펌프(주철/스테인리스강)

표 8-1 각 지역 해역에서 접촉부식시험결과 (양극/음극 = 1)

장소	재료 조합		
	FC 20/A 436 type 2	FC 20/STS 304	A 436 type 2/STS304
도마고마이	0.87 mm/y	1.12 mm/y	0.95 mm/y
센다이	0.65	0.76	0.50
후쿠시마	0.38	0.49	0.35
가고시마	0.45	0.56	0.35
지바-1	0.83	0.79	0.48
지바-2	0.83	0.80	0.49
나고야	0.29	0.29	0.17
히메지	0.38	0.38	0.19
후쿠야마	0.44	0.41	0.18
도쿠야마	1.37	1.43	0.63
고쿠라	0.42	0.41	0.21
오이타-1	0.46	0.43	0.14
오오이타-2	1.15	1.18	0.39
나가사키	0.74	0.99	0.27

8.3 틈새 부식

경제 성장에 따라 재료의 고급화가 진행되어 전체 스테인리스강의 대형 펌프도 보편적으로 사용되게 되었지만 이러한 펌프는 틈새부식이 종종 문제된다(그림 8.11). 틈새부식의 방지책으로 ① 적당한 밀봉재를 이용하여 틈새 에 해수가 침입하지 않도록 하는 방법, ② 틈새부식이 발생하지 않을 것 같은 재료로 펌프를 제작하는 방법 등이 채택되고 있다. ①의 방법은 장기적인 대책으로 불완전하고 또한 슬라이드부 틈새는 적용 할 수 없다. ②는 최근 기존 강종보다 크롬, 몰리브덴의 양을 높인 합금스테인리스강(듀플렉스스테인리스강 포함)의 적용 사례가 늘고 나름대로 효과를 거두고 있다. 그러나 이러한 재료라고 해도 틈새부식을 막을 수 없다. 표 8-2는 각 지역의 해역에서 틈새부식 시험한 결과이다. Alloy C, Alloy 625, 순수 티타늄 등의 고급 재료는 신뢰성이 높지만, 대형펌프 전체를 고급재료로 만드는 것은 경제적으로 불가능하다. 그래서 틈새를 구성하는 부분 만 미리 고급재를 metalizing하는 방법을 연구하고 틈새부식방지에 적합한 metalizing합금을 개발하였다. 그림 8.12는 적용 결과를 나타낸다.

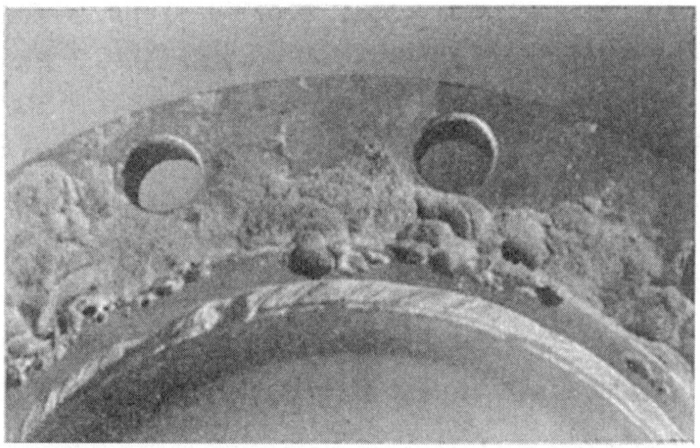

그림 8.11 수직축 해수펌프의 column pipe flange면의 틈새부식(STS316, 사용기간 약 5년)

표 8-2 각 지역 해역의 틈새부식시험결과 (1년간)

장소	STS304	Alloy 825	Alloy 20	이상 스테인리스강	Alloy C	Alloy 625	순 티탄
도마고마이	XX	X	X	O	O	O	O
지바-1	XX	X	X	△	O	O	O
나고야	XX	X	X	O	O	O	O
도쿠야마	XX	X	X	O	O	O	O
오오이타-1	X	X	X	O	O	O	O

O: 틈새부식 발생 무, △: 가끔 발생, X: 틈새부식 발생, XX: 심한 틈새부식

(a) Flange sufrace of column pipe (b) Flange surface of bearing support

그림 8.12 내틈새부식 합금(Ni 30%, Cr 10%, Mo 합금)을 metalizing한 수직축 해수펌프 부품(1년간 사용 후) (모재: (a) STS316L, (b) SCS14-metalizing 후 용체화처리)

8.4 주조품 용접부의 부식

그림 8.13(a)는 304형 스테인리스주강의 주물구멍을 용접한 부분이 심하게 부식된 예로서 사용 환경은 약 80℃의 슬러리를 포함한 진한 소금물이다. 조사한 결과, 조직은 그림 8.13(b)와 같이 정상적이고 예민화 현상은 볼 수 없지만 모재 및 용착금속 사이에는 표 8-3처럼 성분에 약간의 차이가 보이며 특히 모재가 0.6% 이상 몰리브덴을 포함하였다. 또한 용착금속의 조성은 304형 스테인리스강으로서 정상적인 값이며 니켈, 크롬의 함유량도 모재보다 많았다. 그래서 실제환경을 모의한 조건에서 모재 및 용착금속 간의 부식전류를 조사한 결과 용착금속이 양극이 되고 이 실험결과에서 예측되는 부식속도는 사례의 그것과 일치하는 것을 확인했다. 이 사례는 모재에 포함된 몰리브덴이 원인이라 생각되지만 304형 스테인리스강주조재라고 하는 것 중에는 0.5% 정도의 몰리브덴을 포함하는 것도 드문 일이 아니다. 일반적으로 이것이 내식성 향상에 기여한다는 이유로 간과하고 있지만 슬러리를 포함하는 고온 고농도 염수 중에 몰리브덴을 포함하지 않는 정상의 304형 스테인리스강이 국부적으로 존재하는 같은 중대한 조건이 겹치면 의외의 부식으로 이어질 수도

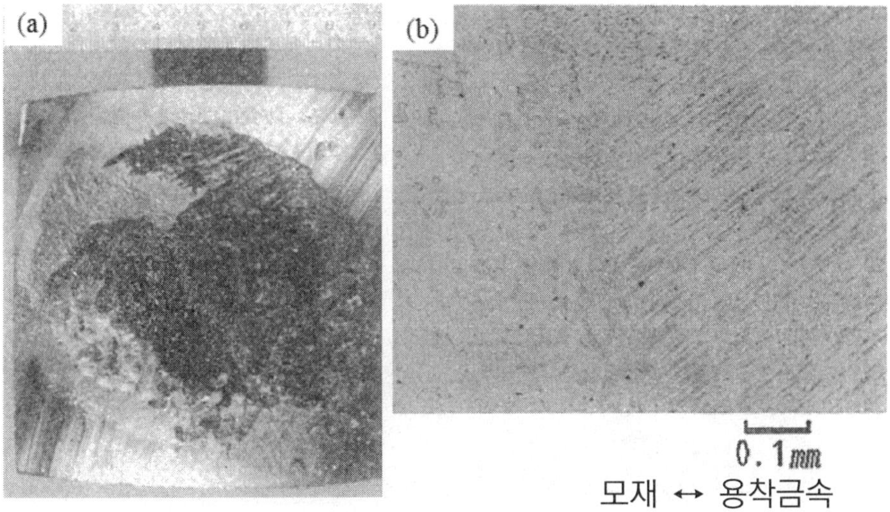

그림 8.13 스테인리스주강(SCS13) 임펠러의 용접 보수부분의 부식상황과 현미경조직 (1년간 사용 후)

표 8-3 모재 및 용착금속의 조성 (wt.%)

	C	Si	Mn	P	S	Ni	Cr	Mo
모재	0.064	1.32	1.14	0.025	0.019	8.93	19.57	0.67
용착금속	0.064	0.34	1.06	0.019	0.010	10.57	20.23	0.06

있으므로 주의를 요한다. 또한 본 사례의 부품이 만약 상온 해수 정도의 환경에서 사용되고 있었다고 하면 모재·용착 금속 간의 부식전류는 무시할 수 있을 정도로 작고 아무런 문제를 일으키지 않았던 것으로 추측되었다.

제조상의 사정으로 미리 마련한 주물구멍을 용접하는 경우나 주조결함 용접보수하는 경우 필러금속에 모재와 동종의 재료를 사용하는 것이 일반적으로 행해지고 있지만 이러한 경우에 뜻밖의 부식피해를 받을 수 있다.

그림 8.14는 알루미늄청동 AIBC3 해수펌프의 용접보수부에 발생한 부식의 사례이다. 모재가 알루미늄청동주물 중에서는 최고의 AIBC3이기 때문에 보수에 사용하는 용접봉의 종류를 지정하고 큰 보수는 기록을 제출하도록 스펙으로 정하고 있었지만 부식은 기록에 없는 작은 보수부에 발생했다. 조사 결과, 작은 보수라고 주조품 업체가 안이하게 보수하고 그 때 모재보다 약간 낮은 수준의 용접봉이

그림 8.14 알루미늄청동주물펌프케이싱 커브의 용접보수부 부식

사용 된 것으로 나타났다. 따라서 이 부식은 생산 관리를 좀 더 철저히 하면 방지할 수 있었던 것으로 생각한다.

8.5 하드 페이싱 부의 부식

일반펌프는 축 슬리브 등 내마모성을 요하는 부재에 니켈 또는 코발트 기반의 고탄소재료를 metalizing한 스테인리스강이 많이 사용되고 있지만 이들을 해수 환경에서 사용하면 그림 8.15(a),(b)와 같은 부식을 나타내고 metalizing 층이 박리한다. 이것은 고탄소 metalizing재료 중의 탄소가 용접 metalizing시 모재스테인리스강으로 확산하고 그 결과 metalizing 경계 부근에서 모재의 입계부식감수성이 높아지기 때문이다. 이와 같은 부식을 방지하기 위해서 저탄소계의 하드 페이싱 재료를 채용하면 효과가 있다 (그림 8.15(c)).

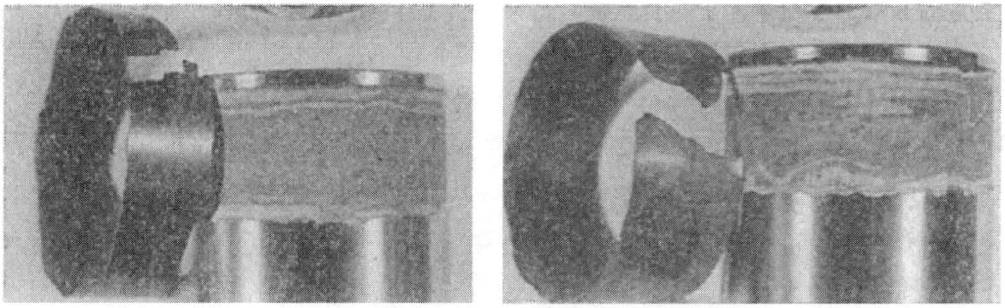

(a) 니켈기 고탄소재 metalizing (b) 코발트 고탄소재 metalizing

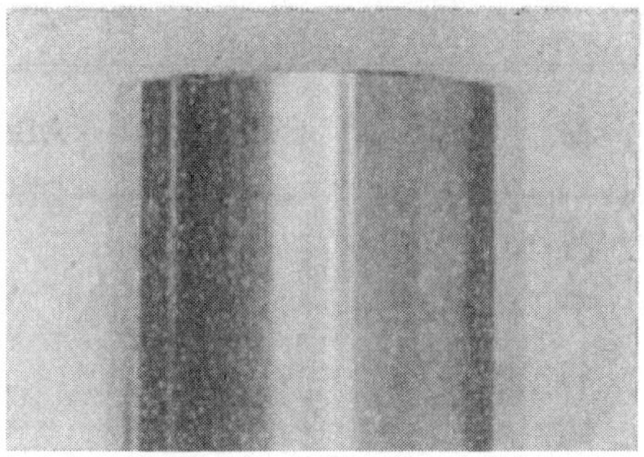

(c) 코발트기 저탄소재 metalizing

그림 8.15 하드 페이싱한 슬리브의 부식
(a)(b)는 경계층에서 박리
(모재: STS316L, 3.5개월 사용)

8.6 결론

이상, 해수펌프의 부식사례를 제시하면서 대책을 말했지만 펌프 이외의 기기, 장치에서도 유속 차이 매크로 셀과 이종재료의 혼용 등으로 심한 부식을 일으켜 수명이 현저하게 줄어드는 사례가 종종 목격된다. 방식에 관한 지식이 많으면 이러한 부식에 대하여 주철, 저합금 주철, 탄소강, 일반 스테인리스강 등 상대적으로 저렴한 재료를 기술적으로 사용하여 큰 방식 효과를 높이는 것도 가능하다고 생각한다. 그런 의미에서 부식방지기술에 종사하는 사람은 꾸준한 계몽활동을 계속하는 것이 필요하다고 통감하는 바이다.

참고문헌

1) 宮坂松甫, 木下和夫, 市川克弘, 北嶋宣光, "腐食と対策事例集", pp. 299, (社)腐食防食協会編, 海文堂出版 (1985)
2) 木下和夫, 市川克弘, 北嶋宣光, エハラ時報, 96, pp. 2 (1976)
3) 石黒寿一, 北嶋宣光, 防食技術, 31, pp. 394 (1982)
4) 石黒寿一, 北嶋宣光, 防食技術, 31, pp. 776 (1982)
5) 石黒寿一, 北嶋宣光, 防食技術, 33, pp. 141 (1984)
6) 石黒寿一, 溶接学会論文集, 3 (第4号) pp. 717 (1985)
7) 溝渕庄太郎, 市川克弘, 佐々木勝美, 村上伸, エハラ時報, 113, pp. 23 (1985)

9장
제염장치의 부식과 문제점

일본의 제염은 대부분이 해수를 원료로 이온교환막법 해수농축장치를 병설한 진공식 증발법으로 이루어지고 있으며 일본의 7개 제작사에서 연간 약 140만톤을 생산하고 있다. 이들 제염공장에서 취급하는 프로세스 액체의 염화물농도는 약 3~35%로 온도는 약 10~110℃의 범위다. 최종공정의 간수 생산부문에서 액체 염화물농도는 금속재료의 부식가속시험에 이용될 정도의 농도다. 또한, 대부분의 제염공장은 바다에 접하고 있기 때문에 해수와 염분의 비산에 의해 외부로부터 부식도 받기 때문에 기계장치는 주위 전체가 부식 환경에 있다고 할 수 있다. 따라서 제염플랜트는 다양한 부식이 발생하고 부식진행속도도 상당히 빠르다. 특히, 고온·고농도 염화물을 취급하는 증발결정공정의 기기는 매우 열악한 환경에 노출되게 된다.

여기서는 당사의 제염플랜트에서 경험한 부식의 사례와 사용재질에 대해서 설명한다. 지금까지 제염기술연수회나 해수학회지 등에 발표한 내용과 중복되는 부분이 많은 점 양해해 주기를 바란다.

9.1 제염공정의 개략

일본의 제염은 1971년에 염전법에서 이온교환막법으로 전환하여 현재에 이르고 있다. 공정은 그림 9.1에 나타내는 것과 같이 크게 나누어 원료 해수를 여과, 농축하는 이온교환막 전기투석공정과 농축한 해수를 증발, 결정 생성하는 증발공정과 분리 탈수한 결정을 제품화하는 공정 및 에너지를 공급하는 보일러와 발전공정으로 이루어져 있다.

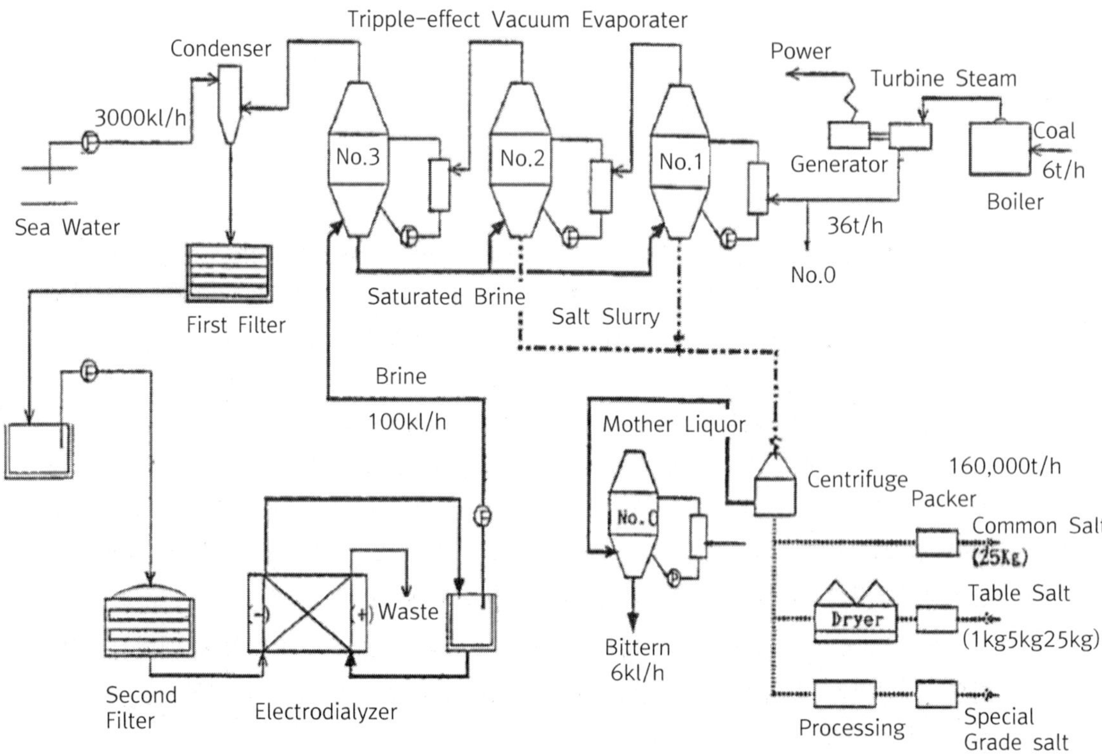

그림 9.1 제염공장 흐름도

9.2 프로세스 액의 조성 및 온도

프로세스 액의 조성의 대표적인 예를 표 9-1에, 증발기의 액 온도 및 염화물농도를 그림 9.2에 나타낸다. 이 후, 편의상 10~35℃를 상온, 35~60℃를 중온, 60~100℃를 고온으로 분류한다.

표 9-1 제염장치 프로세스 액 조성

	NaCl	$CaCl_2$	$MgCl_2$	KCl	전염분	T-Cl
해수	2.50	0.19	0.32	0.77	3.21	1.78
염수	15.51	0.37	1.07	0.60	17.69	10.60
모액	11.90	2.60	9.00	5.60	29.10	18.90
간수	4.50	5.20	16.20	8.60	34.50	22.00

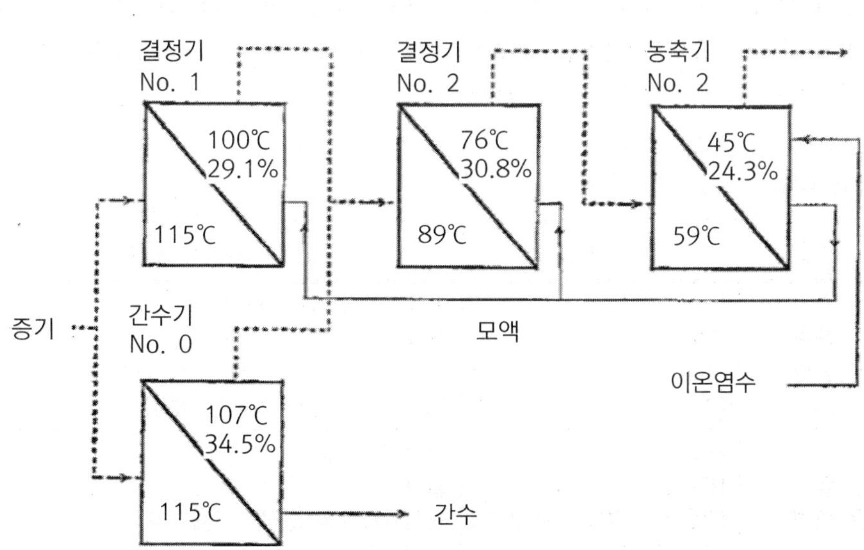

그림 9.2 3중 효용관의 작동온도, 염화물농도

9.3 각 기기별 재질과 부식

1971년에 연간 17만 톤의 생산능력을 갖는 플랜트를 가동했지만 재질의 부식에 의해 여러 가지 문제를 경험하였다. 그래서 각 기기별로 경험한 부식과 문제점에 대해 언급하기로 한다. 이후 사용하는 재질의 기호명은 표 9-2를 참고하라.

9.3.1 배관

배관재의 사용 환경과 문제점에 대하여 정리한 것이 표 9-3이다.

상온해수에서 내부를 타르에폭시라이닝한 스파이럴강관은 현장에서 접합한 용접부 및 조개부착 부분에서 공식 혹은 와류에 의한 침식이 발생하고 관통하여 누설하였다. 빈도는 15년간 40건 정도였다. 강관제조사에서 관 제조 시에 시공한 라이닝면은 양호하였다. 그래서 일부는 FRP에 나머지를 몰탈라이닝강관으로 순차적으로 교체하였다. 몰탈라이닝강관은 강관(5~10 m)을 고속으로 회전시켜 내부에 시멘트몰탈을 주입하고 원심력에 의해 6~12 mm의 두께로 균일하게 몰탈 라이닝한 것으로 외부로부터 부식을 방지하기 위해 비닐론을 크로스로 감았다. 이 파이프는 수도용의 큰 구경에 자주 이용되고 있지만 해수에 대한 내식성 실증이 조금 불충분하다. 그러나 시험사용이 10년 되지만 이상이 없다.

표 9-3 배관

환경	재질	발생 부식 및 문제점
상온 해수 상온 염수	ELP FRP MLP RLP	공식, 침식, 외부 부식 내후성 대 구경, 이물질 부착, 외부 부식 외부 부식, 현장 가공성 어려움
고온 염수 고온 모액	FRP HDPE STS304, 316, 316L STS329J4L	내열성, 내후성 길다 공식, 응력부식균열, 틈새부식 전면 부식
고온 모액 슬러리	STS304, 316, 316L STS329J4L	공식, 응력부식균열, 틈새부식 전면 부식

고무라이닝강관은 상온, 중온의 해수, 염수에 사용하고 있다. 내부의 부식에 대해서는 어떠한 문제도 없지만 현장 가공성이 나쁘고 외면의 부식방지를 위해 도장보수가 필요하기 때문에 최근에는 거의 FRP관으로 변경하고 있다. FRP관은 내식성이 아주 우수한 재질로 해수, 염수에서 누설사고로 중대한 피해를 초래하는 장소에서 아주 유효하다. 배관공사는 조립식 시공이 가능하고 현장 맞춤가공도 비교적 간단하고 내압성도 충분하다. 또 외부의 방식도장이 필요 없으므로 유지보수가 편리하다. 단, 차광 및 내후성을 고려한다면 외부도장은 필요하다. 구경 25~900 mm까지의 해수, 염수 파이프에 사용하고 있다. 내열 FRP는 약 90℃정도까지 사용 가능하다고 판단된다. 단, 내마모성은 나쁘므로 슬러리용에는 사용하지 않는 것이 좋다.

고온염수와 고온모액에는 HDPE가 유효하다. 이것은 폴리에틸렌이기 때문에 염화물부식에 매우 강하고 내부는 스케일 등의 부착도 없다. 또 플랜지가 없는 파이프로서 임의 길이의 보온일체형이 손쉽게 입수되므로 배관공사를 간단하게 할 수 있다. 단, 굽힘이 크게 되는 것과 열팽창이 크기 때문에 파이프가 비틀려 외관이 깨끗하지 않는 어려움이 있지만 실용상으로 어떠한 지장도 없다.

일반적인 STS는 중온 이상의 해수, 염수, 모액에서 용접부나 모재부에 공식 및 응력부식균열이 많이 발생하고 플랜지 부분은 틈새부식이 발생한다. STS304는 10일~3개월 정도에서 응력부식균열 때문에 누설하고 어떤 경우에는 파단한 것이 있다. STS316으로 변경하더라도 큰 차이는 없었다.

그래서 당시의 2상스테인리스강 대신에 개발한 강종(현재의 STS329J4L)이 고도의 내응력부식균열성을 나타내기 때문에 이것을 사용함으로서 기기수명은 크게 연장되었다. 단, 용접 및 가공은 상당히 엄중한 품질관리가 요구된다.

9.3.2 증발기

증발기는 제염플랜트 중에서 가장 큰 것이다. 사용하는 판두께는 9~15 mm정도이고 용접구조로 되지만 가공 후에 열처리가 되지 않기 때문에 용접기술이 중요한 포인트가 된다. 또 사용하는 판치수가 크기 때문에 클래드강을 사용하는 편이 유리하다. 당사에서도 STS316 클래드강을 사용했지만 고온기기의 용접부에 응력부식균열에 의한 균열이 발생하였는데 외부로 누설까지 발생하지 않았다. 그러나 중

표 9-4 증발기

환경	재질	발생 부식 및 문제점
중온 염수 맑은물	STS316 클래드강 NCUP 클래드강	경미한 응력부식균열, 틈새부식
고온 모수 슬러리	STS316 클래드강 NCUP 클래드강 Ti 클래드강	응력부식균열, 틈새부식 침식 전위차 부식, 용접성, 고자

온 이하의 환경은 같은 스테인리스에서도 부식은 경미하였다. 당사에서는 증발기 내부의 스테인리스강 표면을 맑은 물로 항상 세척하는 설비를 가지고 있지만 부식이 경미하였다.

약 6년 전에 일부의 고온 고농도 영역의 증발기에 모넬클래드강을 사용했지만, 지금까지 부식은 거의 발견되지 않으며 우수한 내식성을 나타낸다. 스테인리스에 비하여 건설비는 상당히 비싸지만 안심하고 사용할 수 있는 재료이다. 단, 빠른 유속의 슬러리 액에서는 조건이 맞으면 침식(Erosion) · 부식(Corrosion)에 의해 심하게 마모될 수 있으므로 사용조건에는 주의할 필요가 있다. 표 9-4는 문제점을 정리하였다.

최근 제작사의 노력으로 티타늄클래드를 쉽게 구입 할 수 있게 되었으므로 제염플랜트에는 티타늄이 최적의 재료로 생각된다. 그러나 아직 고가이고 티타늄의 특성으로 이종재료와의 용접이 안 된다. 따라서 용접방법이 복잡하고 제관비가 상승하므로 이 문제를 해결할 필요가 있다.

9.3.3 전열관

제염플랜트는 가열관의 부식조건이 가장 가혹하고 그 중에서도 고온 고농도 영역에서 전열관의 부식이 심하다. 전열관에 균열이 발생하면 가열증기복수에 염수가 혼입하기 때문에 보일러 급수 및 보급수의 수질이 악화하고 보일러가 운전 불가능하게 되어 제염플랜트는 조업정지가 될 수 있다.

당초 모든 전열관에 STS316L(45φ x 7,000 L x 2 t x 2,700개)을 사용한 결과, 고온 · 고농도 영역에서 약 1년 후에 응력부식균열에 의한 균열이 발생하기 시작하고 4년간 약 19%가 손상되었다. 응력부식균열에 의한 균열의 발생 시기, 발생 장소는 예측불가능으로 예방할 수 없기 때문에 플랜트의 가동률이 떨어졌다. 하지만, 중온 · 중농도 영역이하는 1개의 누설사고도 발생하지 않았다. 스테인리스의 부식정도는 염화물 농도에 좌우되지만 온도가 크게 관여하는 것으로 생각된다. 그것도 60℃ 근처에서 상태가 크게 변화한다.

그래서 고온 고농도 영역의 전열관 재질을 BSTF, CNTF의 2종류로 변경하였다. 그런데 모두 액체 입구에서 상부 200 mm 정도까지 마모로 감육하였다.

소위 침식에 의한 흡입구 공격이다. 마모량은 유속 1.8 m/초에서 약 0.12 mm/년 정도였다. BSTF는 석고 스케일이 부착한 경우 경계에서도 침식이 발생하고, 스케일이 부착한 면도 부분부식(틈새부식, 공식)에 의해 누설하였다. 그러나 동합금은 스케일링을 억제하고 침식이나 부분부식에 의한 국부 관통누설을 방지하면 흡입구 공격에 의한 마모속도가 거의 일정하기 때문에 전열관의 교환 시기를 계산할 수 있어 비교적 취급하기 쉬운 재료라 말 할 수 있다.

제염플랜트에서 티타늄의 내식성은 판형열교환기 등으로 검정되었지만 식염슬러리에 대한 내마모성의 검증은 불충분하였다.

그래서 실제장치에 구리합금과 같은 크기의 티타늄전열관을 몇 개 장착하여 내마모성에 대하여 검증 한 결과, 고온 고농도 영역에서 약 10여 년간 경과하여도 내경치수에 전혀 변화가 보이지 않아 가장 우수한 재료라고 할 수 있다. 티타늄 전열관은 꽤 비싸지만 구리합금에 비하여 내마모성이 뛰어나므로 두께는 절반이면 좋고 비중이 구리합금의 절반이기 때문에 소요중량이 약 1/4이 된다. 최근에는 1 mm 이하의 두께로 치수정밀도가 좋은 용접 튜브를 제조할 수 있으므로, CNTF-3과 거의 같은 가격에 사용할 수 있는 것이다.

그러나 티타늄은 전위적으로 매우 고귀한 재질이기 때문에 이종금속과 결합하면 전위차부식을 일으킬 염려가 있으므로 충분한 배려가 필요하다. 티타늄과의 조합으로 스테인리스가 심한 전위차부식을 받았다는 사례도 보고되었다. 또한 순수 티타늄은 고온 고농도 영역에서 틈새부식을 일으킬 수 있다고 알려져 있기 때문에 스케일을 부착하지 않도록 주의할 필요가 있다. 최근 개발되고 있는 저가 티타늄 합금은 제염플랜트에서 틈새부식 정라도면 거의 완벽하게 막을 수는 있다.

표 9-5 전열관

환경	재질	발생 부식 및 문제점
중온 염수 맑은 물	STS316L BSTF	경미한 응력부식균열 경미한 침식
고온 모액 슬러리	STS316L BSTF CNTF Ti Ti 합금	심한 응력부식균열 침식 침식 경미한 틈새부식, 전위차부식 전위차부식

각 재질의 문제점을 표 9-5에 정리하였다. 다음 튜브시트 재료이지만 원칙적으로 전열관과 같은 재료를 사용하는 것이 바람직하다. 예를 들어, STS 및 STS 클래드, BSTF과 NBST, CNTF 및 CNTF 클래드, Ti 및 Ti 클래드와 같은 조합된다. 일례이지만, CNTF의 전열관에 NBST 튜브시트을 사용한 결과 전열관에 접촉하고 있는 튜브시트가 링 형상으로 크게 손상되었다는 보고가 있다.

9.3.4 순환펌프

순환펌프는 증발부문에서 가장 중요한 펌프다. 고가이기 때문에 예비펌프를 설치할 수는 없다. SCS14는 고온 고농도 영역 순환펌프의 임펠러 및 취부 볼트에 응력부식균열이 발생하기 (표 9-6) 때문에 정기적으로 부품을 교환해야 한다. 모넬 임펠러는 매우 우수한 내식성을 나타낸다.

표 9-6 순환 펌프

환경	재질	발생 부식 및 문제점
중온 염수	SCS14	경미한 응력부식균열
고온 모액 슬러리	SCS14 NCUP	응력부식균열, 틈새부식 침식

9.3.5 일반펌프

처음에는 바다·염수·모액 등 모두 SCS13을 사용하였지만 역시 공식 및 응력부식균열에 의하여 단기간에 손상하였다. 그래서 모두 SCS14로 변경하였다. SCS14에서도 해수에서 케이싱에 공식이 발생하고 약 1년간 30 mm의 두께를 관통하였다. 이 경우 액체가 접촉하는 부분을 타르에폭시 도장을 하고 아연에 의한 희생 양극방식을 실시하여 부식의 진행을 막았다. 그 외, 플랜지부착표면의 틈새부식, 해수의 체류에 의한 공식, 해수의 오염 부착에 의한 부착물 공격, 케이싱의 외부부식 등이 발생한다. 고온 고농도 영역의 모액, 소금슬러리용으로도 SCS14를 사용하고 있지만 역시 비슷한 문제가 발생한다. 그런데 놀랍게도 해수보다 부식이 감소되는 경우가 있다. 이것은 용존산소량이나 소금슬러리에 의한 표면연마 등의 영향이라고 생각된다. 현 시점에서 SCS14을 대신할 적절한 재질이 없기 때문에 상세하게 점검하여 빨리 부품을 교체하고 있다. 문제점을 표 9-7에 나타낸다.

또한 상온 염수으로 FRP펌프를 몇 대 사용하고 있다. 특히 누설전류에 의한 전기부식이 우려되는 경우에는 효과적이다. 내식성이 매우 우수하지만 내열성은 미확인이다.

표 9-7 일반 펌프

환경	재질	발생 부식 및 문제점
상온 해수	SCS13 SCS14	공식, 틈새부식 공식, 틈새부식
중온 염수	SCS14 FRP	공식, 응력부식균열 틈새부식 내열성, 내압성
고온 모액 소금결정 포함	SCS14 STS329J4L	응력부식균열, 틈새부식 전면부식

9.3.4 원심분리기

원심분리기는 식염 슬러리 중의 결정과 모액을 고속회전으로 분리할 때 아무래도 공기를 혼입하여 내부가 모두 기액상의 분위기로 되므로 오히려 증발기보다 심한 부식상황을 나타내는 경우가 있다. 특히 내부의 회전부품은 제작 시의 가공에 의한 잔류응력에 의하여 응력부식균열을 일으키기 쉽고 고속회전으로 운전 중에 손상을 받으면 회전 밸런스가 깨어져 대단히 위험하게 된다. 여기서도 온도의 영향은 크다. STS316L은 1~3개월 정도에서 부식이 발생하기 때문에 바스켓, 스크래이퍼 및 금속망은 티타늄으로 바꾸었다.

최근 일부 케이싱에 수퍼스테인리스를 사용했는데 양호한 내식성을 나타내고 있다.

9.3.5 새로운 플랜트 재질

1971년에 설치한 증발플랜트가 노후화했기 때문에 1970년 8월에 교체하였지만 지금까지 언급한 부식의 경험을 바탕으로 내식성과 경제성을 고려하면서 재질을 결정했다. 표 9-8에 재질 비교표를 그림 9.3에 새로운 플랜트의 모습을 보여준다.

그림 9.3 새로운 플랜트의 외관

새로운 플랜트의 특징은 전열관을 전관 티타늄으로 한 것과 고온 고농도역의 증발기는 모넬을 사용한 것이다. 이 조합의 경우는 공식이나 응력부식균열이 발생할 우려는 전혀 없지만 앞에서 언급한 티타늄과의 전위차부식이 발생할 가능성이 있다. 따라서 앞으로 세심한 관찰을 계속해 나갈 예정이다.

표 9-8 기존 플랜트와 새로운 플랜트의 재질 비교

기기명		프로세스 액 조건			사용재질	
		온도(℃)	염화물 농도(%)	소금결정 농도(%)	기존설비	새로운 설비
전열관	3호기	60~ 65	24~26	-	SUS316L	Ti
	2호기	85~ 90	28~31	10~20	BSTF	Ti 합금
	1호기	105~110	26~28	10~20	BSTF	Ti 합금
	0호기	105~115	31~35	10~15	CNTF	Ti 합금
증발기	3호기	50~ 60	24~26	-	SUS316 클래드	SUS316L 클래드
	2호기	75~ 80	28~31	10~20	SUS316 클래드	NCUP 클래드
	1호기	95~105	26~28	10~20	SUS316 클래드	NCUP 클래드
	0호기	100~110	31~35	10~15	SUS316 클래드	NCUP 클래드
순환펌프	3호기	50~ 60	24~26	-	SCS14	SCS16
	2-0호기	75~110	26~35	10~20	SCS14	NCUP+SCS16
일반펌프		10~ 30	3	-	SCS14	SCS14
		15~ 35	16~24	-	SCS14 & FRP	SCS14 & FRP
		50~110	20~35	30~50	SCS14	SUS329J4L

9.3.6 맺음말

이상 당사의 제염플랜트에서 부식의 형태나 각종 재질의 사용실적과 문제점에 대하여 언급하였다.

이와 같은 부식환경에서 금속을 사용하는 경우 방식은 대단히 어렵다. 따라서 고내식성 금속재료를 선정하지만 내식성이 뛰어난 재료일수록 값이 비싸기 때문에 모두를 고급금속으로 구성하면 설비의 부담이 크게 되고 경제적으로 맞지 않는다. 따라서 각각의 환경에 따라서 가능한 한 가격이 싼 재료를 선정함과 동시에 부식을 최소한으로 억제하기 위하여 염화물농도, 온도, 용존산소량, 스케일링, pH 등 운전관리상의 문제, 더욱이 기기 제작시의 용접방법, 가공조건, 이종금속의 부착, 표면처리법, 패킹 재료 등 건설 시의 품질관리에도 세심한 주의가 필요하다.

10장 제염설비용 기기의 제작

국내에서 현재 진행되고 있는 대표적인 제염 프로세스는 이물질 제거 후, 해수를 이온교환막전기투석법에 의하여 일차 농축하여 염수를 얻는 채염공정과 증발 장치에 의한 염수를 더욱 농축, 결정화하는 결정화공정으로 나눈다. 결정화 공정에서 증발장치는 보통 열을 효과적으로 이용하려는 목적에서 다중 효용의 진공증발장치를 사용하고 있다. 대부분의 경우, 표준적인 외측가열강제순환형증발기가 사용되고 기본적으로 각 효용은 후술 하는 것처럼 증발기, 가열기, 순환 펌프 및 그들을 연결하는 순환 배관으로 구성된다.

본서는 제염설비의 결정화공정에서 사용되는 증발장치의 주요 기기인 대형 제관 제품에 착안하여 증발기 및 가열기의 개요 및 제작 방법에 대하여 소개한다.

10.1 기기의 구조·형태

결정화공정에서 진공증발장치의 표준적인 기기 구성을 그림 10.1에 나타낸다. 설비용 기기인 증발기 및 가열기의 구조 사양의 특징은

(1) 부식성이 높은 고온 농축 염수를 취급하기 때문에 내식성 재료를 조합하여 사용한다.
(2) 이종금속 간의 전위차부식방지를 위하여 절연구조로 되어 있다.
(3) 소금덩어리 부착이라는 용기 내면에 식염의 결정부착을 방지하기 위하여 내면을 연마로 마무리한다.

등을 들 수 있지만, 이것들을 제외하면 구조상 특수한 요소는 없고 극히 일반적인 제관 품목의 부류에 속한 기기이다.

10.1.1 증발기

증발기는 그림 10.1에 나타내듯이 상하에 원뿔부를 가지는 방추 형상을 하고 있으며 하부에 솔트 레그라 부르는 채염부를 가지고 있지만 관체 내부에 부속 부품은 일체 설치되어 있지 않다. 몸통의 내경은 사용되는 효용운전조건 등에 따라 다르지만 약 4~7 m정도이다.

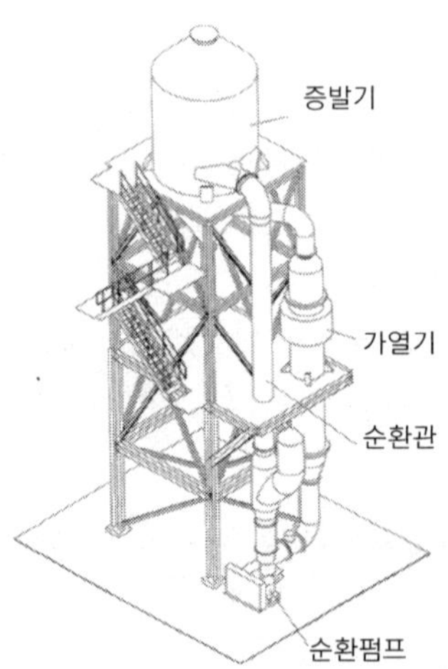

그림 10. 1 제염설비증발장치 기기 구성도

10.1.2 가열기

가열기는 일반적인 수직고정관판식열교환기이다. 대형은 전열면적이 1000 ㎡를 넘는 것도 있고, 내부에 소금의 슬러리가 지나는 전열관에는 2인치 정도의 비교적 대구경의 것이 사용된다. 튜브시트 부분은 사용하는 전열관의 재질 등에 의해서 통상 그림 10.2에 나타내는 구조를 적용하며 해당 부분은 전열관과 그것이 장착되는 튜브시트 및 관 쪽의 플랜지가 각각 다른 재료로 조합되어 있기 때문에 튜브시트과 플랜지 사이의 전위차에 의한 부식방지를 위해서 절연볼트가 사용된다.

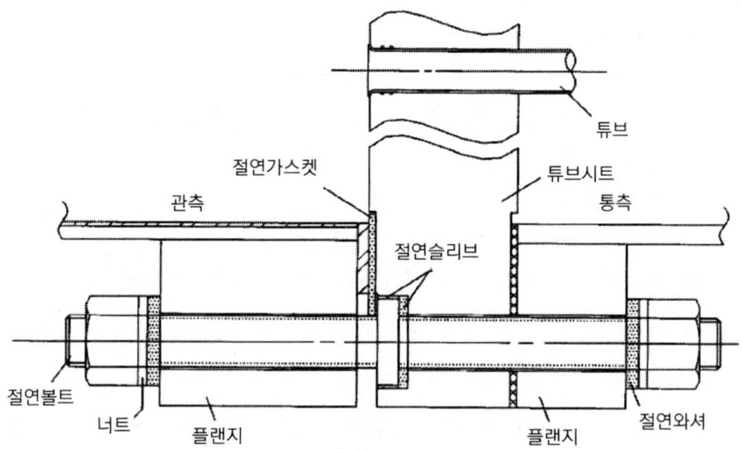

(a) 3매 체결 구조의 경우

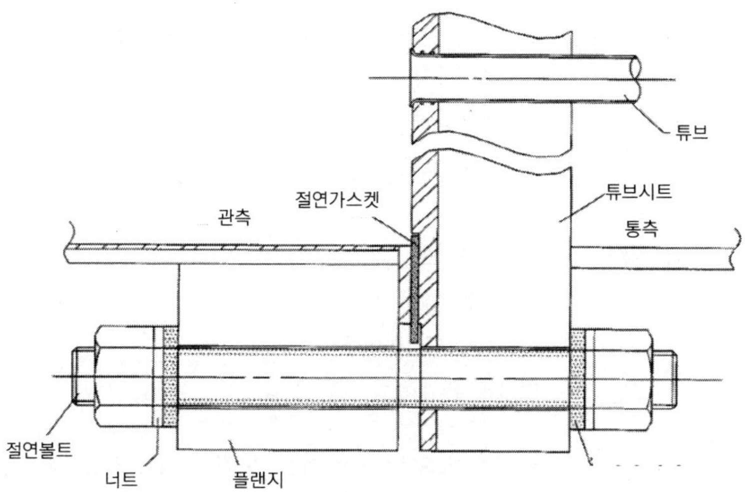

(b) 클래드 관판 사용의 경우

그림10.2 가열기 튜브시트 구조 예

10.2 사용재료

다음은, 증발기 및 가열기를 구성하는 재료에 대해서 설명한다.

증발기는 부식성이 높은 고온 농축 염수를 다루는 기기이므로 본체의 접촉액체부는 대표적인 내식성재료인 스테인리스강과 탄소강을 붙여 맞춘 클래드강의 형태로 쓰인다. 클래드강은 내식성재료만을 사용한 경우에 비하여 장치를 싸게 할 수 있다는 최대 장점 이외에

(1) 클래드강의 맞춤재(내식성재료)는 압축잔류응력을 가지고 있기 때문에 응력부식균열이 발생하기 어렵다.
(2) 응력부식균열 또는 공식이 발생해도 탄소강인 모재와의 계면에서 일시적으로 정지한다.(스테인레스클래드강의 제작 시에 모재의 탄소확산방지, 접합성의 향상에 사용되는 계면의 니켈 층 인서트는 응력부식균열, 공식에 대해서 정지기능을 가지고 있다.)
(3) 장치 외부에서 이종금속부식의 염려가 없다.
(4) 주조용접이 탄소강 부분이기 때문에 용접에 의한 변형이 작다.

등의 제염설비용 재료로서 많은 기능상의 장점을 가지고 있는 것도 빼놓을 수 없다.

가열기의 전열관은 고온 농축 염수의 가혹한 부식조건이므로 스테인리스강 외에 구리합금 등이 사용 조건에 맞추어 적용되고 있다. 동체는 증발 증기를 받아들이기 위하여 특히 내식성재료는 필요하지 않고 일반탄소강재료가 사용된다.

아래에 제염장치에 사용되는 내식성재료의 대표 예를 나타낸다.

증발기 본체 재료	STS316클래드
	STS316L클래드
	모넬클래드
가열기 전열관 재료	STS316L관
	알루미늄 황동 관
	구리니켈(cupronickel) 관
	티타늄 관

최근, 장치 수명의 연장 혹은 보수의 간소화를 목적으로 고기능 새로운 내식성 재료의 적용도 시도되고 있다. 그러나 증발기, 가열기가 노출되는 부식조건은 매우 가혹하고 제작비 등을 포함한 종합적인 관점에서 현재 널리 사용되고 있는 위의 재료

를 대체할 신규 재료는 많은 시간이 필요하거나 재료 및 제작 방법 등의 난관 돌파가 필요하다.

10.3 제작

증발기 및 가열기의 표준적인 개략 제작공정을 각각 그림 10.3(a) 및 (b)에 나타낸다. 이들의 시공방법 및 시공 상의 주안점을 주요 공정에서 설명한다.

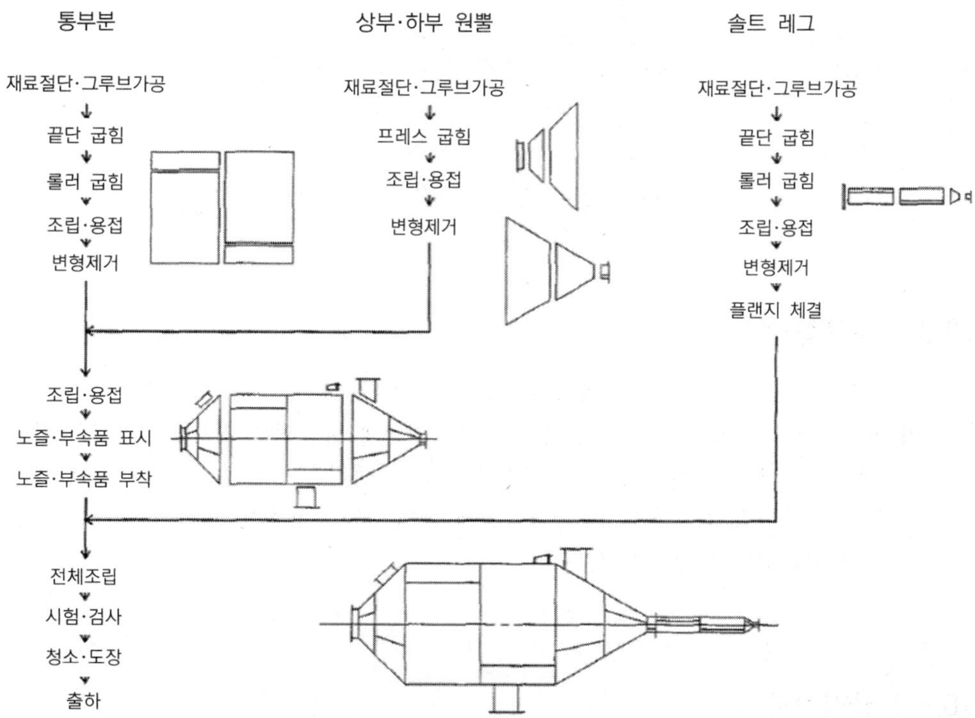

그림 10.3(a) 증발기 제작 공정의 개략도

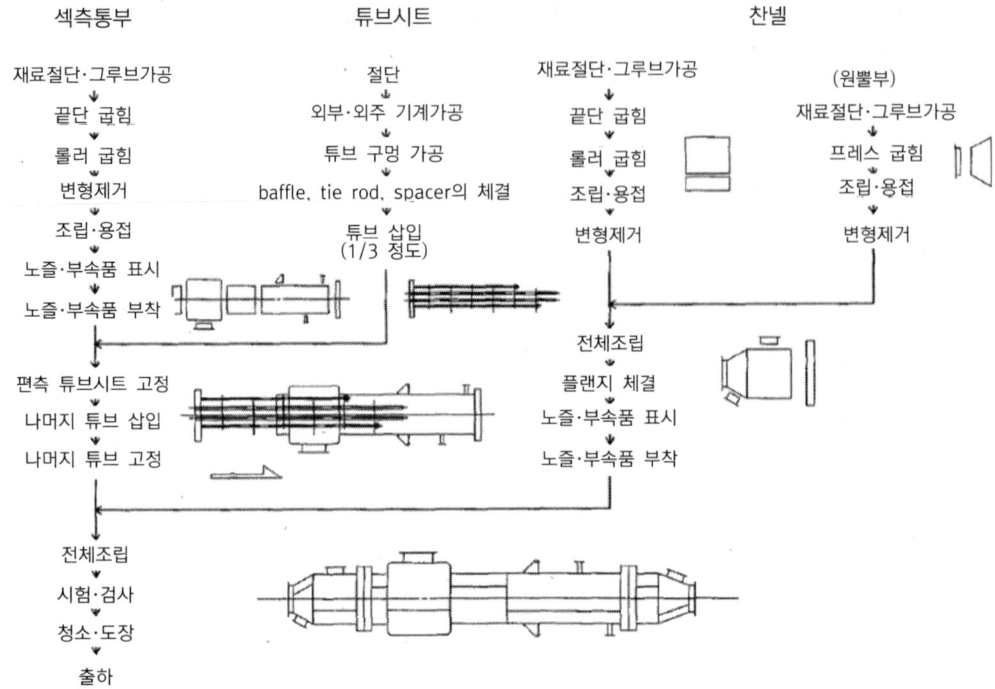

그림 10.3(b) 증발기 제작 공정의 개략도

10.3.1 재료절단

클래드강의 재료절단은 클래드 비(클래드강의 전체 두께에 대한 맞춤재의 두께 비)가 약 25% 이하인 경우는 일반탄소강의 절단에 사용되는 가스절단이 가능하지만, 그것을 넘을 때는 에어 또는 질소가스를 이용한 플라스마 토치에 의해 절단한다. 절단에 앞서 재료작업은 프레스, 굽힘가공에 의한 연신, 용접에 의한 수축 등 후속 공정의 영향을 고려할 필요가 있다.

10.3.2 굽힘가공

굽힘의 끝 부분을 프레스에 의하여 굽힌 후 밴딩롤러에 의해 소정의 굴곡 반경까지 굽힘가공한다. 그림 10.4(a)와 같이 굽힌 후, 끝 부분의 직선부분은 절단 제거하지만 판두께가 작고 굴곡반경이 큰 경우는 끝 부분 굽힘을 생략하는 수도 있다.

굴곡가공은 강제롤러와 클래드강 맞춤재의 직접 접촉을 피하기 위해서 롤러에 스테인리스 박판 또는 보호 시트 등을 감아 양생함과 동시에 굽힘판과 롤러 사이에 이물질 등이 끼어들지 않도록 주의하고 판에 손상이 나지 않도록 배려한다. 원뿔의 굽힘가공은 원뿔굽힘롤러라는 특수한 밴딩롤러를 사용하는 경우도 있지만 일반적으로 부채꼴로 절단된 판을 방사상으로 프레스 가공하여 성형한다.

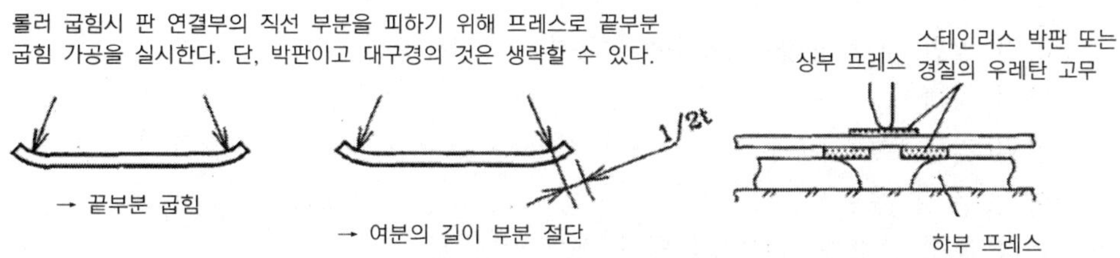

(a) 끝부분 굽힘가공

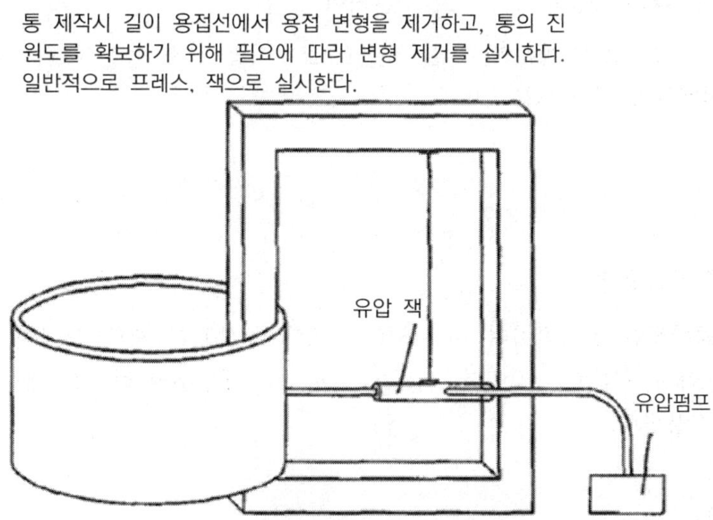

∴ 잭에 의한 가공방법(예)

(b) 변형 제거

그림 10.4 가공 공정 예

10.3.3 용접

용접은 제염설비용 기기 제작에서 구조뿐만 아니라 내용 액체에 대한 내식성 등 종합 품질을 좌우하는 중요한 공정이다.

용접시공은 미리 확인시험에 의한 시공순서·방법, 품질을 확인하고 이를 토대로 작성한 용접시공요령서에 따라서 실시한다. 용접시공요령서의 예를 그림(10.5)에 나타내는데 일반적으로 다음의 항목이 규정되어 있다.

- ·이음 형상, 그루브 형상
- ·용접 방법 및 사용하는 용접봉의 종류
- ·용접 자세
- ·용접 전류, 속도, 층수
- ·예열, 후열 여부
- ·기타 용접 품질을 확보하기 위한 특기 사항 등

본체 맞대기 용접부의 용접형상은 통상 시공성을 고려하여 내측 그루브, 외측 뒷면 고르기의 완전한 용해형의 것이 채용되고 있지만, 시공위치에 따라 그림(10.6)에 예를 든 것 같은 다양한 형상으로 구분되어 있다.

사용되는 용접법은 재료의 종류, 용접 구조, 시공 장소 등을 고려하여 최적한 용접법을 선택하여 실시한다.

(1) 피복금속아크용접

가장 일반적인 용접법이며 피복재를 도포한 용접봉과 재료 사이에 발생한 아크열을 이용하여 용접하는 것이다. 시공이 간편하고 대부분의 탄소강 재료, 스테인리스강 등에 사용한다.

(2) TIG용접

아르곤 등의 불활성가스 분위기에서 텅스텐을 전극으로 재료와의 사이에 아크를 발생시켜 그 열로 용가재를 녹여서 용접을 하는 것이다. 다른 용접 법에 비하여 시공효율은 떨어지지만 청정하고 고품질인 용접금속이 얻어지는 용접방법이다.

용접요령서 (검수를 필요로 하는 용접부 마다 작성)

제조 번호		사양서 번호		도면 번호	AC 6700E - △3

A 용접 부분: 본체 통, 길이 이음매, 원주 이음매

용접 부분의 기호 번호: L1~L9. C2, C3, C5~C7, C9.

용접 부분의 형상 치수(도시)

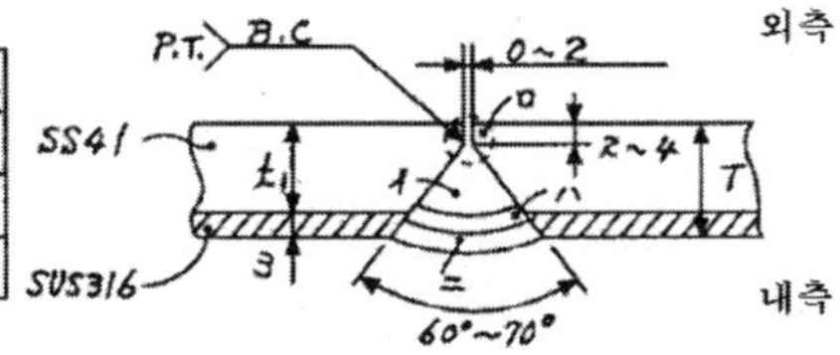

B 용접 부분의 설계 조건

1 압력	6.0 kg/cm²
2 온도	120 ℃
3 이음 효율	0.95 %
4 재질	SS41 + SUS316

C 검사

내압시험	9.0 kg/cm²	기밀시험		진공시험	——

비파괴검사: 여 / 부 (부에 표시) 육안검사

방법	① 방사선 투과 시험 20 %	3. 자분 탐상 시험
	2. 초음파 탐상 시험	④ 침투 탐상 시험 B.C 후 실시
적용부분	1. 용접선 전체	2. 한쪽면 만 내 (외)
시험판 · 작성	(여) 부	용접시험 요령서 (별첨)

D 용접 조건 (* 표시는 용접 pass마다 용접법에 따라 기입)

용접법	イ A	イ A	ロ A	ハ A	ニ A	
용접사 자격	보일러 용접사	←	→		보일러 용접사	
층(pass)	초층	나머지 층	다층	다층	다층	
※용접재료 D5016	φ4 130~160A	φ4, φ5 130~240A	φ4 φ5 130~240A	——	——	
D309Mo	——	——	——	φ4, φ5 130~240A	——	
D316	——	——	——	——	φ4, φ5 130~240A	
종목	LF-52	LF-52	LF-52	WEL309Mo	WEL316	
예열	——	——	——	——	——	
후열	——	——	——	——	——	

E 열처리

종류	1. 응력제거 2. tempering 3. normalizing
요령 1 로내 2 국부	온도 - 시간 선도 (도시) 없음

E 비고

동판 두께 구분	용접선	T	t_1
	C2 · C3 L1 ~ L3	12	9
	C5 ~ C7 L4 ~ L7	14	11
	C9 L8 · L9	15	12

그림 10.5 용접시공요령서 예

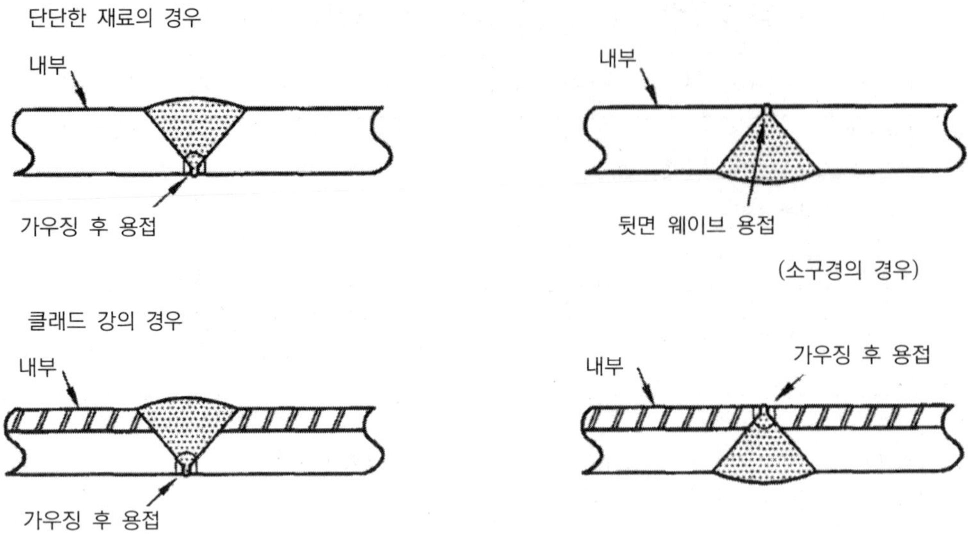

그림 10.6 용접 그루브 형상 예

(3) MIG용접

TIG용접과 같은 방법으로 텅스텐 대신 용가제 금속을 전극으로 사용하는 것이고 시공효율은 TIG용접보다 뛰어나지만 품질은 TIG용접보다 못하다.

(4) 서브머지드아크용접(submerged arc welding)

유니온용융용접(union-melt welding)이라 알려졌으며 자동 용접법의 대표적인 것이다. 입상 플럭스를 용접부 위에 살포하고 그 속에서 아크를 내고 용접을 실시한다. 다른 용접법보다 용입이 깊고 용착속도가 빠르기 때문에 능률적인 용접이 되지만 용접변형에 대한 주의가 필요하다.

클래드강에서 부식성 환경에 노출되는 부분은 맞춤재와 같은 재질이 되도록 용접 재료를 선택하고 부식유체 중에서 부식전위 차이가 생기지 않도록 배려한다. 그러나 클래드강의 맞춤재는 일반적으로 2~4 mm정도로 얇고 또한 용접금속이 모재인 탄소강과 섞이기 때문에 내식성금속이 모재와 접하는 용접부는 용입을 최소한으로 억제하고 내식성의 열화를 최소한으로 방지하는 배려가 필요하다. 또한, 증발기, 가열기도 대형이고 박판 구조이므로 일반적인 용접 후 열처리(응력제거풀림)는 실시하지 않는다. 따라서, 용접시공은 품질을 보장하기 위하여 충분한 주의를 기울여야한다.

10.3.4 변형제거

용접시공은 지그를 사용하여 변형발생을 방지하여 진원을 유지하는 적절한 대책을 강구하고 있다. 그러나 정확한 형상을 유지하기 위하여 필요에 따라 롤굽힘부의 진원불량 대책 등을 포함하여 변형제거를 한다. 그 때는 국부 변형을 피하는 동시에 타격 등 국부충격을 주지 않도록 그림 10.4(b)에 나타내는 유압잭 혹은 프레스 등 충격이 걸리지 않는 기구를 이용하여 변형을 교정한다. 또 가열. 냉각에 의한 변형제거는 재료의 품질을 손상시키므로 엄격하게 금지한다.

10.3.5 조립

길이 용접에서 완성된 단통(single drum) 및 원뿔부를 원주용접에 의하여 접속한 후 노즐, 서포트 등 부속품을 설치한다. 조립 시에는 변형발생, 용접에 의한 수축 등을 방지하기 위해서 필요한 치구 등을 사용한다.

10.3.6 내부 마무리

증발기, 가열기의 내부는 소금덩어리 부착방지를 위하여 내부의 용접 비드는 그라인더로 깨끗하게 마무리한 후 내부 전면을 통상 #300에 의하여 연마마무리를 한다. 연마마무리는 작업자의 숙련도와 시공조건에 의하여 품질에 차이가 있으므로 주의가 필요하다.

10.3.7 시험·검사

조립을 완료한 증발기, 가열기는 치수, 외관 검사, 내압/기밀 시험 등 필요한 시험·검사를 실시하고 완성된다.

시험검사는 기본적으로 적용 법규·규격 및 사용자의 요구 사항에 따라서 실시한다. 단, 공작 일반에 관한 치수상의 검사, 재료의 시험·검사, 용접이음의 검사 등에 대해서는 제작과정에서 계획적으로 실시되어 시공 상의 오류가 발생하지 않도록 관리하는 동시에 오류가 발생한 경우에는 발생 시점에서 신속한 조치가 이루어져야 한다.

10.4 결 론

이상, 제염 설비의 대표적인 기기인 증발장치의 증발기 및 가열기에 관하여 사용재료 및 제작방법 등에 대해서 설명하였다.

제염설비용 기기는 대형제관기기로서 부식환경에 대처하여 내식성재료 클래드강이 사용되므로 용접품질이 바로 기기 자체의 품질이라고 해도 과언이 아니다. 또, 아시다시피 해당 기기가 노출되는 부식환경은 매우 어려움이 있거나 상황의 예측도 어렵다는 점에서 극복이 어려운 뜻밖의 부식문제를 만나는 경우도 고려되기 때문에 제작사의 책임으로서 용접품질의 확보를 최우선으로 대처해 나갈 필요가 있다.

지면의 관계로 제염설비 및 주요 기기의 제작공정의 주요 부분만 소개하였지만, 제작의 각 공정을 추출한 것만으로도 책 한권을 쓸 내용이며 전문서도 다수 출판되고 있으니 관심 있으신 분 꼭 전문서적을 참고하시기 바란다.

제 4 부
부식 및 방식기술

11장 전형적인 부식형태와 개요

12장 제염공장에서 국부부식 모니터링

13장 제염장치에서 오스테나이트계 스테인리스강 염화물 응력부식균열

14장 전기방식

15장 금속부식의 전기화학 입문

11장
전형적인 부식형태와 개요

11.1 부식의 유형 분류

부식의 유형은 부식의 원인을 알기 위한 중요한 단서의 하나이며 플랜트의 손상보고, 연구보고, 손상사례 데이터베이스 등의 작성에서 빠뜨려서는 안 된다.

그러나 부식유형의 명칭과 분류법에 대한 부식관계 서적을 조사해 보면 연구자, 기술자에 따라서 상당히 큰 차이가 있고 통일되어 있지 않은 것이 현실이다.

부식유형의 분류는 처음에 형상에 따르고 필자의 조사 범위에서 F. A. Champion의 제안이 가장 오래 되었다. 그러나 순수하게 형상에만 근거한 것은 이 정도이고 그 후의 제안은 형상에 요인이 첨가되었다. NACE의 서적에 게재된 그림 11.1이 그것이다. Fontana & Greene은 유명한 교과서에서 부식은 표 11-1에 나타낸 8 유형으로 집약된다고 제안하였다(단 마지막의 수소손상은 부식과 밀접한 관계가 있는 것으로서 설명하였다). 이 분류와 명칭은 현실적인 것으로 지금도 그대로 사용되는 수가 많다. 그 후 많은 제안이 있었지만 이론적인 것은 실용적으로 불편하여 점차 인정받지 못하게 되었다. 이상의 경과를 참고하여 지금까지의 분류표에 포함되지 않은 비교적 새로운 부식현상의 명칭도 첨가하여 16 유형으로 정리한 것이 표 11-2이다. 이 중에서 1~4는 부식형상 5~7은 기계적 요인, 8은 물리적 요인 9와 10은 전기화학적 요인 11과 12는 금속조직적 요인, 13~15는 환경적 요인이 각각 강한 것이다. 또한 16은 부식과 직접 관계없는 경우가 많기 때문에 마지막으로 분류하였다.

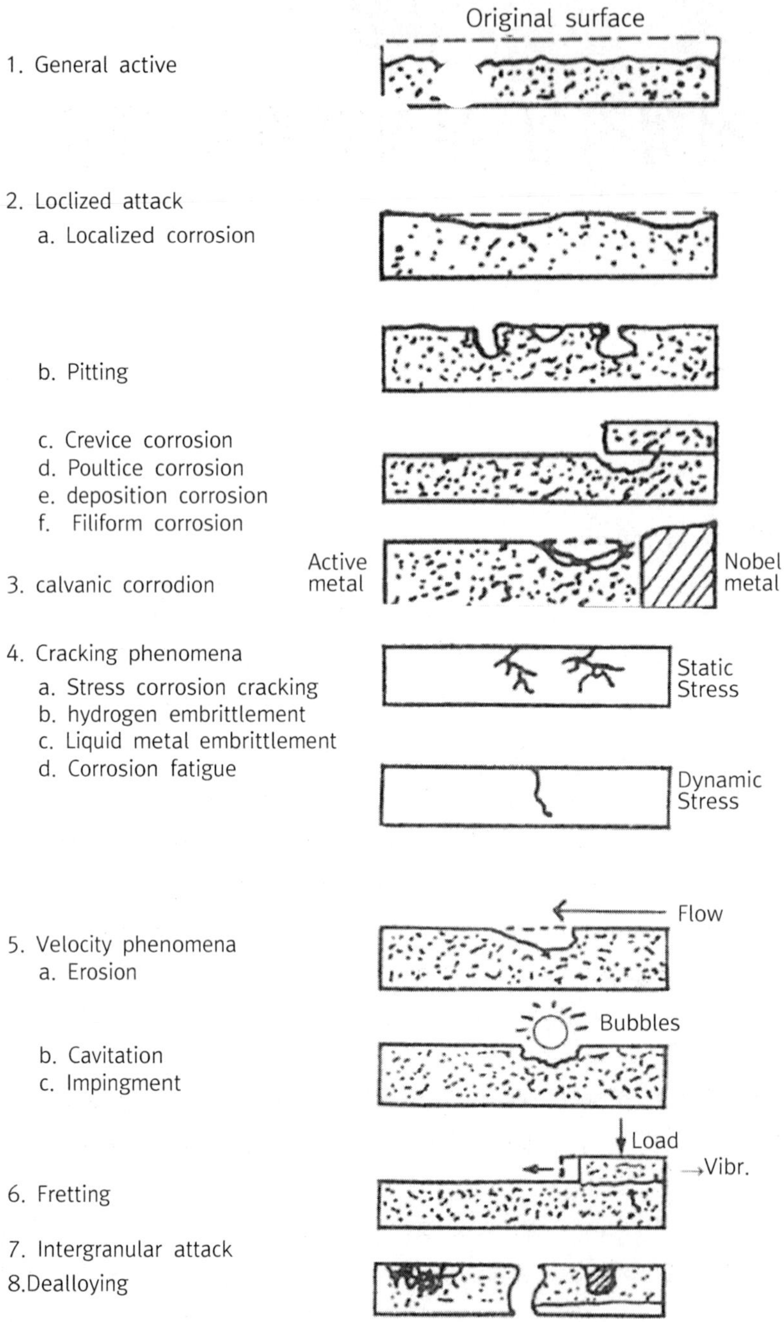

그림 11.1 NACE, Corrosion Basics에 의한 분류

표 11-1 Fontana 등에 의한 부식의 분류와 원인

"부식의 8 유형"
1. 균일부식 (형상)
2. 갈바닉부식 (전기화학)
3. 틈새부식 (틈새 존재, 형상)
실 모양 부식
4. 공식 (형상)
5. 입계부식 (금속조직)
용접부 부식
knife line attack (예리한 선 형상 부식)
6. 선택적 용해 (전기화학)
탈아연
흑연화
7. 침식 (기계적)
Impingement 침식
Cavitation 손상
8. 응력부식 (기계적)
부식 피로
수소손상
수소 부풀음
수소취화

11.2 전형적인 부식형태

표 11-2의 부식형태의 분류와 순서에 따라, 관련 서적에서 전형적이라 생각되는 사진(또는 스케치)을 선택하고 개략적으로 설명하였다.

표 11.2 부식의 분류와 원인

1. 전면부식 (형상)
   General corrosion
2. 공식 (형상)
   Pitting corrosion
3. 실 모양 부식, 홈 모양 부식 등 (형상)
   Filiform corrosion, grooving corrosion
4. 틈새부식 (형상)
   Crevice corrosion
5. 응력부식균열 (기계적)
   Stress corrosion cracking
6. 침식 (기계적)
   Erosion corrosion
7. 부식피로균열 (기계적)
   Corrosion fatigue cracking
8. 열점부식 (물리적)
   Hot spot corrosion
9. 갈바닉부식 (전기화학적)
   Galvanic corrosion
10. 탈성분부식 (전기화학적)
    Dealloying
11. 입계부식 (금속조직)
    Intergranular corrosion
12. 끝입자부식 (금속조직)
    End grain attack
13. 고온산화, 수증기산화 (환경)
    High temperature oxidation, steam oxidation
14. 미생물부식 (환경)
    Microbial corrosion
15. 오염해수부식 (환경)
    Polluted seawater corrosion
16. 수소손상 (환경)
    Hydrogen damage

11.2.1 전면부식(General corrosion)

가장 전형적인 예는 산에서 금속의 활성용해로 모든 표면이 매끄럽게 균일하게 부식한다. 금속표면이 탁해지는 것 등도 대표적 예라 할 수 있다.

그림 11.2는 연강의 대기부식 예, 그림 11.3은 조금 특수한 예가 되지만 알칼리성 용액에 의한 탄소 강관의 경우, 그림 11.4는 유화수소를 포함하는 산성수에 의한 탄소강배관의 전면부식 예이다.

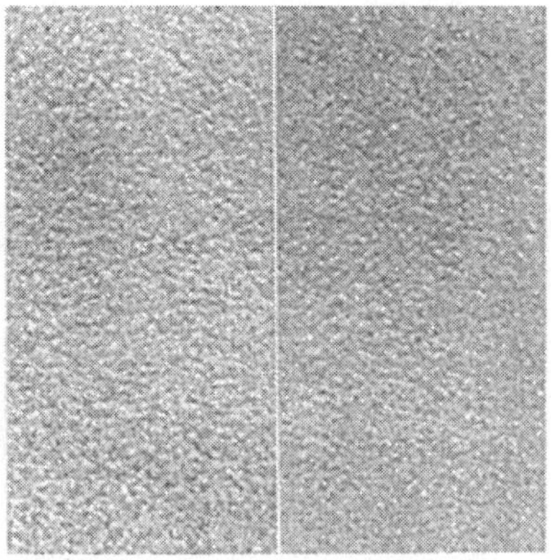

공업지역　　해안지역

그림 11.2 2년간 실외 대기중에서 부식한 연강 표면

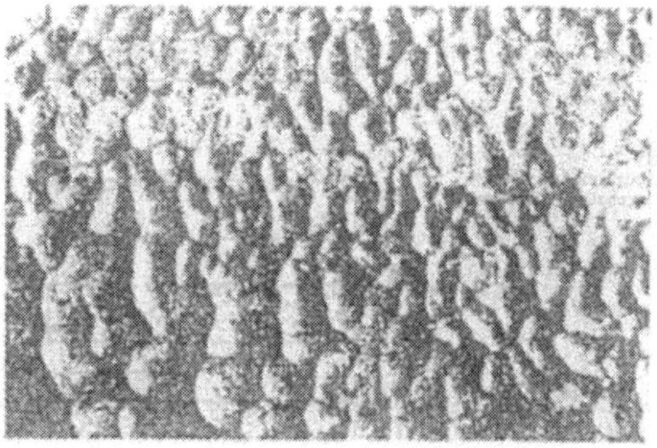

그림 11.3 알칼리에서 연강의 전면부식

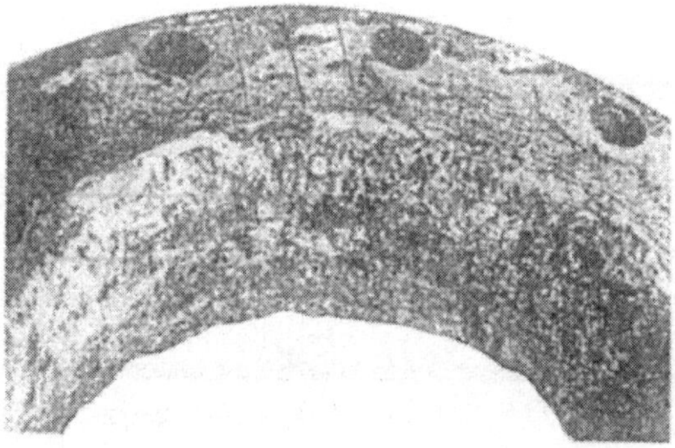

그림 11.4 유화수소 함유 산성수에 의한 전면부식

11.2.2 공식(Pitting corrosion)

공식은 스테인리스강과 알루미늄 같은 부동태 특성이 강한 금속이 염화물용액 등 부동태피막을 파괴하기 쉬운 환경에서 발생하지만 기타 각종 금속에서 표면이 내식성 피막으로 뒤덮인 경우도 피막의 결함부에서 발생하기 쉽다.

그림 11.5는 스테인리스강에서 공식의 전형적인 형상이며, 그림 11.6 알루미늄 합금의 끝에서 층상공식이다. 특수한 공식 예로서 구리관의 개미 집모양의 국부부식을 그림 11.7에 나타낸다. 또한 이 그림에서는 새로운 부식 Rating법에 의하여 공식의 상태를 수량적으로 나타내었다.

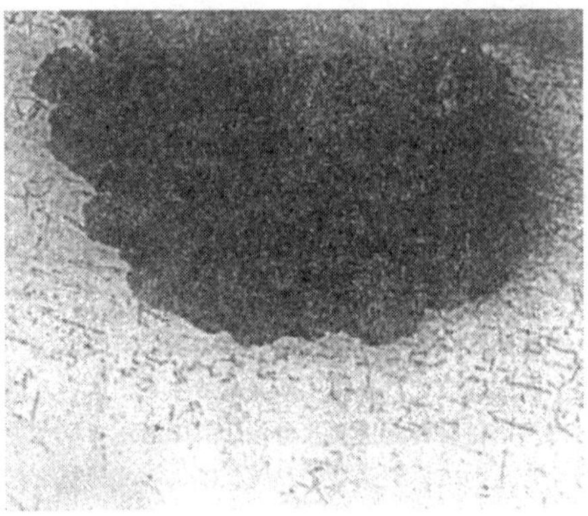

그림 11.5 STS304의 공식

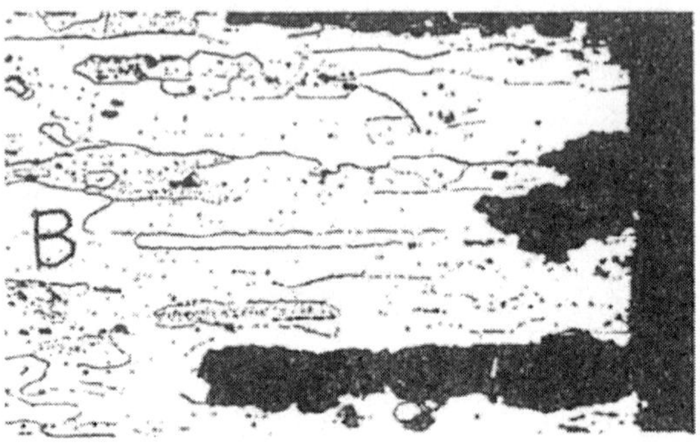

그림 11.6 알루미늄 합금에서 공식 예

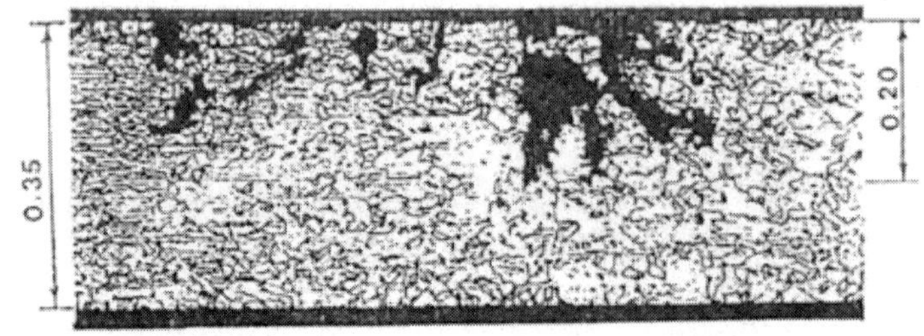

그림 11.7 동관의 개미집 형상 국부부식과 rating

11.2.3 실 모양 부식(糸状腐食), 홈 모양 부식(溝状腐食) 등(Filiform corrosion, grooving Corrosion and So on)

이들 모두 특이한 형상에 따라 이름이 붙여진 부식이기 때문에 일괄적으로 나타내었지만 원인은 각각 다르다. 실 모양 부식은 금속과 표면의 얇은 도막의 사이에 생기는 일종의 틈새부식으로 고습도 환경에서 발생하기 쉽다. 홈 모양 부식은 전기저항 용접관의 용접 맞대기 부에 따라 V 자형으로 진행 하는 것으로 제조시의 열이력에 의해 모재와 용접부 사이에 전위차가 발생하기 때문에 나타난다. 그 외 특수한 사례로 링 웜 부식(ring worm corrosion)이 있는데 이것은 강관을 연결하는 열박음 (나사를 가공하는 부분을 가열하여 열간 단조로 두께를 늘린 부분)의 열영향부가 탄산가스 등으로 선택적으로 부식한 경우로서 링 웜(벌레) 모양의 외관을 나타내기 때문에 명명되었다. 열받음가공은 관 끝을 가열 한 후 다이스 및 심축 사이에서 끼워서 가공하여 관 단부를 두껍게 하는 작업이다

그림 11.8은 강판 표면의 실 모양 부식으로 부식이 진행하는 끝에는 $FeCl_2$이 검출되었다. 그림 11.9는 강판에 양이온 전착 도장한 후, 염수분무시험에 의해 실 녹이 발생한 것으로, (a)는 도막표면, (d)는 도막박리 후의 마이크로 사진이다. 그림 11.10은 전기저항 용접관 용접부의 홈 모양 부식 설명도이다. 또한 링 웜 부식의 예는 Fontana의 저서 등을 참조하라.

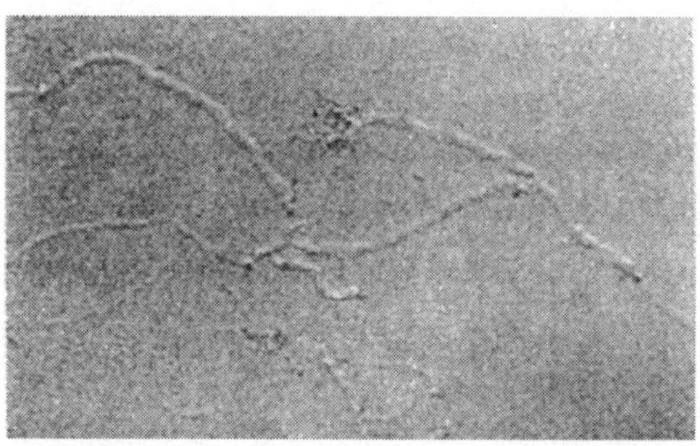

그림 11.8 강판 표면의 실 모양 부식

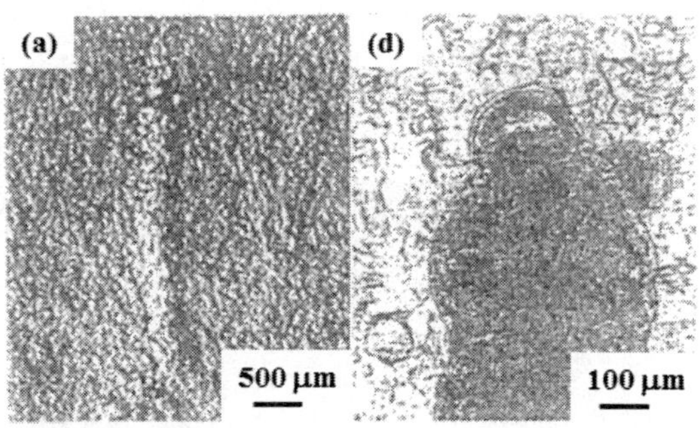

그림 11.9 염수분무시험에서 실 모양 부식이 발생한 강판

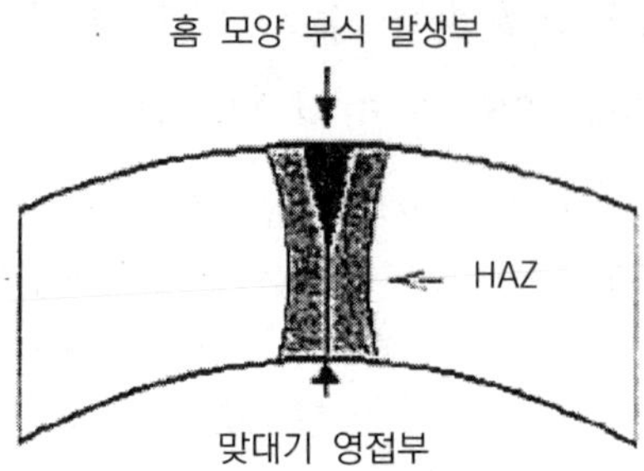

그림 11.10 전기저항 용접관 용접부의 홈 모양 부식

11.2.4 틈새부식 (Crevice corrosion)

금속과 금속, 혹은 금속과 비금속의 사이에 미세한 틈이 존재하는 경우 그 틈새에 생기는 부식으로 스테인리스강 같은 부동태 특성을 가진 금속에서 발생하기 쉽다. 발생 메커니즘은 그림 11.11 (a), (b)의 2종류가 있다. (a)는 용존산소농도의 대소에 따른 틈새부식, (b)는 용출금속이온농도의 대소에 따라 틈새 외에서 부식하지만 실제로는 (a)의 경우가 대부분이다.

그림 11.12는 해수배관의 플랜지와 가스켓 사이에 발생한 틈새부식, 그림 11.13은 316강 전열관의 확관부에 발생한 심한 틈새부식이다.

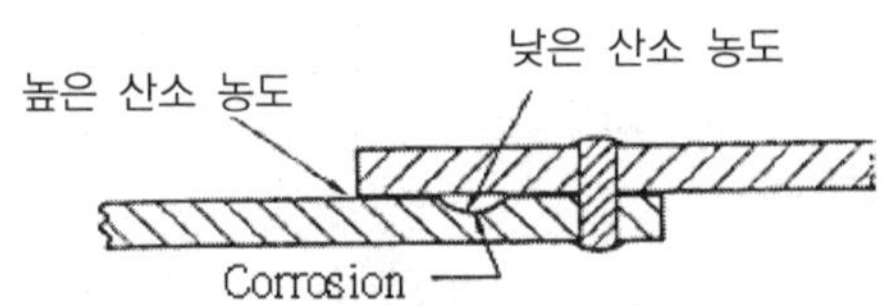

(a) 산소 농도 전지 type

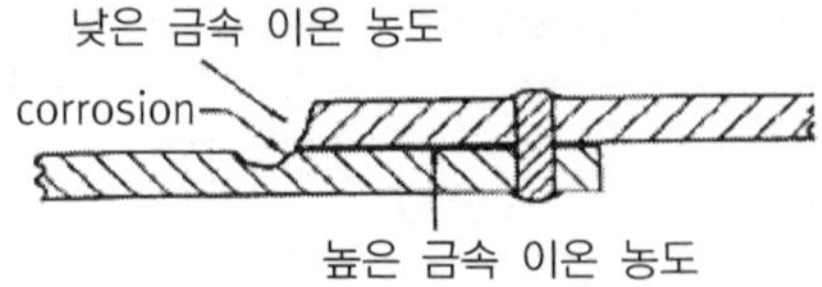

(b) 금속 이온 농도 전지 type

그림 11.11 2종류의 틈새부식

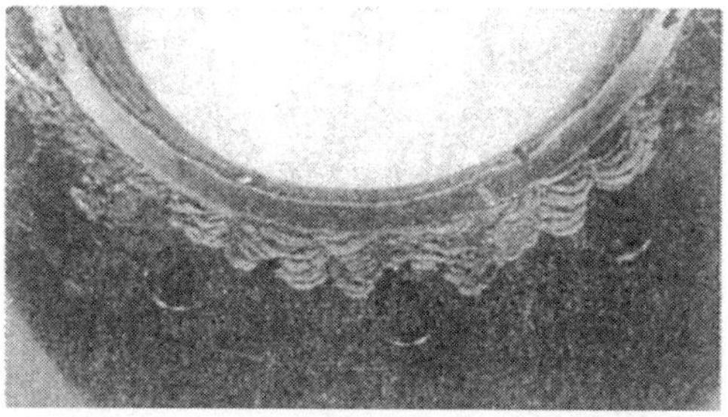

그림 11.12 해수배관플랜지에 발생한 틈새 부식

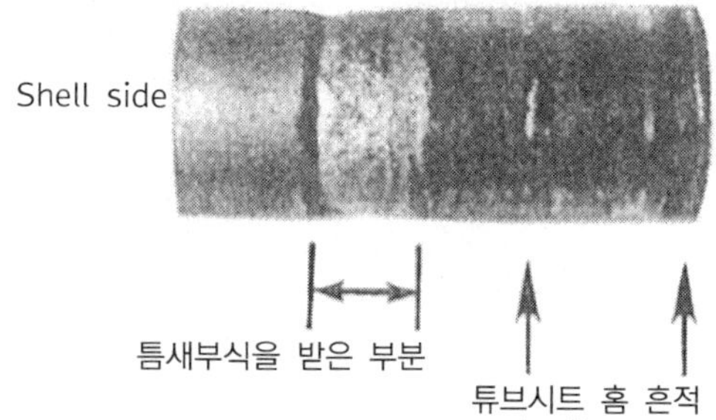

그림 11.13 틈새부식이 발생한 316강 전열관의 확관부

11.2.5 응력부식균열 (Stress corrosion cracking)

응력부식균열(SCC)은 부식성 환경에서 금속재료에 인장응력이 작용하여 발생하는 균열 현상이고 재료표면의 산화피막 보호성이 국부적으로 손상함으로서 발생하고 입계형 SCC(IGSCC)와 입내형 SCC(TGSCC)로 나눈다. 부동태 특성을 가지는 스테인리스강 등에서 특히 발생하기 쉽다. 가장 일반적인 예는 스테인리스강과 염화물환경의 조합이다.

그림 11.14는 304L강 묶음(bundle) 상부에서 발생한 염화물 SCC에 의한 손상, 그림 11.15는 염화물 SCC가 발생한 304 오스테나이트 스테인리스강의 대표적인 미시조직에서 균열이 결정입자를 관통하는 입내균열의 특징을 나타내고 있다.

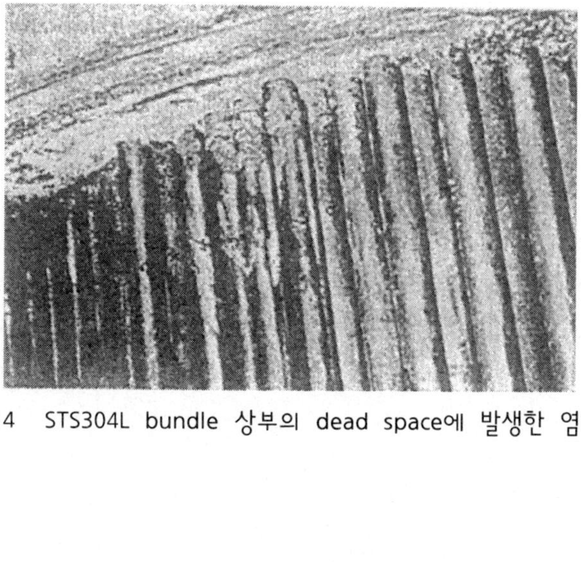

그림 11.14 STS304L bundle 상부의 dead space에 발생한 염화물 SCC

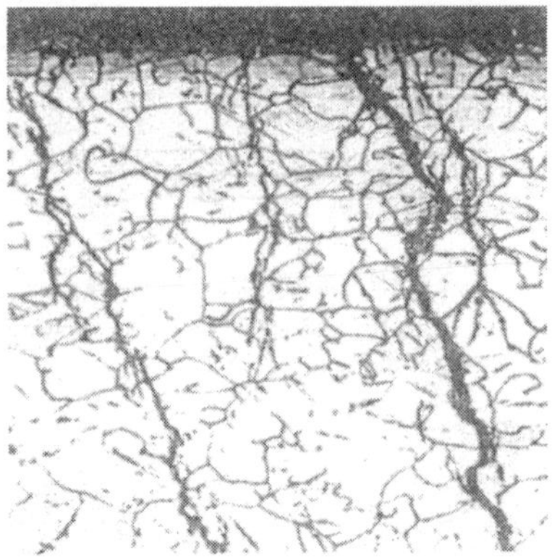

그림 11.15 염화물 SCC가 발생한 STS304

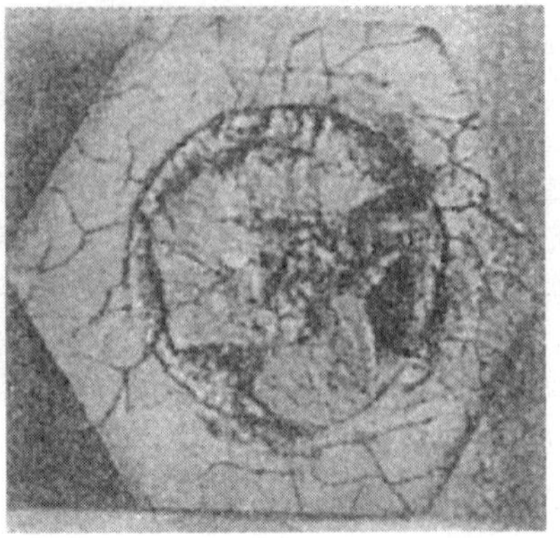

그림 11.16 STS304 볼트의 가성 균열

그림 11.16은 알칼리용융환경에서 304강 볼트의 SCC로 이것은 부식환경에서 가성균열이라 부르는 수도 많다. 가성균열은 고온고농도의 가성소다 용액에서 입계균열을 가성균열이라 한다. 전에는 가성취화라고 했으나 메커니즘은 활성경로 균열이고 수소취화는 아니다.

11.2.6 침식부식(Erosion corrosion)

유체의 난류, 분무, 캐비테이션 등의 기계적 요인에 의해 부식작용이 촉진 되는 현상을 총괄하여 일반적으로 침식부식이라 한다. 그러나 이러한 현상은 사례 별로 개별적인 명칭으로 불리는 경우가 많다. 예를 들어 구리합금 전열관에서 이물질의 막힘에 의한 난류에서 발생하는 부착부식, 전열관 입구의 난류에 의한 입구부식 또는 고속으로 직진하는 액체의 충돌에 의한 충격부식, 캐비테이션 발생에 의한 캐비테이션·침식 등의 명칭이 들 수 있다 .

그림 11.17은 해수가 흐리는 구리합금관의 부착부식 예이지만 이 경우는 단순히 난류만 아니라 이물질이 물 흐름에 의한 진동으로 보호 피막을 파괴하는 경우도 적지 않다. 그림 11.18은 해수가 흐르는 구리합금전열관에서 자주 나타나는 말굽형의 침식으로 말굽머리가 상류 쪽으로 보고 있다. 유체의 속도조건이 저압부(대기압 이하)와 고압부로 반복되는 상태에서는 기포가 금속과 액체의 계면에서 형성과 소실을 반복한다. 이 현상을 캐비테이션이라 한다. 그림 11.19는 펌프임펠러 입구의 캐비테이션·침식이다.

그림 11.17 조개껍질의 막힘으로 Al황동관에 발생한 침식

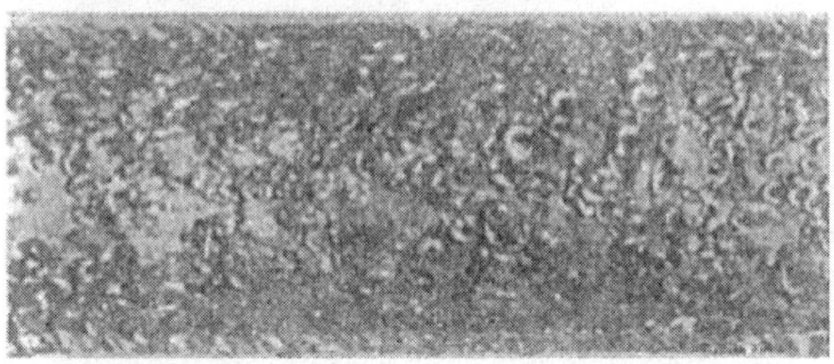

그림 11.18 admiralty brass pipe의 말발굽형 침식

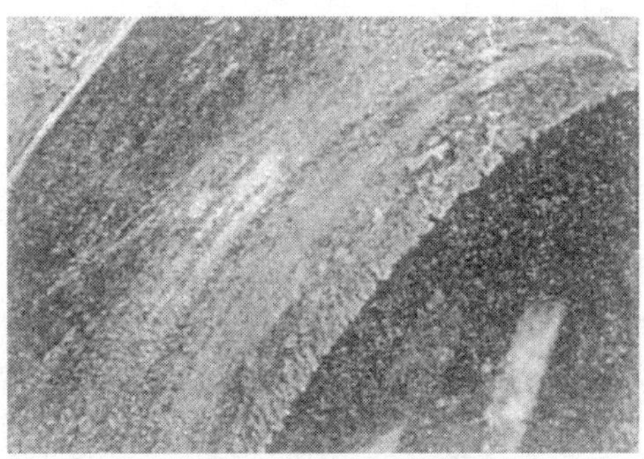

그림 11.19 펌프임펠러 입구의 캐비테이션 손상

11.2.7 부식피로균열 (Corrosion fatigue cracking)

대기 중의 반복응력에 의한 재료손상을 단순히 피로라고 하지만 부식 환경에서 반복변형력에 의한 손상을 부식피로라 칭하고, 발생한균열을 부식 피로균열(CFC)라고 부른다. 일반적으로 피로강도보다 부식피로강도는 상당히 떨어진다.

그림 11.20는 AISI4330강 T형 용접 이음부를 80℃ 탄산 가스에서 피로시험을 한 경우의 CFC로, 부식피트에서 성장한 균열이라 판단된다. 그림 11.21은 보일러 동관이 540℃, 50 kg/㎠의 환경에서 사용된 경우의 CFC 사례, 그림 11.22는 300℃에서 반년간 사용된 나프타 분해로의 321스테인리스강 배관의 CFC사례로, 모두 입내균열 특성을 나타낸다. 이상과 같이 일반적으로 금속의 CFC는 입내로 직진하는 특징을 나타내지만, 융점이 낮은 납 같은 금속 CFC는 입계로 진행한다.

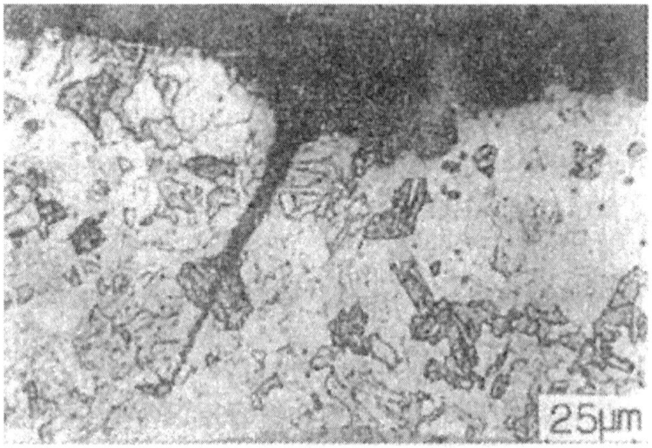

그림 11.20 탄산가스 환경에서 탄소강의 T형 용접부에 반복응력을 가하여 발생한 CFC

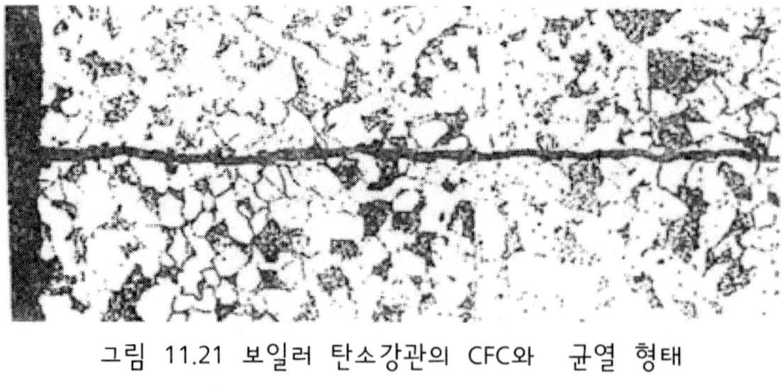

그림 11.21 보일러 탄소강관의 CFC와 균열 형태

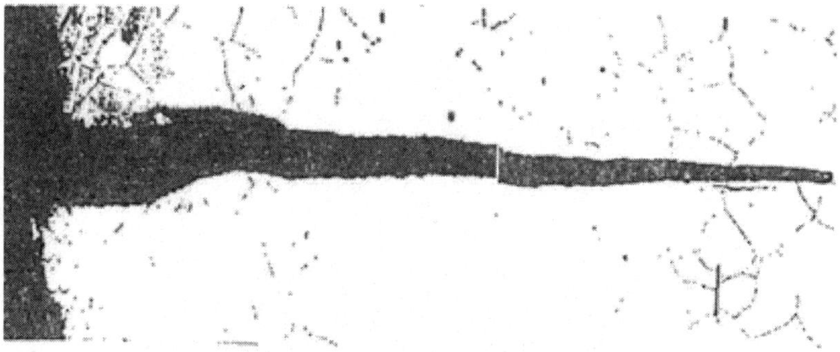

그림 11.22 나프타 분해로의 스테인리스강배관의 CFC와 균열 형태

11.2.8 열점부식 (Hot spot corrosion)

전열관 등에서 국부적으로 고온부(hot spot)가 발생하면 물 쪽에 공식이 발생하는 수가 있다. 공식은 물에서 가스 기포가 연속적으로 분리하는 장소에서 발생하고 진행속도는 관벽온도의 상승에 따라 증가한다. 이러한 부식현상을 열점부식이라 한다. 구리합금전열관에서 발생 사례가 많고, 특히 해수가 관으로 흐르는 경우, 과열에 의해 염분이 석출하면 더욱 관벽온도가 상승한다.

그림 11.23은 정유공장의 증류장치냉각기에 사용된 Al황동관의 열점부식으로, 공식 부분의 마이크로 사진에서 입계부식이 관찰된다. 관 외부는 120℃의 기름, 관 내부는 최고 49℃의 해수를 4년간 사용 후의 결과이다. 그림 11.24는 공업용수를 사용하는 열교환기의 90/10 구리니켈관의 열점 부식으로, 공식의 발생은 고온유체의 입구에서 게다가 관의 상반부에 한정되었다. 이것은 관내 유속이 매우 느리고 관내 상부 측에 공기 정체가 발생하였기 때문일 것이다.

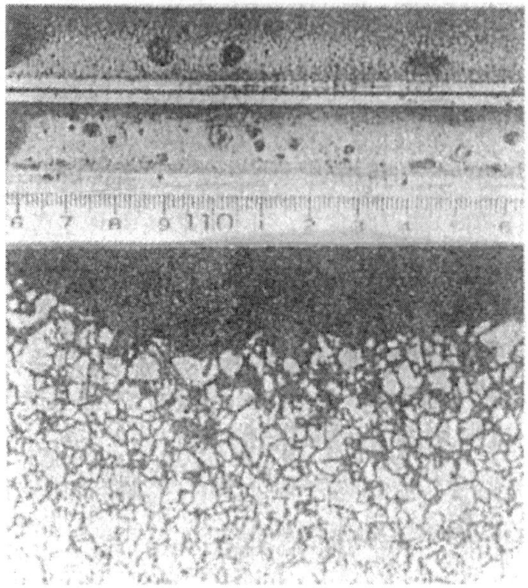

그림 11.23 열점부식이 발생한 Al황동관의 내부와 공식 보직

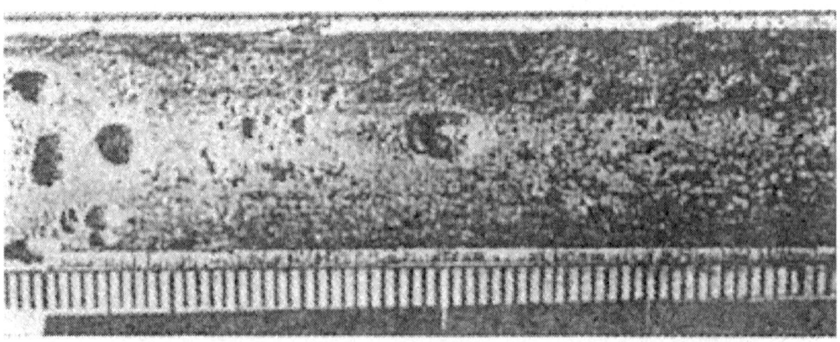

내부상황

단면상황 × 7

그림 11.24 90/10 Cu-Ni 관에 발생한 열점부식

11.2.9 갈바닉부식 (galvanic corrosion)

이종금속을 전기적으로 접속했기 때문에 양자 간에 전지를 형성하고 아노드 측의 금속부식이 촉진되는 현상으로 이종금속 접촉부식이라고도 한다.

그림 11.25는 공장의 알루미늄 문틀에 구리 경첩을 달아 문틀이 심하게 부식된 10년 후의 상황이다. 그림 11.26은 A1관의 내부에 액중의 구리이온이 석출하여 전착 구리에 의하여 Al에 심하게 공식이 발생한 상황이다. 이러 유형의 부식을 deposition corrosion이라 칭하기도 한다. 그림 11.27은 316스테인리스강 우유탱크를 에폭시·페인트로 칠한 강으로 제작한 냉각용 염수탱크에 탑재한 디자인으로 탱크 바닥의 페인트가 핀 홀로 파손하여 탄소강과 스테인리스 밧줄의 이종금속간전류(galvanic couple)에 의하여 바닥이 손상하는 상황을 나타내고 있다.

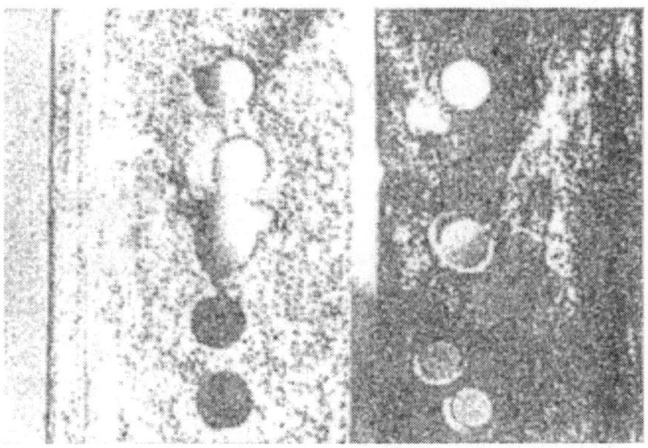

Al Cu

그림 11.25 Al 문틀과 구리 돌쩌귀에 의한 Al 갈바닉 부식

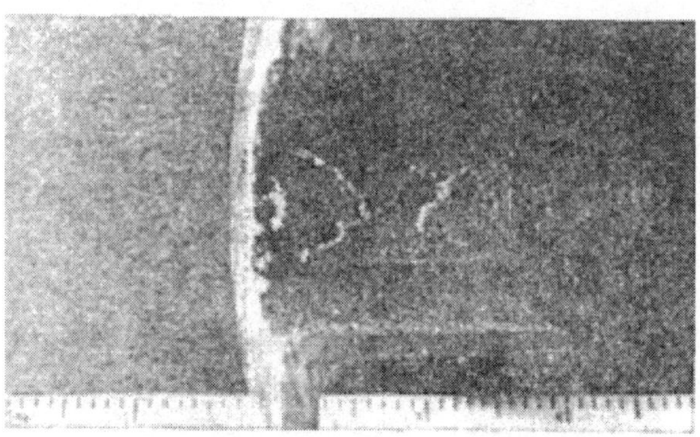

그림 11.26 Al관의 내부에 석출한 동 때문에 Al에 발생한 심한 공식 (NACE)

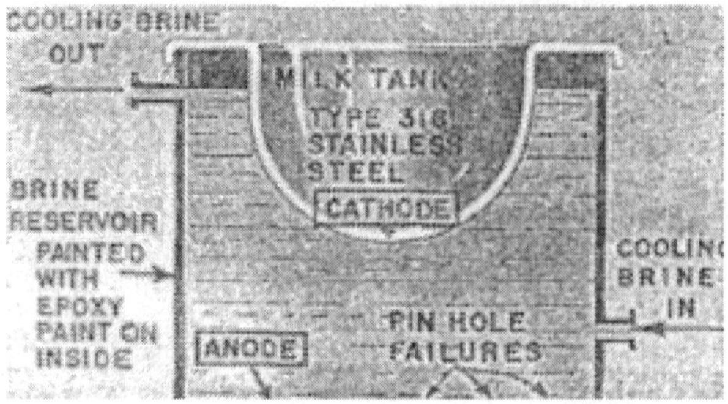

그림 11.27 STS316강제 우유 탱크와 에폭시 도장한 강제 수조와의 접촉에 의한 수조의 갈바닉부식

11.2.10 탈성분 부식 (Dealloying corrosion)

탈성분 부식은 합금표면에서 어떤 금속성분만 제거되는 현상으로 예를 들면 황동에서 아연이 제거되어 표면이 구릿빛이 된 탈아연(dezincification), 회주철에서 철이 제거되어 흑연과 같은 외관을 나타내는 흑연화(graphitization) 등이 잘 알려져 있다. 또한 탈아연은 다음의 2가지 유형이 있다. 하나는 표면이 균일하게 침식되는 층상유형(1ayer type), 다른 하나는 국부적으로 침식되는 용해형(plug type)이다. 그림 11.28은 층상 탈아연이 발생한 황동판의 거시적 및 미시적인 사진으로 미시적 사진의 위쪽에 층층이 겹쳐서 보이는 것이 탈아연층이다. 또 그림 11.29는 용해 탈아연의 미시적인 사진이다. 그림 11.30의 위 녹 덩어리가 붙어있는 채로 발굴된 구상흑연주철파이프의 단면으로 관의 위쪽이 토양과의 밀착성이 좋기 때문에 부식은 관의 상반부에 한정된다. 위 그림의 9시 방향의 미시적인 사진이 다음 그림으로 Fe이 선택적으로 용출하여 큰 녹 덩어리를 형성하는 동시에 흑연화 현상이 나타났다.

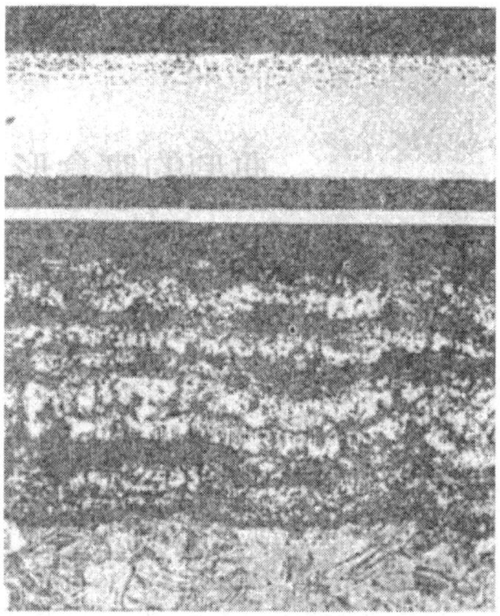

그림 11.28 층상 탈아연이 발생한 황동 판의 거시적 및 미시적인 사진

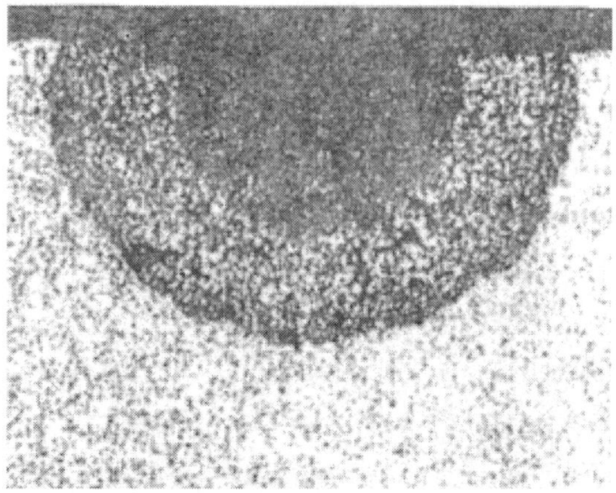

그림 11.29 용해 탈아연의 미시적 사진

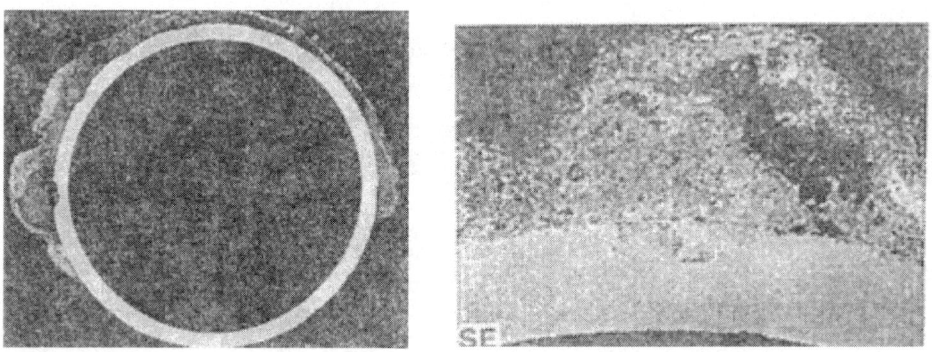

그림 11.30 14년간 매설된 직경 20 cm의 구상흑연주철관, 흑연화부식과 녹 덩어리의 거시적 사진과 미시적 사진

11.2.11 입계부식 (intergranular corrosion)

금속의 미시 조직에서 결정입계 또는 입계에 가까운 부분이 입내보다 내식성이 떨어지기 때문에 선택적으로 부식되는 현상을 입계부식이라 한다. 입계부식에 취약한 재료로 대표적인 것은 오스테나이트계 스테인리스강으로 널리 사용되는 304강, 316강에서도 이런 사례가 종종 나타난다. 즉 이러한 강을 400~900℃의 범위에서 가열하면 입계에 크롬탄화물이 석출하고, 입계에 가까운 부분은 Cr량이 부족하여 부동태 특성이 나빠지기 때문에 입계부식에 대하여 예민(sensitization)하게 된다. 오스테나이트 스테인리스강은 용접한 경우 용접피복과 평행한 폭에서 예민화된 영역이 발생하여, 부식성 환경에서는 용접부 입계부식(weld decay)이 나타난다.

그림 11.31은 304강을 650℃에서 2 시간 예민화하고, 65% 질산시험에 의해 입계부식이 발생한 단면의 미시 사진이다. 그림 11.32는 인코넬 600의 열전대 보호관을 900℃ 도시 쓰레기 소각로에서 6개월 사용 후 발생한 황화물에 의한 입계 부식 상황, 그림 11.33은 항공기 외판의 Al 합금(2024C)에 나타난 박리성 입계부식으로 이것은 입계에 발생한 부식생성물의 팽창이 원인이다.

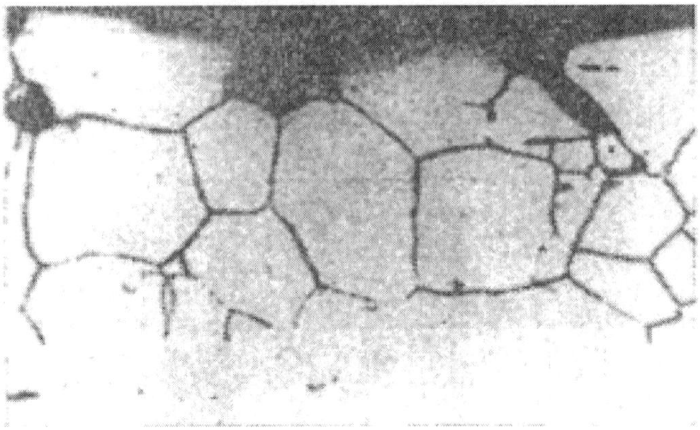

그림 11.31 예민화한 오스테나이트 스테인리스강의 입계부식

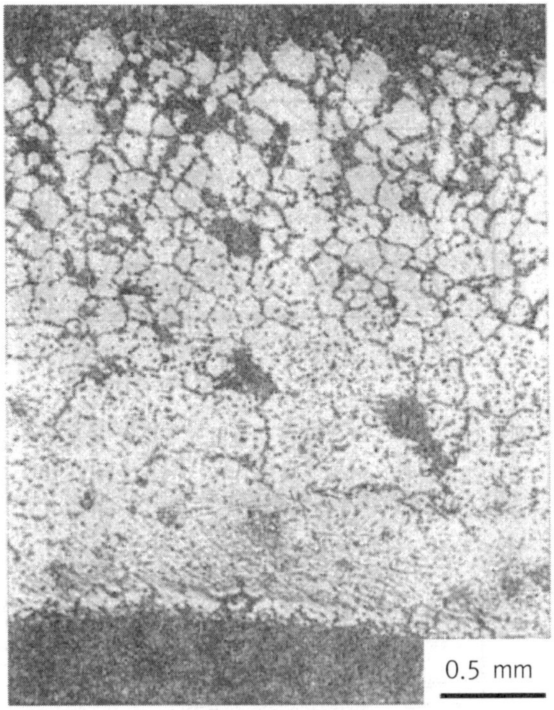

그림 11.32 인코넬 600 열전대 보호관의 입계부식

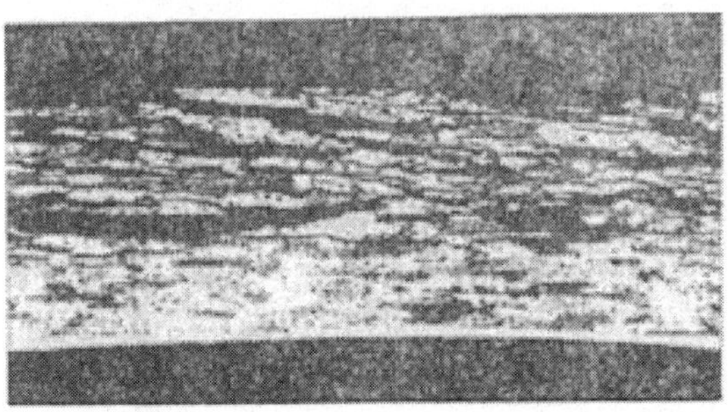

그림 11.33 Al합금 2024C에 발생한 박리부식(입계부식의 일종)

11.2.12 엔드 그레인 어택 (end grain attack)

엔드 그레인은 금속압연재의 압연방향과 직각면에 나타나는 섬유단면형상 조직으로 원래 금속에 존재하는 비금속 개재물 등이 압연방향으로 직선 형상으로 늘어난 것으로 이 면의 내식성은 압연면에 비하여 일반적으로 떨어진다. 엔드 그레인에 나타난 면의 부식을 엔드 그레인 어택 (EGA)라 하고 특히 스테인리스에서 종종 볼 수 있다.

그림 11.34는 압연재의 압연방향과 엔드 그레인이 나타안 면의 설명도, 그림 11.35는 스테인리스강에 가공한 4개의 둥근 구멍이 EGA에 의하여 가늘고 길게 변형된 상황, 그림 11.36은 폐기하는 진한 황산을 처리하는 bubble cap 증류탑에서 bubble cap과 증기세정 · 제균장치가 엔드 그레인에서 심한 침식을 받은 상황이지만 증류탑 이외의 부분은 거의 이상이 없었다.

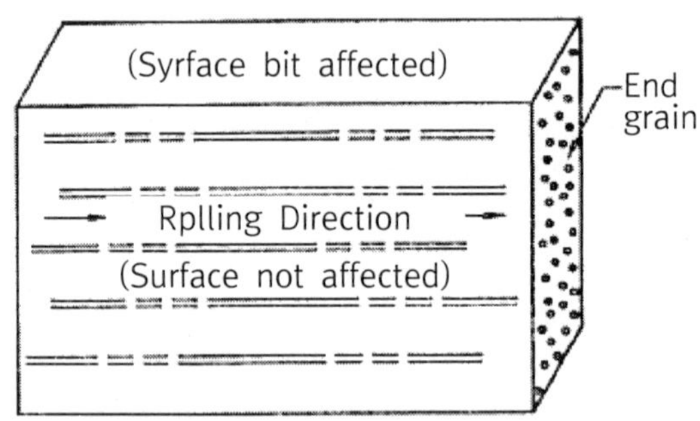

그림 11.34 End grain의 설명도

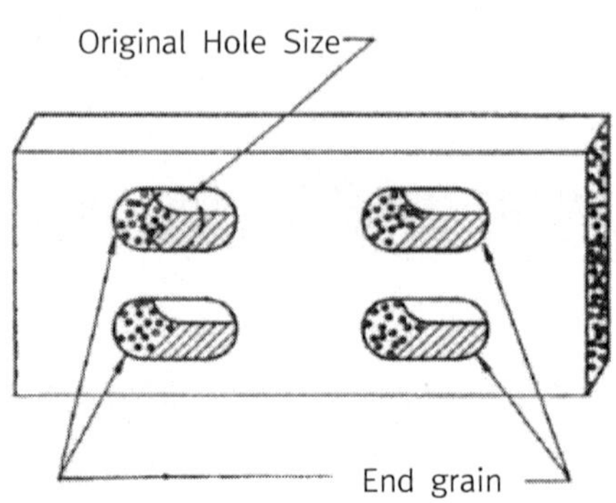

그림 11.35 스테인리스강판의 원공이 EG 부식으로 좁고 길게 변형하는 모식도

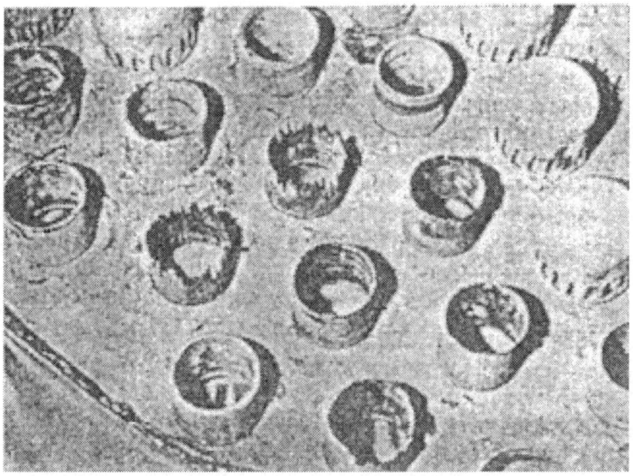

그림 11.36 스테인리스강의 bubble cap과 증기세정 · 제균장치가 진한 질산에서 심하게 EG 부식한 사례

11.2.13 고온산화, 수증기산화 (High temperature oxidation, steam oxidation)

고온의 대기 중에서 금속의 산화 현상을 고온산화라 하며, 금속표면에 각종 산화물이 성장한다. 예를 들면 철은 Fe_2O_3, Fe_3O_4, FeO 등, 구리는 CuO, Cu_2O 등이 산소 농도 순으로 최외층부터 배열된다. 산화 기구는 현재는 전기화학 이론에 따라 설명한다.

연소가스에 수증기가 포함되면 금속의 고온산화를 촉진하는 것으로 알려져 있으며 이것을 수증기산화라 한다. 탄소강에 비해 합금강의 수증기산화 속도는 작고 일반적으로 Cr량이 증가하면 감소하고 12% Cr강은 현저하게 저하한다.

그림 11.37은 보일러 과열기 내부에 생성된 수증기산화 스케일층의 단면을 보여준다. 왼쪽의 321 스테인리스강은 다공질의 외층과 Cr_2O_3로 이루어진 치밀한 내층으로 구성된다. 오른쪽의 Cr-Mo강도 다층 구조를 나타내지만 내층은 기공이 많고 스케일층 전체가 매우 두꺼워서 내식성이 낮다는 것을 보여준다. 그림 11.38은 중유 보일러의 증발 캔 감육부 단면의 미시적 형상으로 두꺼운 스케일은 황화물과 산화물로 구성되며 특히 경계부에 S가 농축하여 있다.

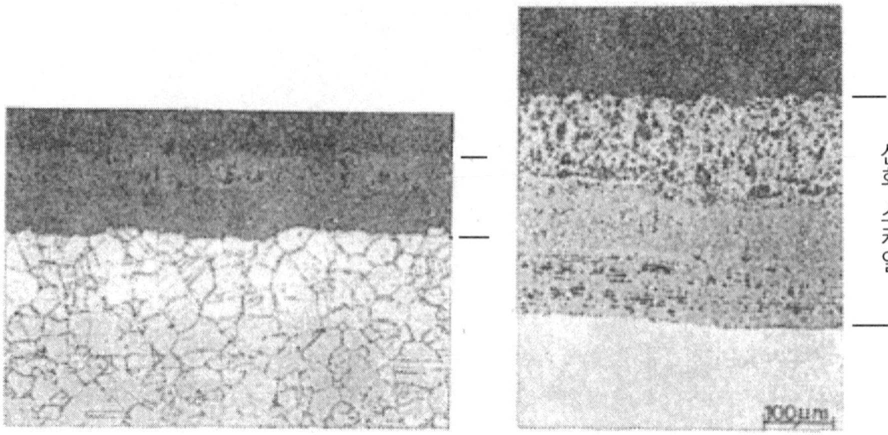

SUS321HTB STBA26

그림 11.37 스테인리스강(왼쪽)과 저합금강(오른쪽)의 수증기 산화속도 비교

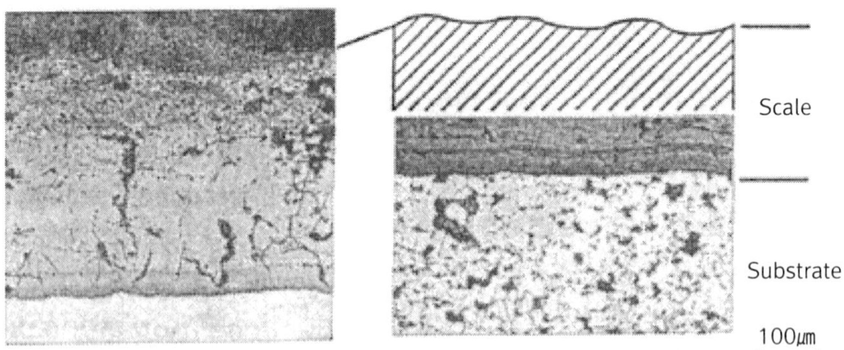

(No etching) (Etching)

그림 11.38 보일러 증발관 STB42의 고온부식에 의한 스케일 일례

11.2.14 미생물부식 (microbial corrosion)

미생물부식은 미생물이 금속을 침식현상이 아니라 부식반응을 촉진하는 것이다. 예를 들면 철 박테리아는 철의 부식에서 캐소드 반응을 촉진하는 것으로 알려져 있다. 미생물의 대사 생성물에 의해 부식을 촉진하는 예로서, 유황 박테리아는 수중의 S 또는 H_2S 등을 산화하여 H_2SO_4를 만든다. 또 박테리아 등은 금속표면에서 점액막을 만들어, 그 막의 결함부에서 국부전지 아노드를 형성한다.

미생물부식의 발생 장소는 수중, 땅속을 막론하고 무수히 있지만 잘 알려진 예로서 담수를 체류시키는 철제장치가 있다. 원자력발전소는 긴급용 안전장치나 소화설비 등 물을 넣은 채로 유동시키지 않는 설비가 많다. 미국의 원자력발전소에서 이런 종류의 사고는 상당히 많다.

그림 11.39는 체류한 자연담수에서 304강 용접부에 발생한 미생물부식이다. 스테인레스강에서 미생물부식은 용접부, 열영향부에서 발생이 많고 그 모양은 그림과 같은 항아리 형태의 공식이 대표적이다. 그림 11.40은 Al로 만들어진 항공기의 연료탱크 내부에서 제트연료의 슬러지의 축적에 의해 생긴 미생물부식을 나타낸다.

그림 11.39 체류한 담수 중의 STS304강 용접부에서 발생한 미생물부식에 의한 항아리형 공식

그림 11.40 Al으로 만든 제트연료탱크 내부에 발생한 미생물부식

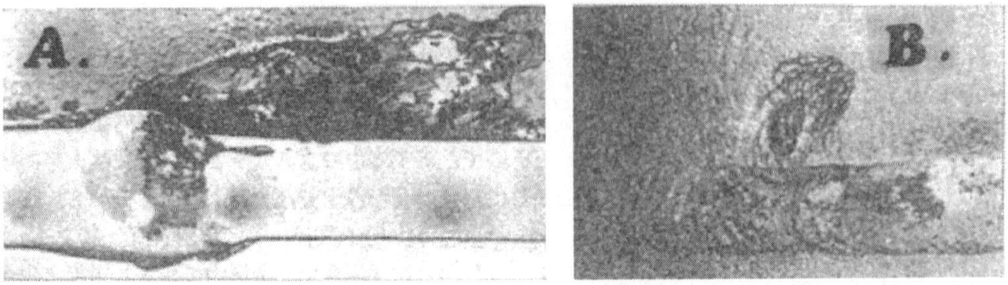

그림 11.41 공업용수용 STS304강 배관의 미생물부식에 의한 녹 덩어리(A)와 녹 덩어리를 제거한 후에 나타난 공식(B)

그림 11.41 (A)는 공업용수에서 304강 배관에 발생한 미생물부식(철 세균, 철 산화 세균, 황산염 환원균의 존재를 확인)에 의한 큰 녹덩어리의 단면으로 이것을 제거하면 (B)와 같은 공식이 많이 나타났다.

11.2.15 오염해수부식 (polluted seawater corrosion)

최근 대도시에 가까운 항만 등 바닷물의 오염이 현저한 장소에서 해수를 냉각수로 하는 복수기의 구리합금전열관에 심한 공식이 발생하여 이것을 오염 해수 부식이라 한다. 그 후 전열관의 제조업체 및 사용자가 방지법을 연구하였다. 더욱이 환경보전에 관한 일반적인 인식 고조와 함께 바닷물의 청정도도 개선되어 이런 종류의 부식발생빈도는 현저히 줄어들었다. 그러나 대도시 부근 해역은 완전히 깨끗한 바닷물이 된 것이 아니기 때문에 오염해수부식방지에 주의를 소홀히 하면 이런 종류의 부식이 발생할 가능성이 항상 존재한다.

그림 11.42는 오염해수를 사용하는 관서 오사카발전소의 응축기의 전열관에서 현장 부식시험의 결과로, (a) Al황동관에서 발생한 입계형공식(오염해수부식에 대하여), (b) AP 청동관(새로 개발된 내 오염해수용 구리합금)은 이상이 없었다.

(a)

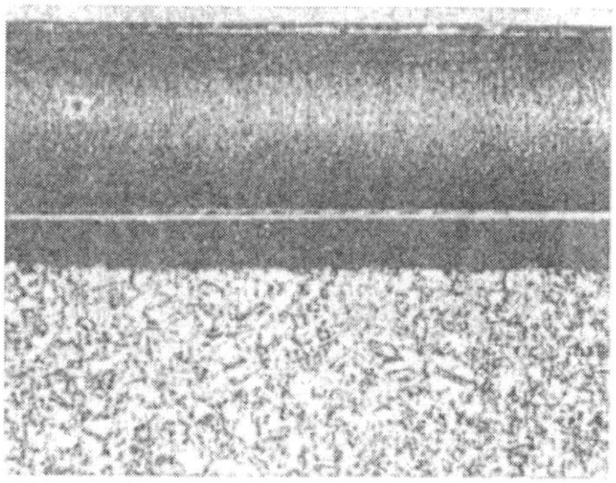

(b)

그림 11.42 오염해수가 흐르는 응축기 전열관의 현장 부식시험. (a) Al황동관은 전면에 입계침식형의 공식, (b) 오염해수용으로 개발된 AP 청동관은 거의 이상 없음.

11.2.16 수소손상

수소손상은 보통 수소가 금속에 침입하여 금속의 기계적 성질을 저하시키는 현상을 의미하지만 여기서는 이런 종류의 손상 3종류와 예외적인 특수 사례 1종류를 소개한다. 1) 수소취성균열(hydrogen embrittlement or hydrogen cracking): 수소는 여러 종류의 금속을 취약시키지만 특히 고온의 강에 대하여 유해한 영향은 매우 크다. 강에 수 ppm의 수소가 용해하여도 미세한 균열과 인장 연성이 감소한다. 미세한 균열은 피로에 의하여 성장하고 갑자기 장치가 파괴하는 수가 있다. 2) 수소 부풀음(hydrogen blistering): 금속표면에서 수소가 발생할 때 수소원자의 일부는 내부로 확산하여 기공(void)에 도달하며 원자끼리 결합하여 분자가 된다. 수소분자는 금속 내부에서 확산할 수 없으므로 기공 중의 수소분자와 압력은 점차 증가하여 금속이 변형할 정도로 크게 된다. 3) 탈탄(decarburization): 고온에서 수소가 금속에 대한 주된 현상은 탈탄현상으로 금속 중에 침입하여 탄소와 화합하여 메탄 등의 가스로서 방출한다. 그 결과 금속 인장강도가 저하한다. 4) 수소 홈 모양 부식(hydrogen grooving): 이것은 수소의 금속 내부 침투와 관계 없는 특수한 경우이며 발생은 진한 황산을 저장 또는 처리하는 탄소강의 장치에서 발생한다. 즉, 정지 상태의 진한 황산에 의한 철의 부식으로 발생하는 수소기포가 일정한 경로로 철 표면을 상승하는 경우 해당 경로의 부식생성물(보호피막)이 제거되어 홈 모양으로 철이 부식되는 현상이다.

그림 11.43(a)는 0.5%Mo강의 C가 외부의 수소와 반응하여 표면에 탈탄이 발생하고 또 수소의 일부는 강중에 침입하여 내부에서 메탄가스를 발생시켜서 부풀음이 나타난 거시적인 사진이다. 그림 (11.43)(b)는 수소침식에 따른 입계균열과 탈탄의 미시적인 사진이다. 그림 11.44는 미량의 F이온을 포함하는 염산환경에 사용된 Zr용접선에서 검출된 수소균열(부식에 의해 발생)의 거시적인 사진이다. 그림 11.45는 짙은 황산용 탄소강배관 수평부에서 발생한 수소 홈 모양 부식으로 관 벽의 12시 위치는 수소기포가 집중하므로 부식이 최대로 된다.

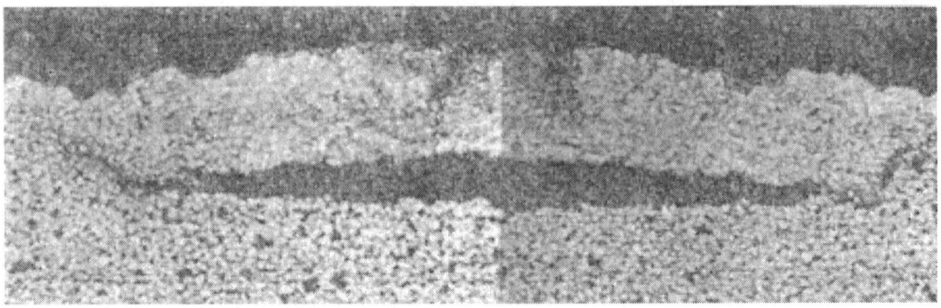

(a)

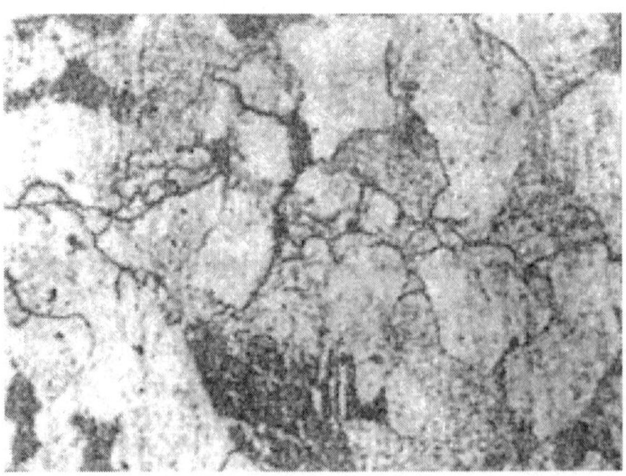

(b)

그림 11.43 0.5%Mo강의 수소침식에 의한 입계균열과 탈탄과 부풀음

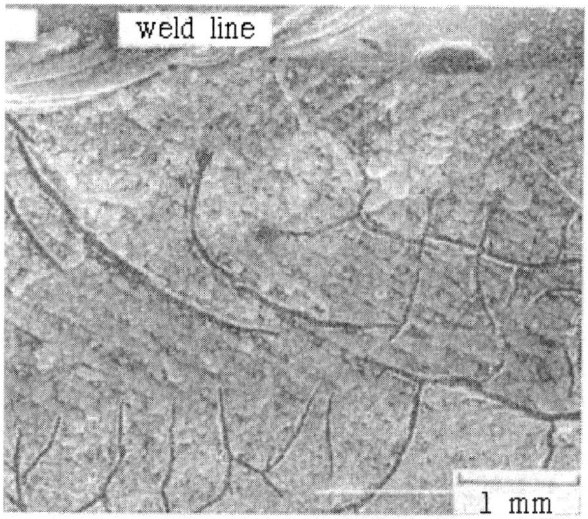

그림 11.44 염산환경에 사용된 Zr재료의 수소침식에 의한 균열

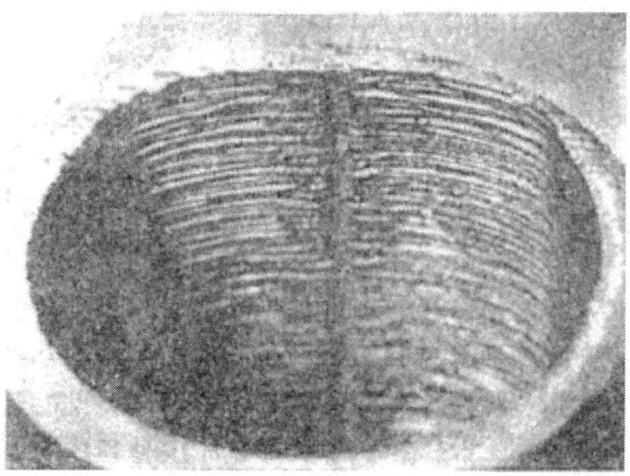

그림 11.45 진한 황산용의 연강배관 수평부에 발생한 수소기포에 의한 홈 모양 부식

참고문헌

1) F. A. Champion, J. Inst. Metals, 69, 47 (1943)
2) NACE,"Corrosion Basics," p.94, NACE, Houston (1984)
3) M. G. Fontana and N. D. Greene,"Corrosion Engineering," p.28, McGraw-Hill, New York (1967)
4) 伊藤伍郎,"腐…食科学と阪食技術", p.23, コロナ社, 東京 (1969)
5) 倉田良明,"コロージョン・トゥデイ", p.133, 腐食防食協会, 東京 (1991)
6) NACE,"CorrosionBasicS," p.331, NACE, Houstone (1984)
7) 能登谷武紀, 防食技術, 39, 315 (1990)
8) 若林忠男, 材料と環境, 41, 764 (1992)
9) 石川潔, 材料と環境, 42, 172 (1993)
10) 正村克身,"コロージョン・トゥデイ", p.59, 腐食防食協会, 東京 (1991)
11) Fontana and Greene,"Corrosion Engineering," p.27, McGraw-Hill, New York (1967)
12) R. J. Landrum,"Designing for Corrosion Control," p.51, NACE, Houston (1989)
13) 原泰弘, 菅野裕, 材料と環境, 43, 93 (1994)
14) Landrum,"Designing for Corrosion Control," p.63, NACE, Houston (1989)
15) Landrum,"Designing for Corrosion Control," p.132, NACE, Houston (1989)
16) 小若正倫,"金属の腐…食損傷と防食技術", p. 322, アグネ, 東京 (1983)
17) 大久保勝夫,"ステンレス鋼便覧", P.988, 日刊工業新聞社, 東京 (1973)
18) 住友軽金属工業,"熱交換器用銅合金5", p.5-3
19) 住友軽金属工業,"熱交換器用銅合金5", p.5-1
20) 腐…食防食協会,"エロージョンとコロージョン", P.118, 裳華房, 東京 (1987)
21) 江原隆一郎, 山田義和, 深谷保博, 防食技術, 39, 538 (1990)
22) 柘植宏之,"コロージョン・トゥデイ", P.127, 腐食防食協会, 東京 (1991)

23) 柘植宏之,"コロージョン・トゥデイ", P.127, 腐食防食協会, 東京 (1991)
24) 住友軽金属工業,"熱交換器用銅合金5", p.5-10
25) 佐藤史郎, 永田公二,"Application Technology of Cupronickel," p.69, CDA and NiDI, Tokyo (1991)

転載許可 ★1 : Reprinted from Corrosion Basics - An Introduction. © Copyright 1984 by NACE International. All Rights Reserved by NACE ; reprinted with permission.
転載許可 ★2 : Reprinted from Fundamentals of Designing for Corrosion Control. © Copyright 1989 by NACE International. All Rights Reserved by NACE; reprinted with permission.

26) 伊藤叡,"コロージョン・トゥデイ", p.132, 腐食防食協会,東京 (1991)
27) NACE,"Corrosion Basics," p.99, NACE Houston (1984)
28) R. J. Landrum,"Designing for Corrosion Cont.," p.78, NACE, Houston (1989)
29) 住友軽金属工業,"熱交換器用銅合金5", pp.5-8, 住友軽金属工業 (株), 東京 (1968)
30) 笠原晃明, 材料と環境, 40, 806 (1991)
31) 椙山正孝,"ステンレス鋼腐食試験法の現状", P.24, ステンレス協会, 東京 (1968)
32) 基昭夫, 吉葉正行, 防食技術, 39, 192 (1990)
33) 稲川哲雄, 防食技術, 39, 556 (1990)
34) R. J. Landrum,"Designing for Corrosion Cont.," p.82, NACE, Houston (1984)
35) R. J. Landrum,"Designing for Corrosion Cont.," p.83, NACE, Houston (1984)
36) R. J. Landrum,"Designing for Corrosion Cont.," p.84, NACE, Houston (1984)

37) M. G. Fontana and N. D. Greene,"Corrosion Engineering," p.352, McGraw-Hill, New York (1967)

38) 原田良夫,"コロージョン・トォデイ", p.163, 腐食防食協会, 東京 (1991)

39) 中森正治, 水田育次, 佐田哲郎, 古屋敷勇助, 材料と環境, 42, 368 (1993)

40) 佐々木英次, 西村真幸, 材料と環境, 41, 709 (1992)

41) NACE,"Corrosion Basics," p.98, NACE, Houston (1984)

42) 笠}原晃明, 梶山文失,"第36回腐食防食討論会請演集", p.449, 腐食防食協会, 東京 (1989)

43) 住友軽金属工業,"熱交換器用銅合金6", p.66, 住友軽金属工業 (株), 東京 (1968)

44) 篠原孝順,"防食技術便覧",p.358, 腐食防食協会, 東京 (1986)

45) 今川博之, 山岡五雄, 松野健三, 松井達郎, 防食技術, 39, 119 (1990)

46) 吉江謙三, 材料と環境, 41, 777 (1992)

12장

제염플랜트에서 국부부식 모니터링

부식환경에서 사용되는 플랜트설비 및 부재의 부식마모상황을 정확히 파악하는 것은 플랜트를 안전하게 사용하고 유지 보수를 계획적으로 수행하기 위하여 중요하다. 부식상황을 모니터링하는 방법은 전기화학적 방법, 시험편의 부식감육양에서 부식속도를 구하는 방법, 초음파, X선 등의 비파괴검사기술을 이용하는 방법이 있다. 전기화학적 방법은 다른 방법과 비교하여 부식상황의 변화를 온라인으로 항상 파악할 수 있는 점이 매우 유리하다. 표 12-1은 주요 방법을 나타낸다. 예전부터 널리 이용되고 있는 전기저항법, 분극저항법 및 교류 임피던스법은 부식상황의 변화를 파악할 수 있지만 적용 가능한 부식형태는 전면부식이다. 그러나 플랜트에서 사용되는 대표적인 내식재료 오스테나이트계 스테인리스강의 부식형태는 공식, 틈새부식, 응력부식균열(SCC) 등 국부부식이다. 발생 예측은 곤란하고 중대한 사고로 이어져 큰 경제적 손실을 초래할 경우가 많다. 부식전위 측정법은 미리 예상되는 실기 부식환경에서 재료의 전기화학적 거동을 파악하면 국부부식을 감지 할 수 있다. 그러나 부식환경을 완벽하게 재현하는 것은 곤란하고 구조물에서는 사전에 파악한 전기화학적 거동과 크게 다를 수 있다.

그래서 최근 국부부식 모니터링 방법으로 부식 진행시 발생하는 전기화학노이즈(전위 노이즈, 전류 노이즈 또는 노이즈 저항)을 측정·분석함으로써 부식상황을 파악할 수 있는 ENA (Electrochemical Noise Analysis) 법이 주목 받고 있다. 본 장에서는 전위 노이즈 해석에 의한 ENA법에 대하여 설명하고 이 방법을 제염플랜트 배관에 적용하여 유효성을 얻은 모니터링 시험결과를 소개한다.

표 12-1 전기화학적 부식 모니터링법

모니터링 방법	측정 대상	특징
ENA법	전위노이즈 전류노이즈 노이즈저항	SCC를 포함한 각종 부식형태에 적용가능
부식전위측정법	부식전위	각종 부식형태에 적용가능 미리 부식환경 중에서 화학적 거동 파악 필요
전기저항법	전기저항변화	전면 부식 대상 부식속도 산출 가능 저항값의 온도 변화 등 영향이 변수
분극저항법	분극저항값	전면부식 대상 부식속도 산출 가능
교류 인피던스법	부식저항값	전면 부식 대상 부식속도 산출 가능 단, 용액저항과 부식저항 측정 가능 용액저항이 큰 환경에서도 적용가능

12.1 ENA에 의한 국부부식 모니터링의 원리

본 절은 전기화학 노이즈의 측정 방법 및 전위 노이즈 파형과 국부부식의 관계에 대하여 해설한다.

12.1.1 전기화학 노이즈 측정방법

전기 노이즈는 전위 노이즈, 전류 노이즈 및 노이즈 저항의 3 종류가 있다. 전위 노이즈, 전류 노이즈의 진폭은 각각 수mV ~ 수백mV, 수nA ~ 수μA 정도이다. ENA법은 3종류의 전기 노이즈 중 하나를 측정·분석하여 부식상황을 모니터링 한다. 측정방법을 그림 12.1에 나타낸다. 전위 노이즈는 대조극에 대한 작용극의 전위를 입력 임피던스 100 $G\Omega$ 이상 전압계를 이용하여 측정한다. 간단한 장치 구성으로 고정밀도의 측정이 가능하며 부식현상을 정확하게 파악할 수 있다. 따라서 적용범위도 넓고, 예를 들면 그림 12.2와 같이 SCWO(Supercritical Water Oxidation: 초임계수산화) 프로세스와 같은 특수한 고온고압 환경에서의 측정도 가능하다. 전류 노이즈는 같은 재질의 상대극과 작용극 사이에 흐르는 전류를 무저항 전류계로 측정한다. 미세전류 측정이 필요하기 때문에 외란의 영향을 받기 쉽고 검출기가 비싼 것 등이 문제가 된다. 노이즈 저항은 전위 노이즈와 전류 노이즈를 동시에 측정하고 각 값에서 저항값을 구하는 방법이다. 양 노이즈의 표준편차에서 구한 노이즈 저항값 R_n은 부식저항값 R_p와 거의 비슷하다고 하며 부식속도의 추정이 가능하다. 그러나 추정할 수 있는 부식속도는 원리적으로 전면부식이라 생각한다.

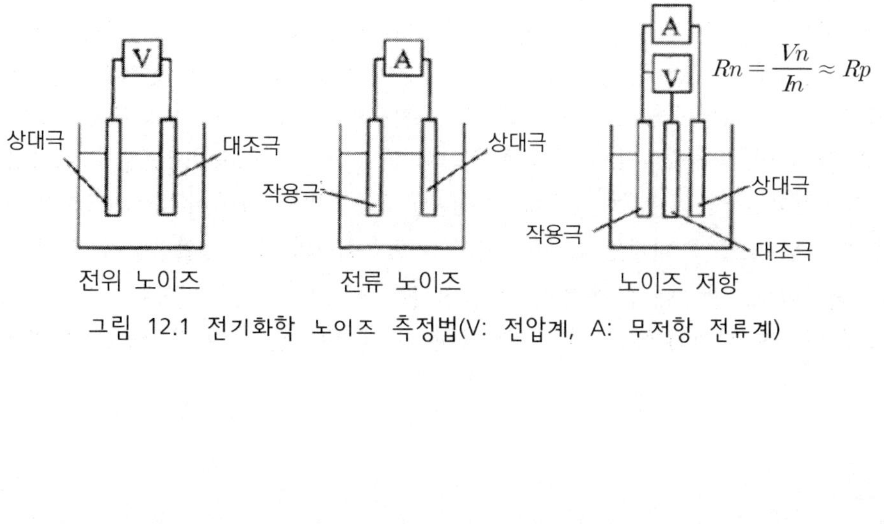

그림 12.1 전기화학 노이즈 측정법(V: 전압계, A: 무저항 전류계)

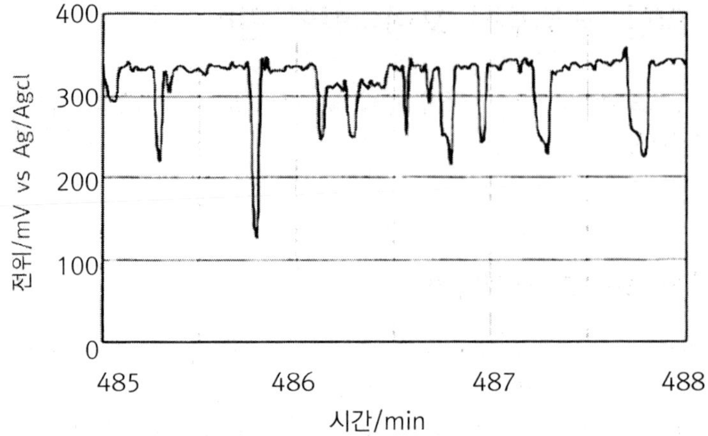

그림 12.2 아임계역에서 STS316의 부식전위진동 0.1 mol/L HC1, 온도 365℃, 압력 20 MPa

이상에서 일반적으로 전위 노이즈 측정법이 실제 플랜트 등의 모니터링 방법으로 적합하다고 판단한다.

12.1.2 전위 노이즈의 유형와 부식상황의 관계

전위 노이즈(이후 부식전위진동으로 나타낸다)은 그림 12.3과 같이 국부부식 진행 상황에 적합한 RD형과 RR형의 두 가지 유형이 있다. RD형은 산화성환경에서 부동태 피막의 파괴, 재생이 반복되는 국부부식 유도기에 적합하다. 한편, RR형은 환원성환경에서 국부부식 발생에 적합한 파형이라고 생각된다. 부식전위진동의 발생기구는 패러데이(Faraday)모델과 비패러데이모델이 제안되어 있다. 두 모델을 그림 12.4에 나타낸다. 양자의 차이는 국부양극반응에 의하여 발생한 전자의 소비기구이다. 패러데이 모델은 다음과 같은 기구에 부식전위가 진동한다. 그림 12.3, 12.4과 같이 부동태피막의 파괴에 의하여 국부 아노드(anode)전류가 흐르면 부동태유지전류밀도는 i_p에서 $i_p + i_{La}$로 증가하고, 피막이 재생되면 i_p로 돌아온다. 그 결과 그림 12.3에 나타낸 $a \rightarrow b \rightarrow c(E_1 \rightarrow E_2 \rightarrow E_1)$의 부식전위진동이 발생한다. 이때 국부아노드반응에 의하여 발생한 전자는 캐소드반응에 의하여 직접 소비된다. 그에 대하여 비패러데이모델은 피막용량 C_f에 축적된 후에 음극반응에 의하여 소비된다. 양 모델의 기구, 타당성에 관한 자세한 내용은 이노우에의 보고를 참조하기 바란다. 어쨌든 부식전위진동은 부동태피막의 파괴로 인하여 발생한 국부아노드 전류에 의하여 발생한다. 따라서 이를 측정, 분석함으로써 국부부식 진행에 대한

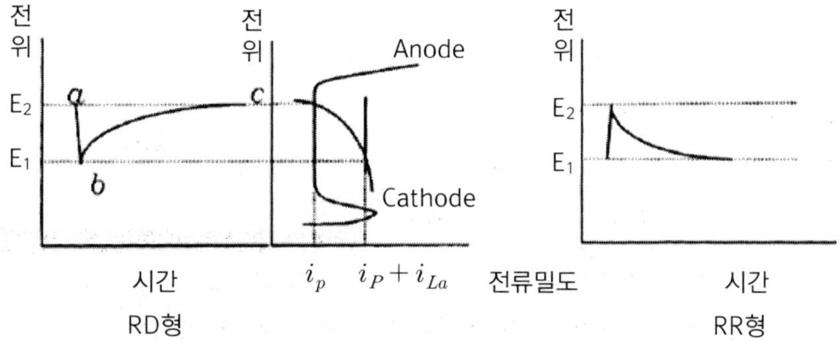

그림 12.3 부식전위진동 유형

RD : Rapid Drop followed by Slow Recovery

RR : Rapid Rise followed by Slow Recovery

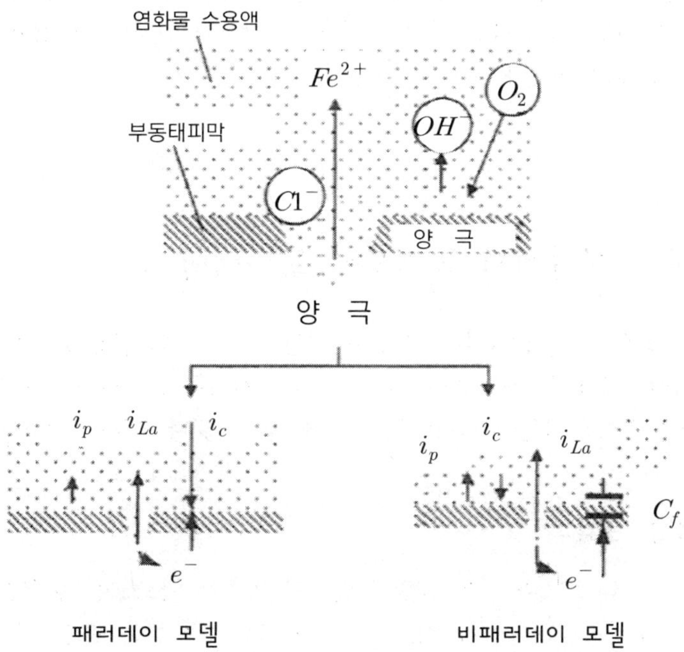

그림 12.4 패러데이 모델과 비패러데이 모델

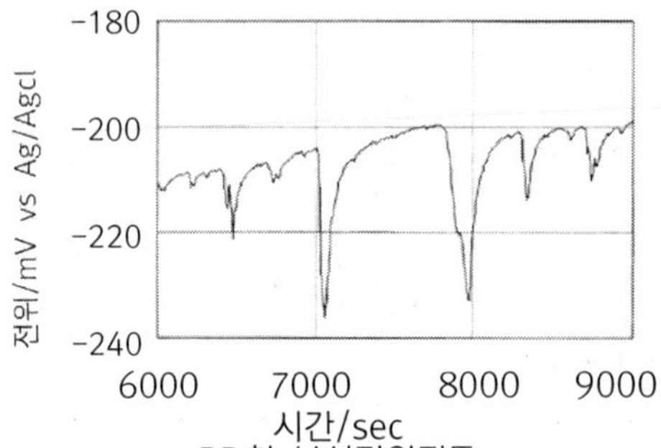

RD형 부식전위진동

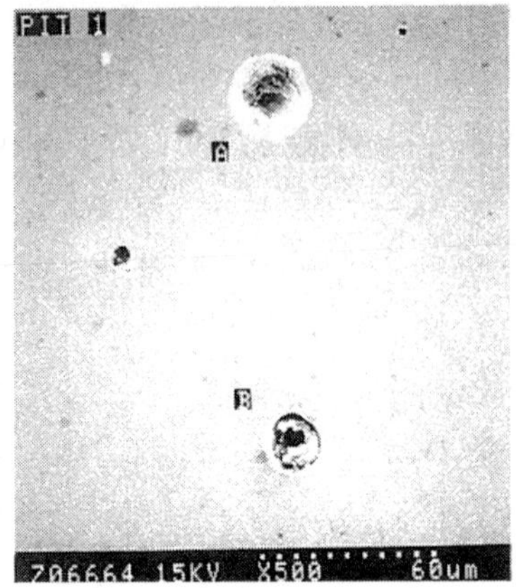

STS304 공식

그림 12.5 STS304 부식전위진동(4 mol/L NaCl)과 발생한 공식

정보를 얻을 수 있다. 그림 12.5는 STS304의 RD형 부식전위진동과 시험편 표면에 나타난 공식을 나타낸다. 중성염화물수용액환경에서 오스테나이트계 스테인리스강의 부식전위진동의 진동파형, 진폭, 발생 빈도 등과 국부부식 형태 및 상황은 상관 관계가 있다. ENA법이 SCC를 포함한 국부부식 모니터링 방법으로 유효하고 그 외에 유사한 결과가 보고 되었다.

12.2 제염플랜트 배관에서 국부부식 모니터링

실제 플랜트에서 부식전위진동측정법에 의한 모니터링의 실용화 가능성을 찾기 위하여 제염플랜트에서 총 약 6개월간의 모니터링 시험을 실시하고 유효성을 검토하였다. 또 분극저항법에 의한 모니터링도 동시에 실시하였다. 이하에 결과를 소개한다.

12.2.1 모니터링 방법

모니터링은 그림 12.6과 같이 예열기 출구에 위치한 STS316L 배관(길이 520 mm, 두께 3 mm, φ125 mm/φ100 mm 감속기를 가진 T형 짧은 관)을 대상으로 하였다. 이곳은 염수 또는 혼합물(염수+모액)이 평균 25 m^3/h의 비율로 흐르고 있다. 액 온도는 40~80℃, 염화나트륨 농도는 약 23 wt.%이다. 이 관은 플랜지 면과 관 이음매부에서 심하게 틈새가 부식되어 있어 수명은 약 3개월이었다. 모니터링은 새로 제작한 전극 장착 보드를 갖춘 관에서 실시했다. 또한 관은 기존 제품과 마찬가지로 천이 들어 있는 고무 패킹을 끼우고 스테인리스볼트로 인접 배관과 체결하였다.

부식전위진동측정은 시험 제작한 모니터링 장치(입력 임피던스 10^{14} Ω)를 이용하여 관 본체의 부식전위를 10배로 증폭 후 1 Hz의 low pass filter를 통하여 14비트의 순차 변환 방식의 A/D컨버터에 의하여 1초 간격으로 샘플링을 실시하였다. 대조전극은 외부에 지르코니아로 만든 실버염화은대조전극(내부 액체: 포화염화칼륨)을 사용하였다. 분극저항측정은 상대극에 백금, 시험극에 관과 같은 재질의 STS316L(극면적 1 ㎠), 대조전극에 실버염화은전극을 이용하여 3전극식으로 실시하였다.

측정된 전위데이터는 부식전위진동파형과 유량변화 등의 환경인자에 의한 전위변화를 식별 한 후 파형형상, 진폭 및 발생 빈도를 해석하고 분석결과와 거시적인 부식전위변화에서 부식상황을 판단하였다. 또한 모니터링 결과를 확인하기 위하여 약 2개월마다 짧은 관을 꺼내어 육안 또는 광섬유스코프로 관찰하고 부식 부분의 치수(깊이, 넓이)를 기록하였다.

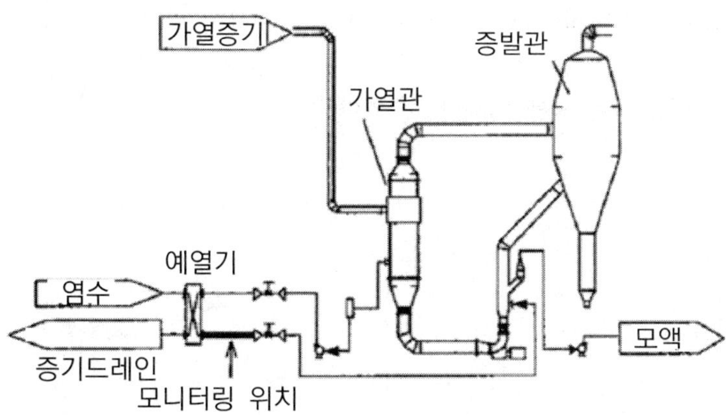

그림 12.6 모니터링 위치

12.2.2 모니터링 결과

(1) 부식전위진동

그림 12.7은 부식전위의 거시적 변화의 일부를 나타낸다. 관의 부식전위는 측정 시작 직후 약 -200 mV를 나타내고 390시간까지는 약 -260 mV에서 정도였다. 그 후, 부식전위는 급속히 음(-)쪽으로 변화하여 약 600시간에서 -370 mV이었다.

한편, 측정된 부식전위진동은 390시간까지는 대부분이 그림 12.8과 같이 진폭 5 mV정도의 RD형이었다. 그러나 그 이후 그림 12.9에 나타내는 진폭 20~30 mV의 RD형이 나타나 부식전위가 급격하게 음(-)쪽으로 변화한 후는 그림 12.10과 같은 RR형이 대부분이었다. 따라서 390시간 경과 시점까지는 부동태피막의 파괴와 재생이 반복되는 국부부식유도기이고, 그 후 틈새부식이 발생하여 환원성환경에서 공식의 성장이 일어났다고 판단된다. 모니터링 결과와 관의 부식상황은 일치하고, 약 1000시간 경과 시점에서 관을 관찰하면 플랜지이음면 및 용접틈새부에 공식을 동반하는 틈새부식이 발생하였다. 그림 12.11은 관플랜지이음면의 틈새부식 상황을 나타낸다. 이상과 같이 실제 기기에 있어서도 부식전위진동 해석에 의한 국부부식 모니터링이 가능한 것으로 나타났다.

한편 병용한 분극저항법으로 얻은 부식속도는 약 0.5 mm/year 이었지만 관의 틈새부식부에서 약 12 mm/year 및 국부부식이 발생하면 전면전보다 빠르게 진행하는 수가 있다. 또 분극저항법으로 얻은 부식속도를 그대로 국부부식 상황 판정에 사용하는 것은 위험하다는 것을 이해할 수 있다.

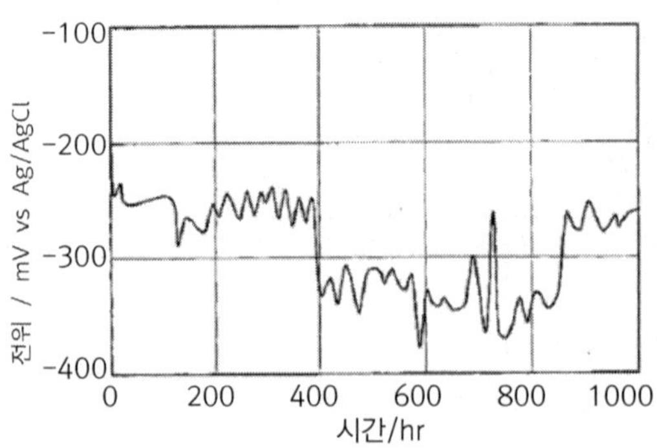

그림 12.7 관의 거시적인 부식전위 변화

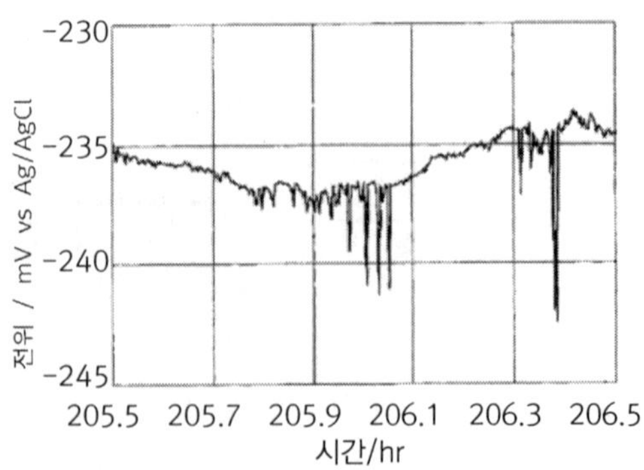

그림 12.8 관의 RR형 부식전위진동

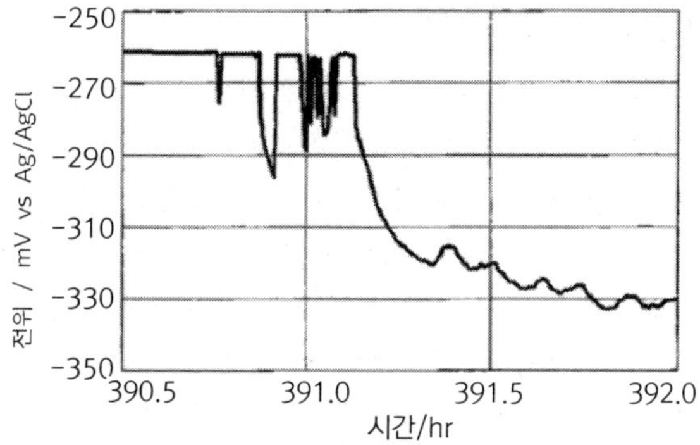

그림 12.9 관의 RD형 부식전위진동

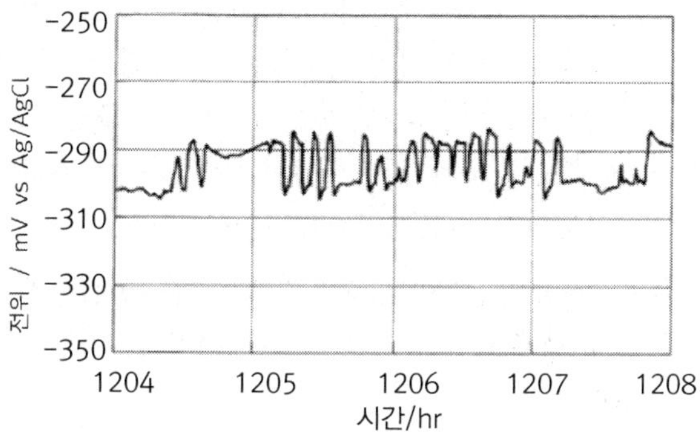

그림 12.10 관의 RR형 부식전위진동

그림 12.11 관의 부식상황 (1,000 시간 경과)

(2) 부식환경과 부식전위진동의 발생빈도

기기의 부식방지 혹은 수명을 연장시키기 위해서 부식환경을 제어하는 방법이 있다. 이것을 플랜트에 적용하기 위해서는 운전조건과 부식상황의 관계를 파악할 필요가 있다. 그래서 부식전위진동의 발생빈도와 부식환경의 관계를 검토하였다. 우선, 발생빈도와 액체의 종류와의 관계를 해석한 결과를 설명한다. 염수, 혼합액(염수+모액)은 5~7일 간격으로 교체하고, 각각 흐름 시간의 비율은 4:5로 큰 차이가 없었다. 그러나 전위진동발생률은 염수와 혼합액에서 각각 37%, 63%이며 혼합액의 발생빈도가 높았다. 이 원인은 혼합액의 염화나트륨 농도가 2~3 wt.% 높았던 것으로 생각된다. 또 피막의 파괴, 재생은 포화산소량도 크게 영향을 준다고 추측된다. 제염플랜트에서 부식현상에 대한 용존산소의 영향을 확인하기 위해서는 고온, 고농도 소금의 용존산소농도 측정법이 필요하다. 현재 25~90℃의 온도영역에서 염수 중의 용존 산소 농도 측정에 관한 연구가 진행되어 있어 실용화가 기대된다. 다음에, 액체 온도와 진폭 10 mV 이상의 전위진동발생빈도의 관계를 그림 12.12에 나타낸다. 액체 온도 60℃ 이상에서 발생빈도가 증가하였다. 이것은 오스테나이트계 스테인리스강에서 공식과 SCC가 발생하기 쉬운 온도와 일치한다.

이상과 같이 부식전위진동의 발생빈도와 운전조건은 상관관계가 있다. 따라서 부식전위진동발생 빈도가 감소하도록 운전조건을 제어하면, 기기나 부재의 국부부식을 줄일 수 있다고 생각된다.

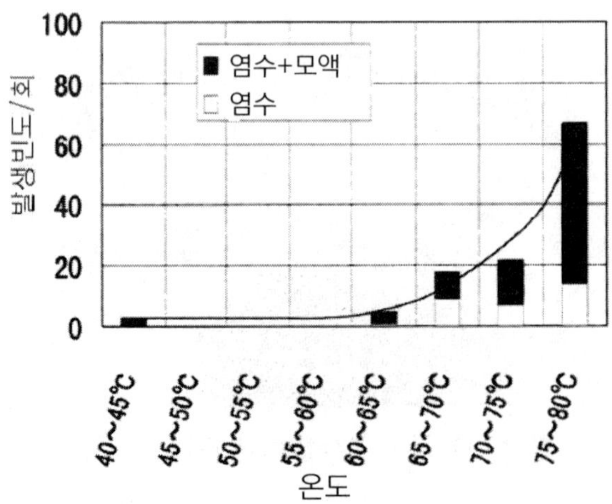

그림 12.12 액온도와 부식전위진동 발생빈도 진폭 10 mV 이상, 기간 2개월

12.3 미래의 과제

플랜트를 안전하게 운전하려면 기기의 손상 위험성을 사전에 검지하고 조업 조건을 제어하는 등의 대책을 세우는 것이 효과적이다. 국부부식유도기에 나타나는 RD형 파형에서 국부부식발생의 위험성을 식별한다면 가능하다고 생각한다. 오스테나이트계 스테인리스강의 경우 성장성 공식의 임계 반지름은 20~30 μm이다. 따라서 측정된 RD형 파형에 상응하는 공식지름을 추정하면 국부부식의 진행성에 대한 정량적 평가가 가능하다.

공식 초기의 형상을 반원으로 가정하면 공식지름은 식 (12.1, 12.2)에서 추정할 수 있다.

$$Q = \int_{t0}^{t} i dt = z \cdot F \cdot M \tag{12.1}$$

$$M = \frac{1}{W} \cdot \frac{2 \cdot \pi \cdot r^3}{3} \cdot \rho \tag{12.2}$$

Q : 전기량, i : 국부양극전류, t : 시간, z : 가수, F : 패러데이 상수, M : 몰수, W : 원자량, r : 공식 직경, ρ : 밀도

즉, RD형 파형에서 국부양극전류 i를 추측할 수 있으면 전기량 Q가 구해지고 공식직경 r을 추정할 수 있다. 이노우에 등은 피막파괴의 전기화학적 기구를 자세히 조사하여 i를 추정하기 위한 식(12.3)을 제안하고 역전위설정법에 의하여 타당성과 추정 정확도를 확인하였다.

$$i = C_f \cdot \left(-\frac{\Delta E}{\Delta t}\right) + 10^{(E_{\square} - E(t) - a)/b} \tag{12.3}$$

현재, 실험실적으로는 모니터링 면적 50 ㎟의 시험편에서 고정도의 국부아노드전류를 산출할 수 있는 가능성이 제시되고 있다. 그러나 RD형 전위 변화율과 진폭은 모니터링 대상 면적에 영향을 준다. 또, 속도변화에 의하여 유사파형이 나타나는 수도 있다. 따라서 추정식이 적용 가능한 면적과 보정법의 검토가 과제라고 생각한다.

12.4 결론

SCC와 공식 등에 의한 부식손상은 중대 사고로 이어지는 수가 많고 효과적인 모니터링 방법은 확립되지 않았다. 저자들은 실제의 제염플랜트배관에서 ENA법에 의하여 국부부식상황을 모니터링 할 수 있었다. 플랜트를 안전하게 운전하고 안정된 조업을 실시하려면 국부부식이 진행되기 전에 기기의 손상 위험성을 검지하는 것이 중요하다. 또 설비의 보수, 교체를 검토하는 경우 수명을 예측할 필요가 있다. 앞에서 말했듯이 손상 위험성의 검지에 관해서는 RD형 파형에서 국부아노드전류를 추정하여 위험성을 식별하는 방법이 연구 개발되고 있다. 향후, 환원성환경에서 발생한 국부부식에 상응하는 파형에서 부식속도를 추정하는 방법이 확립되면, 국부부식에 의한 돌발적인 손상을 방지할 뿐만 아니라 계획적인 설비 유지 보수도 가능하다. 이상과 같이 ENA법은 플랜트 등에서 널리 적용될 가능성을 가진 국부부식 모니터링법이며 실용화를 위하여 앞으로 개발이 기대된다.

참고문헌

1) 腐食防食協会編," 腐食防食データブック", 丸善 (1995), p.154
2) 木村雄二, 材料と環境, 45, 560 (1996)
3) 井上博之, 山川宏二, 電気化学, 66, 1076 (1998)
4) 丹野康雄, 浅野一朗, 未発表データ
5) J. L. Dawson, D. M. Farrell, P. J. Aylott and K. Hladky, Corrosion 89, Paper No. 31 (1989)
6) D. A. Eden, A. N. Rothwell and J. L. Dawson, Corrosion 91, Paper No. 444 (1991)
7) A. N. Rothwell and D. A. Eden, Corrosion 92, Paper No. 223 (1992)
8) F. Mansfeld, H. Xiao and Y. Wang, Werkstoffe and Korrosion, 46, 3 (1995)
9) 井上博之, 山川宏二, 第124回腐食防食シンポジウム資料, p.1, 腐食防食協会 (1999)
10) 井上博之, 大中紀之, 材料と環境, 49, 99 (2000)
11) M. Hashimoto, S. Miyajima and T. Murata, Corrosion Science, 33, 885 (1992)
12) H. S. Isaccs, Corrosion Science, 34, 525 (1993)
13) 井上博之, 山川宏二, 菊池輝親, 米田裕, 材料と環境, 45, 717 (1996)
14) 丹野康雄, 浅野一朗, 木村定彦, 重要地域技術研究開発制度研究成果報告書機械部品の高機能表面処理技術, p.138, 通産省工業技術院四国工業技術研究所 (1998)
15) 丹野康雄, 浅野一朗, 矢野敏, 吉川光昭, 赤木俊夫, 日本海水学会第51年会研究技術発表会講演要旨集, p.65 (2000)
16) 大久保和也, 海水…誌, 54, 111 (2000)
17) 井上博之, 木下雅文, 材料と環境2000講演集, p.305, 腐食防食協会 (2000)

13장

제염장치의 오스테나이트계 스테인리스강 염화물 응력부식균열 -잔류응력제어에 의한 방지대책-

다중 효용 제염장치는 소금농도와 온도에 따라서 구리니켈 합금, 오스테 나이트계 스테인리스강, 2상 스테인리스강, 모넬, hastelloy, 티타늄 등 내식재료 혹은 클래드강이 사용된다. 오스테나이트계 스테인리스강은 공식과 틈새부식, 응력부식 균열(Stress Corrosion Cracking, 이하 SCC)이 발생한다. 간수용액은 염화물 SCC의 가속 시험에 사용할 만큼 진한 용액이므로 스테인리스강 제염플랜트는 SCC시험을 실시하고 있는 것과 같은 것이다.

필자는 1996년부터 salt science 연구재단의 지원을 받아 제염 장치의 부식 조사, SCC와 갈바닉부식을 방지하기 위한 제언을 하였다. 먼저 제염플랜트의 부식에 대하여 소감을 밝혀 둔다. 1) 제염장치는 부식의 보물 창고이다. 고강도강의 지연파괴를 제외하면, 전면부식, 공식, 틈새부식, SCC, 침식·부식, 갈바닉부식 등 다양하다. 2) 대학의 선생님이 "실태를 조사한다"라 하면 가볍게 다루어 빠트리는 것이 있지만 어느 제염업자도 매우 호의적이고 협력적으로 정보와 샘플의 제공해 주었다. 이 점에 깊이 감사한다. 3) 클래드강이 많은 플랜트이지만 고온 · 고농도 소금물을 취급하는데 비해서는 재료의 선택과 침식방지대책은 다소 허술하다.

본 장에서는 SSC에 관한 실험결과와 방지대책을 소개한다.

13.1 오스테나이트계 스테인리스강의 염화물 SCC

어느 업계에서도 마찬가지이지만 내SCC 대책으로서 재료선택은 STS304를 304L로, 304L을 316으로, 316이 파괴하였으니 316L과 같이 변천하였다. 그러나 소금농도와 운전온도에서 본다면 결코 바람직한 대책이 아니다. 고온 간수용액은 인장응력이 있으면 316L에서도 반드시 파괴한다. 더욱 고급인 내식재료로 변경한 결과, 갈바닉부식과 같은 심각한 부작용도 유발하는 결과가 되었다. 사회적 영향의 크기와 경제력을 지닌 원자력 분야라면 철저한 대책을 세우지만 어려운 상황에 놓인 제염업계는 지혜를 모아 경제적인 SCC대책을 세워야 한다.

전보에서도 보고한 것처럼 스테인리스클래드강의 SCC는 계면에 삽입된 얇은 니켈층이 건전하면 여기서 정지되어 큰 문제가 되지 않았을지도 모른다. 그러나 SCC는 항상 약한 곳을 노려 발생한다. 클래드강의 SCC는 잔류 인장응력이 높고 니켈층이 파괴된 용접부에서 발생하고 탄소강은 클래드재와의 갈바닉부식에 의해서 부식이 많이 발생한다. 원자력발전소는 4인치 관에 입계형 SCC가 많이 발생하였지만 인장잔류응력과 예민화영역(입계에 크롬카바이드 석출, 근방에 크롬 농도 저하)이 4인치 관에서 중첩하기 때문이다. 두개의 영역이 떨어져 있으면 SCC는 일어나지 않았을 것이다. SCC는 간단한 대책으로 막을 수 있지만 환경은 언제나 약한 곳을 노리고 있다.

이 해설에서 주장하고 싶은 것은, "SCC는 고급재료를 사용하지 않아도 응력 대책으로 막을 수 있다."이다. 응력대책으로 SCC를 막는 방법은 가장 경제적이고 확실한 방법으로 원자력발전플랜트 SCC대책으로서 일본에서 개발되었다. 필자들도 뒤에서 설명하는 용접 후 수냉 법(Post Weld Cooling법, PWC법)을 개발하고 여러 가지 장치의 SCC방지에 효과적으로 응용하였다. 다음에는 SCC의 특징과 아직 잘 판명되지 않은 메커니즘, 잔류응력대책으로 SCC을 방지하는 방법을 소개한다.

13.2 SCC의 특징과 메커니즘

염화물이온에 의한 SCC는 가장 사례가 많고 석유 화학 · 정제, 식품, 종이 펄프 등 많은 곳에서 발생한다. SCC는 재료에 고유의 환경(유해이온, 온도, 산소농도)과 어느 크기 이상의 인장응력(하한계 응력)가 동시에 작용할 때 발생한다. 3가지 조건(재료·환경·응력)중에서 하나를 제거하면 SCC는 발생하지 않는다는 아주 명쾌한 방지책이 시사된다. 환경 조건을 바꾸는 것은 운전 조건의 변경이기 때문에 제염플랜트는 불가능하다. 따라서 재료를 바꾸거나, 응력을 어떻게든 하거나 하면 되지만 응력은 눈에 보이지 않으므로 형편이 나빠서 가장 꺼리게 된다. 또 어떤 일을 해야 할지도 파악하기 어렵다. SCC를 일으키는 응력은 용접과 가공에 의하여 재료에 잔류하는 응력(잔류응력), 열응력(열유속이 있는 경우에는 차가운 쪽이 인장), 작동응력, 이들의 조합응력이다. 하한계 응력보다 작은 인장응력과 압축응력에서는 발생하지 않는다. SCC는 환경에 접촉하는 재료 표면에서 발생하므로 표면에 작용(혹은 잔류)하는 2축 응력(3축 중 table면 법선방향의 응력 σ_3=0)이 문제가 된다. 예를 들어, 용접부의 SCC가 용접선과 직교방향, 평행방향 혹은 발생부에서 거미줄처럼 진행하는 것은 표면 2축 주응력(전단응력의 작용하지 않는 방향의 인장(+) 또는 압축(-)으로 최대응력을 σ_1, 최소주응력을 σ_2)의 영향이다. 이때 2축 응력의 크기와 +-는 균열 하한계 주응력을 좌우하지만 그것에 대해서는 뒤에 설명한다.

SCC가 어떤 메커니즘으로 발생하는지에 대해서는 명확하지 않다. 1960년대(필자가 아직 어린 시절)의 연구는 전기화학 용해설과 2단계설이 있었다. 전기화학 용해설은 미세한 경로(예를 들면, 슬립선과 냉간가공에서 발생하는 변형유기마르텐사이트, 입계의 크롬결핍상 등)가 아노드(양극)가 되어 이온으로 용해한다는 설이다. 용해된 후에는 가느다란 균열처럼 보이므로 '부식균열'이라는 이름을 붙였다고 생각되지만 이 설이 옳으면 이른바 '기계적 균열'은 아니다. 캐소드(음극)반응은 용존산소와 수소이온의 환원반응(패러데이반응)이라 생각했지만 최근에는 비패러데이 반응(콘덴서 방전을 생각한다)이란 설도 있다. 전기화학용해설로 SCC가 발생하는 경우 활성 경로 아노드 용해형 SCC(Active path corrosion SCC, APC형 SCC)이라 한다. 그림 13.1은 비등 42%MgCl 용액(최근에는 이 용액을 별로 사용하지 않지만, JIS나 ASTM규격의 용액)에서 STS304강의 초기 SCC의 표면 사진이다. 인장응력(사진의 좌우 방향)에 대하여 45° 방향(슬립을 일으키는 전단응력이 최대로 되는 방향)에서 발생한 슬립선(부동태 피막이 파괴된 면)을 따라서 작은 구멍(터널부식)이 부식에서 발생하고 이것이 연결되어 균열이 된다는 설이 Pickering에 의하여 제안되었다. 이 설은 옛날 교과서 등에서 볼 수 있지만 액 중의 균열을 특수한 현미경을 사용하여 관찰하여도 작은 구멍이 성장 SCC가 되는 것은 없다. 사진에는 세로 방향으로 개구한 검은 굵은 선(주응력과 직각 방향)이 보이지만 이것이 SCC로 사진 위에 있는 입계를 기점으로 아래 방향으로 전파하고 있다.

그림 13.2는 배관이 비틀림을 받았을 때의 SCC발생 표면 사진(액중 현미경 관찰)이다 전단응력은 사진의 좌우, 상하 방향에서 최대가 되고 슬립선이 부식되어 검은 평행선으로 관찰되지만 생장성 SCC는 중앙의 결정 입계에서 오른쪽 방향으로 늘어나고 있는 짧은 검은 선이다. SCC는 슬립선에서 발생하는 것이 아니고 슬립선과 입계가 교차하는 곳에서 발생하고 인접 결정입내에 최대주응력이 직각 방향으로 전파한다. 이와 같이 공식이 없는 경우 슬립선의 발생(탄성파손)은 SCC가 발생시키기 쉬운 조건을 제공한다. 이것은 SCC 하한계 응력을 생각하는데 있어서 중요하다.

메커니즘에 대하여는 오랫동안 특별하게 규명된 것이 없는 것처럼 생각하지만, 1980년대에 피막조장취성파괴설(Film assisted cleavage fracture)와 surface mobility설(table면 원자의 이동설)이 제안되었다. 전자는 표면피막이 취성적인 SCC를 유발한다는 설이다. 2단계설도 포함하여 여러 가지 설을 제안하는 것은 상관없지만. 실험적으로 입증할 수 없는 상황은 30년 전과 달라지지 않았다. 필자들은 음향방출(Acoustic emission: AE)를 사용하여 SCC의 메커니즘을 조사하고 있지만 입내형 SCC는 AE(취성적 파괴에 의한 초음파)가 발생하지 않지만 입계형 SCC는 많은 AE가 검출되었다. 입내형과 입계형 SCC는 메커니즘이 다를지도 모른다. 다만 필자 등이 검출한 AE는 fi1m induced cleavage fracture를 지지하는 것은 아니다. 현장장치의 SCC를 어떻게 정지시킬 것인지가 주 목적인 본 서에서는 더 이상 미해명된 SCC기구에 대한 설명은 하지 않는다.

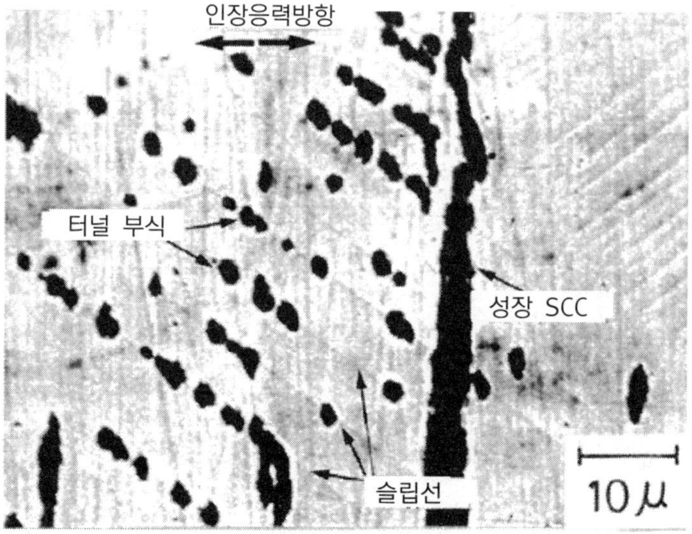

그림 13.1 비등 42%MgCl, 용액 중에서 STS304강의 슬립선에 따르는 터널부식과 성장 SCC. 인장응력은 사진의 좌우방향

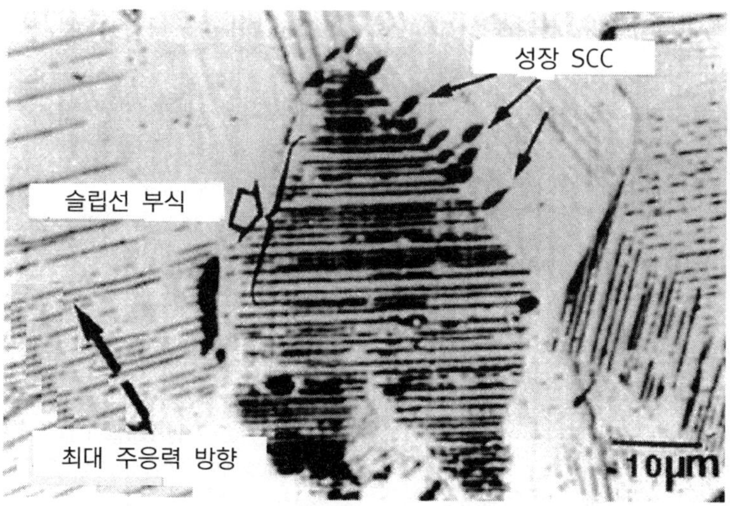

그림 13.2 비틀림을 받는 STS304강관의 슬립선의부식과 성장SCC. 전단응력은 좌우와 상하방향. 최대주응력은 수직방향에 대하여 45° 방향.

13.3 SCC의 발생 · 전파를 멈추기 위한 응력규범

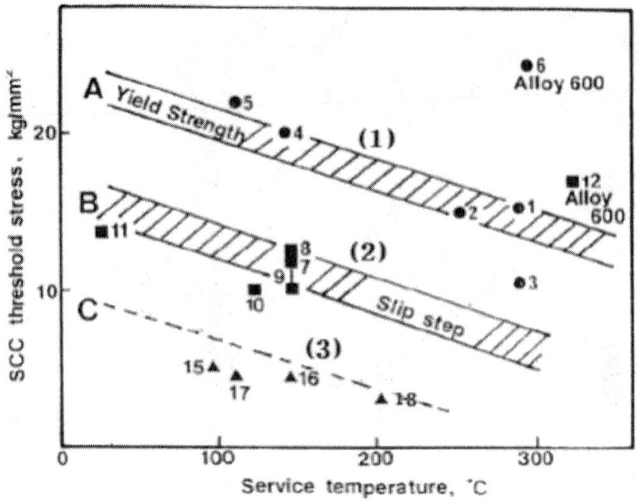

그림 13.3 STS304강의 SCC 하한계응력
(1) 고온 고압수에 의한 SCC
(2) 염화물 용액에 의한 SCC
(3) 열유속을 동반하는 염화물 SCC

표 13-1 STS304의 SCC에서 하한계응력

<table>
<tr><td rowspan="3">오스테나이트계스테인리스강</td><td rowspan="2">염화물SCC</td><td>STS304 - 42% $MgCl_2$ 정하중
STS304 - 42% $MgCl_2$, Boil 정하중
STS304 - 42~25% $MgCl_2$, BP~40℃, 정변형법
STS304 - 42% $MgCl_2$, 용접잔류응력+단축부하
STS304 - 42% $MgCl_2$, 조합부하
STS304 - 42% $MgCl_2$, 맞대기용접, 잔류응력</td><td colspan="2">공칭응력〈12 kg/㎟
공칭응력〈13 kg/㎟
표면진응력〈24.5 kg/㎟
합응력〈10 kg/㎟
$\sigma_{eq} = \sqrt{\sigma_1^2 + \sigma_2^2 - 2\nu\sigma_1\sigma_2} < 13.8\,kg/mm^2$
$\sigma_{eq} = \sqrt{\sigma_1^2 + \sigma_2^2 - 2\nu\sigma_1\sigma_2} < 10\,kg/mm^2$</td><td>向井등
末沢등
竹本
竹本
竹本등
白井등</td></tr>
<tr><td>STS304 - 규산칼슘보온재 부하응력
에 의한 ESCC, 잔류응력
STS304, 1 인치 튜브,
- 42% $MgCl_2$, 교정잔류응력
20합금 튜브 실기에서 Cl^- 농축 잔류응력</td><td>〈5 kg/㎟

〈4.5 kg/㎟
〈4.8 kg/㎟</td><td>열유속이 있는 경우</td><td>竹本등

今川등
武川</td></tr>
<tr><td>고온수SCC</td><td>STS304 - 용존산소 갖는 고온수
STS304 배관 - 미국 BWR 플랜트</td><td colspan="2">〈0.2%내력
$\frac{P_M + P_B}{S_Y} + \frac{Q + F + R}{S_Y + 0.002E} < 1$</td><td>E.L White
J.C Lemaire 등</td></tr>
</table>

SCC는 하한계 응력 이상의 인장응력이 있으면 발생하지만 응력이라는 것은 어느 정도의 크기일까? 두 방향에 응력이 작용하고 있는 경우 어떻게 변화할까?를 소개하자. 그림 13.3은 문헌(대부분은 실험실 시험)에서 SCC의 하한계 응력을 조사한 것이다. 3개의 직선 중 A는 원자력에서 고온 고압수에 의한 304강의 SCC, B는 염화물 SCC, C는 열응력이 있을 때의 외부 SCC(자세한 것은 문헌 9, 10 참조)이지만, B의 염화물 SCC의 하한계 응력은 슬립선발생응력 정도로 봐도 좋다. C의 하한계 응력은 열응력이 있기 때문에 3~5 kgf/㎟ 정도의 낮은 응력이다. 한편, 용접에 의한 잔류응력은 내력을 훨씬 초과하는 값(40~60 kgf/㎟), 냉간가공에 의한 응력도 30 kgf/㎟을 초과하므로, 어떠한 잔류응력대책을 세우지 않으면 반드시 SCC는 발생한다. 표 13-1은 SCC시험법과 하한계 응력을 정리한 것이지만, 용접관에서 SCC를 발생시키지 않으려면 Shirai 보고에 있듯이 10 kgf/㎟ 이하로 낮추든가 압축응력으로 할 필요가 있다. 표 13-1의 데이터는 단축인장의 경우이지만 잔류응력과 열응력은 2축 응력이므로 2축 응력의 크기가 영향을 미친다. 304강관에 여러 가지 부하를 조합하고, 42%의 비등 $MgCl_2$용액에서 SCC 하한계 응력을 조사한 결과를 그림 13.4에 나타낸다. 가로 축이 단축 인장(축방향), 세로축이 원주방향응력을 의미한다. 하한계 응력의 궤적(○과 ■의 경계)은 연성재료에서 성립하는 전변형에너지설 식 (13.1)(혹은 그것에 가까운 Von Mises)의 상당응력 σ_{eq}를 13.8 kgf/㎟로 했을 때의 궤적과 잘 일치한다.

$$\sigma_{eq} = \sqrt{\sigma_1^2 + \sigma_2^2 - 2\nu\sigma_1\sigma_2} \tag{13.1}$$

ν는 푸아송 비 0.3이다. 상당한 응력은 304강의 탄성파손(소성변형의 시작으로, 슬립의 발생응력)보다 약간 낮은 응력이다. 즉, 이 계통의 SCC는 상세한 논의는 무시하고 슬립 발생에 의하여 부동태피막이 깨어지므로서 발생한다고 생각한다.

여기서 궤적에 대해서 주목하라. 단축인장의 아래 한계응력 σ_1은 13.8 kgf/㎟이지만, 제4상한(즉 일방향의 응력 σ_1은 인장, 직교방향 σ_2는 압축)에서 SCC 하한계응력은 13.8 kgf/㎟보다 작다. 예를 들어 -10 kgf/㎟의 압축응력이 있었을 경우 불과 7.5 kgf/㎟의 인장응력으로 SCC가 발생한다. SCC는 압축응력에서 발생하지 않으므로 두 방향의 응력 중에 하나가 압축일 경우 이는 SCC방지에 유효하게 작용할 것이라고 기대하는 것은 잘못된 생각으로 오히려 위험하다.

이와 같은 응력상태는 용접부에서 종종 관찰되는 것이므로 상당히 낮은 인장 응력이 아니면 SCC는 방지 할 수 없다. 그러나 다음 절에서 설명하듯이 오스테나이트계 스테인리스강의 잔류응력은 간단히 충분한 수준까지 낮출 수 없다.

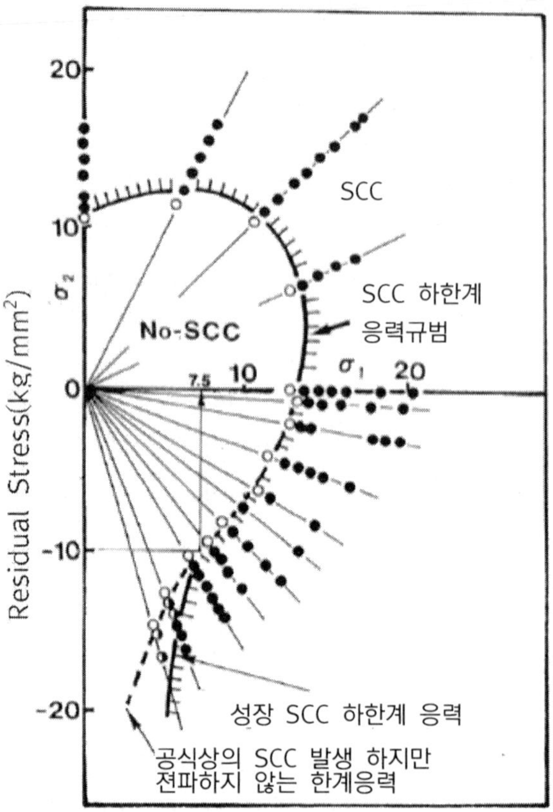

그림 13.4 조합부하를 받는 STS304강관의 염화물SCC 하한계응력 규범

13.4 응력대책에 의한 SCC의 방지

13.4.1 응력저하법

잔류응력을 하한계응력 이하로 낮추는 방법의 하나는 응력제거열처리(Stress Relieving, SR처리)이다. 이 때, 고온에서 SR처리하면 구조물은 열변형하고 심하게 산화하므로 열처리 온도는 최대 600℃이다. 그림 13.5는 맞대기용접 STS304강 4인치 관의 열처리온도와 잔류응력의 관계이다. SCC 하한계응력까지 낮추려면 800℃ 이상의 가열이 필요하므로 SR처리법은 실용적인 기술이 안 된다. 실제 장치는 그림 13.3의 C직선과 표 13-1의 아래에 나타낸 것처럼 열응력 등이 관여하므로 잔류응력은 5 kgf/㎟정도까지 낮출 필요(그림 13.5의 온도에서 말하면 1000℃의 가열)가 있다. 이 수준까지 응력을 낮추고 SCC를 방지한다는 것은 좋은 아이디어도 실용적이지도 않다.

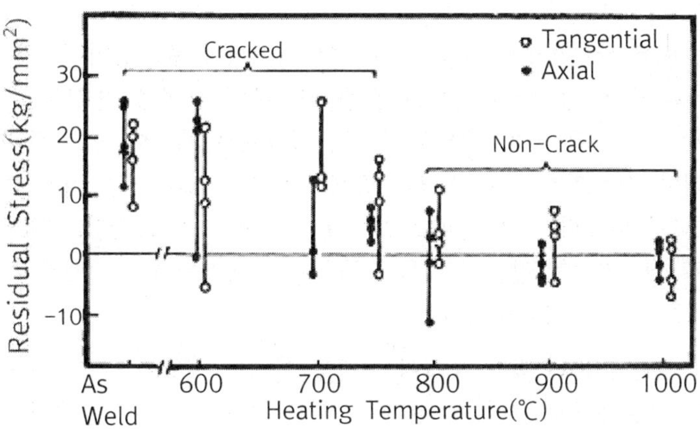

그림 13.5 맞대기용접 STS304강관(4B, Sch.80)의 열처리온도와 내부잔류응력

13.4.2 응력제어

응력을 낮추려고하지 말고, 차라리 두 방향 모두 압축응력으로 SCC를 방지하자는 "응력제어법"은 가장 효과가 있다. 여기에는 2가지 방법이 있다. 하나는 기계적 방법으로 쇼트피닝(shot peening)과 해머링(hammering)이다. 다른 하나는 열응력을

이용하는 방법으로 원자력발전플랜트에서 SCC가 문제가 된 1980년대에 개발된 방법이다. 기계적 방법부터 설명한다.

쇼트피닝은 항공기부품의 내피로강도 개선에 사용되고 있지만 원형의 쇼트재를 압축공기 등으로 가속시켜 부재에 충돌시키고 표면층을 소성 팽창시켜서 압축응력을 잔류시킨다. 주강 쇼트재로 피닝처리한 스테인리스강은 −50에서 −60 kgf/㎟의 압축응력이 표면 직하 300 ㎛까지 잔류한다. 현장에서 사용하는 피닝장치도 있고 최근에는 지르코니아 쇼트(고인성, 고밀도의 세라믹스 입자)도 있어 표면이 더러워지지 않아 반영구적으로 사용할 수 있다. 용사나 페인트 전문회사는 현장용 피닝장치(분사장치)를 가지고 있기 때문에 그들의 힘을 빌릴 수 있다.

간단하게 한정된 장소를 처리하는 것이라면 제트 치젤(용접 슬래그와 녹 제거용) 끝을 둥글게 하여 사용할 수 있다(시판도 하고 있다). 그것도 아니면, 작은 금속 망치로 두드리기를 권한다. 다만, 용접비드 등 불연속부(날카롭게 오목한 부분)의 처리가 곤란하다. 이들을 처리한 표면은 마르텐사이트가 생성하는데 염화물 SCC에서 큰 폐해는 없다.

열응력을 이용하는 방법의 원리는 파푸아 뉴기니의 원주민이 큰 바위를 깨는 방법에서 알 수 있다. 큰 바위를 깨고 싶을 때, 바위 아래에 개울(물)을 끌어 들이고 바위 위에 불을 지핀다. 며칠 째에 바위는 바닥에서 깨진다. 소음을 발생하지 않는 지극히 영리한 방법으로 바위 바닥에 발생하는 인장 열응력을 이용한다. 충분한 온도 차이가 나면 열응력은 큰 바위를 깨는데 충분한 크기가 된다. 바위는 소성변형하지 않으므로 깨어지지만 같은 원리를 사용하여 금속표면을 소성팽창시키면 인장응력을 압축응력으로 바꿀 수 있다.

필자들이 개발한 PWC법은 용접이 끝나고 아직도 여열이 남아 있는 사이에, SCC가 우려되는 부분에 물을 세차게 뿌리는 극히 간단한 방법이다. 뿌리는 면과 타이밍을 틀리지 않을 것, 많은 물을 똑같이 뿌려 주는 것을 주의해야 한다. 물을 뿌렸을 때 벽내는 순간적으로 온도 차 △T가 발생한다. △T에 의해서 열응력이 발생하지만 물을 뿌린 측은 인장이다. 인장응력이 재료의 항복강도를 넘으면 표면층은 소성팽창한다. 피닝과 같은 원리로 팽창층에는 이를 수축하려는 응력, 즉 압축응력이 영구히 남는다. 인장 열응력은 온도차 △T에 비례하므로 큰 응력을 발생시키기 위해서는 큰 △T가 필요하다. "뿌리는 타이밍이 틀림없을 것"이란 충분한 △T를 확보하는 것이며 오스테나이트 스테인리스강은 상당히 높은 온도에서 뿌려도 괜찮다. 다만 페라이트계의 고강도강(제염플랜트에서는 사용하지 않는다고 생각되지만)은 사용하지

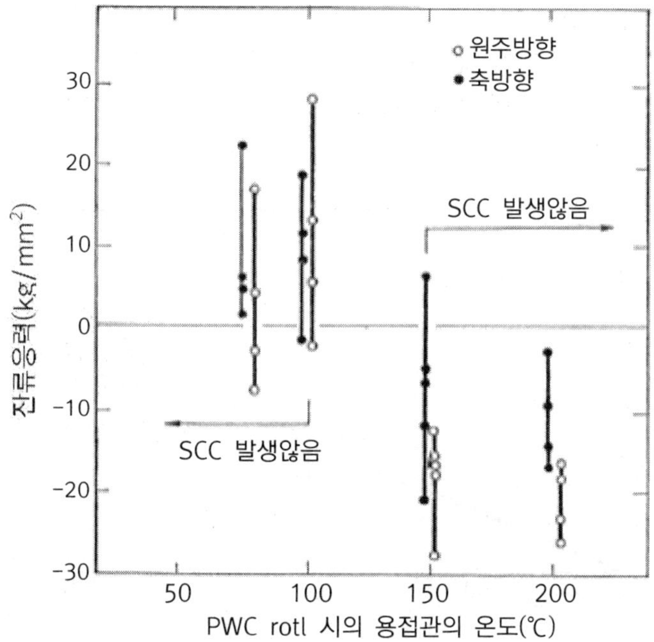

그림 13.6 맞대기용접 STS304강관(4B, Sch.20)의 PWC개시 시의 강관표면온도와 열처리 후의 내부잔류응력

않는 것이 바람직하다. 비참한 꼴을 당한다. 저 탄소강은 300℃ 정도에서 뿌려도 문제없다.

어떤 온도에서 물을 뿌려야 할지를 4인치 Sch.20관에 대하여 조사한 적이 있어서 소개한다. 그림 13.6은 횡축에 냉각 시 관의 온도, 세로축에 냉각 후에 측정된 내부 잔류응력을 나타내었다. 내부의 잔류응력을 측정하는 것은 어렵고 많은 학생이 1년 동안 얻은 자료이다. SCC는 내부에서 발생하므로 내부를 냉각하고 있다. 관 외부 온도가 100℃ 이하는 물을 뿌려도 효과가 없고, 잔류응력은 SCC를 발생시키기에 충분한 인장응력 그대로이다. 150℃ 이상에서 냉각하면 압축응력으로 바뀌고 SCC는 발생하지 않았다. 그림 13.7은 4인치 Sch.20과 80관 벽내 온도차 △T와 열응력의 관계를 나타낸 것이다. 예를 들어 항복응력을 25 kgf/㎟으로 한 때에는 △T(=T_{out}-T_{in})은 110℃ 이상으로 해야 한다. 물을 뿌렸을 때의 내부 온도 T_{in}을 40℃로 하면, 표면 온도 T_{out}은 40 + 110 = 150℃가 되고, 그림 13.6의 결과와 앞뒤가 맞다. 그림 13.8은 4인치 관의 내부의 잔류응력분포이다. 실선은 용접한 그대로, 점선은 PWC처리한 관의 잔류응력으로 PWC처리재는 3시 방향에 작은 인장응력이 남아 있지만 거의 전 둘레에 압축응력으로 변환되었다. 균일하게 물을 뿌리는 것이 중요하다. 역시, 용접한 그대로(as-welded)의 관은 6시간 시험(42%$MgCl_2$)후에는 SCC가 많이 발생하였다.

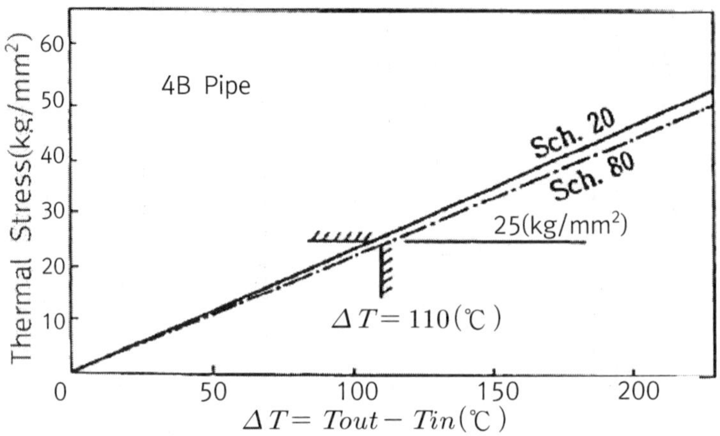

그림 13.7 STS304강관에서 벽내 온도차△T와 열응력 관계

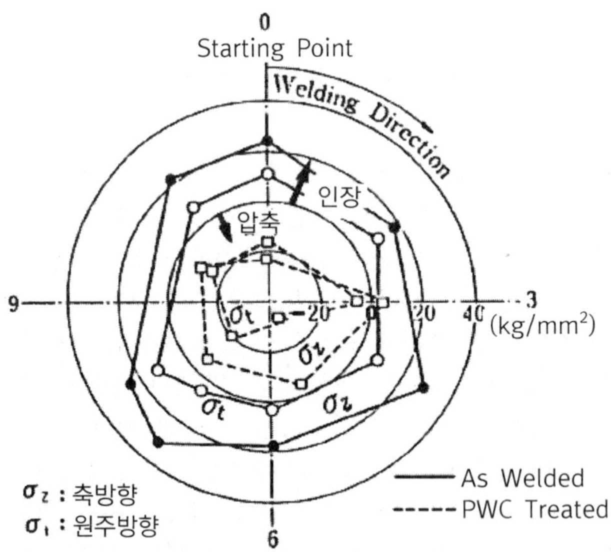

그림 13.8 맞대기용접 STS304강관(실선)과 PWC처리 강관(점선)의 내부 잔류응력 분포

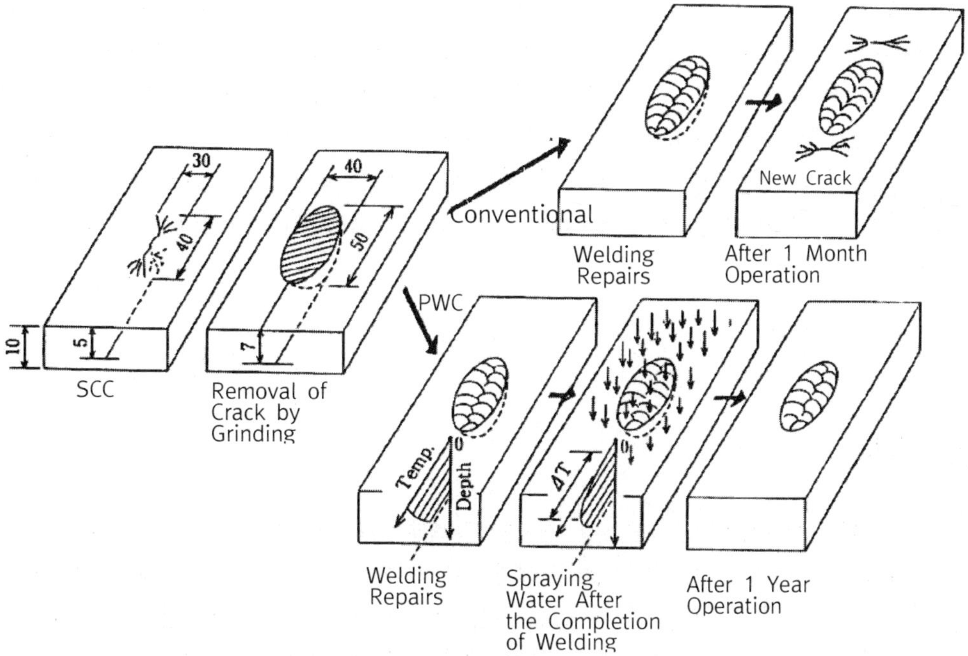

그림 13.9 PWC를 사용한 SCC 보수 순서

PWC와 해머링은 해수담수화 장치와 세탁소의 대형 드라이어의 SCC(염소계 유기용제에 의한)을 비롯하여 여러 장치에 사용되어 상당히 실적을 올렸다. 이 방법은 불행하게도 SCC가 발생한 곳에도 유효하게 사용할 수 있다. 이 경우, 그림 13.9와 같이 SCC를 꽤 넓은 범위에 걸쳐 그라인더로 제거하고 통상의 육성용접으로 보수한다. 그대로 쓰면 상단에 나타내듯이 반드시 SCC가 용접보수부에 발생하고 보수와 SCC를 반복하게 된다. 보수용접 후 아직 뜨거운 때에 보수면에 물을 뿌리면(하단) SCC는 거짓말처럼 발생하지 않는다. SCC는 인장응력의 높은 곳부터 순서대로 발생하므로 조기에 개방 점검 할 수 있으면 높은 잔류응력이 있던 곳을 알 수 있다. 잔류 응력을 측정하는 기술이 없던 때에는 SCC을 발생시켜 어디에 높은 잔류응력이 있는지를 측정하였던 시대도 있었던 정도이다. PWC처리를 하여 초기에 급소를 없애면 좋다. 해수담수화장치는 1년 후에 SCC가 여러 곳에 발생하였지만 위와 같은 보수와 PWC를 처리에 의하여 그 후 아무런 문제없이 장기간 운전한 실적이 있다. SCC는 통상의 용접보수를 하고 균열을 제거하여도, 응력대책이 되어있지 않으면 보수하지 않은 것과 마찬가지다.

열응력을 이용하여 압축응력을 잔류시키는 방법에는 Induction Heating Stress Improvement법(IHSI)도 있다. 이 방법은 고주파로 관의 외부를 가열하면서 내부에 물을 흘려 압축응력을 잔류시킨다. 용접 직후가 아니더라도 처리할 수 있는 장점이 있지만 장치는 고가이고 아마도 특허에 저촉된다. PWC법은 용접 후의 여열을 이용하므로 싸다. 또 특허 등록도 하지 않아서 누구나 사용할 수 있다. 물을 흘리면서 용접하는 방법(Heat sink welding)도 있지만 용접이 어려워 용접사가 싫어한다는 문제가 있다.

13.5 결론

오스테나이트계 스테인리스강 염화물 응력부식균열의 특징과 응력제어에 의한 방지법을 소개하였다. 부식대책은 고급재료로 변경이 첫 번째라 생각되는 경향이 있지만, SCC는 응력대책이 훨씬 중요하다. PWC는 몇 곳의 제염플랜트 보수에 사용하였다. SCC의 연구는 지금부터 20년 전에 실시한 것으로 이후에는 다른 것을 연구하였다.

참고문헌

1) 竹本幹男, 田村宙治, "製塩装置で使用されるステンレスクラッド鋼の塩化物応力腐食割れと残留応力", 海水誌, 52(2), 98 (1998)
2) M. Takemoto, T. Shinohara and T. Shirai, Corrosion, 82, Paper No.185 (1982)
3) 白井正博, 篠原孝順, 竹本幹男, "溶接後水冷法によるオーステナイトステンレス鋼の応力腐食割れ防止", 防食技術, 32, 83 (1983)
4) T.P. Hoar and J.G. Hines, " The electrochemistry of the corrosion behabiour of 18-8 chromium and nickel steels in hot aqueous magnesium chloride solution", Proc.8th meeting, international committee of electrochemical themodynamics and kinetics, Madrid, Butterworths (1956)
5) W.H. Pickering and P. R. Swann, "Electron Metallography of chemical attack upon some alloys susceptive able to stress `corrosion' cracking" , Corrosion, 19, 373 (1963)
6) K. Sieradzki and R. C. Newman, "Brittle behavior of ductile metals during stress corrosion cracking", Phi. Mag., A51, 95 (1985)
7) J. R. Galvele, "A stress corrosion mechanism based on surface mobility" , Corro. Sci., 27, 1 (1987)
8) S. Fujimoto, M. Takemoto and K. Ono, "AE Monitoring of Chloride Stress Corrosion Cracking of Austentitic Stainless Steel" , Progress in Acoustic Emission, X, JSNDI, 129 (2000, Sept.)
9) 竹本幹男, "科学プラントの応力腐…食割れ一残留応力の効果を中心にして一" , 高圧ガス, 20, 415 (1983)
10) 竹本幹男, "環境強度と残留応力", 材料科学, 19, 156 (1982)
11) 竹本幹男, "溶接継ぎ手部材のSCC感受性評価における残留応力",防食技術, 30, 203 (1981); 31, 753 (1982); 32, 76 (1983); 32, 3 (1983)
12) 竹本幹男, 防食技術, 37, 365(1988)

13) 向井喜彦, 機械設計, 23, 24(1979)
14) 末沢慶忠, 竹本幹男, 田中豊一, "新しい定荷重方式応力腐…食割れ試験装置の開発と18-8不しゅう鋼への適用例", 防食技術, 24, 23 (1975)
15) 竹本幹男, "鉄鋼の応力腐…食割れ", p .202 日本鉄鋼協会 , (昭和55年)
16) M.Shirai, T.Shinohara and M.Takemoto, "E xternal Stress Corrosion Cracking of Austenitic Stainless Steel", Materials, Performance, 24, 26 (1985)
17) 今川, 山岡, 山口, 防食技術, 29, 227 (1980)
18) E.L. White, BMI Report, BMI-1927 (1972)
19) J.C. Lemaire and R. Rangnath, GE, NED-23685 (1972)

14장

전기방식

전기방식 1

철은 왜 '녹'이 슬까. 철은 자연계에 존재하는 철광석을 인간이 정련하였기 때문에 화학적으로 불안정한 상태이다. 그래서 원래의 철광석 상태인 산화물 형태로 돌아가려고 한다. 이 현상이 '녹'이다.

철과 인류의 만남은 오래되었고 인류 문명에 큰 역할을 하였다. 20세기를 뒤돌아보면 과학 기술이 현저하게 발전한 것이 큰 특징이라 할 수 있다. 전후 50년, 기술의 진보는 경제 번영에 크게 기여하였다. 전후의 경제 부흥기, 고도 성장기, 저 성장기로 변천하는 가운데 특히 고도 성장기는 기반 시설 정비를 비롯하여 강구조물 설비의 신장이 현저하였다. 그러나 바다에 둘러싸인 고온 다습한 일본 특유의 환경조건은 강구조물 설비에 대한 부식방지대책의 필요성을 현실화시켰다. 이 때문에, 20세기는 부식방식기술도 급속한 진보를 이룬 기술의 하나이다.

부식의 형태나 정도는 재료의 내식성과 부식환경의 조건에 의해 다르지만 부식에 의한 설비의 기능저하는 생산효율을 낮춰 직접 간접으로 경제적 손실을 가져왔다.

경제환경 및 산업구조가 급속히 변화하는 현재, 설비의 장수명화 및 유지 관리에 방식기술의 역할이 매우 중요하다.

부식방식의 원리·기구, 방식의 의의, 전기방식의 적용사례와 보수 점검 등에 대하여 설명한다.

14.1 전기방식의 시작

전기방식을 처음 시도한 것은 Sir Humphrey Davy인 것으로 알려졌다. Davy는 1824년 영국 학사원에 보고서를 제출하고 배의 외판 방오에 사용되는 동판에 아연 또는 철제 희생양극을 부착함으로서 방식되는 것을 알았다. 또, 그 해 4월에 영국 군함 사마란다호에 실기시험을 실시하기 위하여 방식용 철 양극을 부착하였다. 방식의 효과는 좋았지만 방식함으로서 구리의 생물부착방지능력이 손상되는 것을 알았다.

일본의 전기방식은 1930~1년경 도쿄전력 시오다 화력발전소에서 실시되어 차례로 다른 발전소에서도 적용되었다. 그 후, 전후의 경제 부흥, 발전에 따라 1955년경부터 전기방식도 급속한 진보를 이룬 기술의 하나이며 외국의 진보에 힘입은 바도 많지만 일본 독자적으로 개발된 기술도 적지 않다.

14.2 부식이란

우리 주위에 있는 강구조물의 재료인 철은 왜 부식하는가. 철은 땅속에 있는 철광석을 제련(환원)하여 만든다. 철광석은 주로 철이 산소와 화합한 산화철이나 그것은 또한 물과 결합된 상태의 물질이다.

철은 철광석의 상태가 안정된 상태이며 제련(환원)된 철은 주위에 산소와 물이 있으면 바로 그것들과 결합하여 원래의 철광석으로 돌아가려고 한다. 철광석의 상태인 것이 철의 녹이다. 철이 녹스는 것은 철에게 자연의 섭리인 것이다.

부식(corrosion)은 금속을 둘러싼 환경에 의하여 화학적 또는 전기화학적으로 침식된 것이다. 금속이 물리적인 원인으로 손상하는 경우 부식이라 하지 않고 원인에 따라 erosion(침식), 긁힌 자국, 마모 등으로 부른다. 화학적 침식과 물리적인 마모가 동시에 진행하는 경우도 있고 그 상태에 따라서 침식 · 부식, 마모부식 또는 찰과부식 등으로 부른다. 플라스틱은 팽창과 균열이 발생하고, 목재는 찢어지거나 썩거나 하고 암석과 콘크리트는 물로 침식되는 등 비금속도 여러 가지로 마모 하지만 이 책에서는 부식은 "금속이 받는 전기 화학적 침식"에 한정한다.

14.3 부식의 원리

쇠는 녹슨 상태가 안정된 상태이기 때문에 어떤 조건이 되면 부식하려고 한다. 그 조건이란 무엇일까. 대부분의 부식반응은 전기화학적인 것이며 수용액 중에서 작용은 전기의 흐름과 깊은 관계를 가지고 건전지에서 발생하는 반응과 비슷하다.

그림 14.1에서 나타내듯이, 건전지의 구조는 가운데의 탄소봉전극(+극)과 그 둘레의 원통형 아연전극(-극)으로 되어 있고, 염화암모늄 전해질이 채워져 있다. 양극의 화학반응에 의해서 전기에너지가 발생하고 양극을 구리선으로 연결하면 전류가 흐른다. 이 전류를 계속 흘리면 점차 아연이 부식(건전지의 내부에서) 한다. 왜 아연은 부식하는 것인가. 탄소봉전극 표면은 환원반응, 아연전극 표면은 산화반응이 발생하여 금속 아연이 수산화 이온(Zn^{2+}-nH_2O)으로 변한다. 즉 건전지에서 전류가 흐를 때에는 반드시 아연이 이온으로 되어 녹아내려 부식되어 가는 것이다. 이렇게 부식과 전류는 밀접한 관계가 있다.

아연의 부식양은 양극 사이를 흐르는 전류가 커질수록 증가한다. 정량적인 관계식은 다음과 같이 나타낸다. 이 관계를 Farady 법칙이라고 부른다.

$$\text{금속의 부식양(질량, g)} = K \times \text{전류(A)} \times \text{시간(s.)}$$

식 중의 상수 K를 전기화학당량이라 한다.

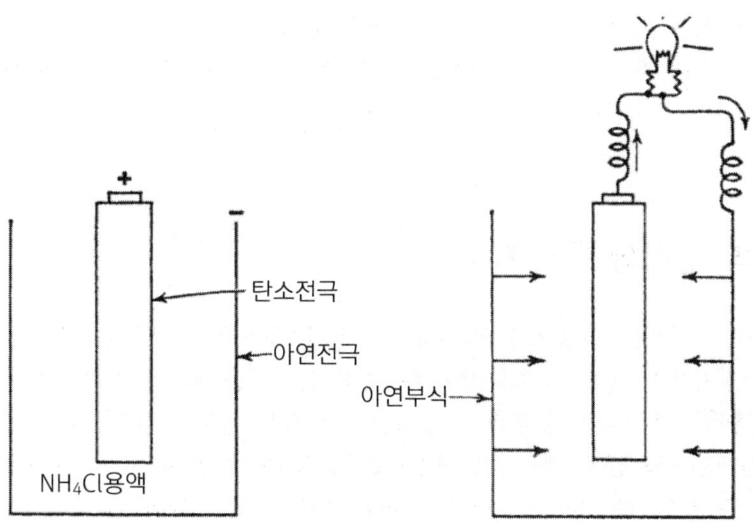

그림 14.1 건전지의 구성

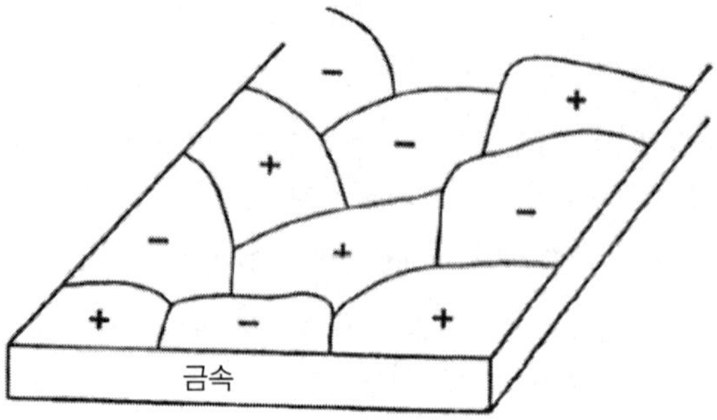

그림 14.2 금속표면의 국부전지 구성(확대도)

건전지 양극 사이를 구리선으로 연결하면 아연 전극은 단시간에 부식하지만, 양극 사이를 개방한 상태는 아연의 소모는 매우 적고 몇 년이라도 그대로 유지된다. 이 상태에서 약간의 아연이 소모하는 것은 주로 아연의 표면의 철과 같은 불순물의 영향에 의한 것이다. 불순물 입자는 건전지의 탄소봉전극과 같은 기능을 하므로 전류가 아연과 불순물의 사이에 흘러서 아연은 부식한다. 이와 같은 전류를 국부전류라 하고, 전지를 국부전지라고 한다.

건전지의 아연전극에 국부전지가 생기는 것과 마찬가지로 대부분의 금속표면에도 무수한 국부전지가 존재한다. 국부전극은 그림 14.2에 나타내듯이, 금속 자신을 통하여 전기적으로 단락되어 있다. 금속표면이 건조한 동안은 국부전류도 그에 따른 부식도 발생하지 않지만, 물 또는 수용액에 담그면 국부전지회로가 성립하여 화학반응으로 금속은 부식한다. 다시 말하면, 물, 염류 수용액, 산 또는 알칼리 등에 의한 금속부식은 금속표면을 흐르는 국부전류에 의한 것이다.

14.4 부식의 전기화학적 기구

수분이 존재하는 환경에서 금속부식은 전기화학반응에 따른다. 강산에 철판과 구리판을 침지하여 그림 14.3과 같이 두 장의 금속판을 구리선으로 접속한 상태를 생각하자. 철판은 부식되어 용해하고, 구리판은 수소의 기포가 발생한다. 또, 양 금속판을 접속하는 구리선에 전류계를 연결하면 구리판에서 철판으로 전류가 흐르는 것을 확인할 수 있다. 즉, 부식은 아노드(anode, 양극), 캐소드(cathode, 음극)이라는 양전극과 전해질로 구성된다.

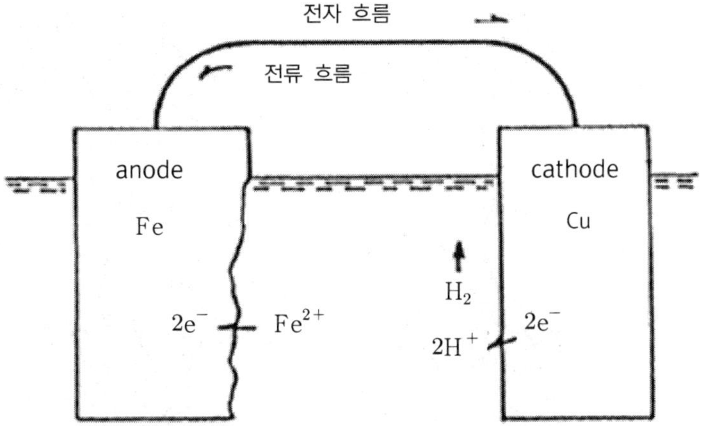

그림 14.3 부식의 전기화학적 기구

그림 14.3의 부식은 아노드에서 전자를 방출하는 반응이 일어나며,

$$Fe \rightarrow Fe^{2+} + 2e^- \tag{14.1}$$

또 캐소드는 전자를 소비하는 반응이 일어난다.

$$2H^+ + 2e^- \rightarrow H_2 \tag{14.2}$$

식 (14.1)과 (14.2)를 합하면, 식 (14.3)이 된다.

$$Fe + 2H^+ \rightarrow Fe^{2+} + H_2 \tag{14.3}$$

이와 같이, 이온화 경향이 상대적으로 높고, 전위가 낮은 금속은 용해하고, 이온화 경향이 낮고, 전위가 높은 금속은 수소발생반응(또는 산소환원반응)이 발생한다. 이 모습이 전지내부반응과 유사하므로 국부 전지기구라 부른다. 실제의 부식은 예를 들어 강산에 철판을 침지하였을 뿐인데 식 (14.1) 및 (14.2)의 반응이 일어나며 철은 용해하고 수소 가스가 발생한다. 그림 14.4에 나타낸 것처럼, 철판의 일부가 아노드, 다른 부분은 캐소드가 된다.

pH가 4보다 큰 통상의 부식 환경에서 캐소드 반응은 반응식 (14.2) 대신에 반응식 (14.4)와 같이 용존산소가 관여한다.

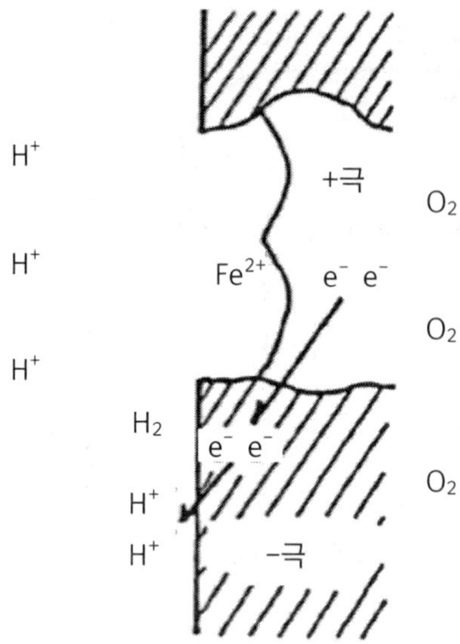

그림 14.4 강산에서 철의 부식

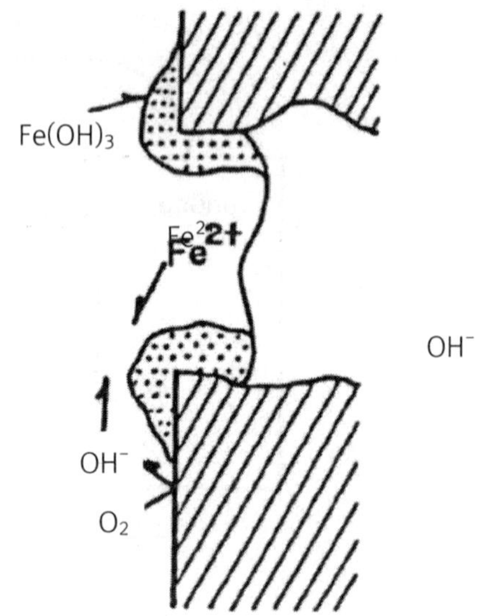

그림 14.5 녹이 발생하는 모습

$$O_2 + 4H^+ + 4e^- \rightarrow 2H_2O$$
$$(O_2 + 2H_2O + 4e^- \rightarrow 4OH^-) \quad (14.4)$$

그림 14.3과 14.4에서 한 가지 빼놓을 수 없는 현상이 있다. 그것은 음극에서 발생하는 수소발생반응, 혹은 산소 또는 공기의 존재 하에서 발생하는 식 (14.4)의 산소환원반응은 모두 용액 중의 수소이온을 소비하는 반응이며 pH를 상승시키는 반응이다. 부식에 의하여 용출한 Fe^{2+}이온은 용존산소로 산화되어 Fe^{3+}이온이 되고 캐소드 반응으로 생긴 수산이온(OH한 이온)을 만나서 녹(FeOOH)이 생긴다. 그 모습을 그림 14.5에 나타낸다. 녹은 식 (14.5)의 농도 곱이 K값을 넘으면 발생한다.

$$[Fe^{3+}][OH^-]^3 = K(= 3 \times 10^{-38}) \quad (14.5)$$

이렇게 생긴 수산화물(녹)이 용존산소의 침입을 방해함으로써 부식속도를 저하시킨다.

14.5 방식의 종류와 형태

부식은 금속이 화학적 또는 전기화학적으로 침범되는 현상이지만 둘러싼 환경에 의해서 다른 형태를 취한다. 수분이 존재할 경우의 부식은 습식이라 한다. 또 고온 가스 중에서 산화에 의하여 화학적으로 손상되는 경우는 건식이라 구별한다. 부식에서 문제가 되는 것은 수분이 존재하는 경우가 대부분이며 부식의 형태는 대략 다음과 같이 분류한다.

14.5.1 전면부식

철의 붉은 녹처럼 금속 표면이 거의 균일하게 부식하는 경우를 전면 부식이라고 한다. 해수 중의 강재를 예로 들면, 보통 25 mdd(mg dm^2 d^{-1}) 또는 0.12 mm/y^{-1} 처럼 정도를 나타낸다.

14.5.2 공식

철강, 스테인리스강 등에서 많이 나타나는 부식현상이다. 공식의 정도를 나타내는 것에 공식 계수를 사용한다. 공식 계수는 최고 구멍의 깊이와 평균 부식 깊이의 비율을 나타낸다. 토양 중의 강 등은 공식 계수가 20~30이 되는 것도 있다.

14.5.3 탈성분 부식

합금 중의 활성 성분이 선택적으로 부식하는 것을 탈성분 부식이라 한다. 대표적인 예로서, 황동은 아연 성분만 용출하는 탈아연 부식, 청동은 알루미늄 성분만 용출하는 탈알루미늄 부식이 있다.

14.5.4 입계부식

금속의 입계는 일반적으로 부식하기 쉬운 경향을 가지고 있으며, 입계가 아노드로

되어 용출하는 부식을 입계부식이라 한다. 스테인리스강과 알루미늄합금의 열처리가 부적당한 경우에 발생한다.

14.5.5 응력부식균열

부식작용과 응력의 복합작용에 의하여 금속에 균열이 발생하는 현상이며 응력부식균열과 부식피로로 나눈다. 응력부식균열은 탄소강, 스테인리스강, 구리합금, 니켈합금, 알루미늄합금 등에 발생한다. 부식피로는 금속이 반복응력을 받은 결과 파괴하는 현상이다.

14.5.6 수소취성

금속이 전해질 용액에서 원자상의 수소를 흡수하여 연성을 잃고 팽창과 균열이 발생하는 현상을 말한다. 유황, 셀레늄 등의 화합물처럼 금속의 수소흡수를 촉진하는 물질과 큰 응력이 존재하는 경우, 페라이트계 및 마르텐사이트계의 강이 수소취성하기 쉽다. 캐소드분극에 의해서 응력부식균열은 억제되지만 수소취성은 촉진된다.

14.6 미생물부식

미생물의 활동에 의한 부식성 환경조건이 국부적으로 변화하고 재료에 부식이 생기거나 부식속도에 큰 영향을 끼칠 경우를 미생물부식이라 한다. 황산염 환원 세균은 부식과 관계가 오래 전부터 지적됐지만, 최근 토양매설강관 및 온화한 물 환경에서 스테인리스강 등의 비정상적인 부식 사례를 계기로 세균에 의한 부식을 보다 많이 제시하였다.

이들 분류 외에 여러 가지 원인별로 나누어 부르는 것도 많다. 예를 들면 이종금속 접촉부식, 환기차이부식, 침식 · 부식, 전식, 매크로 전지부식 등이다.

14.7 부식방지의 의의

부식방지에는 두 가지 의의가 있다. 하나는 경제적 의의이다 이것은 매설배관, 탱크, 기계금속부품, 선체, 해양구조물 등의 마모나 갑자기 일어난 파손에 따른 물질적 손해를 경감하는 데 있다. 두 번째는 자원 및 에너지 보존 측면에서 의의이다. 즉, 금속 공급은 세계적으로 한정된 것이며 그 손실은 심지어 금속구조물의 생산 및 가공에 사용된 에너지와 물 등의 낭비를 의미한다. 또, 환경오염의 요인이 될 수 있다.

경제적 손실을 보면, 직접적 손실과 간접적 손실로 나눌 수 있다. 직접적 손실은 부식된 구조물과 기계류 혹은 부품, 예를 들면, 복수기 등의 기기류, 매설관 등의 수리에 소요되는 기계비, 인건비 등 기타 구조물, 설비에 대한 방식에 필요한 비용이다. 또, 간접적 손실은 운전의 일시정지, 제품손실, 효율저하, 오염, 과잉설계 등 부식에 의한 간접적 비용 등이다.

일본에서 부식에 따른 손실비용 조사 결과에서 1975년 조사는 직접 경비 약 2.6조엔, 1997년의 부식손실비용 추정치는 직접 경비로 약 3.9조엔 보고되었다.

어느 조사 결과에서도, 부식손실비용은 GNP에 비하여 1975년 1.72%, 1997년 0.77%로 추정된다. 1975년부터 1997년에 GNP는 증대하였으나 부식손실비용 GNP는 감소하였다. 여기에는 여러 가지 원인이 있겠지만 최대의 원인은 GNP대비의 증대에 기여하는 산업의 내용이 변화하고 GNP의 증가만큼 부식 손실비용이 증가하지 않은 것으로 생각된다.

표 14-1 일본의 부식비용 1997/1975 비교

	1975	1997	(1997/1975)
Uhlig 방법 방식 비용(억엔)	25.509	39.377	1.54
% GNP(명목)	1.72	0.77	
% GNP(실질)	1.09	0.79	
GNP(명목) (10억엔)*	148.170	514.343	3.47
GNP(실질 1990년 가격0 (10억엔)*	234.203	498.435	2.13

* 경제요람, pp.4, 경제기획청 조사국 편(1999)

14.8 전기방식법의 기구

수분환경에서 금속부식은 전기화학적으로 반응하고 아노드(양극), 캐소드(음극)의 존재 및 전해액, 양전극의 전기적 접속으로 형성된다.

전기방식(캐소드방식)은 방식대상이 되는 금속을 캐소드(음극)로 하고, 외부 전극에서 직접 전류를 유입시킨다. 이에 의한 금속표면의 국부전지캐소드는 아노드의 평형전위까지 분극하여 전위는 같아지고 부식전류는 소멸하게 된다. 부식은 전류(방식전류라 한다)를 계속 공급하는 동안 방지된다.

금속의 부식이 어떤 환경 조건에서 일어나는지, 또는 일어나지 않는지를 파악하는 것에는 전위 - pH 선도가 유용하다. 그림 14.6은 철의 전위 - pH 선도로, 그림에서 부식이 발생하지 않는 영역(불활성 영역), 부식이 진행하는 영역(부식영역) 및 철 표면이 부동태피막으로 덮여서 부식이 진행하지 않는 영역(부동태영역)의 3영역으로 나눈다. 여기서 철의 전위는 표준수소전극(NHE)을 기준으로 표시한다.

지금 토양과 해수와 같은 중성환경에서 철의 부식방지에 대하여 생각하여 보자. 전형적인 예로서 철이 자연부식상태(A점)에 있다고 하면 철의 부식을 방지하려면 다음 세 가지 방법이 있다.

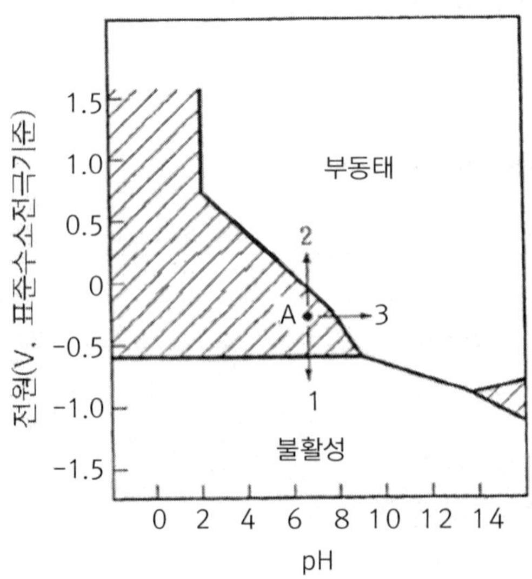

그림 14.6 철의 전위—pH 선도

① 철의 전위를 불활성 영역까지 낮은 방향으로 이동시킨다.
② 철의 전위를 부동태 영역까지 높은 방향으로 이동시킨다.
③ 환경 pH를 증대시켜서 부동태 영역까지 이동시킨다.

①처럼 철에 캐소드 전류를 공급하여 부식영역에서 불활성영역까지 캐소드분극하는 것이 캐소드방식법이며, ②는 아노드분극하여 부동태영역으로 이동시키는 부식방지법으로 아노드방식법이다. ①과 ②부식방지법은 모두 외부에서 전기적방법으로 가능하기 때문에 모두 전기방식법이라 한다. 단, 아노드방식법은 적용이 특정 환경 조건에 한정되어 적용례가 적다. 일반적으로 전기방식법은 캐소드방식법을 말한다. ③의 효과는 알칼리성 콘크리트의 철근이 부동태화하여 부식하기 어려운 것이다.

14.9 전기방식의 적용환경

전기방식법은 캐소드방식법과 아노드방식법이 있지만, 아노드방식법은 특수한 환경에서 사용되고 실시 사례도 적다. 캐소드방식법은 훨씬 광범위하게 사용되므로 일반적으로 전기방식이라고 하면 캐소드방식법을 말한다.

전기방식법(캐소드방식법)은 부식대상의 금속을 캐소드(음극)로, 불활성상태(불활성영역)로 유지하는 방식법이다.

전기방식의 대상은 전해질(물, 토양, 콘크리트 등 전기를 통하기 쉬운 물질)에 존재하는 금속으로 철강 외에 알루미늄합금, 스테인리스강, 납, 구리합금 등이 있다.

또, 공식, 응력부식균열, 부식피로, 캐비테이션부식 등의 방지에도 효과적인 경우가 많다.

부식환경인 전해질 중에서 특히 바닷물은 소금을 비롯한 염화물, 황산염 등의 염류가 다량으로 포함되어 자연환경에서 가장 부식성이 심한 것이다. 해수 및 해양환경에서 강구조물 및 해수를 이용하는 기기는 육상구조물에 비교하면 가혹한 부식환경에 있다.

전기방식 2

철은 자연 속에 안정되어 있는 철광석을 정련하여 만든다. 철광석은 주로 철이 산소와 화합한 산화철이나 특히 물과 결합 상태의 물질로 되어 있다. 철은 이와 같은 상태가 가장 안정한 상태이며 정련은 물과 산소를 분리하여 철로 만드는 것이다. 그러므로 철은 주변에 산소나 물이 있으면 결합하여 원래의 안정한 상태로 돌아가려고 한다. 그 상태가 녹이다.

부식은 금속이 환경에 의하여 화학적 혹은 전기화학적으로 침식되는 것을 말한다. 부식의 형태는 금속표면이 대부분 전면적으로 천천히 진행하여 가는 전면부식과 국부적으로 급속히 부식하는 국부부식으로 크게 나눈다. 강구조물과 기계설비 등의 부식이 직접, 간접적으로 경제적 손실 혹은 환경에 주는 영향은 헤아릴 수 없으므로 부식방지는 큰 의의가 있다. 이 장에서는 전기방식의 원리, 종류, 방식재료, 적용범위 및 실제의 설계·시공사례에 대하여 설명한다.

14.10 전기방식의 원리

전해질, 예를 들면 해수나 토양에 있는 금속의 대부분은 전기화학적으로 반응한다. 금속 표면은 성분·조직이나 환경에 의하여 불균일하여 그것이 원인이 되어 금속 표면에 전기화학적으로 다른 부분이 많이 발생한다. 즉 고전위의 음극(캐소드)과 저전위의 양극(아노드)으로 나뉘어 국부전지를 형성하고 양극은 금속이 양이온으로 되어 전해질 속에 용해되어 산소, 물 등과 결합하여 녹으로 된다. 금속의 이온화에 수반하여 양극은 전류가 유출하고 음극은 전류의 유입이 생긴다. 양극에서 금속의 손실은 전류의 양에 비례한다는 Faraday 법칙에 따른다.

양극과 음극이 혼재하는 전해질의 금속 전표면에 전류를 계속적으로 공급하면 국부전지에 의한 부식전류는 소멸하여 금속의 이온화도 멈추고 결과적으로 부식도 없어진다. 전기방식은 전류의 작용으로 금속의 전위를 변화시켜서 부식을 방지하는 방법이다. 그림 14.7의 분극도로 설명하면 C점의 부식상태에 있는 금속에 대하여 외부에서 M-N의 방식전류를 공급하면 부식전위는 E′ 로 저하하고, 더 큰 전류를 공급하여 전위가 E_a에 도달하면 부식전류가 0으로 되어 방식된다. 이때 E_a가 방식전위이며, I_p가 소요방식전류이다.

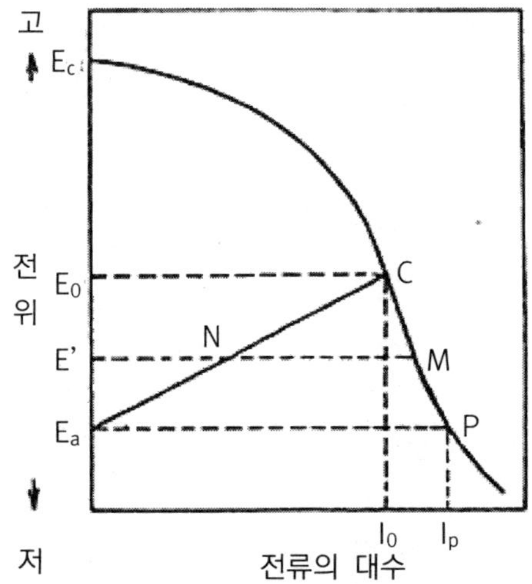

그림 14.7 전기방식 원리도

14.11 방식전위와 방식전류밀도

14.11.1 방식전위

금속을 완전히 방식하기 위하여 필요한 전위를 방식전위라 하고, 금속의 종류, 환경에 의하여 다른 전위로 된다. 방식전위는 전항의 E_a에 해당하고, 전기방식에서 방식전위 달성의 기준이 되는 값이다. 일반적인 자연환경에서 각종 금속·합금의 방식전위는 표 14-2과 같다. 이것은 실험실적 연구나 경험 예로부터 입증되는데 산성이나 고온 등의 특수 환경에서는 이것과 다르다.

그림 14.8는 연강의 전위와 부식도의 관계의 일례를 나타낸다. 용존산소의 환원을 부식의 주요한 캐소드반응으로 하는 정지중성용액에서는 캐소드분극의 진행에 의하여 부식속도는 급속히 감소하여 -0.77 V(SCE: 포화카로멜전극 기준)로 부식은 거의 정지한다. 이 전위를 이 계에 있어서 방식전위라고 한다.

전기방식법에서 구조물의 방식상태는 방식전위 여부에 의하여 판정할 수 있으므로 전위를 측정하여 전기방식 적용 후의 방식관리를 실시한다.

표 14-2 각종 금속·합금의 방식전위

금속·합금		대조전극 (V)			
		포화황산강	포화카르멜 (SCE)	해수염화은	아연
철강 통기성환경		−0.85	−0.77	−0.78	+0.25
SRB 번식*		−0.95	−0.87	−0.88	−0.15
고장력강	하한	−0.85		−0.78	
(700MPa이상)	상한	−1.10		−1.05	
동합금		−0.50~−0.65		−0.45~−0.60	−0.60~−0.45
납		−0.60		−0.55	−0.50
알루미늄	하한	−0.95		−0.90	−0.15
	상한	−1.20		−1.15	−0.10

*혐기성의 황산염 환원 박테리아가 번식하고 있는 환경

㈜철강을 제외한 모든 전위는 0.05 V 이하를 버린 값

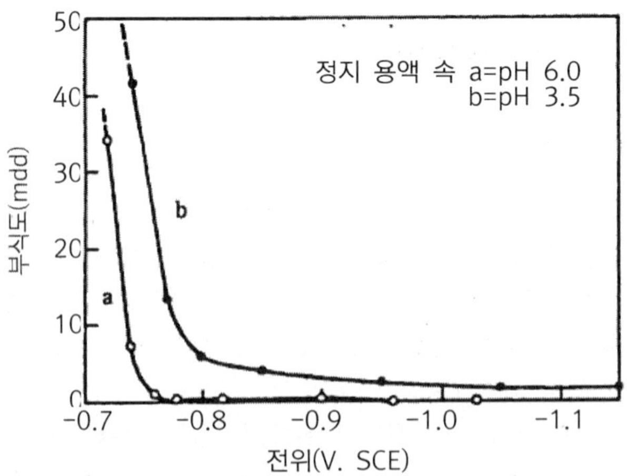

그림 14.8 pH 3.5 및 6.0의 정지 3%NaCl 용액에서 연강의 전위와 부식도와의 관계

14.11.2 방식전류밀도

금속의 표면전위를 방식전위로 만들기 위하여 필요한 단위면적당 방식전류를 방식전류밀도라고 한다. 방식전류밀도는 금속의 종류와 표면상태 혹은 환경의 부식성, 온도, 유속 등에 의하여 다르다. 그림 14.9은 강재의 부식속도와 유속 및 온도와의 관계의 대표 예를 나타낸다. 부식속도가 높을수록 방식전류밀도도 크게 된다.

또, 무도장면의 소요방식전류밀도는 시간의 경과에 따라 감소하는 경향이 있는데 도장면은 도막의 열화와 함께 증가한다. 여러 가지 부식 환경에서 금속에 대한 경험 및 실험데이터를 기준으로 방식전류밀도가 결정되고 있다. 무도장의 금속에 대한 대표적인 수치(초기치)를 표 14-3에 나타낸다.

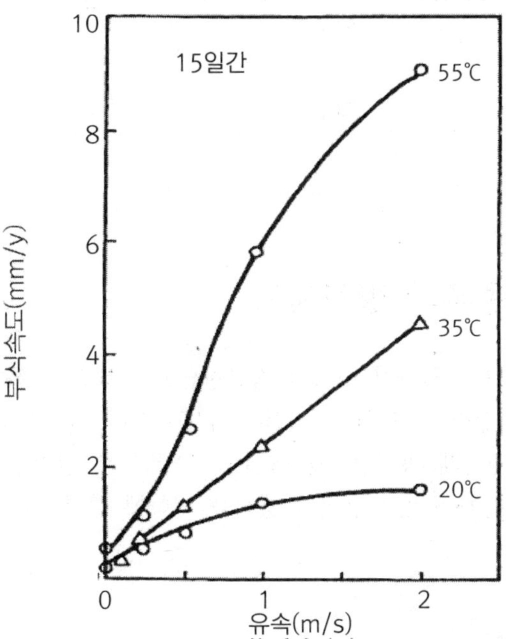

그림 14.9 강재의 부식속도와 유속 및 온도와의 관계(3%NaCl 용액)

표 14-3 방식전류밀도

금속	환경	전류밀도(mA/㎡)
철강	해수	50~150
	해수 (고유속)	150~300
	담수 (유동)	60
	온수	50~150
	중성토양 (불통기성, 건조)	5~15
	중성토양 (통기성, 습윤)	20~50
	중성토양 (세균번식)	400
	콘크리트 (염화물 없음)	1
	콘크리트 (염화물 함유)	5~20
스테인리스강	해수	20~50
알루미늄	해수	20~50
동합금	해수	150~300

14.12 전기방식의 종류와 방식재료

방식전위를 유지하기 위하여 소정의 직류전류를 전해질을 통하여 연속적으로 금속면에 흘릴 필요가 있다. 그러나 방식전류가 중단되면 방식효과는 저하하기 때문에 전기방식장치는 안정하게 방식전류를 공급할 수 있도록 설치환경의 조건을 고려하여 선택할 필요가 있다. 대표적인 방식의 방식을 이하에 설명한다.

14.12.1 유전양극방식

유전양극방식은 구조물에 전위가 낮은 금속을 전기적으로 접촉하여 양자 간의 전위차를 이용하여 방식전류를 흘리는 방법이다. 이 방식의 개념을 그림 14.4에 나타낸다.

유전양극(galvanic anode) 혹은 희생양극(sacrificial anode)라고 하는 양극재료는 사용 기간 중 구조물에 대하여 유효한 전위를 가지며, 게다가 단위중량당 발생전기량이 크고 더욱이 용해량이 균일한 것이 필요하다. 실용되고 있는 주요한 유전양극 재료의 특징을 표 14-4에 나타낸다.

금속이 주어진 환경에서 실제로 나타내는 전위를 자연전위라고 하고, 각종의 금속 및 합금의 자연전위를 높은 것(noble)부터 낮은 것(active)으로 차례로 나열한 것을 자연전위열(galvanic series)이라고 한다. 표 14-5에 자연전위열을 나타낸다.

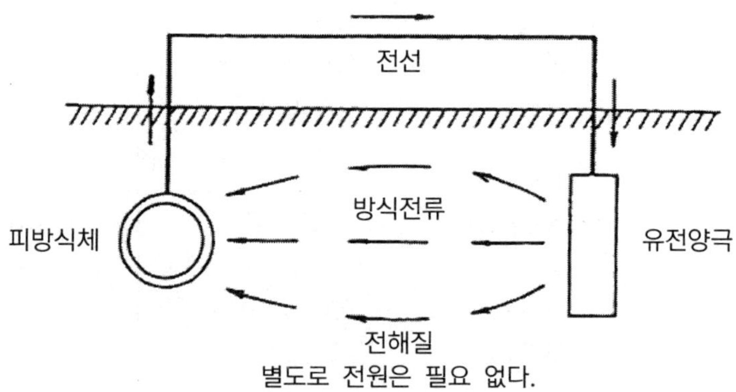

그림 14.10 유전양극방식

표 14-4 유전양극재료의 특성

특성	아연합금	마그네슘합금	알루미늄합금
개로전위 (V/SCE)	−1.0	−1.5	−1.1
전류효율 (%)	95	50	80~95
발생전기량 (Ah/kg)	780	1100	2300~2750

표 14-5 해수 속의 금속의 자연전위열 (포화카르멜전극 기준)

고(noble)	백금		+0.33 V
↑	금		+0.18
	스테인리스강	(18Cr-8Ni-3Mo)	-0.04
	은		-0.06
	스테인리스강	(18Cr-8Ni) (부동태)	-0.08
	모넬	(67Ni-30Cu)	-0.10
	동니켈	(70Cu-30Ni)	-0.13
	청동	(Sn6%~10%)	-0.14
	황동	(85Cu-15Zn)	-0.15
	동		-0.17
	황동		-0.20
	(표준수소전극)	H2/H+	-0.24
	니켈	(활성)	-0.24
	황동	(60Cu-40Zn)	-0.27
	스테인리스강	(18Cr-8Ni) (활성)	-0.28
	주석		-0.46
	납		-0.50
	강·주철		-0.45~-0.65
	듀랄루민		-0.61
	카드뮴		-0.78
	알루미늄		-0.78
↓	아연		-1.07
저(active)	마그네슘		-1.60

14.12.2 외부전원방식

외부전원방식은 직류전원을 이용하여 보조전극을 양극(+극)으로 하고 구조물을 음극(-극)으로 전해질을 사이에 두고 보조전극에서 구조물로 연속하여 방식전류를 공급하는 방식이며 개념을 그림 14.11에 나타낸다.

보조전극은 강이나 알루미늄 등의 소모성 재료를 사용하기도 하지만 장기간의 사용에 견디는 내구성재료를 사용하는 경우가 많다. 내구성재료는 Si와 Cr을 함유하는 고규소철, Ti에 Cr을 도금한 Pt-Ti, Pb에 Ag를 첨가한 Pb-Ag, 특히 귀금속산화물을 Ti에 피복시킨 것 등이 있다. 내구성 전극재료의 종류와 성능을 표 14-6에 나타낸다.

방식전류를 공급하는 인가전압은 방식대상물 및 보조전극을 설치하는 토양, 담수, 해수 등의 환경저항률의 대소에 의하여 다르지만 일본에서는 최대 60 V까지 허용하고 있다.

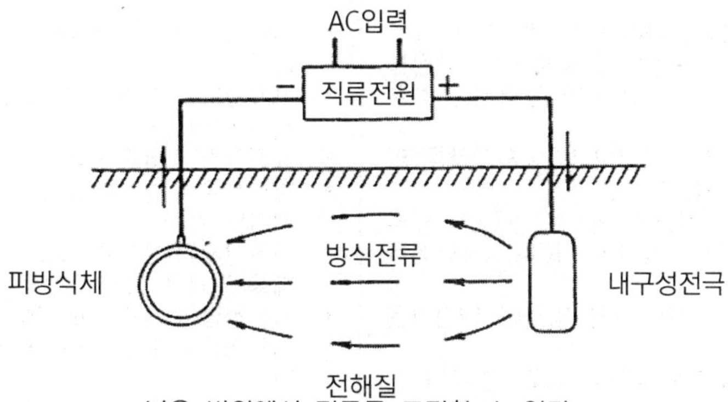

넓은 범위에서 전류를 조절할 수 있다.

그림 14.11 외부전원방식

표 14-6 각종 내구성 전극의 특성

전극종류	주성분	소모도 (kg/A·y)	용도
고규소철 전극	Si14.5% Cr4.5%	0.1~1.0	흙 속·물 속·해수 속
흑연 전극	C	0.4~1.3	
납은 전극	Pb-Ag	0.006~0.02	해수 속
페라이트 전극	Fe_2O_3	0.0004~0.003	흙 속·물 속·해수 속
금속산화물피막 전극	금속산화물-Ti	0.000006	
백금-티탄 전극	Pt-Ti	0.000006	해수 속· 흙 속

14.12.3 양 방식의 비교

전기방식 대상물의 규모, 구조, 사양, 환경 및 경제성 등을 고려하여 방식 방법을 선택할 필요가 있다. 유전양극방식과 외부전원방식을 비교하면 표 14-7과 같다.

표 14-7 유전양극방식과 외부전원방식의 비교

유전양극방식	외부전원방식
• 전원의 이용이 어려운 장소에 적용 가능 • 소규모 혹은 도장이 입혀져 있는 대상물에 적절하지만, 고저항의 환경에는 적절하지 않다 • 시공이 비교적 간단하고, 유지관리를 필요로 하지 않는다 • 방식전류의 조절은 할 수 없지만, 양극수의 증가가 가능하여 자기자동제어성을 가진다 • 방식수명을 길게 하면 양극이 대형화된다 • 인접구조물로의 영향이 적고, 양극의 선택에 의하여 과방식을 피할 수 있다	• 전원의 이용이 어려운 장소에서는 적용곤란 • 고저항이나 부식성이 가혹한 환경에서도 적용할 수 있다 • 유지관리나 유지전력비를 필요로 한다 • 방식전류의 큰 폭 조절이 가능하며 자동제어도 가능 • 방식장치의 수명이 길고 긴 시간동안 교체를 필요로 하지 않는다 • 사용전압이 높기 때문에 과방식이나 인접구조물로의 영향에 유의할 필요가 있다 • 전위는 전극 근접점에서 최대로 되고, 먼 방향으로 향해 감쇠한다

14.12.4 전기방식 적용범위

전기방식법은 적용대상이 물, 해수, 토양 등의 전해질과 접촉하는 금속표면에 한정되지만, 강을 비롯한 각종 금속이나 합금의 부식을 방지할 수 있다. 또 자연부식 외, 공식, 틈새부식, 혹은 응력부식균열 등의 방지에도 유효하다. 전기방식법은 기존 시설에 적용할 수 있는 장점이 있고, 또 도장이나 부식억제제 등 다른 방식법과 병용하는 것도 한층 유효하다.

14.13 전기방식의 설계 예

다음은 전기방식의 설계에서 구체적인 방식대상물을 나타낸다.

14.13.1 해수취수관

해수를 생산라인에 사용하는 플랜트의 경우 해수취수관을 이용하여 해안으로부터 떨어진 장소로 취수하는 경우도 많다.

해수취수관은 그림 14.12에 나타내듯이 이물질 혼입방지와 취수 수침 등을 결정하는 취수선단과 취수한 해수를 착수조로 인도하는 취수관(도수관)으로 구성된다.

해수취수관은 일반적으로 강이며 표면이 코팅 혹은 라이닝 되어 있고, 조류 등의 영향을 피하기 위하여 취수선단의 일부를 제외하고 해저에 매설되어 있다.

해수취수관은 한번 설치되면 코팅이나 라이닝의 보수를 하는 것이 곤란하기 때문에, 플랜트 운전기간에 정상적인 기능을 발휘하기 위해서는 전기방식의 적용이 불가결하다.

해수취수관을 전기 방식하는 경우에는 부식환경의 차이로부터 외부와 내부를 별도로 생각할 필요가 있다. 외부는 착수조 측에 내구성 전극을 설치하고 외부전원 방식의 전기방식 장치를 계획하는 것도 가능하지만, 설비가 간단하기 때문에 취수선단의 해수 중 노출부에 필요량의 알루미늄합금 양극을 설치하여 취수관 전 길이에 걸쳐 방식하는 유전양극방식의 전기방식을 적용하는 것이 일반적이다.

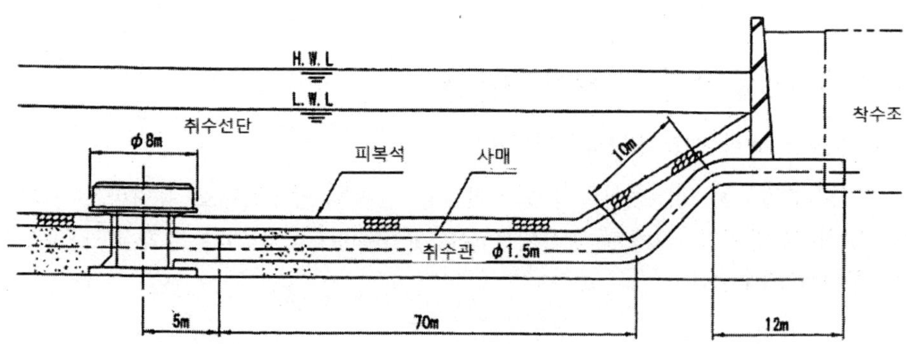

그림 14.12 해수취수관도

한편, 내부는 배선배관을 수반한 외부전원방식은 현실적이지 않고 외부와 동일하게 알루미늄합금 양극을 사용한 유전양극방식을 적용한다.

이하에 주어진 조건에서 전기방식 설계의 과정을 설명한다.

14.13.2 설계조건

(1) 방식대상

신설 해수취수관 내외부 (취수선단 포함) - 1조

치수: Φ1.5 m×90 m

도장: 취수선단 및 취수관 내부 - 타르에폭시코팅 400 ㎛ 이상

취수관 외부 - 콜타르 에나멜 라이닝 4 ㎜ 이상

(2) 부식환경

취수관 내부 : 유동 해수 (유속 2.5 m/s)

취수관 외부 : 해저 토양 속 (모래 묻음, 카프리 1.0 m)

(3) 전기방식 방식 및 설계 수명

알루미늄합금 양극에 의한 유전양극방식, 설계수명 20년 이상

14.13.3 방식대상 면적 및 방식전류밀도

방식대상 면적을 표 14-8에 나타낸다.

방식전류밀도는 방식대상물의 단위면적당 전위를 방식전위로 유지하기 위해 필요한 방식전류량이며, 크기는 방식대상면의 코팅(혹은 라이닝)의 열화정도나 부식환경의 상황에 좌우된다.

표 14-8 방식대상 면적

방식대상 \ 부식환경		유동해수 속	정지해수 속	해저토양 속
취수선단		100 ㎡	40 ㎡	60 ㎡
취수관	내부	420 ㎡	-	-
	외부	-	-	510 ㎡

(1) 코팅 열화율의 추정

전기방식에 의한 부식전류는 코팅이 건전한 부위에는 유입하지 않는다. 바꿔 말하면 코팅이 열화한 부분만이 전기방식의 대상면으로 되기 때문에 그 면적을 추정할 필요가 있다.

여기서 말하는 코팅의 열화는 전기적인 절연 성능의 열화이다.

코팅의 열화율(전 표면적에 대한 코팅이 열화한 부분의 면적 비율)은 코팅 사양의 우열은 말할 것도 없이 코팅의 시공조건과 취수관 설치 시의 품질관리 상황에 따라 좌우되므로 부식 계획 시 관계자와 잘 협의하여서 결정할 필요가 있다. 또 전기방식 설비가 있으면 코팅의 결함부에 부식이 생기지 않기 때문에 결과적으로 코팅 결함부의 확대를 억제할 수 있는 효과가 있기 때문에 이 점도 고려한다.

코팅의 열화율과 후술하는 유속이 전류밀도에 주는 영향에 대하여는 기준이 되는 몇 개의 수치가 있으므로 그것들을 표 14-9에 나타낸다.

본 설계 예에서는 표 14-9의 수치를 고려하여 코팅의 열화율을 표 14-10와 같이 결정하여 이야기를 진행하는 것으로 한다.

(2) 유속에 의한 전류밀도의 보정

일반적으로 강의 부식속도는 강 표면의 산소확산속도에 지배되기 때문에 속도가 빠를수록 방식전류밀도도 증가한다. 유속과 방식전류밀도의 관계에 대하여 몇 개의 수치가 있는데(표 14-9), 그것들을 고려하면 유속 2.5 m/s 때의 방식전류밀도는 정지 시에 비하여 2~3배 된다고 생각된다. 여기서는 안전을 고려하여 정지 시의 3배로 예상한다.

표 14-9 방식전류밀도와 코팅 열화율 및 유속의 관계

참고문헌	발행자	코팅열화 관련	유속관련
항만시설의 기술 상의 기준·동 해설(개정판) 1989년 6월	(사)일본항만협회	20+100S mA/㎡ S에 대하여의 지침은 없다 (S는 코팅열화율)	「소요방식전류는 증대한다」 라고만 기술되어져 있다
항만 강구조물 방식·보수 매뉴얼(개정판) 1997년 4월	(재)연안개발기술연구센터	20+100S mA/㎡ S에 대하여의 없지만, DNV에 열화계수가 나와 있다라고 쓰여져 있다	북해(7℃)의 예가 나타내어져 있다. O_2 8 ppm에서 2 m/s 일 때 182 mA/㎡ 4 m/s 일 때 273 mA/㎡
해역에 있어서 토목구조물의 전기방식에 관한 공동연구보고서 1991년 3월	건설성토목연구소(재)토목연구센터	10%~25%까지의 범위로 한다.(도장의 grade나 방식기간의 장단에 관한 기술은 없다)	2 m/s 일 때 230 mA/㎡ 5 m/s 일 때 270 mA/㎡
방식기술편람	부식방식협회편 (일간공업신문사)	기술 없음	고조류해역(2 m/s) 300 mA/㎡
Handbook of Cathodic Protection	W.V.Baeckman and W.Schwenk	기술 없음	p. 261 그림14.8로부터 2.0 m/s 일 때 정지의 1.8배 2.5 m/s 일 때 정지의 2.0배
RECOMMENDED PRACTICE RP B401 CATHODIC PRPTECTION DESIGN 1993	DET NORSKE VERITAS INDUSTRY AS [DNV]	(예) 막두께 300~450 ㎛ (Category Ⅲ) 20년간 평균열화율(수심0~30 m) 0.02+0.015×20/2=0.17(17%)	기술 없음

표 14-10 설계에 사용하는 코팅 열화율(방식기간 20년간의 평균)

코팅종류 \ 부식환경	유동 해수 속	정지 해수 속	해저 토양 속
타르에폭시 400 ㎛이상	30%	20%	20%
콜타르에나멜 4 mm이상	-	-	10%

(3) 기본이 되는 방식전류밀도

해수의 무도장 강에 대한 방식전류밀도는 청정 해수에서 100 mA/㎡, 오염 해수는 오염도에 따라서 고려된다. 본 예의 해수취수관은 청정 해수영역에 설치되는 것으로 100 mA/㎡을 기준으로 한다.

또, 바다 땅속의 전류밀도는 일반적으로 해수의 1/5인 20 mA/㎡인데 이것은 해저면에서 항만구조물로 주요 방식대상이 되는 강관 말뚝과 강판의 선단까지의 평균값이며 본 예와 같은 해저면 아래의 모래에 매몰된 것은 돌 속(해수 중의 1/2=50 mA/㎡)과 바다 땅의 중간치로서 35 mA/㎡을 채용한다.

다만 이들의 수치는 모두 무도장 강에 대한 방식기간의 비교적 초기에 필요한 방식전류밀도이며 본 예와 같이 도장된 강에 대한 방식의 경우 방식기간의 초기에는 코팅이 비교적 건전하기 때문에 방식전류는 거의 필요하지 않다. 따라서 기준이 되는 방식전류밀도는 강의 전위가 방식전위에 안정된 후 전위를 유지하기 위하여 필요한 「평균유지전류밀도」로서 고려할 수 있으면 좋다. 해수의 강을 전기방식하면 해수의 전기분해에 의하여 강 표면에는 탄산칼슘을 주성분으로 하는 피막(electro coating)이 형성된다. 방식기간이 장기간에 달하면 피막의 효과에 의하여 소요방식전류가 저하한다. 본 사례와 같이 방식기간을 20년으로 한 경우 유지전류밀도는 초기치의 50% 정도로 저하하기 때문에 기준이 되는 방식전류밀도는 부식 환경 마다 상기의 값 각각의 50%로 생각해도 좋다.

(4) 설계에 사용하는 방식전류밀도

상기 a)~c)에 의하여 설계에 사용하는 방식전류밀도를 계산하면 표 14-11과 같이 된다.

표 14-11 방식전류밀도(방식기간 20년의 평균치)

방식대상 \ 부식환경		유동해수 속	정지해수 속	해저토양 속
취수선단		100mA/㎡×0.5×0.30×3 =45mA/㎡	100mA/㎡×0.5×0.20 =10mA/㎡	35mA/㎡×0.5×0.20 =3.5mA/㎡
취수관	내면	100mA/㎡×0.5×0.30×3 =45mA/㎡	-	-
	외면	-	-	35mA/㎡×0.5×0.1 =1.75mA/㎡

14.13.4 소요방식전류

소요방식전류는 방식대상 면적에 방식전류밀도를 곱한 것이다. 따라서 각 방식대상의 소요방식전류는 표 14.12과 같이 된다.

표 14-12 소요방식전류(방식기간 20년의 평균치)

방식대상 \ 부식환경		유동해수 속	정지해수 속	해저토양 속
취수선단		100㎡×0.045A/㎡=4.5A	40㎡×0.010A/㎡=0.4A	60㎡×0.0035A/㎡=0.21A
취수관	내면	420㎡×0.045A/㎡=18.9A	-	-
	외면	-	-	510㎡×0.00175A/㎡=0.89A

14.13.5 소요전기용량과 희생양극소요량

소요전기량은 방식기간 20년 동안 필요한 전기량으로 소요방식전류에 방식기간(년수)을 곱한 것이다. 또 희생양극소요량은 소요전기량을 희생양극(알루미늄합금 양극)의 유효전기량으로 나눈 것이다. 표 14-13에 소요전기량과 희생양극소요량을 나타낸다.

표 14-13 소요전기용량과 희생양극소요량

방식대상부위	소요전기용량	알루미늄합금양극소요량
취수선단 유동해수 속	4.5A×20y=90Ay	90Ay×8760h/y/2600Ah/kg=303.2kg
취수관 내면(유동해수면)	18.9A×20y=378Ay	378Ay×8760h/y/2600Ah/kg=1273.6kg
취수선단 정지해수 속 취수선단 해저토양 속 취수관 외면(해저토양)	(0.4A+0.21A+0.89A)×20y=30.0Ay	30.0Ay×8760h/y/2600Ah/kg=101.1kg

14.13.6 사용양극의 선정

알루미늄합금양극은 주조품이기 때문에 여러 가지 형상의 것을 제작할 수 있는데 일반적으로는 경제성을 고려하여 기존의 주조금형을 이용할 수 있는 치수를 선택한다. 취수관 방식에 일반적으로 사용되는 양극은 막대 모양으로 단면이 사다리꼴을 하고 양쪽에서 판상의 심금(아연도금강판)이 나와 있고 이 심금을 이용하여 방식대상에 고정한다.

(1) 취수관 내부용 알루미늄합금양극

관내부 방식용 양극을 선정할 때는 먼저 필요수량을 산출한다. 이것은 방식대상이 관내부의 경우, 범위가 방식대상(음극)으로 둘러싸여져 있기 때문에 외부에 비하여 양극으로부터 발생하는 방식전류의 감쇠가 크고 1개의 양극으로 방식할 수 있는 범위가 한정되기 때문에 전 길이에 걸쳐서 방식전위를 유지하기 위하여 양극설치간격을 일정간격 이하로 할 필요가 있다. 설치간격의 최대치가 결정되면 양극 설치수의 하한치가 결정된다. 양극 설치수의 하한치는 식(14.6, 14.7)에 의하여 산출한다.

$$N_{\mathrm{min.}} = \frac{L}{2X} \tag{14.6}$$

$$X = \sqrt{\frac{\Delta E}{2 \times \rho \times i_p} \times d} \tag{14.7}$$

여기서,
- N_{min} : 양극 최저 필요수 (개)
- L : 취수관 전 길이 (9000 cm)
- X : 방식가능거리 (cm)
- ΔE : 양극 근방전위(-0.95 V)와 방식전위(-0.78 V)의 차(0.17 V)
- ρ : 해수저항률 (30 Ω-cm)
- i_p : 소요방식전류밀도 (0.09×10^{-4} A/㎠)
- d : 관의 내경 (150 cm)

(주 1)이 경우의 소요방식전류밀도는 코팅열화율이 최대로 되는 방식기간 말기(20년 후)의 값으로 할 필요가 있기 때문에 표 14-11의 값의 2배로 한다.

식 (14.6, 14.7)를 계산하면 X=217.3 cm, N_{min}=21개로 된다. 따라서 취수관의 내부에 설치할 양극은 21개 이상이고, 설치 간격은 434.6 cm이하, 더욱이 설치 총량은 1273.6 kg이상 표 14.13이 된다. 설치 총량은 양극의 심금을 제외한 알루미늄합금 정미(순) 질량이다. 양극 1개당의 정미질량은 1273.6 kg/21개=60.6 kg을 목표로 선정한다.

다음으로 실제로 적용할 양극을 선정하는데 취수관 내부는 해수의 흐름이 있기 때문에 가능한 한 흐름을 저해하지 않는 형상의 것을 선택하면 좋다. 시중에 판매되는 제품(품명: Alanode)은 그림 14.13에 나타낸 것과 같이 각종 형상의 알루미늄합금 양극이 있는데 이 중에서 전기용량이 비교적 크고 흐름이 있는 환경에 적합한 양극으로서 KA형 양극을 선정하는 것으로 한다. 사용할 양극의 사양을 표 14-14에, 취부 개략도를 그림 14.14에 나타낸다.

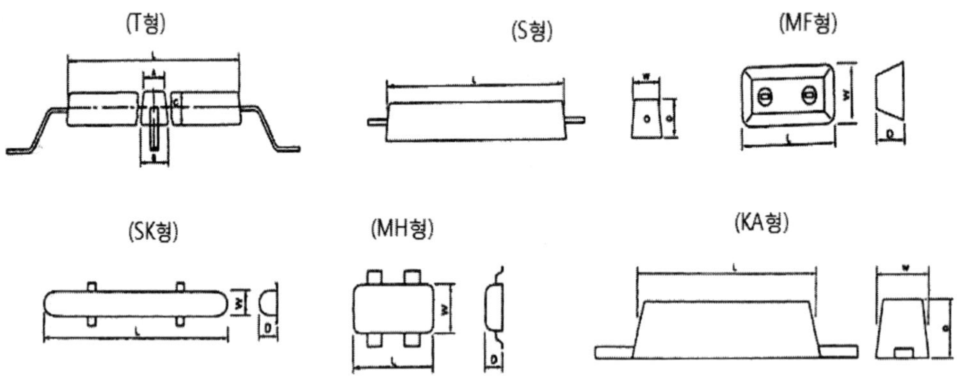

그림 14.13 각종 알루미늄합금양극의 형상

표 14-14 사용양극의 사양

종류	알루미늄합금양극
품명·형식	Alanode 54 KA-1.75형
치수	(116+176)×70×1750 mm
질량	정미 47.5 kg 제품 51.7 kg

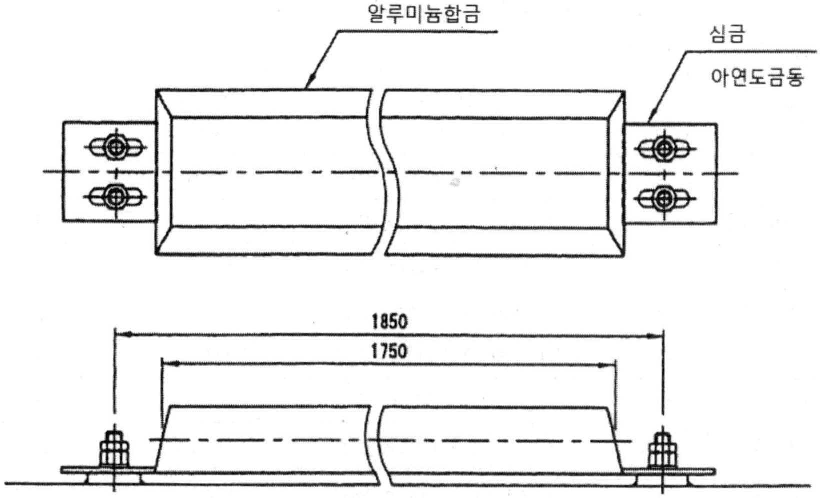

그림 14.14 Alanode 54 KA-1.75형 취부 개략도

다음으로, 부착총량을 결정하는데, 이것에는 취수관을 구성하는 단관 상호간의 용접선을 양극이 갈림이 없도록 부착을 요구하는 수가 많기 때문에 그것들의 요구를 만족하도록 조정할 필요가 있다. 기본적으로 [필요 총질량(1273.6 kg)/양극 1개]의 정미질량(47.5 kg)≤27개가 된다.

이상과 같이 본 예의 취수관 내부는 Alanode 54 KA-1.75형을 27개(이상), 가능한 한 균등하게 부착함으로서 양호한 방식상태를 20년간에 유지할 수 있다.

(2) 취수선단 유동해수면용 알루미늄합금양극

취수선단의 유동해수면은 주로 취수선단 설비의 내부에 닿는 부분이며 설치환경으로서는 취수관 내부와 거의 똑같이 간주할 수가 있기 때문에 이 부분에 적용할 알루미늄합금양극도 취수관 내부와 동일한 물건을 사용하는 것이 일반적이다. 부착수량은 표 14-13에 나타낸 양극소요량(303.2 kg)을 양극 1개당의 정미질량(47.5 kg)으로 나누어서 구한 7개가 된다. Alanode 54 KA-1.75형 7개를 해수가 흐르는 방향을 고려하여 가능한 한 난류를 발생시키지 않는 위치에 균등하게 부착한다면 양호한 방식효과와 수명이 얻어진다.

표 14-15 알루미늄합금양극 "Alanode T형" 범용품 일람표
(해수저항률이 30 Ωcm일 때에 적용한다)

형명	수명 (년)	형상·치수 (A+B)×C×L mm	질량 (kg) Gross	표준발생전류 (A)
T5-2.0A	5	(75+105)×90×885	23.9	2.0
T5-3.0A	5	(75+90)×80×1680	34.4	3.0
T10-2.0A	10	(115+160)×140×690	40.3	2.0
T10-2.5A	10	(110+140)×130×1020	49.5	2.5
T10-3.0A	10	(100+130)×120×1450	60.6	3.0
T10-3.5A	10	(100+130)×110×1830	69.4	3.5
T15-2.0A	15	(165+215)×190×525	56.7	2.0
T15-2.5A	15	(135+185)×170×870	69.9	2.5
T15-3.0A	15	(130+175)×150×1240	83.0	3.0
T15-3.5A	15	(130+160)×140×1630	96.1	3.5
T20-2.0A	20	(190+230)×200×750	91.0	2.5
T20-3.0A	20	(145+210)×190×1120	108.4	3.0
T20-3.5A	20	(140+200)×180×1440	125.8	3.5
T25-2.5A	25	(240+300)×270×540	112.1	2.5
T25-3.0A	25	(200+240)×220×980	134.5	3.0
T25-3.5A	25	(190+230)×200×1320	161.5	3.5
T30-3.0A	30	(230+290)×260×835	163.8	3.0
T30-3.5A	30	(200+260)×240×1195	190.0	3.5
T40-3.0A	40	(380+420)×380×495	215.5	3.0
T40-3.5A	40	(280+320)×300×980	251.1	3.5
T50-3.0A	50	(420+480)×450×465	267.7	3.0
T50-3.5A	50	(380+420)×380×725	310.4	3.5

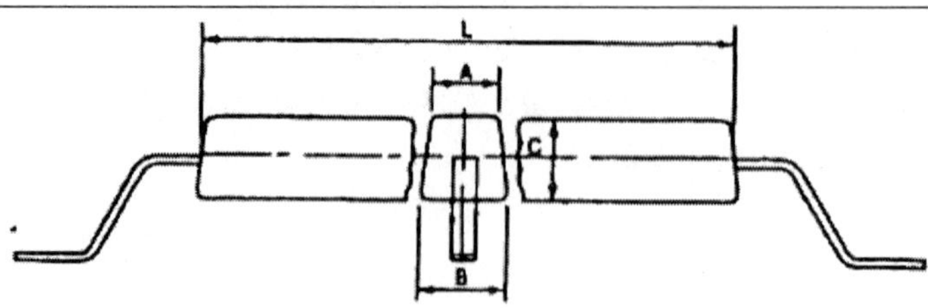

(3) 취수관 외부 그 밖의 용도의 알루미늄합금양극

취수관 외부와 취수선단의 정지해수 및 해저토양의 전기방식은 취수선단의 정지해수에 알루미늄합금양극을 설치함으로서 일괄 실시할 수 있다. 취수관 외부의 착수조 측단부까지 충분한 방식효과가 얻어질지 어떨지에 대하여는 취수관의 길이나 외부의 라이닝 열화정도, 더욱이 배관접합부의 도전저항 등의 값을 이용하여 검증하는 방법이 있는데 여기에서는 약간 복잡하기 때문에 생략한다. 일반적으로 말하여 라이닝의 등급이 본 예 정도의 것이라면 배관이 상당히 길어도 말단까지 충분한 방식효과가 얻어진다.

이 부분에 설치할 양극은 해수의 흐름을 고려하지 않아도 좋으므로 그림 14.13에 나타낸 각종 알루미늄합금양극 중, 비교적 큰 전기용량을 가진 항만구조용에 가장 널리 이용되는 Alanode T형을 사용한다. 범용 T형 Alanode의 일람표를 표 14.15에 나타낸다. 선택할 알루미늄합금양극은 표 14-13에 나타낸 양극소요량(101.1 kg) 이상이고, 요구되는 양극수명을 기대할 수 있는 것으로서 "T20-3.0 A형"(정미질량 101.4 kg) 1개를 부착한다. 본 예의 취수관 외부, 그 밖의 부분은 양호한 방식효과가 얻어진다.

전기방식 3

해수나 토양에 있는 금속 부식의 대부분은 전기화학반응에 의한 것이다. 금속 표면은 성분·조직, 환경에 의하여 불균일하여, 이것이 원인이 되어 전기화학적으로 다른 부분이 많이 발생하고 있다.

즉, 양극과 음극으로 나뉘어서 국부전지가 형성되고, 양극은 금속이 양이온으로 되어 전해질 속에 용출하여 부식이 발생한다. 전해질 속의 금속표면에 전류를 계속하여 흘려주면 국부전지에 의한 부식전류는 소멸하고 금속의 이온화도 멈추어 부식이 없어진다. 필요한 직류전류를 계속적으로 금속표면에 흘리면서 부식을 방지하는 방법이 전기방식이다.

주요한 전기방식의 방식에는 이온화 경향이 다른 금속을 조합하여 전지회로를 구성시켜 전류를 공급하는 유전양극방식, 직류전원장치를 이용하여 구조물을 -극으로 하여 전해질을 사이에 두고 보조전극으로부터 구조물로 연속하여 전류를 공급하는 방법이 외부전원방식이다. 방식방법은 구조물 조건, 환경, 경제성 등을 고려하여 결정한다.

앞에서는 방식의 원리, 방식방법 및 실제로 해수환경에 있어서 해수취수관 설비를 대상으로 한 구체적인 방법을 설계사상, 수순, 방식법·재료의 선택 등 설계 배경, 과정에 대하여 설명하였다. 여기서는 열교환기의 외부전원방식에 의한 전기방식 장치의 설계 사례를 제시하고 전기방식 설비의 보수관리방법 및 금후의 방식기술의 동향에 대하여 다룬다.

14.14 해수사용 셀 및 튜브형 열교환기의 외전방식 장치 설계 예

프로세스 유체를 해수를 사용하여 냉각하는 방법으로 광범위하게 실시되는 것으로 셀 및 튜브형 열교환기에 의한 방법이 있다.

다수의 세관(전열관) 속에 해수를 흐르게 하여 세관의 외부의 프로세스 유체를 냉각한다. 세관에 구멍이 뚫리면 프로세스 유체에 해수가 혼입하는데 프로세스 유체의 압력이 높은 경우에는 프로세스 유체가 해수 속으로 누설되고 어느 쪽으로 하더라도 운전을 일시 중단하여 대책을 강구하지 않으면 안 되기 때문에 세관의 방식대책은 극히 중요하다.

최근에는 세관에 내식성이 높은 티탄이나 고급스테인리스강을 사용하는 수도 많아지고 있지만, 본래의 목적인 열전도 성능과 가격 면에서 알루미늄황동이나 구리니켈(cupronickel) 등의 동합금관을 사용하는 경우가 많다.

셀 및 튜브형 열교환기는 챔버에 아연합금 등의 희생양극을 부착하여 유전양극방식의 전기방식을 많이 시행하지만, 2~3년 마다 희생양극의 교환이 필요한 것과 열교환기 자체가 대형화되면서 희생양극의 크기와 수량도 증가하기 때문에 유지관리의 기간도 비용도 높아지게 된다.

이것에 대하여 외부전원방식의 전기방식을 채용하면 운전 비용(running cost)로서의 전기비용은 필요하지만, 전극의 수명은 10년 정도 기대할 수 있고 수량도 희생양극에 비해 훨씬 적은 이점이 있다.

또, 동합금 세관을 사용할 때에 불가결한 것이 철 전해조와 황산제일철 주입장치이다. 철 전해조와 황산제일철 주입장치는 철 이온을 생성하여 해수라인에 주입하는 것에 의하여 동합금 세관의 표면에 산화철피막을 형성시킨다. 동합금 세관의 표면에 형성한 산화철피막은 동합금 세관의 표면을 보호하여 동합금 세관의 내식성 향상에 기여한다.

외부전원식 전기방식을 채용하는 해수 사용의 열교환기의 경우 사용할 통전전극은 통상 납-은 합금이나 백금도금 티탄 등의 내구성 전극인데 통전전극에 철을 사용하면 열교환기의 챔버가 철 전해조의 역할을 하는 것이 된다. 단, 전기방식에 필요한 전류(방식전류)는 일반적으로 철 전해 전류의 1/10 이하이기 때문에 열교환기 챔버를 철 전해조로서 사용하기 위하여 약간의 연구가 필요하다.

일본방식공업주식회사에서는 쌍극형 철전극이라고 하는 특수구조의 철전극과 정전류제어(철 전해용)와 정전위제어(전기방식용)의 직류전원장치를 조합시킨 열교환기의 외부전원식 전기방식시스템의 실적을 다수 가지고 있다. 이 시스템의 개요를 그림 14.15에 나타낸다.

여기에서 소개하는 열교환기의 외부전원식 전기방식은 해수의 입구챔버에 쌍극형 철전극을 사용하고, 비막이 챔버와 출구챔버에는 납-은전극을 사용한다.

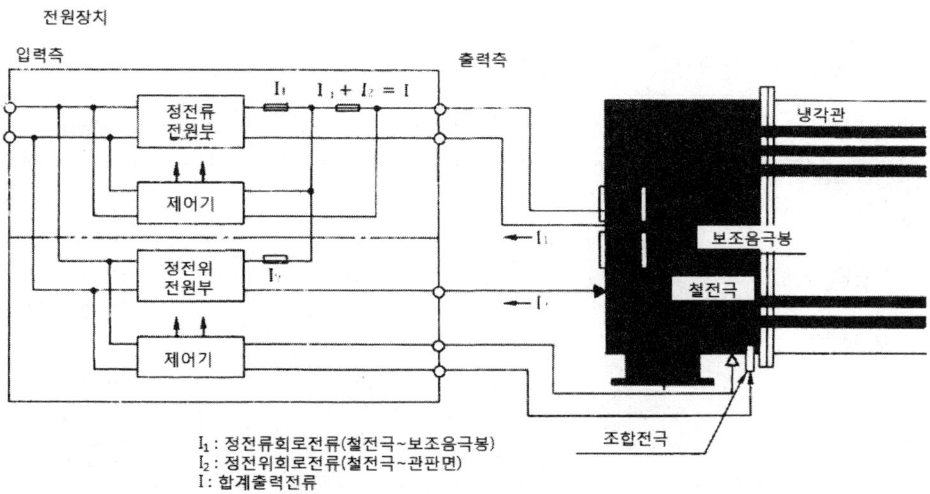

그림 14.15 쌍극형 철전극시스템 개략도

14.14.1 열교환기 사양

방식대상으로 하는 열교환기는 셸 및 튜브형의 것으로 주요한 사양은 표 14-16과 같다.

표 14-16 방식대상 열교환기 사양

항목	사양	항목	사양
세관재질	알루미늄황동	챔버치수	내경 : Φ1450 mm 출입구측챔버오행 : 1200 mm 비막이챔버오행 : 730 mm
세관내경·수량	Φ16.91 mm×1560개		
관판재질	네이벌(naval brass)황동글래드강판	냉각수수질	해수
관판치수	Φ1450 mm	냉각수유량	1200 ㎥/h
챔버재질	강판+고무라이닝	세관내유속	1.9 m/s

표 14-17 방식대상 면적 및 소요방식전류

방식대상부위	방식대상면적 (㎡)	방식전류밀도 (A/㎡)	소요방식전류 (A)
입구챔버			
챔버	5.30	0.02	0.11
세관	7.00	0.30	2.10
관판	0.83	0.30	0.25
			합계 2.46
출구챔버			
챔버	5.30	0.02	0.11
세관	7.00	0.30	2.10
관판	0.83	0.30	0.25
			합계 2.46
비막이챔버			
챔버	4.98	0.02	0.10
세관	14.00	0.30	4.20
관판	1.65	0.30	0.50
			합계 4.80

14.14.2 방식면적 및 소요방식전류

방식대상은 열교환기의 챔버, 세관 및 강판으로, 면적, 각 부위의 소요방식전류밀도 및 소요방식전류는 표 14-17와 같다. 더욱이 소요방식전류는 방식대상면적에 방식전류밀도를 곱한 것이다. 단, 세관의 방식면적은 관 끝으로부터 관내경의 10배 깊이까지로 한다. 또 챔버의 전류밀도는 고무라이닝의 결함율을 10% 고려한 경우의 값이다.

14.14.3 입구챔버 설치의 철전극 설계 계산

해수의 입구챔버에는 철이온 발생용의 철전극을 설치한다. 철전극의 설치량 등은 아래와 같이 설계한다.

① 철 이온 공급 능력(요구치)

0.01 ppm×24개월 연속 주입

② 소요전류

$$\frac{1200m^3/h \times 0.01ppm}{1.042g/A-h} \fallingdotseq 11.5A \rightarrow 12A$$

③ 전해된 철의 질량

12 A×8,760 h/y×2y×1.042 g/A-h = 219,070 g → 219.1 kg

④ 철전극 설치 수량

철전극 형상 : Φ380×25 t mm/매×6매/조

철전극 유효질량 : 18.8 kg/매×6매/조 = 112.8 kg/조

철전극 설치 수량 : 219.1 kg/112.8 kg/조 = 1.94조 → 2조

14.14.4 직류전원장치 사양

설치할 직류전원장치는 앞의 계산결과로부터 표 14-18과 같다. 직류출력전압은 전극의 접촉 물 저항과 케이블 등의 회로저항으로 결정되지만, 입구챔버의 정전위 제어회로의 출력전압은 정전류제어회로의 출력전압에 의하여 결정된다. 직류전원장치의 외관도를 그림 14.16에 나타낸다.

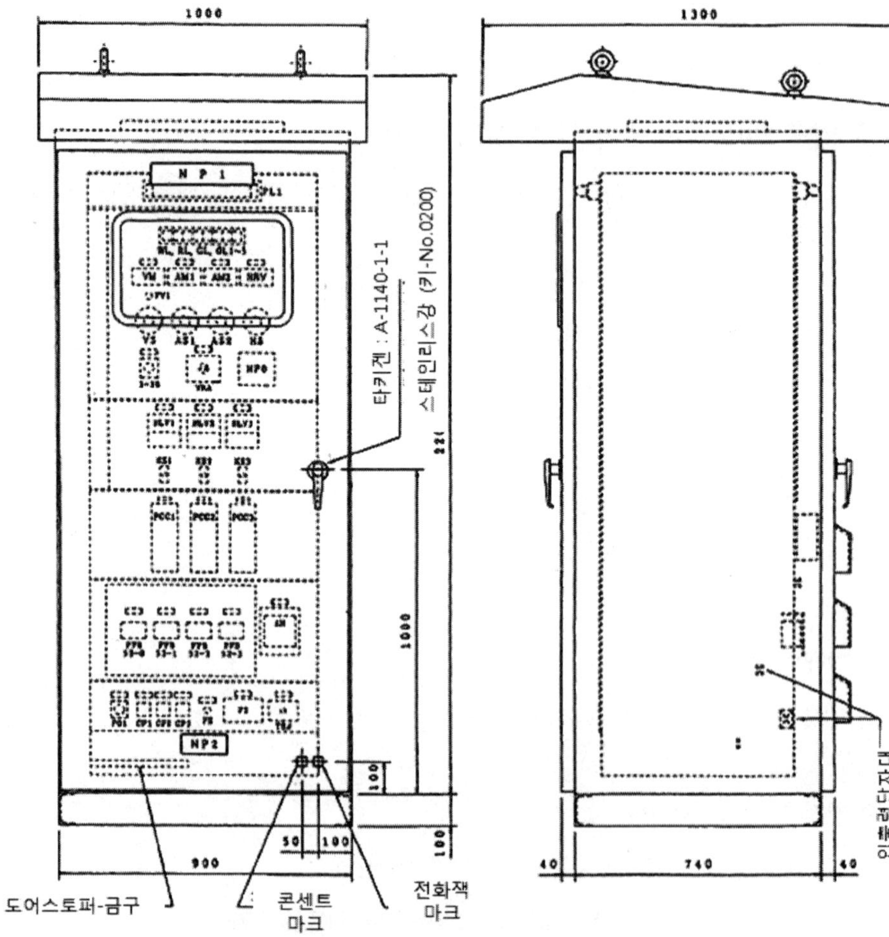

그림 14.16 직류전원장치 외관도

표 14-18 직류전원장치 사양

형　　식	실외자냉자립형, 자동정전위/정전류제어식실리콘정류기
정류방식	단상전파정류
입력전원	AC440 V 3상 50 Hz
직류출력	입구챔버　: DC35 V-15 A (정전류제어회로) 　　　　　DC25 V-5 A (정전위제어회로) 비막이챔버 : DC15 V-10 A (정전위제어회로) 출구챔버　: DC15 V-5 A (정전위제어회로)

14.14.5 철전극 사양

설치할 철전극의 사양은 앞의 14.14.3절에 의하여 결정된다. 철전극의 사양은 표 14-19에 나타낸 것과 같다. 실제로 입구챔버에 부착한 쌍극형 철전극의 사진을 그림 14.17에 나타낸다.

표 14-19 철전극 사양

종류·형식	쌍극형 철전극 FD38F25형
치수·형상	Φ380 × 25 t mm/매 × 6매 적층
유효질량	112.8 kg (18.8 kg/매 × 6매)
소모수명	철이온 농도 0.01 ppm에서 24개월
취부수량	2조
취부장소	입구챔버

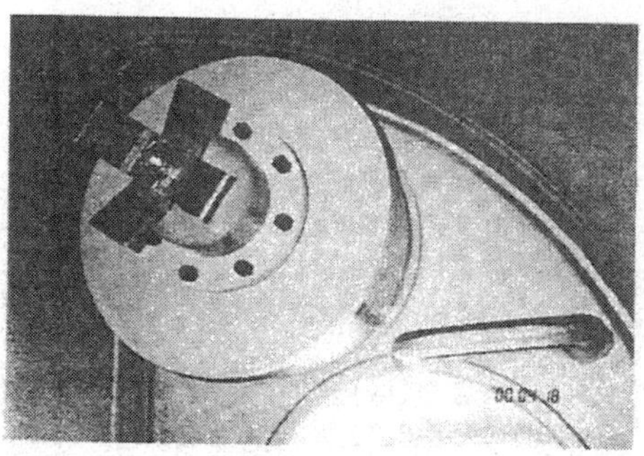

그림 14.17 쌍극형 철전극 사진

14.14.6 납은전극 사양

비막이챔버 및 출구챔버에 설치할 통전전극으로서는 납에 은을 첨가한 납은합금전극을 사용한다. 이 전극은 해수에서 통전하면 표면에 난용성의 과산화납이 형성되어 소모속도가 저하하기 때문에 수명이 길어진다. 납은전극의 사양을 표14-20에 나타냄과 동시에 실제로 챔버에 부착한 납은전극의 사진을 그림 14.18에 나타낸다.

표 14-20 납은전극 사양

종류·형식	납은합금전극 NPF231 PP형
유효부 치수	Φ30 × 110 L mm
표준 출력 전류	5 A 이하
취부장소·수량	비막이챔버 4개 출구챔버 2개 합계 6개

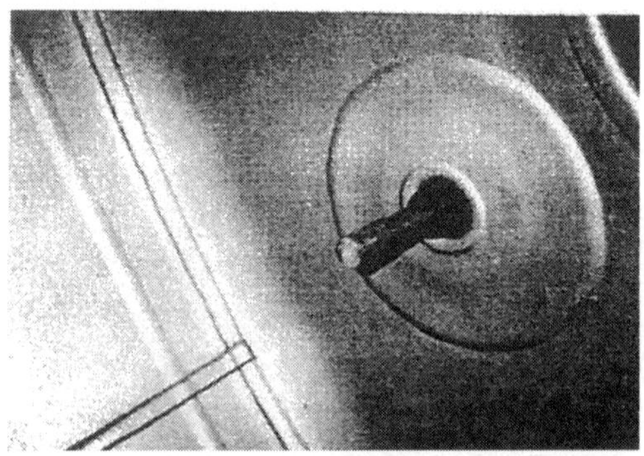

그림 14.18 납은전극 사진

14.14.7 전위 검출용 대조전극

방식전위 검출용의 대조전극은 은-염화은 대조전극을 사용한다. 은-염화은 대조전극은 해수에서 극히 안정한 전극전위를 나타내어, 기준전극으로 신뢰성이 높다. 은-염화은 대조전극의 사양을 표 14.21에 나타낸다. 또 그 사진을 그림 14.19에 나타낸다.

표 14-21 전위 검출용 대조전극 사양

종류·형식	은-염화은 대조전극 Ag·H형
치수	Φ15 × 200 L mm
취부장소·수량	입구챔버 1개 비막이챔버 1개 출구챔버 1개 합계 3개

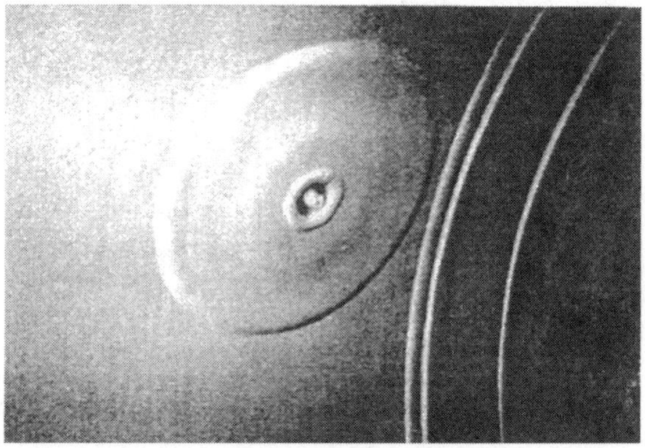

그림 14.19 은-염화은 대조전극 사진

14.15 전기방식 시설의 보수 관리

14.15.1 방식전위 관리

방식대상의 방식상태를 알고 있는 상황에서 가장 일반적인 방법은 전위측정이다. 금속은 각각의 처해진 부식 환경에 따라서 방식전위가 존재한다. 방식대상의 금속표면에 대조전극을 가까이 하고, 전위차계를 사용하여 방식대상 금속의 전위를 측정한다. 계측된 전위가 환경에서 금속의 방식전위보다 낮은(active) 값을 나타내고 있으면 방식상태는 양호하다고 판단한다. 단, 전위가 지나치게 낮으면 수소취화를 일으키는 티타늄이나 2상 스테인리스강 등이 방식대상에 포함되는 경우도 있기 때문에 전위의 하한치에 주의할 필요가 있다.

전위의 기준이 되는 대조전극에는 포화카르멜전극, 해수염화은전극, 포화황산동전극, 고순도아연전극 등이 있고, 전극의 종류마다에 전극전위가 다르고 당연히 측정치도 다르기 때문에 주의한다. 또 대조전극은 해수의 금속 전위를 측정한다면 해수염화은전극을 이용하고, 토양이면 포화황산동전극을 이용하는 등 측정 환경에 의하여 최적인 것을 선정하지 않으면 측정치의 신뢰성에 문제가 발생하기 때문에 주의한다.

더욱이 방식대상이 밀폐된 용기와 배관의 내부, 예를 들면 땅 속 깊은 곳에 있어 대조전극을 용이하게 접근할 수 없는 환경의 경우에는 사전에 대조전극을 설치해 두고 방식대상과 대조전극 각각의 리드케이블의 끝단에서 측정하게 된다.

전위 측정의 빈도는 부식 환경의 변화에 따라 실시해야 하지만, 년간 1~2회 정도를 기준으로 한다.

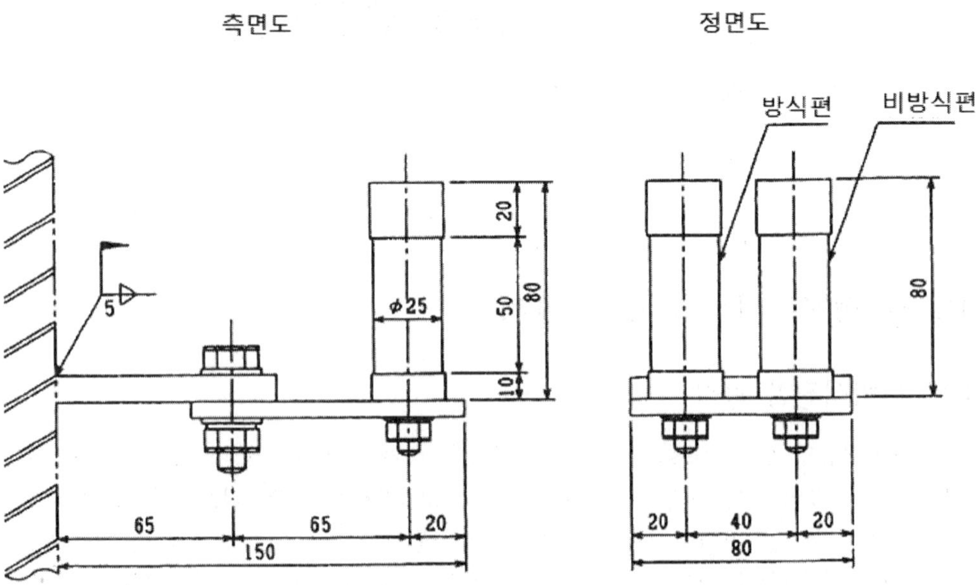

그림 14.20 시험편의 예

14.15.2 시험편에 의한 관리

방식효과를 정량적으로 검증하는 방법으로 시험편을 설치하는 방법이 있다.

시험편은 일반적으로 방식대상과 동일한 재질의 시험편이 2개 1조로 되어 한 쪽이 방식대상과 전기적으로 접촉되어 있고(통전시험편) 다른 쪽이 절연되어 있다(불통전시험편) 일정 기간 경과 후 양자의 질량감소를 비교하므로서 방식효과를 정량적으로 검증할 수 가 있다.

시험편의 일례를 그림 14.20에 나타낸다.

14.15.3 육안점검·두께측정

방식대상을 육안으로 관찰할 수 있는 경우에는 육안점검이나 두께를 측정한다. 이때 희생양극이나 외부전원방식의 통전전극의 설치상태나 소모상태를 점검하여 필요에 따라 교환이나 보수를 실시한다.

14.15.4 외부전원장치의 점검

외부전원장치의 경우, 직류전원 장치·배선배관·통전전극·대조전극의 점검이 필요하지만, 일반적으로 직류전원장치에 이상검지회로가 내장되어 있기 때문에 통전 중인 계기 등의 점검을 하는 것이 기본이다.

장치를 정지시켜 점검할 때는 다른 전기제품과 마찬가지로 절연저항의 측정, 전원장치 내 부품의 파손·발열에 의한 변색 등을 육안점검과 동시에 단자의 체결을 새롭게 한다.

14.16 방식기술의 전망

해양이나 토양환경에 설치된 강구조물·설비는 기능유지와 장수명화를 목적으로 전기방식장치와 도장이나 라이닝을 병용한 방식 대책을 강구하여 중요한 설비인 해양 강구조물, 매설관, 발전소설비나 화학플랜트설비 등의 장수명화와 안전성 확보에 기여해 왔다.

해수환경은 항만설비 등의 강구조물, 발전설비, 선박 등, 또 토양환경은 life line을 주로하는 매설관, 저장탱크, 기초 강관 말뚝 등의 방식대상이 있지만, 구체적인 방식계획, 시공 예는 해수환경의 설비에서 설명하였다. 기존의 전기방식 적용범위로서 상술한 시설·설비가 주 대상이었지만, 최근 새로운 문제로서 콘크리트구조물의 염해나 중성화에 의한 부식, 열화에 의한 붕괴 등이 발생하여 사회문제가 되고 있다. 이와 같은 현상은 중대 재해의 위험이 있는 것으로부터 항구적인 보수, 보강대책이 필요하다. 콘크리트의 철근부식방지 대책으로서 전기방식법은 기존의 보수공법과는 다르다. 부식인자인 염분, 공기, 물을 차단하지 않고 콘크리트의 철근부식을 완전하게 방지할 수가 있고 열화한 콘크리트의 chipping이나 단면복구, 철근의 녹 처리나 보강도 최소한으로 해결할 수가 있어 경제적으로 우수한 새로운 기술, 공법으로서 주목받고 있다.

한편, 전기방식의 응용으로서 환경보전이나 안전확보의 관점으로부터 장해물이 되는 콘크리트구조물이나 금속구조물을 전해질 속에서 용해시켜 간단하게 파괴 혹은 소멸시키는 기술이 새롭게 설치되고 있다. 이 기술을 이용한 공법이 전식공법(아노드용해법)이며 소위 전기방식의 원리를 역으로 응용한 것이다. 주로 피복공사에서 임시벽 강재의 용해와 슬림화는 임시벽을 shield machine으로 직접 절단하여 발진이 가능하기 때문에 안전성과 주변 환경에 대한 배려가 가능하게 되었다. 또 지하수맥을 차단하고 있는 콘크리트구조물 등을 전식으로 관통시켜 지하 수맥의 유동 확보에 의한 지반 침하 방지로 활용도 기대할 수 있다.

최근 수년간 일본 경제를 둘러싼 환경은 냉엄하고 대형 설비투자는 기대하기 어렵다. 필연적으로 기존 설비의 연장에 중점을 두고 방식기술의 유효한 활용이 기대된다. 전기방식장치의 유지관리 방법으로서 원격감시제어시스템은 오늘날의 계측기술과 정보통신기술의 진보에 의하여 방식기술의 기능향상과 적용분야의 확대나 관련기술의 응용에 기여하고 있다. 앞으로는 도장이나 도금 등 다른 방식기술도 포함한 종합적인 부식방식기술을 응용한 설비의 건전성평가나 잔여수명 진단으로 전개가 과제로 될 것이다.

14.17 결론

해수와 토양에 있는 금속의 부식은 거의 전기화학적 반응에 의한 것이며 부식은 직접적, 간접적으로 경제성, 사회성 관점에서 헤아릴 수 없는 손실이 발생한다. 방식기술은 도장과 내식재료, 억제제, 전기방식 등이 있지만 여기에서는 전기방식에 대하여 해설하였다.

일본의 전기방식기술은 1951년에 전기방식 메이커가 탄생한 이래 50년이 되는데 이 사이 전기방식장치, 전극재료 및 모니터링장치 등의 개선, 개발에 의한 성능 향상이 이루어지고 중요설비의 장수명화와 안정성 확보에 방식기술도 확실하게 평가되도록 되었다.

일본에서 부식에 의한 손실비용(부식방시 대책비)는 1997년도의 조사결과(부식조사위원회)로 약 3조 9천억엔으로 보고되었다. 부식비용의 시점으로부터 부식방지에는 2개의 의의가 있다. 첫 번째는 경제적인 면, 두 번째는 자원 및 에너지보존 면에서 의의이다. 또 환경면에 대한 의의도 중요하다.

이와 같은 실태, 배경으로부터 부식방식기술도 경제성, 환경보전의 관점으로부터 중요시되었다. 비용소멸과 안전성, 신뢰성 유지의 양립이나 강구조물, 설비의 수명예측, 수명연장 등 또 부식진단기술이나 건전성평가 등 더욱 정도 높은 종합적인 부식시스템의 강구책을 사회가 요구할 것이다.

참고문헌

1) 防錆管理, " 電気防腐の歴史", 40, (6), pp. 205 (1996)
2) H. Eユーリック著, 岡本剛監修, 松田誠吾・松島厳共訳, " 防食反応とその制御", pp. 6-8, 産業図書 (1968)
3) 大阪科学技術センター付属ニューマテリアルセンター編, "損傷事例に学ぶ腐食防食", pp. 1-2 (1990)
4) 電気化学会編, " 電気化学便覧", pp. 430, 丸善 (2000)
5) 腐食防食協会編, " 防食技術便覧", pp. 679, 丸善 (1986)
6) 材料と環境, " 腐食コスト調査委員会報告", 49, pp. 406-427 (2000)
7) 腐食防食協会編, " 腐食防食ハンドブック", pp. 517-518, 丸善 (1992)
8) 腐食防食協會編, "防食技術便覽", pp. 679~684, 日刊工業新聞社 (1986)
9) 大阪科學技術センタ-附屬 ニュ-マテリアルセンタ-編, "損傷事例に學ふ腐食防食", pp. 1~2 (1990)
10) 小若正倫, "防食技術", 21, pp.397 (1972)
11) 腐食防食協會編, "腐食防食ハンドブック", pp. 517~518, 丸善 (1999)
12) 電氣學會編, "電食·土壤腐食ハンドブック", pp.8 (1966)
13) 資源エネルギ-廳 公益事業部, "解說電氣設備の技術基準", 第236条, pp. 808 (1998)
14) 腐食コスト調査委員會(腐食防蝕協會), "腐食コスト照査委員會報告", 材料と環境, 49, pp.406-427 (2000)
15) 阿部三之, 松本知夫, "電氣防蝕とその歷史", 配管·裝置·技術, (社)配管技術研究會秋季号, pp. 106 (2001)
16) 多田茂雄, "電氣防蝕におけるリモートモニタリングの動向", 材料と環境, 49, pp. 537-540 (2000)

15장

금속부식의 전기화학 입문

이 책에서는 해수학회의 재료·구조물연구회 제염장치재료 워크샵에서 1999년 4월부터 3회에 강의한 것을 기초로, 2회로 나누어 연재한다. 즉 1부는 평형론적인 부분(반응에 관여하는 물질이 평형상태에 있다), 2부는 속도론적인 부분(반응속도, 즉 부식속도)를 대상으로 한다.

다만, 본서는 특히 「입문」으로 하였기에 「전기화학」 입문자에게 어렵게 생각되는 열역학적인 식 및 표현을 생략하였다.

더욱이 몇 개의 도표는 저명한 서적으로부터 인용하였다. 각 저자에 대하여 깊은 감사를 표한다.

15.1 금속부식현상의 평형론에 의한 설명

15.1.1 금속의 부식과 아노드(anode), 캐소드(cathode)

수용액에서 금속의 부식은 반드시 전기화학이 관여하고 있다. 즉 금속표면의 어떤 부분으로부터 다른 부분으로 용액을 통하여 전류가 흐르고 있다. 아노드라는 용어는 금속표면에 부식이 발생하고 있는 부분으로, 그곳으로부터 전류가 액으로 흘러드는 곳을 나타낸다. 즉 금속에서 2개의 부분인 아노드와 캐소드 및 이들을 연결하는 도체(금속)와 용액에서 회로가 완성되고, 이것은 일종의 전지로 볼 수 있다.

그래서 전지의 전극으로서 아노드, 캐소드를 설명하면, 화학적 산화를 발생시키는 전극을 아노드, 화학적 환원을 발생시키는 전극을 캐소드로 부른다. 예를 들면

$$Fe \rightarrow Fe^{2+} + 2e^{-}$$

인 산화반응에서는 Fe가 아노드, 또 예를 들면 전극에 탄소나 백금 등을 이용한

$$H^{+}e^{-} \rightarrow \frac{1}{2}H_2$$

의 환원반응에서 탄소극 등이 캐소드이다.

산성용액의 철 부식은 상기 양쪽 반응에서 캐소드반응도 Fe에서 발생한 경우이다. 그런데

아노드(anode)를 양극, 정극, +극

캐소드(cathode)를 음극, 부극, -극 등으로 부르는 경우가 있다.

예를 들면 영일사전에서도 빠짐없이 아노드 → 양극, 캐소드 → 음극으로 나타내고 있다. 그러나 반드시 아노드가 정 혹은 +극이 되는 것은 아니다. 또 양극, 음극이라고 하는 문자가 각각 정극, 부극과 같은 느낌을 주기 때문에 이와 같은 헷갈리기 쉬운 표현은 피하고 아노드, 캐소드를 그대로 사용하는 쪽이 좋다. 예를 들면 전지와 전해에서는 그림 15.1과 같이 아노드, 캐소드의 극성이 바뀐다.

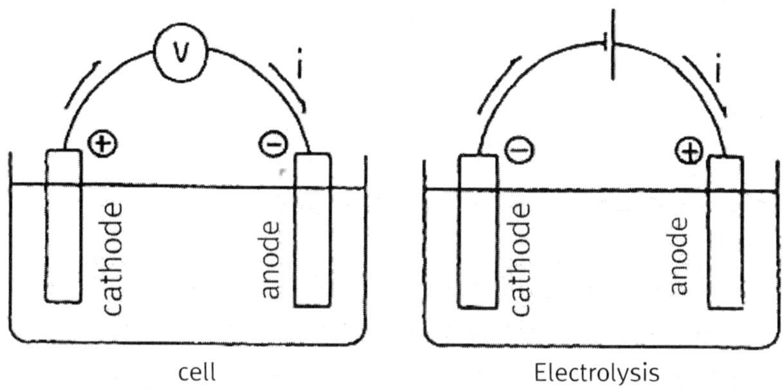

그림 15.1 Anode and cathode in cell and electrolysis

15.1.2 전극반응과 전극전위

금속의 부식은 금속표면에서 전지를 형성하여 발생한다고 설명했는데 전지의 각각의 극(단극)을 대상으로 하는 전극반응은 일반적으로 다음 식으로 표현된다.

$$mOx + ne- \rightleftarrows Red$$

여기에서 Ox는 물질의 산화된 상태, Red는 환원된 상태를 나타내고 전극전위(혹은 단극전위) E는 Ox와 Red의 활량[1] (a^0, a^R)을 이용하여

$$E = E^0 + (RT/nF)\ln a_0/a_R$$

$$\text{혹은}\ E = E^0 - (RT/nF)\ln a_R/a_0$$

이 식을 「단극전위에 관한 Nernst의 식」이라고 한다. 예를 들면

1) 활량: 용액의 경우, molality농도(수 1000 g당의 mol수)에 활량계수 γ를 곱한 것이다. γ는 최소 1로서 온도, 농도의 관수, 또 가스의 경우는 그 활량을 fugacity로 칭하고 통상은 기압으로 나타낸 압력으로 근사된다. 순수한 고체와 액체의 활량은 편의상 1로 한다.

$$Zn^{2+} + 2e^- \rightarrow Zn$$

전극반응에서는

$$E_{Zn} = E^0_{Zn} + (RT/2F)\ln\{(Zn^{2+})/(Zn)\}$$

E^0_{Zn} 은 Zn의 표준단극전위(관여하는 전 물질의 활량이 1, 온도 25℃에서 수소표준전극을 기준으로 한 평형상태의 단극전위는 -0.763 V), T는 절대온도(25℃에서 298.2° K), F = 96500 Coulomb/eq., R = 8.314 Volt·Coulomb/der·mol, 또 ln을 2.303 log로 바꾸면 고체금속의 활량은 1이기 때문에

$$E_{Zn} = -0.763 + (0.0593/2)\log(Zn^{2+})$$

그 외의 예로서

$$Fe^{2+} + 2e^- \rightarrow Fe$$
$$E_{Fe} = -0.44 + 0.0296\log(Fe^{2+})$$

전지의 기전력은 각각의 전극의 단극전위의 대수합과 같기 때문에, 각 단극의 전위에서 계산으로 구해진다.

15.1.3 수소전극과 표준 수소전극 기준전위

수소전극반응과 임의의 수소전극전위는 다음과 같고, 전극의 구조는 그림 15.2에 나타낸다.

$$2H^+ + 2e^- \rightarrow H_2 \qquad (15.1)$$
$$E_{H_2} = E^0_{H_2} + RT/2F \cdot \ln\left[(H^+)^2/p'_{H_2}\right]$$

식 (15.1)에서 (H^+)는 수소이온의 활량, p'_{H_2}는 수소가스의 fugacity를 기압으로 나타낸 것이다. 그런데 임의의 전극의 절대전위를 구하는 것은 극히 곤란하기 때문

에 재현성이 좋은 적당한 전극과 조합시켜 그 전지의 기전력을 측정하면 목적으로 하는 전극의 상대전위가 구해진다.

그래서 상기의 수소전극의 표준전극전위 $E^0_{H_2}$가 모든 온도에서 0과 같다고 두고 이 전극을 기준으로 하면 모든 전극전위의 값을 수소전극기준으로 표시할 수가 있다. 이것이 표준 수소전극 기준전위로서 E_{NHE}, $E(V, NHE)$ 등의 기호로 나타낸다.

상식에서 온도를 25℃로 하면 「단극전위」의 항에서 계산한 것처럼 다음 식으로 된다.

$$E_{H_2} = -0.0592\log(H^+) - (0.0592/2)\log p'_{H_2} \qquad (15.2)$$

따라서 p'_{H_2}가 1기압의 경우

$$E_{H_2} = -0.0592pH \qquad (15.3)$$

의 직선식이 되고 p'_{H_2}가 10^x기압이 되면 -0.0296x의 간극을 가지는 평행직선군을 구성한다.

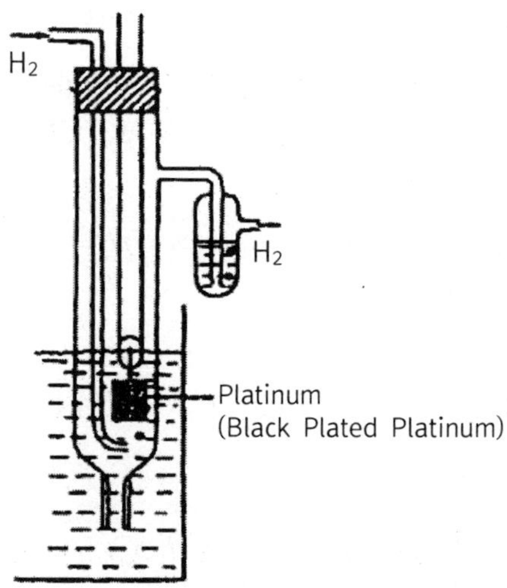

그림 15.2
Hydrogen electrode

15.1.4 산소전극과 환기차이 전지

산소전극은 산소를 포화한 전해질용액 속에서 백금흑백금극을 침적시킨 구조로 나타낼 수가 있다. 이 전극은 부식연구에 중요한데 그것은 틈새부식이나 공식의 기구와도 관련이 있는 환기차이 전지로서 주역을 맡기 때문이다. 이 전극반응과 전위 E_{O_2}는 다음 식으로 나타낸다.

$$\frac{1}{2}H_2O + \frac{1}{4}O_2 + e^- \rightarrow OH^-$$
$$E^0_{O_2} = 0.401\,V$$

25℃에서는

$$E_{O_2} = 0.401 - 0.0592\log\left[(OH^-)/P_{O_2}^{\frac{1}{4}}\right] \tag{15.4}$$

그러나, 산소전극의 반응은 수소전극과 다르고 실지의 조건에서는 엄밀한 가역성은 없고 측정된 전위는 시간과 함께 변화여 재현성이 없다. 관찰된 전위는 계산된 가역적인 값보다 높게(noble) 되는 경향을 가진다. 그럼에도 불구하고 산소압이 변화한 경우 예상되는 전위변화의 경향을 알기 위해서는 유익하다.

예를 들면 그림 15.3과 같이 수용액 속의 2개의 산소전극(L의 산소압은 1기압, R의 산소압은 0.2기압)으로 구성된 산소농담전지를 생각해 보자. 전극반응은

$$L\text{극} : \frac{1}{2}H_2O + \frac{1}{4}O_2(1atm) + e^- \rightarrow OH^- \tag{15.5}$$

$$R\text{극} : \frac{1}{2}H_2O + \frac{1}{4}O_2(0.2atm) + e^- \rightarrow OH^- \tag{15.6}$$

(15.5)-(15.6): $\frac{1}{4}O_2(1atm) - \frac{1}{4}O_2(0.2atm) \rightarrow 0$

$$\frac{1}{4}O_2(1atm) \rightarrow \frac{1}{4}O_2(0.2atm)$$

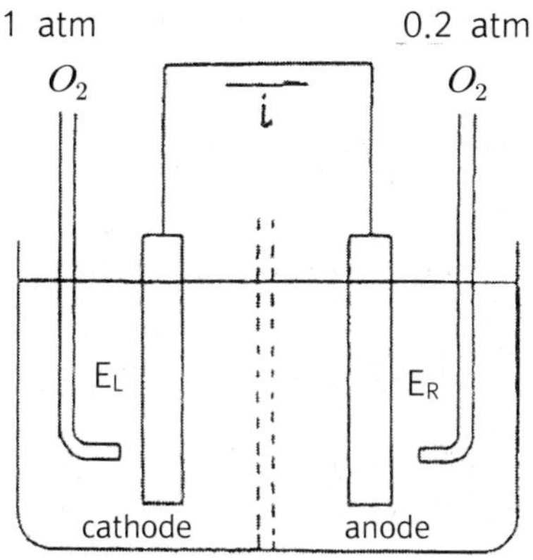

그림 15.3 Oxygen concentration cell

전극 L, R에 대한 전위는

$$E_L = 0.401 - 0.0592\log\left[(OH^-)/1^{\frac{1}{4}}\right]$$
$$E_R = 0.401 - 0.0592\log\left[(OH^-)/0.2^{\frac{1}{4}}\right]$$

$$E_L - E_R = 0.0592\log\left[\frac{1^{\frac{1}{4}}}{0.2^{\frac{1}{4}}}\right] = 0.0103\,V \qquad (15.7)$$

즉, L, R 양극을 조합시킨 전지에서 생기는 반응 식 (15.7)의 기전력은 정(+)이며, L극의 전위가 높고 L극은 캐소드, R극은 아노드로서 전류는 그림의 리드선을 화살표 방향으로 흐른다.

즉, 환기차이에 의하여 전지를 발생하는 경우는 저압산소의 극은 아노드로 되고, 고압산소의 극은 캐소드로 되는 경향이 강하다.

또한 여기서 산소극의 식

$$\frac{1}{2}H_2O + \frac{1}{4}O_2 + e^- \rightarrow OH^- \text{ 로부터}$$

$$H_2O \rightarrow H^+ + OH^- \quad \text{빼면}$$

$$H^+ + \frac{1}{4}O_2 + e^- \rightarrow \frac{1}{2}H_2O \quad \text{즉,}$$

$$4H^+ + O_2 + 4e^- \rightarrow 2H_2O \tag{15.8}$$

이 식을 산소전극의 표준식으로서 이용하는 경우도 많고 이 전극전위 E_{O_2}는

$$E^0_{O_2} = 1.229\,V \text{ 로서} \tag{15.9}$$
$$E^0_{O_2} = 1.229 + 0.0592/4 \cdot \log\left[(H^+)^4 p_{O_2}\right]$$
$$= 1.229 - 0.0592pH + 0.0148\log p_{O_2}$$

즉, 산소전극인 식 (15.4)은 p_{O_2}와 (OH^-)에 의하여 E_{O_2}를 나타내고 식 (15.9)은 p_{O_2}와 (H^+)에 의하여 E_{O_2}를 나타낸 것으로 양자는 동일한 식이라고 할 수가 있다.

15.1.5 대조전극

부식방식에 관련하여 일반적으로 우리들이 먼저 흥미를 가지는 것은 한쪽의 전극에서 생기는 반응, 즉 전위이다. 캐소드방식에서 캐소드전위 측정의 중요성은 한 일례이다. 이 종류의 실용적 전위측정에는 보존이 어려운 수소전극은 사용하지 않고 취급이 용이하며 비교적 안정한 전위를 가진 전극, 즉 대조전극이 이용된다. 대조전극은 안정한 가역전극계를 이용하는 것으로, 그 예를 다음에 나타낸다.

(1) 카르멜전극

카르멜전극은 실험실용인 표준전극으로 오래전부터 사용되어 왔다. 이 전극은 Hg 및 그것과 평형상태에 있는 Hg_2^{2+}로 구성되고, Hg_2^{2+}의 활량은 Hg_2Cl_2(염화제일수은 통칭 카르멜)의 용해도에 의하여 결정된다. 전극반응과 전위는

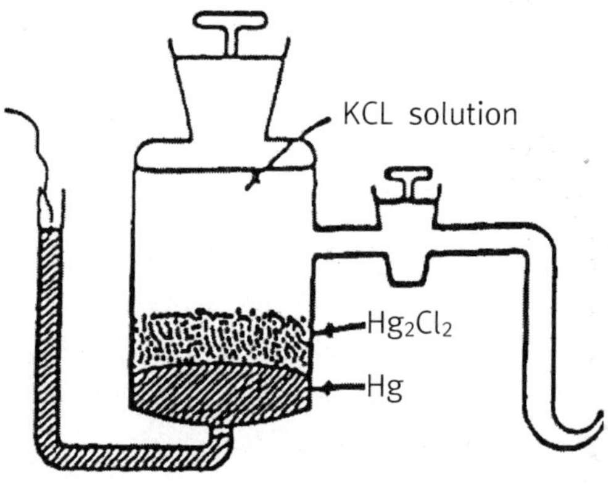

그림 15.4 Basic structure of calomel electrode

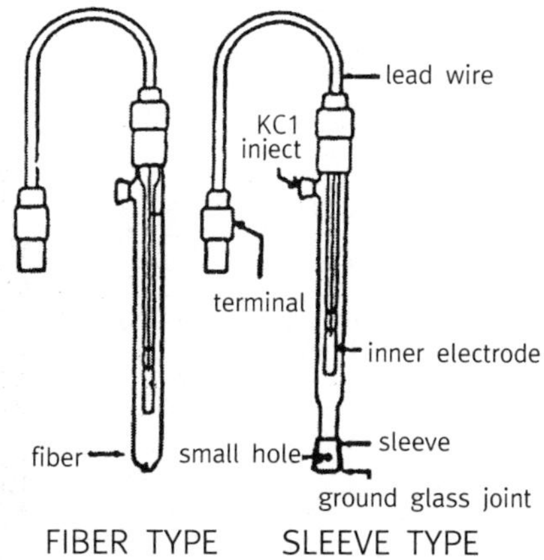

그림 15.5 Practical calomel electrode

$$Hg_2Cl_2 = Hg_2^{2+} + 2Cl^{-1}$$
$$Hg_2^{2+} + 2e^- = 2Hg \quad (1)$$

$$E_{Hg/Hg_2^{2+}} = E^0 + RT/2F \cdot \ln a_{Hg_2^{2+}}$$
$$E^0 = 0.2681\,V \quad (25℃)$$

단, Hg_2Cl_2의 이온 곱을 L로 하면

$$L = a_{Hg_2^{2+}} \times a_{Cl^-}$$
$$a_{Hg_2^{2+}} = \frac{L}{a_{Cl^-}}$$

따라서 이 전극의 전위는 Cl^-의 활량에 의하여 결정된다.

그림 15.4에 카르멜전극의 원리적 구성, 그림 15.5에 실용적 구조의 예를 나타낸다.

(2) 은-염화은전극

은-염화은전극은 은선의 표면을 염화은의 치밀한 층으로 피복하여 염화칼륨용액에 침적시킨 구조를 가진다. 이 전극은 카르멜전극과 같이 유독한 액체수은을 사용하지 않기 때문에 상당히 쉽게 취급할 수가 있어 일반적으로 잘 이용되고 있다.

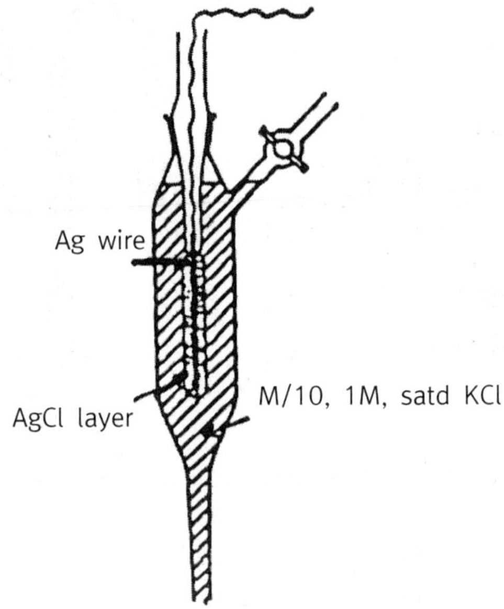

그림 15.6 Ag·AgCl electrode

전극반응과 전위는,

$$
\begin{aligned}
& AgCl + e^- = Ag + Cl^- \\
& E_{Ag/AgCl} = E^0 + RT/F \cdot \ln l/a_{Cl^-} \\
& \qquad\qquad = E^0 - RT/F \cdot \ln a_{Cl^-} \\
& E^0 = 0.2225\,V
\end{aligned}
$$

그림 15.6은 전극의 실험실용 구조를 나타낸다.

(3) 구리-황산구리전극

전극은 황산구리 포화용액에 금속 구리를 침지하여 만든다. 그림 15.7은 실제 사용하는 유형의 구조를 나타낸다. 이것은 구조가 극히 간단하며 카르멜전극이나 염화은전극에 비해 정도는 낮지만 현장에서 충분하게 사용이 가능하다. 특히 땅속 매몰 금속의 전위측정 등의 다소 대략적인 용도에 중요하게 사용된다. 전극반응과 전위는,

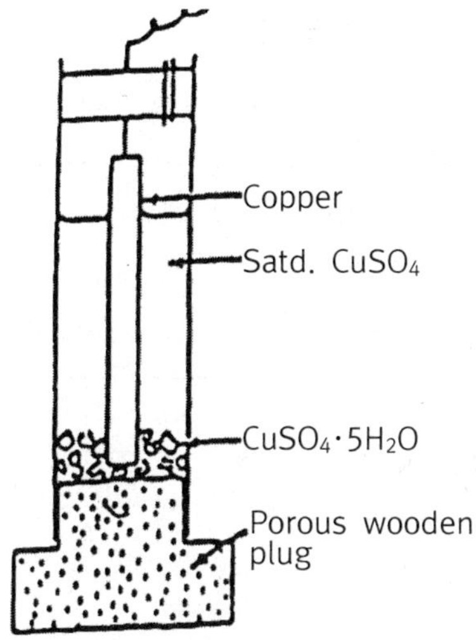

그림 15.7 Practical type of $CuSO_4$ electrode

$$Cu^{2+} + 2e^- = Cu$$
$$E_{Cu/Cu^{2+}} = E^0 + RT/2F \cdot \ln(Cu^{2+})$$
$$E^0 = 0.337\,V \ (25℃)$$

이상으로 대조전극으로서 3예를 들었는데, 이들 전극의 실용 유형의 용액농도는 포화, 1 mol, 1/10 mol 등 조정하기 쉽고 표 15-1에 NHE기준치와 실용표준으로서 잘 사용되는 포화카르멜전극(SCE) 기준치를 나타낸다.

표 15-1 Standard potential reference electrode

Reference Electrode	Potential [V] (vs NHE)	Potemtial [V] (vs SCE)	Temperature [℃]
Satd. Calomel	+0.2246	0	25
1 mol Calomel	+0.2822	+0.0.376	25
0.1 mol Calomel	+0.3338	+0.0892	25
Satd. AgCl	+0.1973	-0.0473	30
4 mol AgCl	+0.2021	-0.0425	30
3.3 mol AgCl	+0.2063	-0.0383	30
0.1 mol AgCl	+0.2881	+0.0435	25
Satd. $CuSO_4$	+0.320	+0.075	25
1 mol Hg_2SO_4*	+0.660	+0.415	25

*Composition of this electrode Hg(l)/Hg_2So_4(s)/K_2SO_4(1mol)

15.1.6 EMF 시리즈와 갈바닉·시리즈

EMF시리즈는 여러 가지 금속과 이온, 혹은 가스와 관련 이온으로 되는 반전지에서 관여하는 전 물질의 활량이 1, 온도가 25℃에서 수소표준전극을 기준으로 한 평형상태의 단극전극을 고저(귀비)의 순위로 배열한 것이다(표 15-2와 15-3).

표 15-2 EMF series (IUPAC)

$Au = Au^{3+} + 3e$	+1.498
$O_2 + 4H^+ + 4e = 2H_2O$	+1.229
$Pt = Pt^{2+} + 2e$	+1.2
$Pd = Pd^{2+} + 2e$	+0.987
$Ag = Ag^+ + e$	+0.799
$2Hg + Hg_2^{2+} + 2e$	+0.788
$Fe^{3+} + e = Fe^{2+}$	+0.771
$O_2 + 2H_2O + 4e = 4OH^-$	+0.401
$Cu = Cu^{2+} + 2e$	+0.337
$Sn^{4+} + 2e = Sn^{2+}$	+0.15
$2H^+ + 2e = H_2$	0.000
$Pb = Pb^{2+} + 2e$	-0.126
$Sn = Sn^{2+} + 2e$	-0.136
$Ni = Ni^{2+} + 2e$	-0.250
$Co = Co^{2+} + 2e$	-0.277
$Cd = Cd^{2+} + 2e$	-0.403
$Fe = Fe^{2+} + 2e$	-0.400
$Cr = Cr^{3+} + 3e$	-0.744
$Zn = Zn^{2+} + 2e$	-0.763
$Al = Al^{3+} + 3e$	-1.662
$Mg = Mg^{2+} + 2e$	-2.363
$Na = Na^+ + e$	-2.714
$K = K^+ + e$	-2.925

표 15.3 EMF series (Lewis)

$Li = Li^{+} + e^{-}$	+3.05
$K = K^{+} + e^{-}$	2.93
$Ca = Ca^{2+} + 2e^{-}$	2.87
$Na = Na^{+} + e^{-}$	2.71
$Mg = Mg^{2+} + 2e^{-}$	2.37
$Be = Be^{2+} + 2e^{-}$	1.85
$U = U^{3+} + 3e^{-}$	1.80
$Hf = Hf^{4+} + 4e^{-}$	1.70
$Al = Al^{3+} + 3e^{-}$	1.66
$Ti = Ti^{2+} + 2e^{-}$	1.63
$Zr = Zr^{4+} + 4e^{-}$	1.53
$Mn = Mn^{2+} + 2e^{-}$	1.18
$Nb = Nb^{3+} + 3e^{-}$	1.1
$Zn = Zn^{2+} + 2e^{-}$	0.763
$Cr = Cr^{3+} + 3e^{-}$	0.74
$Ga = Ga^{3+} + 3e^{-}$	0.53
$Fe = Fe^{2+} + 2e^{-}$	0.440
$Cd = Cd^{2+} + 2e^{-}$	0.403
$In = In^{3+} + 3e^{-}$	0.342
$Ti = Ti^{+} + e^{-}$	0.336
$Co = Co^{2+} + 2e^{-}$	0.277
$Ni = Ni2 + + 2e^{-}$	0.250
$Mo = Mo^{3+} + 3e^{-}$	0.2
$Sn = Sn^{2+} + 2e^{-}$	0.136
$Pb = Pb^{2+} + 2e^{-}$	+0.126
$H_2 = 2H^{+} + 2e^{-}$	0.000
$Cu = Cu^{2+} + 2e^{-}$	-0.337
$2Hg = Hg_2^{2+} + 2e^{-}$	-0.789

$Ag = Ag^{+} + e^{-}$	-0.800
$Pd = Pd^{2+} + 2e^{-}$	-0.987
$Hg = Hg^{2+} + 2e^{-}$	-0.854
$Pt = Pt^{2+} + 2e^{-}$	-1.2
$Au = Au^{3+} + 3e^{-}$	-1.50

단, 표 15-2는 IUPAC(International Union of Pure & Applied Chemistry)에 따른 것, 표 15-3은 옛날 미국방식(Lewis방식)에 의한 것으로 부호가 반대가 된다. IUPAC방식의 전위를 일반적으로 표준산화환원전위(Standard Oxidation-Reduction Potentials 혹은 Standard Redox Potentials)라 부른다. 일본 및 유럽은 종전부터 IUPAC방식을 사용하였는데 현재는 미국도 이 방식이 채택하고 있다.

이들의 단극(반전지)의 조합에 대하여 갈바닉반응(부식)의 가능성을 판단할 수 있는 경우도 있지만 현장에서는 이온 활량이 1인 것은 거의 없고 또 환경에 의하여 활량은 크게 변하기 때문에, 표의 실용상 가치는 상당히 한정된다.

한편, 현장의 환경에서 실시된 금속합금의 전위를 고저의 순으로 배열한 도표를 갈바닉·시리즈라고 한다. 그림 15.8은 유동해수(10~27℃, 2.5~4 m/s)에서 포화카르멜전극을 기준으로 측정한 각종 금속합금의 갈바닉·시리즈를 도시한 것이고, 표 15-4는 수치로 나타낸 것이다.

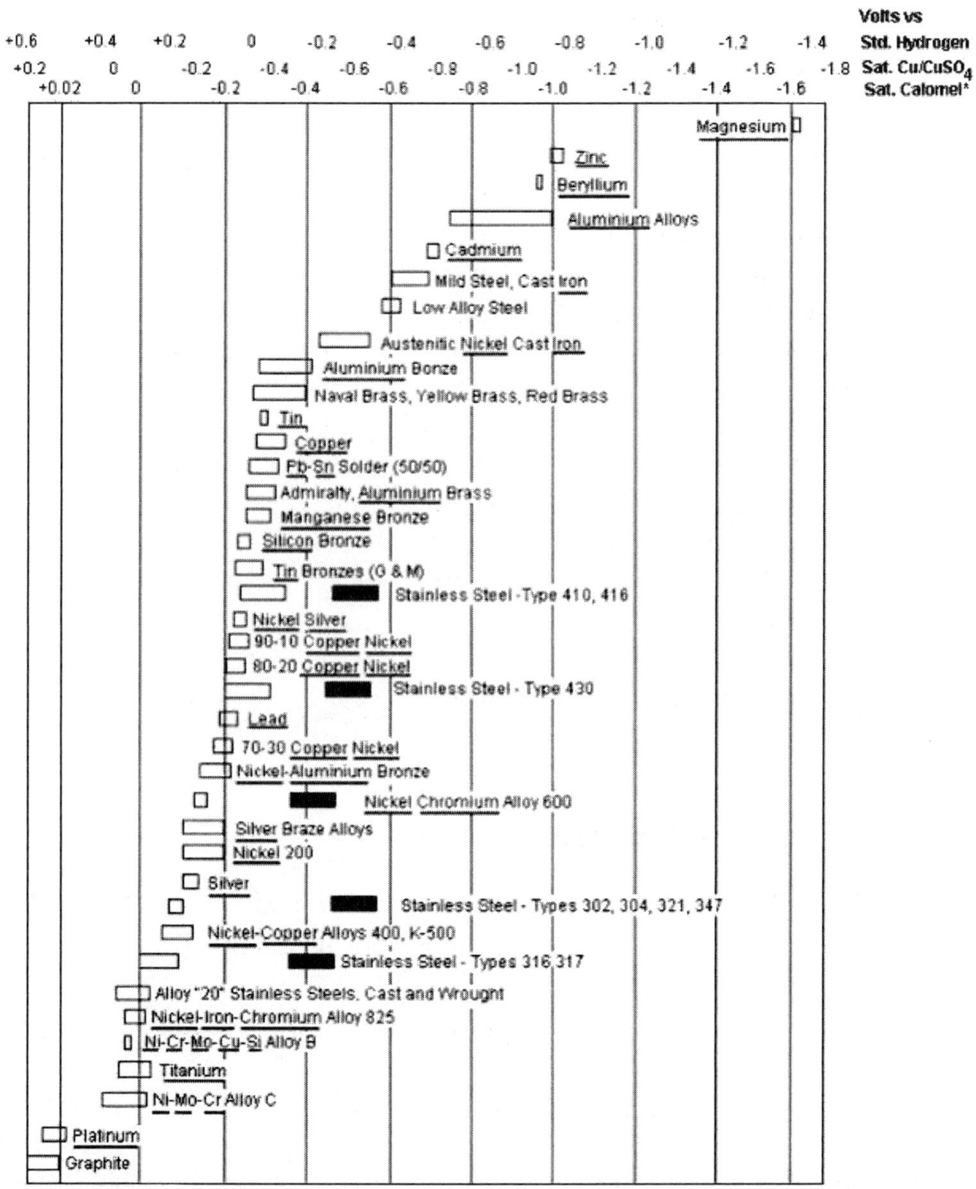

These black marks show potentials in low-velocity or poorly aerated areas.
Metals may become active and exhibit a potential near −0.5 volts.

그림 15.8 Galvanic series in flowing seawater (2.4~3.9 m/sec.) temp. range 10~27℃ (International Nickei Co.)

표 15-4 Potentials in flowing seawater (3.9 m/s)

Metals	Volt (vs SCE)	Temp. (℃)
Zinc	-1.03	26
Mild Steel	-0.61	24
Gray Cast Iron	-0.61	24
Austenite Cast Iron	-0.47	14
Copper	-0.36	24
Admiralty	-0.36	24
Gun Metal	-0.31	24
Aluminium Brass	-0.29	24
Pb-Sn Solder	-0.28	17
90/10 Cu-Ni	-0.22	24
70/30 Cu-Ni	-0.20	27
Monel 400	-0.11	22
Nickel	-0.10	25
Titanium	-0.10	27
Graphite	+0.25	24
Platinum	+0.26	18

15.1.7 Pourbaix의 전위-pH선도

금속의 부식반응(전자방출 반응) $M \rightarrow M^{n+} + ne^-$에서 평형전위는 M^{n+}의 농도의 함수로 취급하지만 금속과 액의 환경조건에 pH가 더해지면,

$$M + nH_2O \rightarrow M(OH)_n + nH^+ + ne^- \tag{15.10}$$

$$M + 2n(OH)^- \rightarrow MO_n^{n-} + nH_2O + ne^- \tag{15.11}$$

등의 반응이 일어날 수 있다. 식 (15.10)의 반응에서 생기는 $M(OH)^n$이 치밀하면서 밀착성이 좋고 용해도가 작다면 보호피막으로 된다. 식 (15.11)은 알칼리성 용액에서 생기는 금속의 용해반응이다. 이들 화학반응의 평형치는 전위와의 양쪽으로부터 영향을 받는다.

각종의 금속에 대하여 전위와 pH에 의존하는 평형반응을 정리하여 표시한 그림이 Pourbaix에 의하여 제안되었다. 이것이 Pourbaix의 전위-pH평형도이다. 이 그림은 종축에 전위(NHE기준), 횡축에 pH를 두고 각종 금속과 물과의 전기화학반응 혹은 화학반응의 평형치를 나타내었다.

부식반응을 고려하기 위하여는 상술과 같은 금속의 산화(용해)반응과 함께 이것과 조합되는 중요한 환원반응, 즉 수소발생반응 혹은 산소환원반응을 동일 화면에 나타낼 필요가 있다.

이들 환원반응의 25℃에서 전위는 앞에 서술했던 것처럼

$$E_{H_2} = -0.0592\log(H^+) - (0.0592/2)\log p'_{H_2} \tag{15.2}$$

$$E_{O_2} = 1.229 - 0.0592pH + 0.0148\log p_{O_2} \tag{15.9}$$

이들 식은 그림 15.9의 물의 열역학적 안정성에 관한 전위 $-pH$선도에서, ⓐ, ⓑ의 양직선으로 나타낸다. 즉 직선 ⓐ는 식 (15.2)에서 $p_{H_2} = 1$의 경우, 직선 ⓑ는 식 (15.9)에서 $p_{O_2} = 1$의 경우를 나타내며, 직선 ⓐ보다 아래쪽의 영역은 $p_{H_2} > 1$로 되기 때문에 대기압에서 물은 수소를 발생시켜 분해하고, 한편 직선 ⓑ보다 위쪽의 $p_{O_2} > 1$로 되기 때문에 대기압에서 물은 산소를 발생시켜 분해한다. 따라서 직선 ⓐ와 직선 ⓑ의 사이는 물이 열역학적으로 안정한 영역이다.

더욱이, 그림의 r0는 $-\log p_{O_2}$를, rH는 $-\log p_{H_2}$를 나타낸다. 액의 산화성과 환원성의 분기점은 $rH = 27.6$의 선상에 있고, $rH > 27.6$은 산화성, $rH < 27.6$은 환원성으로 된다.

다음으로 금속의 전위 - pH선도의 일례로서 우리들과 가장 관계가 깊은 철에 대해 철-물계의 평형도를 그림 15.10에 나타내었다.

이 그림은 먼저 철의 산화가 pH와 전위의 조건에 따라서 가용성 생성물[녹색의 Fe^{2+}, 황색의 Fe^{3+}, 녹색의 FeO_2H^-(dihypoferrite ion)], 혹은 불용성 생성물[백색의 $Fe(OH)_2$(흑색의 Fe_3O_4에 비해 불안정), 갈색의 Fe_2O_3(가수되어 있는 수가 많은 녹의 주성분)] 등을 만들 가능성을 나타내고 있다.

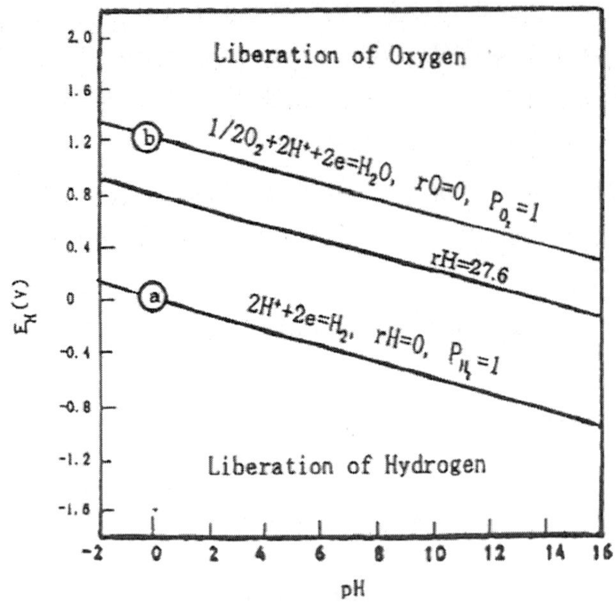

그림 15.9 Region of thermodynamic stability of water (25℃, 1atm pressure)

Pourbaix.에 의한 그림 15.10은 ①에서 26까지 다수의 반응식에 해당하는 평형 조건을 나타내어 설명이 복잡해지기 때문에, 이것을 간략화한 그림 15.11을 인용하면, 다음의 7 가지의 평형반응을 나타낸다.

(1) $Fe - Fe^{2+} - 2e^- = 0$

(2) $Fe^{2+} - Fe^{3+} - e^- = 0$

(3) $Fe^{3+} + 3OH^- - Fe(OH)_3 - e^- = 0$

(4) $Fe^{3+} + 3H_2O - Fe(OH)_3 - 3H^+ - 3e^- = 0$

(5) $Fe + 3H_2O - Fe(OH)_3 - 3H^+ - 3e^- = 0$

(6) $Fe + 2H_2O - FeO_2H^- - 3H^+ - 2e^- = 0$

(7) $FeO_2H^- + H_2O - Fe(OH)_3 - e^- = 0$

(그림 15.10과 그림 15.11의 각 직선의 번호는 상호 무관계)

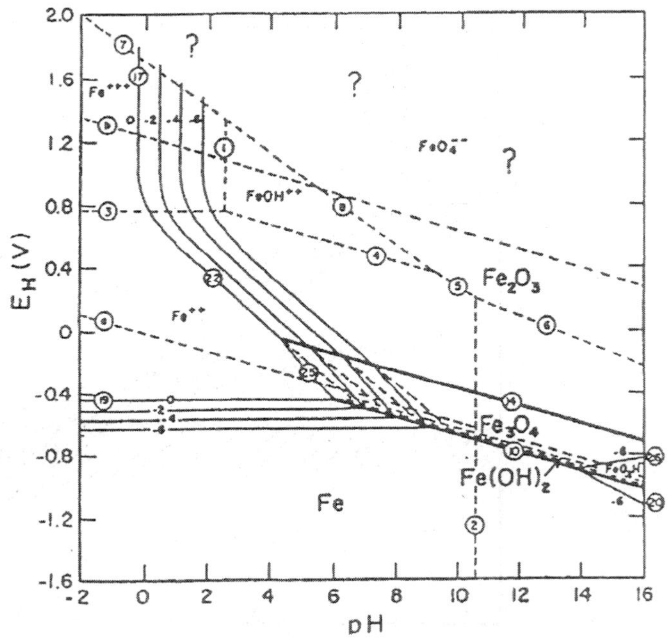

그림 15.10 Electrochemical equilibria of iron-water system (25℃, 1atm pressure) [M. Pourbaix]

지금 정의로서 철이 어떤 소량(10^{-6} g·atom/1, 즉 0.056 ppm) 이상 용출하는 경우는 부식하고 있는 것이며 역으로 철이 보호성을 가진 산화물 혹은 수산화물에 의하여 피복되면 부동태가 되는 것으로 한다. 그 경우 그림 15.10에서 금속과 산화물의 10^{-6}g·atom/1에 동일한 용해도에 해당하는 선은 부식에 관한 영역의 경계선이 된다(그림 15.12 참조). 즉 부식 가능한 영역(Corrosion)은 2군데, 부식 불가능역(Immunity)은 1군데, 부동태영역(Passivation)은 1군데이다. 더욱이 Immunity (불활태라고도 한다)는 피막이 없는 노출상태에서 부식이 발생하지 않는 영역이다.

그림 15.11에서 중성용액에서 철시편의 전위 E를 x점으로 나타내면 이것은 부식영역에 있기 때문에 당연히 부식된다. 이것을 방식하기 위해서는 시편을 전원에 연결하여 캐소드전류를 흘려서 시편전위를 불활성영역으로 내리든지 혹은 아노드전류를 흘려서 전위를 상승시키든지(혹은 액의 pH를 올리든지) 하여 부동태영역으로 이동시키면 좋다. 제 1의 방법은 캐소드방식, 제 2의 방법은 아노드방식이다.

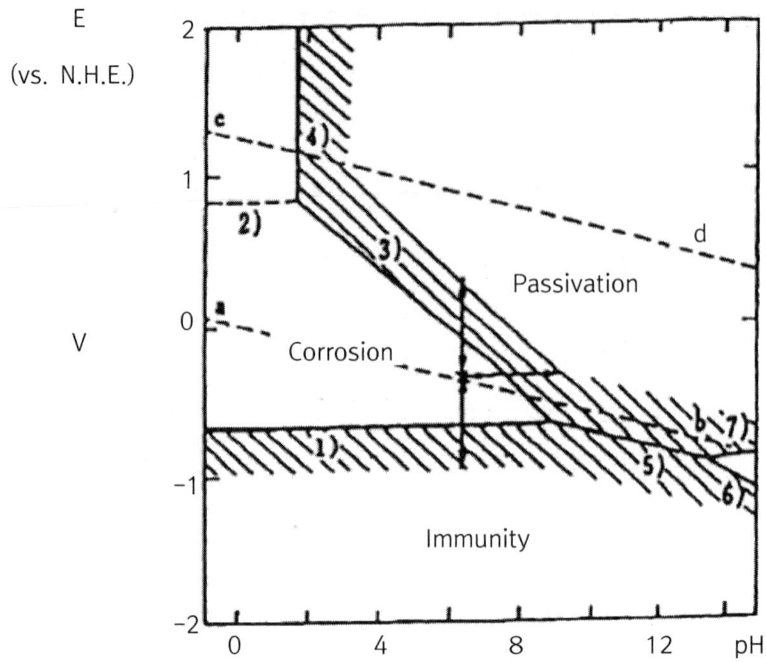

그림 15.11 Simplified potential-pH diagram of iron-water system [G. Okamoto and K. Inoue]

그림 15.12의 (a), (b)는 모두 철-물계의 Corrosion, Immunity, Passivation의 이론적 조건을 나타내는데 (a)는 Passivation이 Fe_2O_3피막에 의한 것으로 (b)는 Fe_2O_3와 Fe_3O_4피막에 의한 것으로 가정하고 있다(그림 15.10참조).

전위와 pH의 함수로서, Corrosion, Immunity, Passivation의 영역이 있다는 Pourbaix의 이론은 다음의 실험에 의하여 입증되었다. 표 15-5는 철시편에 대한 수용액의 종류 및 통전의 유무 등의 실험조건(1~25)과 시험 후의 시편상황을 나타내고, 그림 5.13은 결과를 전위-pH선도에 나타낸 것(○은 부식없음, ●은 전면부식, ◐은 국부부식)이다.

이 그림에서 pH8.4의 수직선의 플로트는 $NaHCO_3$액 속에서 철시편을 전원에 연결한 실험결과로서(18~25), 18, 20, 24번은 캐소드방식, 21, 23, 25번은 아노드방식의 효과를 나타내고 있다. 또한 19번은 불충분한 아노드방식 22번은 불충분한 캐소드방식에 의하여 부식이 발생한 경우이다.

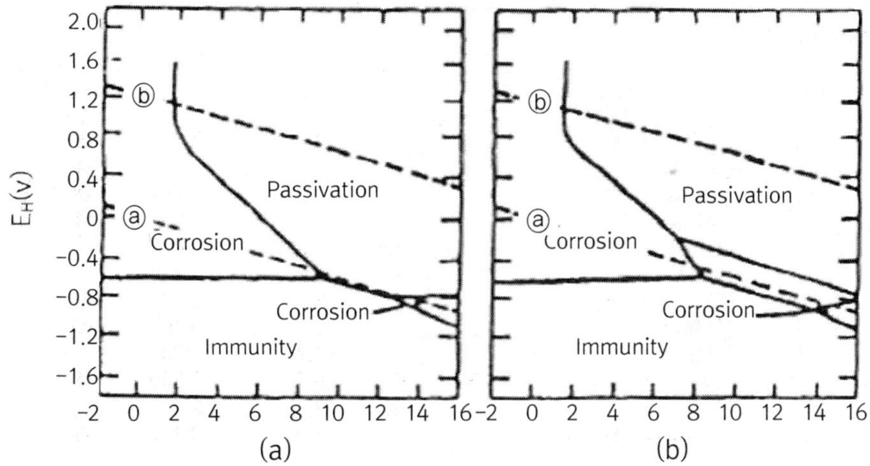

그림 15.12 Theoretical conditions of corrosion, immunity, and passivation of iron [M. Pourbaix]

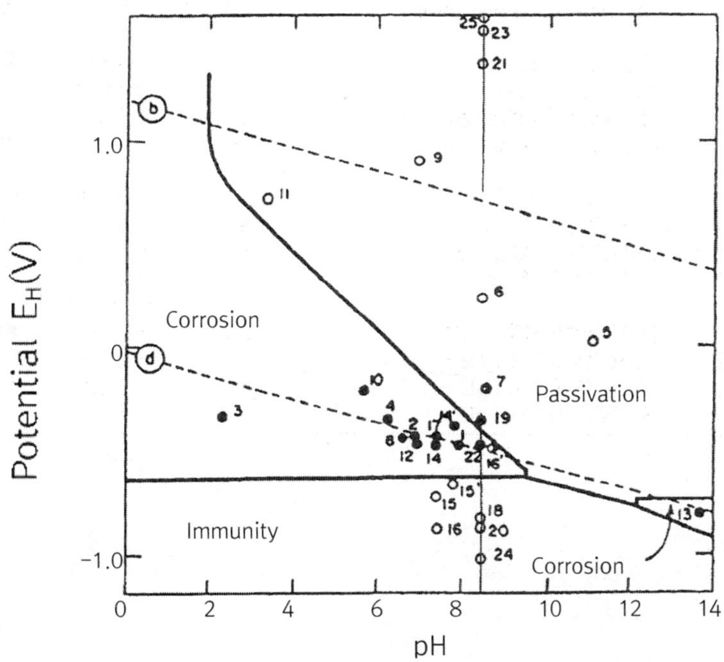

그림 15.13 Potential and corrosion state of iron samples in environments shown in 표 15-5 [M. Pourbaix]

표 15-5 Test environments, potential and corrosion state of iron sample [M.pourbaix]

Expt.	Sample No	Solution			pH	EH (v)	Stete of Metal	Gas
a	1	H_2O distiled			8.1	−0.486	●	–
	2	NaCl	1	g/liter	6.9	−0.445	●	–
	3	H_2SO_4	1	g/liter	2.3	−0.351	●	H_2
	4	$NaHSO_4$	1	g/liter	6.4	−0.372	●	–
	5	NaOH	1	g/liter	11.2	+0.026	○	–
	6	K_2CrO_4	1	g/liter	8.5	+0.235	○	–
	7	K_2CrO_4 + NaCl	1	g/liter	8.6	−0.200	◐	–
	8	$KMnO_4$	0.2	g/liter	6.7	−0.460	●	–
	9	$KMnO_4$	1	g/liter	7.1	+0.900	○	–
	10	H_2O_2	0.3	g/liter	5.7	−0.200	●	–
	11	H_2O_2	3.0	g/liter	3.4	+0.720	○	O_2
	12	Brussels city water			7.0	−0.450	●	–
b	13	NaOH 40 g/liter degassed			13.7	−0.810	●	H_2
c	14	city water-iron-copper			7.5	−0.445	●	–
	15	city water-iron-zinc			7.5	−0.690	○	H_2
	16	city water-iron-magnesium			7.5	−0.910	○	H_2
	17	city water-iron-platinum			7.5	−0.444	●	–
c'	14'	city water-iron-copper			7.8	−0.385	●	–
	15'	city water-iron-zinc			7.7	−0.690	○	H_2
	16'	city water-iron-magnesium			8.7	−0.495	○	H_2
	17'	city water-iron-platinum			–	–	●	–
d	18	$NaHCO_3$ 0.1M Pole −			8.4	−0.860	○	H_2
	19	$NaHCO_3$ 0.1M Pole +			8.4	−0.350	●	–
	20	$NaHCO_3$ 0.1M Pole −			8.4	−0.885	○	H_2
	21	$NaHCO_3$ 0.1M Pole +			8.4	+1.380	○	O_2
e	22	$NaHCO_3$ 0.1M Pole −			8.4	−0.500	●	–
	23	$NaHCO_3$ 0.1M Pole +			8.4	+1.550	○	O_2
	24	$NaHCO_3$ 0.1M Pole −			8.4	−1.000	○	H_2
	25	$NaHCO_3$ 0.1M Pole +			8.4	+1.550	○	O_2

15.2 금속부식현상의 속도론

15.2.1 분극

금속부식의 전기화학 15.1절은 금속과 환경 사이의 평형을 논하여 부식하는 경향의 개념을 설명하였다. 그러나 우리들의 주요한 관심은 부식속도(corrosion rate)이다. 요컨대 비평형상태에 있는 계가 평형상태로 이동하고자 하여 어떤 속도에서 반응하므로, 금속은 반응 속도가 부식속도이다.

금속전극의 표면에 전류가 출입하면, 전극은 이미 평형상태가 아니다. 전극의 전위는 전류의 방향과 크기에 의하여 변화한다. 전위변화의 방향은 항상 계의 평형으로부터 어긋남을 방지하는 방향으로 즉 전류의 흐름을 방해하도록 지향한다. 예를 들면 갈바닉전지에서 전류가 흐르는 동안 아노드의 전위는 보다 캐소드적으로(귀하게), 캐소드의 전위는 보다 아노드적으로(비하게) 되어 양극의 전위차는 감소한다. 전류에 의하여 발생한 전위변화의 크기를 분극(polarization)이라고 칭한다.

15.2.2 전지의 분극

$ZnSO_4$용액 속의 Zn극, $CuSO_4$용액 속의 Cu극으로 구성되는 Daniell전지를 생각하자. 양극 사이에 전류가 흐르지 않는 경우 전위차는 약 1 V이다. 이 전지에 전류를 흘린 경우의 분극의 상태를 그림 15.14에 나타낸다.

즉, 양극을 저항 R을 끼워 연결하여 전류 i가 흘렀을 때, Cu극은 ab선과 같이, Zn극은 cd선과 같이 분극한다. 즉 Cu극의 분극전압은 $\varDelta E_{Cu}$, Zn극에서는 $\varDelta E_{Zn}$으로, 다음 식과 같이 캐소드, 아노드의 비분극량 η_c, η_a(단위전류에 대응하는 전위변화량으로 단위는 저항)과 i의 곱으로 나타낸다.

$$\varDelta E_{Cu} = \eta_c i$$

$$\varDelta E_{Zn} = \eta_a i$$

양극의 전위차 bd 즉 $\varDelta E_R$은

$$\Delta E_R = Ri$$

또

$$\begin{aligned} E_{Cu} - E_{Zn} &= \Delta E_{Cu} + \Delta E_{Zn} + \Delta E_R \\ &= \eta_c i + \eta_a i + Ri \end{aligned}$$

따라서

$$i = \frac{E_{Cu} - E_{Zn}}{\eta_c + \eta_a + R} \tag{15.12}$$

그런데 i가 흐르는 경우의 Cu극과 Zn극의 전위는 각각 E_{Cu}, E_{Zn}으로 나타내지만, Ri는 일반적으로 분극전압 $\eta_c i$, $\eta_a i$에 비하여 작기 때문에 실제는

$$E_{Cu} \fallingdotseq E_{Zn}$$

로 간주하는 경우가 많고, 이 경우는 분극도에 있어서 ab선과 cd선의 겉보기 교점이 전지의 전위와 전류를 나타내는 것이 된다.

전류 iA가 흐른 경우, 물질의 1 g 당량을 용해하기 위하여 흐르는 전기량은 96,500쿨롱이며 Zn의 당량은 65.38/2 g, 그 때 Zn이 1초 사이에 용해하는 양 $W_{Zn.dis}$는 흐른 전기량이 $i \times 1$이기 때문에

$$W_{Zn.dis} = \frac{65.38}{2} \times \frac{i}{96500}$$

한편, Cu은 동일 전류에 의하여 1초 사이에 석출하는 금속 구리의 양 $W_{Cu.dep}$는

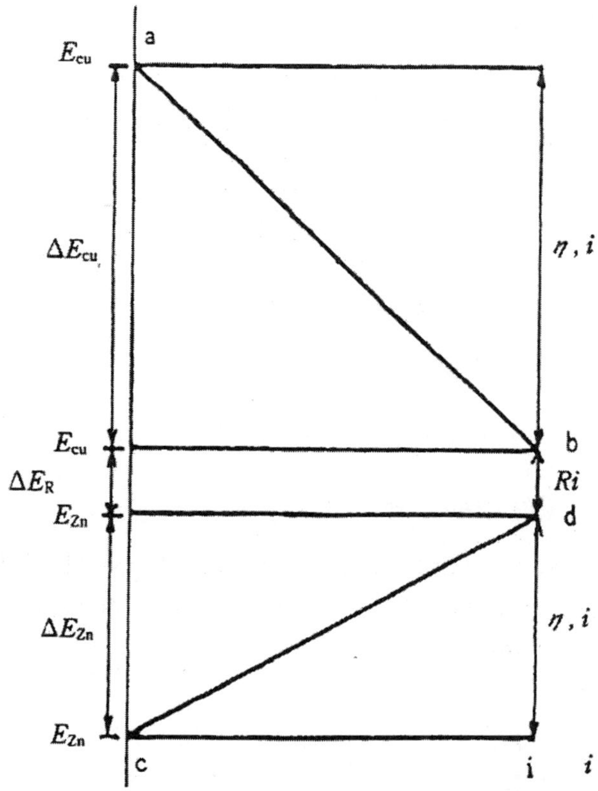

그림 15.14 Polarization of Daniell cell

$$W_{Cu.dep} = \frac{63.54}{2} \times \frac{i}{96500}$$

더욱이 Zn의 최대용해량 $W_{Zn.dis.max}$는 단락하여 i_{max}가 흐른 경우로서

$$W_{Zn.dis.max} = \frac{65.38}{2} \times \frac{i_{max}}{96500}$$

만약, Zn극 혹은 Cu극 또는 양극의 분극을 감소시키는 수단을 취하면 ab, cd의 경사가 완만하게 되어 i_{max}, 즉 Zn의 용해량이 더욱 크게 된다. 한편 반대로 분극을 증대시키는 처치를 취하면 i_{max}는 작아진다.

15.2.3 금속부식에서 분극

금속부식의 원인이 되는 국부전지는 아노드와 캐소드가 단락하여 있기 때문에 식 (15.12)의 R을 무시할 수 있는 경우가 많고 R을 소거한 다음 식이 성립한다.

$$i = \frac{E_c - E_a}{\eta_c - \eta_a}$$

이 경우 $i = i_{corr}$이기 때문에

$$i_{corr} = \frac{E_c - E_a}{\eta_c - \eta_a} \tag{15.13}$$

또 분극도는 그림 15.15에 나타낸다.

즉, 아노드와 캐소드의 분극곡선의 교점이 E_{corr}과 i_{corr}에 해당한다. 금속부식의 분극상태를 이와 같이 나타내는 것은 U.R.Evans가 처음이었기 때문에, 이것을 Evans의 분극도라고 한다.

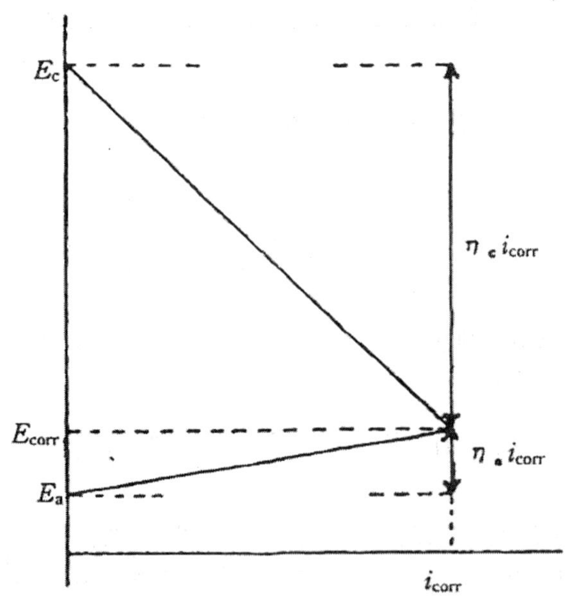

그림 15.15 Polarization of corrosion cell

15.2.4 부식속도와 부식전류밀도

금속표면에서 아노드영역의 단위시간당 부식용해량은 Faraday의 법칙에 의하여 i_{corr}에 비례하고, 따라서 단위면적당의 부식속도는 전류밀도로서 나타낼 수 있다. 예를 들면 철의 부식속도 1 mg/dm^2/day(mdd)는 다음과 같이 전류밀도로 환산된다. 먼저 mdd를 CGS단위로 바꾸면

$$\begin{aligned} 1mg/dm^2/day &= 10^{-3}g/10^2cm^2/24\times60\times60s \\ &= 10^{-7}/864g/cm^2/s \end{aligned}$$

Faraday 법칙에 의하여

Fe 1 당량(55.85/2 g)의 전해에 96,500 쿨롱(A·s) 필요

Fe 1 g의 전해에는 96,500÷55.85/2(A·s) 필요

따라서 Fe을 1 mdd 즉 1 cm^{2}당 1초 사이에 10^{-7}/864 g 부식하기 위해 필요한 전류밀도 i는

$$\begin{aligned} i &= p\times\frac{10^{-7}}{864}\times\frac{96500\times2}{55.85}\frac{g}{cm^2\cdot s}\cdot\frac{A\cdot s}{g} \\ &= 3.999\times10^{-7}A/cm^2 \end{aligned}$$

따라서 각종 금속의 부식속도 p mdd로부터 부식전류밀도 $i\,A/cm^2$로 환산은 다음 식에 의한다.

$$i = p\times\frac{10^{-7}}{864}\times\frac{96500}{equivalent}A/cm^2 \tag{15.14}$$

15.2.5 분극현상의 원인

분극현상을 발생시키는 주원인은 (1) 농도분극(Concentration Polarization), (2) 활성화분극(Activation Polarization), (3) 저항분극(Resistance Polarization)의 3종류를 들 수 있다.

(1) 농도분극

예를 들면 어떤 금속 M을 이온 M^{n+}의 활량(M^{n+})의 용액에서 전극으로 한 경우 전극반응은

$$M^{n+} + ne^{-} = M$$

전극의 전위는 Nernst의 식에 의하여 25℃에서는

$$E_1 = E_0 + \frac{0.0592}{n} log(M^{n+})$$

이 전극을 캐소드로서 전류를 흘리면 전극상에 금속 M이 석출하고 그 때문에 전극 부근의 M^{n+}이온의 활량은 $(M^{n+})_s$로 감소하고 또 전극전위는 다음 식과 같이 E_2로 변화한다.

$$E_2 = E_0 + \frac{0.0592}{n} log(M^{n+})_s$$

즉 E_2는 E_1 보다 저하하고 전위차 $\Delta E = E_1 - E_2$가 농도분극으로 그 크기는

$$E_1 = E_2 + \frac{0.0592}{n} log\frac{(M^{n+})}{(M^{n+})_s} \tag{15.15}$$

따라서 전류가 클수록 전극표면에서 이온의 활량 $(M^{n+})_s$가 작아지므로 농도분극은 크게 된다. $(M^{n+})_s$가 0에 근접하면 농도분극은 무한대에 접근하기 때문에 $(M^{n+})_s$를 한계적인 낮은 값으로 하는 전류밀도를 한계전류밀도라고 칭한다.

그러나, 실제로는 분극이 무한대가 되는 것은 없고, 최초의 반응보다 낮은 전위, 예를 들면 수소발생전위로 이행하여 수소가 발생한다. 그런데 i_L을 한계전류밀도, i를 외부로부터 흘리는 전류로 하면 다음 식이 성립한다.

$$E_1 = E_2 + \frac{RT}{nF} ln\frac{i}{i_L - i} \tag{15.16}$$

이 식에서 i가 i_L에 접근하면 $E_1 - E_2$는 무한대에 가까워지게 된다. 또 $i_L\ A/cm^2$은 다음 식으로 구할 수가 있다.

$$i_L = \frac{DnF}{\delta t} \times c \times 10^{-3} \tag{5.17}$$

D는 환원되는 이온의 확산정수(25℃에서 H^+ 와 OH^-를 제외한 모든 이온의 평균 $1 \times 10^{-5} cm^2/s$) δ는 전극면에 인접하는 정지상태의 액층(확산층)의 두께(교반하지 않은 용액으로 약 0.05 cm) t는 환원되는 이온을 제외한 다른 이온의 윤율(만약 많은 종류의 이온이 있으면 1로 된다)

c는 환원되는 이온의 농도 mol/l

따라서 식 (15.17)은 다음의 식으로 근사할 수 있다.

$$\begin{aligned} i_L &= \frac{1 \times 10^{-5} \times 96500}{0.05 \times 1} \times nc \times 10^{-3} \\ &= 0.02nc \end{aligned}$$

H^+, OH^-에 대하여 D가 각각 9.3×10^{-5}, $5.2 \times 10^{-5} cm^2/s$로 크기 때문에 i_L도 크게 된다.

다음으로 M전극을 아노드로 분극한 경우, 전극면의 M^{n+}농도는 액 속보다 높게 되고, 당초의 전극전위 E_1은 보다 높은 E_2로 변화한다. 활량비 $(M^{n+})/(M^{n+})_s$는 1보다 작아지기 때문에, 분극치 ΔE는

$$E_1 - E_2 = \frac{0.0592}{n} log \frac{(M^{n+})}{(M^{n+})_s}$$

에 의하여 부(-)로 된다. 즉 아노드의 농도분극은 캐소드와 반대로 전극을 귀(높은) 방향으로 분극시킨다.

(2) 활성화분극

전극반응이 발생하기 위하여는 반응종으로 활성화에너지를 주어서 포텐셜장해를 넘어야만 한다. 포텐셜장해가 높은 경우에는 필요한 에너지의 공급에 시간이 걸리고 전위에 변화가 발생한다. 이것이 활성화분극이다.

예를 들면 케소드에서 다음 식에 의한 수소이온의 환원은

$$H^+ + e \to \frac{1}{2}H_2$$

수소반응의 지연으로 분극이 발생하고, 이 분극을 특히 수소과전압(Hydrogen Overvoltage)이라 한다. H^+방전의 율속단계(화학 반응이 여러 단계를 거쳐 진행할 때 그중에서 변화 속도가 가장 느린 반응 단계)는 항상 동일하지는 않고 캐소드로 되는 금속의 종류, 전류밀도, 환경 등에 의하여 변화한다.

또, 다음 식에 의하여 산소가 발생할 때 아노드에서 OH^-방전도 큰 활성화분극을 일으킨다.

$$2OH^- \to \frac{1}{2}O_2 + H_2O + 2e^-$$

이 분극을 특히 산소과전압(Oxygen Overvoltage)이라 한다.

금속의 이온화용출(아노드반응)에서도 활성화분극이 생긴다. Fe, Ni는 비교적 크다고 알려져 있고 그 기구는 금속이온의 수화과정의 지연에 의한 것으로 알려져 있다.

활성화분극은 전류와 함께 증가한다. 분극치 η와 전류밀도 i와의 사이에 다음의 관계가 있다.

$$\eta = \beta \log \frac{i}{i_0} \qquad (15.18)$$

이것을 Tafel의 식이라 한다. β와 i_0는 금속과 환경에 의하여 정해지는 정수로서 β는 Tafel의 경사(계수), i_0는 교환전류밀도[2](Exchange current density)라 한다.

수소방전의 활성화분극(수소과전압)의 플로트와 Tafel식의 관계를 그림 15.16에 나타낸다. 수소전극의 전위는 식 (15.2)에서 나타낸 것처럼

---

2) 교환전류밀도 : 평형상태에 있는 전극에서 정역 양방향의 반응속도가 동일한 경우의 전류밀도

$$E_{H_2} = -0.059pH - 0.0296\log p_{H_2}$$

수소분압을 1로 하면

$$E_{H_2} = -0.059pH$$

이것은 수소전극의 평형전위 E_0로서 그림의 전위축의 상단에 나타낸다. 전류밀도 i_1에서 측정전위 E_1과 E_0의 차가 수소화전압 η로, E_0에서 과전압은 0으로 된다.

그림에서 ab직선부분이 Tafel식에 해당하고 결국 이 식은 분극이 충분히 큰 전위역역에서 반대방향의 반응전류가 무시될 수 있을 때 성립하기 때문에 실제의 분극곡선은 그림의 왼쪽에서 볼 수 있는 바와 같이 전류가 작은 곳에서는 아래쪽 방향으로 기울어져 평형전위에 점근해지고 있다.

(3) 저항분극

이 분극은 IR강하 혹은 옴강하라고도 부른다. 이것은 분극 주변의 액의 저항과 금속표면에서 반응생성물피막의 저항에 의하여 생긴다. 분극에 대한 영향은 iR로 되는데, i는 전류밀도, R은 도전율 k, 길이 1 cm의 저항경로에서는 1/k과 같다. 저항분극은 전류를 끊으면 순간적으로 소실하지만, 농도분극과 활성화분극은 측정 가능한 속도로 감쇠한다.

해수 속의 구리의 캐소드방식에서 통상 전류밀도는 $1\times10^{-5}A/cm^2$이고, 해수의 k는 0.05 $\Omega^{-1}cm^{-1}$이므로 방식하는 강판표면과 전위측정용의 대조전극과 의 거리 1을 1 cm로 하면

$$\begin{aligned} iR &= i\frac{1}{k} = 1\times10^{-5}\times\frac{1}{0.05} = 0.2\times10^{-3}V \\ &= 0.2mV \end{aligned}$$

따라서 이 경우, 방식전위의 측정에서 저항분극을 무시할 수 있다. 그러나 어떤 연수에서는 $k = 10^{-5}\Omega^{-1}cm^{-1}$로 되기 때문에

$$iR = 1\times10^{-5}\times\frac{1}{10^{-5}} = 1V$$

에도 도달하기 때문에 전위측정치에 보정이 필요하다.

또한 농도분극은 액의 교반에 의하여 감소하지만 활성화분극과 저항분극은 거의 영향을 받지 않는다.

15.2.6 수소과전압과 부식

탈기한 물이나 비산화성의 액에서 금속의 부식속도를 지배하는 것은 수소과전압 η이다. η는 앞에서도 서술했듯이 금속에 캐소드전류를 흘려서 수소를 발생시켰을 때의 전위 E_{H_2}와 동일 용액 속에서의 평형수소전극전위 E_0와의 차로, 다음 식으로 나타낸다.

$$\eta = E_{H_2} - E_0$$
$$= E_{H_2} - (-0.059pH)$$

수소과전압은 Tafel식에 의하여 주어지기 때문에 이것에 영향을 미치는 다음의 여러 인자에 의하여 증감한다.

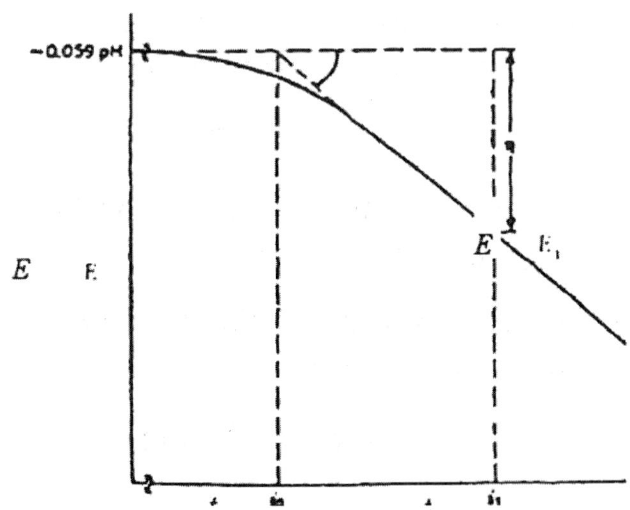

그림 15.16 Hydrogen overvoltage and Tafel equation

표 15-6 Hydrogen overvoltage (V) at different current densities (from G. Wranglen)

Material	$10^{-3}A/cm^2$	$10^{-2}A/cm^2$	$10^{-1}A/cm^2$
Platinized Pt	0.015	0.030	0.04
Bright Pt	0.025	0.07	0.29
Au	0.24	0.39	0.59
Mo	0.30	0.44	0.57
Ni	0.40	0.42	0.51
Fe	0.44	0.53	0.64
Ag	0.47	0.66	0.76
Graphite	0.60	0.76	0.99
Cu	0.72	0.75	0.82
Zn	0.85	0.75	1.06
Sn	0.91	0.98	1.99
Cd	0.91	1.20	1.25
Pb	1.04	1.24	1.26
Hg		1.15	1.21

1) 온도가 상승하면 i_0가 증가하여 η는 감소한다.

2) 전류밀도 i의 증가에 의하여 η는 크게 된다.

3) 표면거칠기의 증가는 표면적과 촉매능의 증가하고, η는 감소한다.

4) 전극의 재질에 의하여 표 15-6[1)]에 나타내어지듯이 η는 크게 변동한다.

5) 전해질의 종류와 농도에 의하여 η는 영향을 받는다.

Stern은 수소를 발생시켜 부식되고 있는 금속의 수소과전압이 다음 식으로 되는 것을 나타내었다.

$$\eta = \beta \log \frac{i + i_r + i_{p \cdot corr}}{i_0} \tag{15.19}$$

여기서 i는 외부의 캐소드전류, i_r은 수소발생의 역반응(H_2가 H^+로 산화)의 전류로서 평형상태에서는 i_0에 동일하다. $i_{p.corr}$은 i에서 캐소드분극한 경우의 금속부식전류이다. 이 관계는 그림 15.17의 분극곡선군에 나타낸다(횡축은 전류의 대

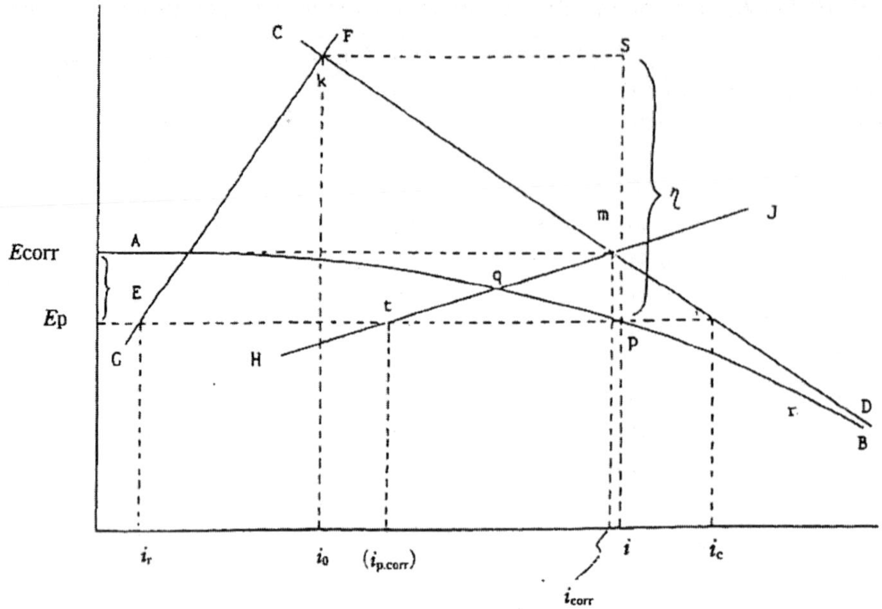

그림 15.17 Hydrogen overvoltage (η) for corroded metal

수). 즉 직선 CD와 HJ는 부식금속의 아노드와 캐소드의 단락에 의하여 생기는 내부분극곡선[3](CD는 캐소드분극, HJ는 아노드분극)이고, 교점 m은 자연부식상태에 해당하고, 전위 E_{corr}은 부식전위, i_{corr}은 부식전류이다. 또 곡선 AB는 외부로부터 캐소드전류를 흘린 경우의 외부분극곡선[4]이다. 캐소드전류 i로 p점까지 분극한 경우, 수소과전압 η는 점선 ps에 해당하고, 이 때의 내부 캐소드전류는 i_c, 내부 아노드전류(부식전류)는 $i_{p.corr}$이다(캐소드방식에 의하여 부식전류는 i_{corr}로부터 $i_{p.corr}$까지 감소하고 있다). 외부분극곡선 AB의 기울기 $dE/d\log i$는 전류의 증가에 따라 크게 되고, B점 부근에서는 Tafel 경사 β에 접근한다.

또 전술의 식 (15.19)은 다음과 같이 도입,

---

3) 내부분극곡선 : 부식금속의 아노드와 캐소드의 단락에 의한 분극곡선은 직접측정 할 수 없기 때문에 이 명칭으로 불리어진다.

4) 외부분극곡선 : 실측할 수 있는 통상의 분극곡선, 내부분극곡선과 대비할 때의 명칭.

$$\beta = \frac{\eta}{\log i_c - \log i_0}$$

$$\eta = \beta(\log \frac{i_c}{i_0})$$

$$i_c = i + i_r + i_{p.corr}$$

$$(\therefore)\ \eta = \beta \log \frac{i + i_r + i_{p.corr}}{i_0}$$

더욱이 백금전극과 같이 부식되지 않는 금속에 대한 수소과전압은 다음과 같이 Tafel식을 수정한 것이 잘 일치한다.

$$\eta = \beta \log \frac{i + i_r}{i_0} \tag{15.20}$$

15.2.7 부식속도와 분극

갈바닉전지에서 전류를 제한하는 것은 전지의 분극과 전해질의 저항 등 회로저항이다. 그러나 금속표면의 부식에 해당하는 국부전지는 전극이 접근하여 있기 때문에 회로저항은 무시하는 수가 많고, 분극이 가장 중요한 인자로 된다.

그림 15.15 및 식 (15.13)에서 나타낸 것처럼 부식의 국부전지에서 분극은 Evans선도로 나타낸다. 이 분극이 주로 캐소드에서 일어나는 경우, Evans선도는 그림 15.18의 (a)와 같으며, $\eta_c \gg \eta_a$의 조건에서 η_a는 무시할 수 있기 때문에 식 (15.13)은

$$i_{corr} \fallingdotseq \frac{E_c + E_a}{\eta_c}$$

로 되어

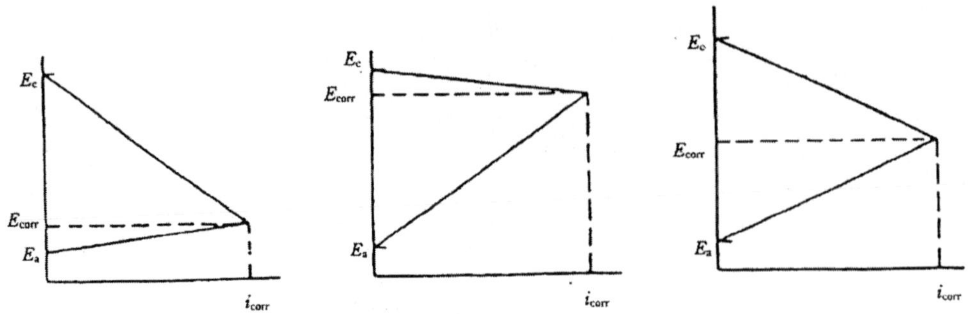

(a) Cathodic control (b) Anodic control (c) Mixed control

그림 15.18 Type of corrosion control

$$\eta_c i_{corr} \fallingdotseq E_c - E_a$$

따라서 E_{corr}은 아노드의 개로전위에 가까운 값으로 된다. 이와 같이 분극이 큰 쪽의 극이 부식속도를 지배하기 때문에 부식반응은 캐소드지배의 상태에 있다고 한다. 중성수용액 중의 철 등이 실례이다.

역으로 분극이 주로 아노드에서 일어나는 경우 Evans선도는 그림 (15.18 b)와 같으며 $\eta_a \gg \eta_c$ 조건에서는

$$\eta_c i_{corr} \fallingdotseq E_c - E_a$$

로 되고 E_{corr}은 캐소드의 개로전위 E_c에 가깝게 된다. 이 경우 부식반응은 아노드지배의 상태에 있다고 한다. 실례로서 중성염수용액 중의 마그네슘 등이 있다.

그러나 일반적으로는 분극은 캐소드, 아노드의 양극에서 동시에 발생하고 어느 쪽도 무시할 수 없다. 이 경우의 Evans선도는 그림 15.18(c)와 같으며 이 상태를 혼합지배라 한다.

15.2.8 Wagner & Traud의 분극도

Evans의 분극도는 부식반응을 전기화학적으로 취급하는 개념을 얻기 위하여 유용하지만, 이것은 원래 캐소드와 아노드가 분리하여 존재하는 경우를 대상으로 고안된 것이다. 그러나 Wagner과 Traud는 부식반응의 일반적 현상은 캐소드, 아노드가 특정의 장소에 고정되지 않고, 각각의 반응은 독립하여 진행하고, 전위에 의하여 변동하는 캐소드 및 아노드 분극곡선의 중첩에 의하여 부식전류와 부식전위가 결정된다고 생각하였다.

이것이 Wagner, Traud의 분극도로서 예를 들면 그림 15.19는 산소를 포함한 중성용액 속에서 각종 금속의 부식속도를 비교한 것이다. 이 경우 캐소드반응은 주로 산소환원이므로 은도 그림의 ab선의 길이에 해당하는 약간의 부식을 일으키고, 계속하여 동, 철과 평형전위가 낮아지는 것에 따라 부식속도는 점차 증가한다. 마지막으로 아연의 경우는 캐소드반응으로서 수소환원도 가해지기 때문에 부식속도는 한층 증가한다.

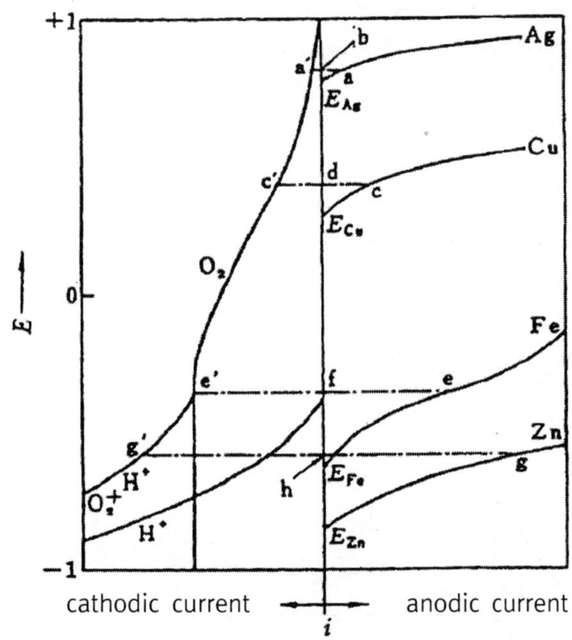

그림 15.19 Polarization curves followed by the Wagner & Traud system (T.P.Hoar, G.Okamoto)

즉, Wagner, Traud의 제안은 고정된 국부전지를 고려하지 않기 때문에 보다 일반적인 개념이라 할 수 있다(국부전지적인 부식은 공식 등의 국부부식으로 된다).

15.2.9 분극 데이터로부터 부식속도의 산출

(1) 외부분극곡선에 의한 도식 판정

분극도를 알면 부식속도를 구할 수 있다. 그러나 실제로 측정할 수 있는 것은 금속면상의 반응에 의하여 분극된 전위(부식전위)뿐이다. 그래서 외부분극 데이터로 부식속도를 구하는 방법을 다음에 몇 가지 들어 본다.

먼저, 대상으로 하는 금속시험편을 주어진 환경에서 외부전원에 의하여 그림 15.20와 같이 캐소드 및 아노드 분극하면 전류 $i_{c,} i_a$에서 분극곡선에 절선 C, A를 만든다. 이 시점에서 금속 전면이 각각 같은 전위가 된다고 생각하면 C, A점의 전위 E_c, E_a가 캐소드 및 아노드의 개로전위로 되고 그림의 기하학적 관계로부터 다음 식이 성립하므로 부식전류가 구하여진다.

$$i_{corr} = \frac{i_c i_a}{i_c + i_a} \tag{15.21}$$

이것을 Pearson의 식이라 한다.

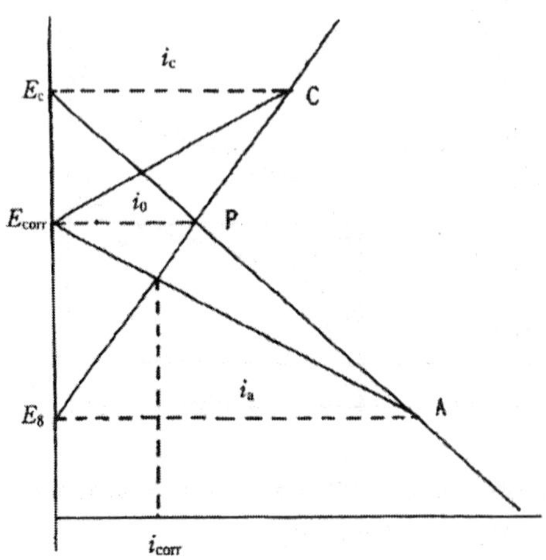

그림 15.20 Pearson method

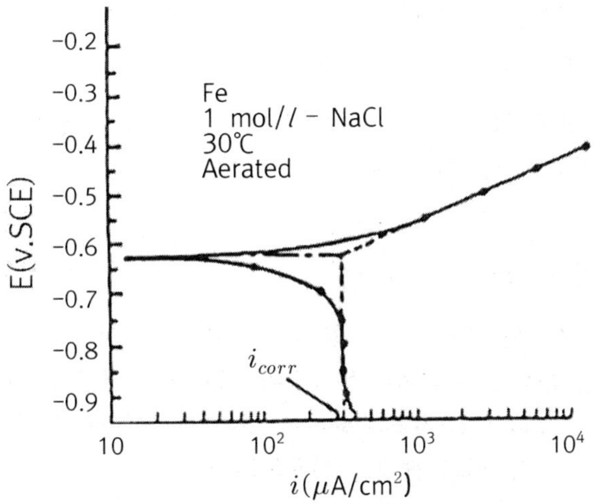

그림 15.21 Extension of Tafel line

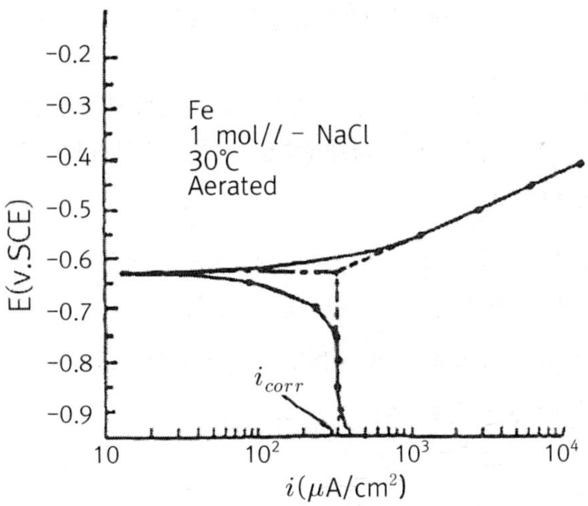

그림 15.22 Utilization of limiting current

상기의 방법은 분극에 상당한 시간을 요하기 때문에 자연부식의 상태를 교란할 우려가 있다. 그 대책으로서 岡本들은 극히 단시간에 부식전류를 계측하는 방법을 제안하였다. 즉 활성화지배의 부식계는 일반적으로 분극전류밀도의 대수값과 전위가 그림 15.15와 같이 직선관계를 나타내기 때문에 분극곡선의 경사, 즉 Tafel직선을 1초 정도의 단시간에 계측하여, 이것을 그림 15.21과 같이 자연부식전위(E_{corr})까지

외삽하여 i_{corr}을 구하는 것이다. 물론 캐소드 혹은 아노드 분극곡선의 어느 한쪽(측정하기 용이한 쪽)의 계측으로 끝난다.

더욱이 산소가 용존하는 중성용액에서 철의 부식 등의 경우에는 그림 15.22와 같이 확산한계전류밀도를 계측하면, 이것이 i_{corr}에 해당한다.

(2) 분극저항법에 의한 측정

자연전위(부식전위) 부근에서 약간 분극(20 mV 이내)시키면 자연부식상태로 교란을 주지 않으면서 분극전류 ΔI와 분극전위 ΔE가 얻어진다. 이 경우 분극곡선은 직선으로 간주되어, $\Delta E/\Delta I$(저항의 차원을 가지기 때문에 분극저항으로 부른다)가 i_{corr}에 역비례하는 다음 식의 관계를 이용하는 것으로

$$\Delta E/\Delta I = \frac{\beta_a \beta_c}{2.3\, i_{corr}\,(\beta_a + \beta_c)} \tag{15.22}$$

분극저항법 혹은 직선분극법 또는 제안자의 이름에서 Stern-Geary방법이라 부른다. β_a, β_c 아노드 및 캐소드의 Tafel계수로서 분극저항값의 외에 이들의 계수를 측정하여 i_{corr}가 얻어진다.

황산에서 스테인리스강의 분극저항과 부식속도를 별도로 구한 Butler들의 결과는 그림 15.23과 같으며 좋은 상관을 나타내고 있다.

또한 캐소드반응이 농도분극에 의한 확산지배의 경우는 $\beta_c \to \infty$로 되고, 식 (15.22)은 다음과 같이 간략화된다.

$$\Delta E/\Delta I = \frac{\beta_a}{2.3\, i_{corr}} \tag{15.23}$$

또, Tafel계수를 구하는 대신에 미리 중량감소측정 등의 방법으로 부식속도(i_{corr}로 환산)를 구하고, 다음 식으로부터

$$i_{corr} = K \cdot \frac{\Delta I}{\Delta E} \tag{15.24}$$

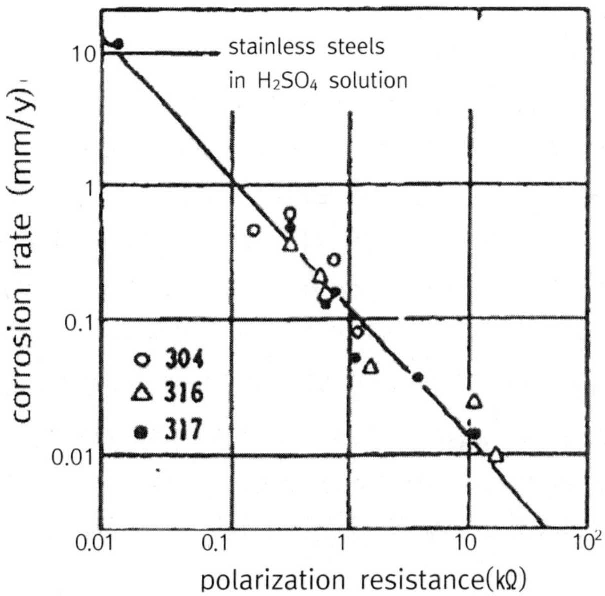

그림 15.23 Correlation between polarization resistance and corrosion rate

비례정수 K를 산출하고, 그 뒤 동일 환경에서 부식은 식 (15.24)에 $\Delta I, \Delta E$를 대입하여 i_{corr}을 구하는 것도 가능하다.

분극저항법은 부식계의 교란이 적을 뿐만 아니라 시험되는 금속전극의 소모도 적기 때문에 실제 장치에서 부식속도의 장시간에 걸친 계측에 사용되고 부식관리에 적합한 측정방법이라고 할 수 있다.

15.2.10 캐소드방식법의 원리

이전에 설명한 Pourbaix의 간이식 전위-pH선도(금속부식의 전기화학 입문 그림 15.11로부터도 알 수 있듯이 pH≥2인 부식영역(Corrosion)에 놓인 철은 전위를 내려서 부식불가능역(Immunity)으로 옮기든지, 전위를 올려서 부동태역(Passivation)으로 움직이면 부식을 방지할 수 있다. 전위를 내리기 위하여는 캐소드분극 시키면 좋고, 이것이 캐소드방식법의 평형론적인 원리이다. 또한 전위를 올려서 부동태화시키는 방법은 아노드방식이라 한다.

캐소드방식법의 원리를 속도론적으로 설명하면, 그림 (15.24)의 분극도와 같이 된다. 지금 부식전지의 캐소드 전위를 E_c, 아노드 전위를 E_a라고 하면, 양극의 단락 상태에 의하여 분극곡선의 교점 m에 대응하여 부식전위 E_{corr}이 나타내고 양극 사이를 흐르는 전류가 부식전류 i_{corr}에 해당한다. 이 상황에 대해 외부전원으로부터 캐소드전류 yx를 주면 부식전류는 zy까지 감소하고 다시 캐소드전류를 i_p까지 증가시키면 금속의 전위는 아노드의 개로전위 E_a까지 강하하여 전 표면이 균일한 전위 상태가 되기 때문에 부식전류는 0으로 되고 완전한 방식이 달성된다.

그런데 그림의 E_a에 상당하는 캐소드방식 기준전위의 실제 값으로서 철강의 경우는 SCE기준으로 −0.77 V가 광범위하게 승인되어 있고, 또 일반적으로는 부식전위(자연전위)보다 0.2 V정도 낮게 한 전위를 방식전위라 생각하여도 좋다.

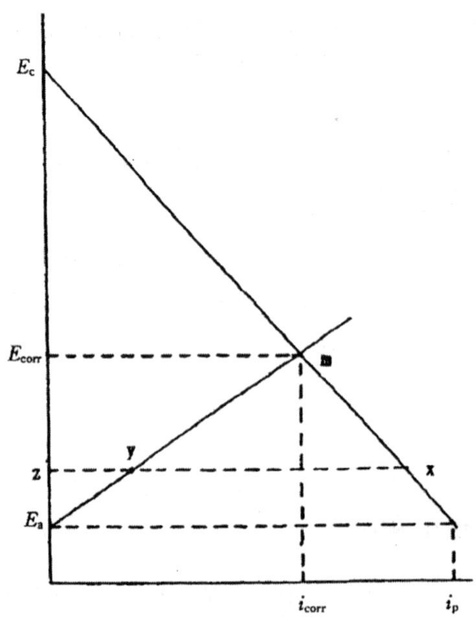

그림 15.24 Polarization for cathodic protection

15.2.11 부동태

(1) 부동태의 일반적 특성

갈바닉시리즈에서 전위가 낮은(卑, active)한 금속(그 종류의 금속을 주체로 한 합금을 포함)이 시리즈에서 전위가 높은(貴) 금속과 동일한 거동을 하는 경우 그 금속은 부동태를 나타낸다고 한다. 이 정의에 의한 부동태를 나타내는 금속으로 알루미늄, 크롬, 니켈, 티타늄, 몰리브덴, 지르코늄, 스테인리스강 등이 있다. 활성상태에서 금속이 용해하는 경우 아노드분극에서 전위를 올리면 아노드전류는 증가하지만, 어떤 전위(혹은 전류)를 넘으면 급격히 전류가 감소하며 이 현상을 전기화학적 부동태화라 한다. 또 금속을 산화제용액에 침지하면 자연스럽게 상기의 한계전위를 넘어 부동태화하며(예를 들면 철을 농초산에 침지시킨 경우) 이것을 화학적 부동태화(혹은 자기부동태화)라 한다.

금속표면의 부동태피막은 매우 얇은 산화피막으로, 0.3~3 nm 정도의 두께를 가지는데 일반적으로 생성전위가 높을수록 두껍게 성장한다. 생성과정은 전기화학적 부동태화의 경우 당초의 급증하는 아노드용해로 부식성생물이 집적하여 노출면적이 감소하고 우선 두꺼운 절연성피막이 형성되고 다시 이것이 얇은 부동태피막으로 변질한다고 알려져 있다.

부동태피막은 전기적으로는 절연체 또는 반도체이지만, 두께가 얇은 경우는 터널효과에 의하여 전자이행이 가능하므로, 표면에서 캐소드환원반응이 가능하다. 또 피막이 반도체인 경우는 상당히 두꺼운 피막에서도 종종 전자이행이 가능하므로 산화제의 환원도 발생한다.

(2) 부동태금속의 분극곡선

부동태금속의 정확한 분극곡선은 그림 15.25에 나타낸 것처럼 정전위장치(Potentiostat)를 이용한 분극곡선 측정법으로 구한다. Potentiostat는 시편의 전위를 미리 설정한 값 U_s와 편차 ΔU를 발생시키면 이것을 앰프에 입력하여 ΔU가 0으로 되도록(시편의 전위가 설정치 U_s로 되도록) 보조전극에서 시편으로 전류를 자동적으로 조절하는 장치로서 전자회로를 이용한 여러 가지 형식의 것이 시판되고 있다.

상술과 같은 정전위장치를 이용하여 측정한 부동태금속의 아노드 분극곡선(개념도)을 그림 15.26에 나타낸다. 즉 자연전위(부식전위)로부터 출발하여 활성태

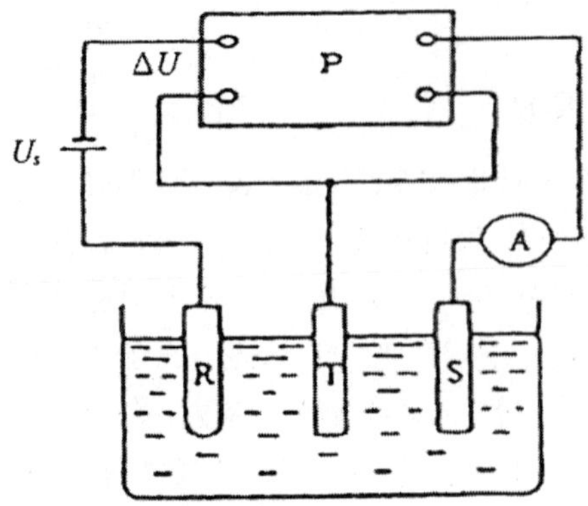

P : Potentiostat
R : Reference electrode
T : Test electrode
S : Subsidary electrode
U_s : Set potential

그림 15.25 Cell and potentiostat for measuring polarization

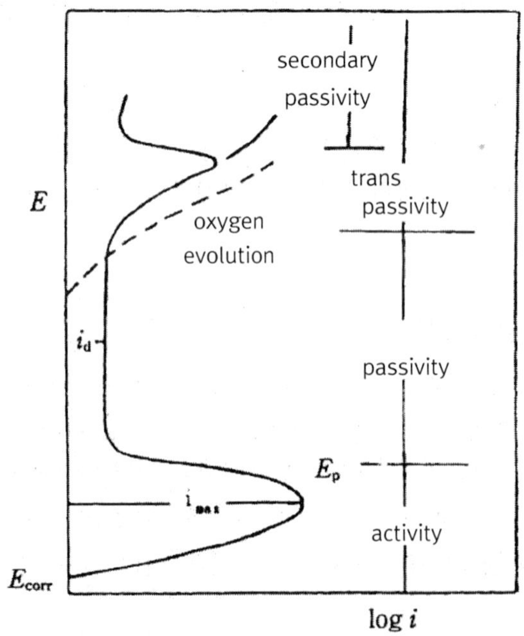

그림 15.26 Potentiostatic anodic polarization curve (schematic)

(activity), 부동태(passivity), 과부동태(transpassivity)와 같이 고전위 방향으로 경과한다. 단 금속에 따라서 과부동태화보다 위의 전위영역에서 그림에 나타내듯이 2차 부동태(secondary passivity)를 나타내는 경우도 있다. 활성태로부터 부동태로 이행전위를 부동태화전위 E_p, 반대로 부동태로부터 활성태로의 이행전위를 활성화전위로 부르는데, 양자는 반드시 일치하지는 않는다. 또 부동태화하는 경우 넘어야 하는 최대용해전류를 부동태화임계전류 i_{max}, 부동태에서 정상전류밀도 I_d를 부동태유지전류라 한다. 상술의 E_p • i_{max}, i_d의 3 종류의 값이 부동태화분극곡선의 특성치로 된다.

그림 15.27은 철, 니켈, 크롬, 18-8스테인리스강의 0.5 mol/l 황산(25℃)에서 정전위 아노드분극곡선으로 이들 금속 중의 크롬과 스테인리스강의 부동태화전위 E_p, 부동태화전류 i_{max}는 낮으므로, 부동태화 하기 쉽다는 것이 명확하며 게다가 부동태유지전류 i_d도 작으므로 부동태의 안정성이 높다.

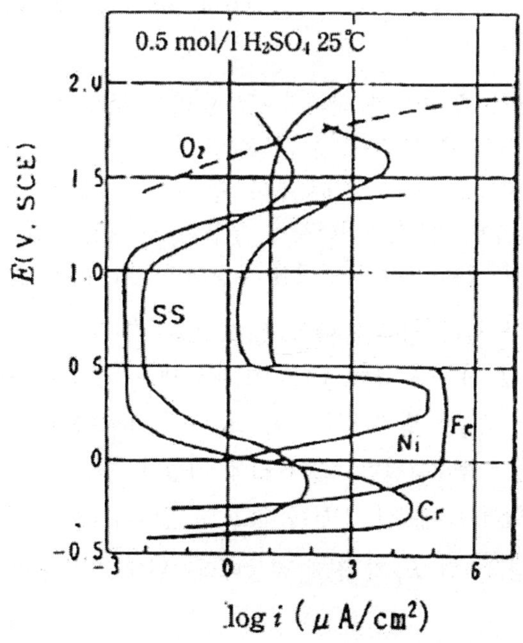

그림 15.27 Potentiostatic anodic polarization curves of some metals

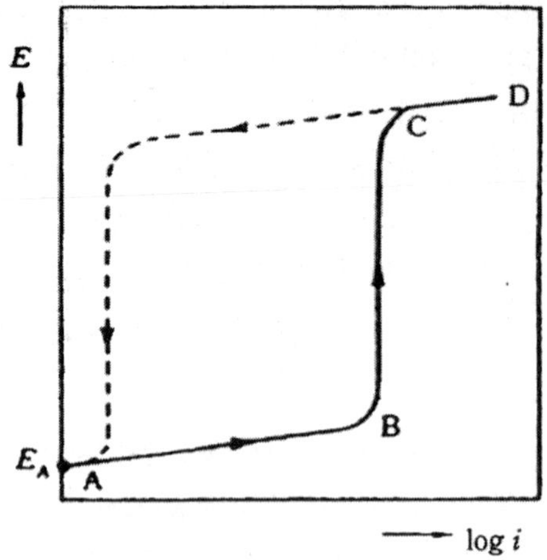

그림 15.28 Galvanostatic anodic polarization curve(schematic)

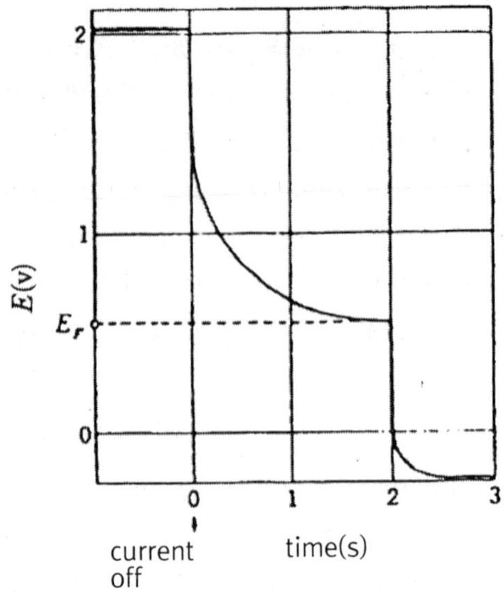

그림 15.29 Galvanostatic anodic polarization curve (schematic) References

또한 정전류법에서 즉 전류를 단계적으로 올려서 철을 아노드분극시켜 부동태화시킨 후 전류를 단계적으로 내리면 분극곡선의 개념도는 그림 (15.28)과 같고 활성태 AB로부터 부동태 CD로, 또 부동태로부터 활성태로 전위는 급격히 비약하고 또 왕복의 비약현상 사이에 큰 히스테리시스 루프(hysteresis loop)가 형성된다. 따라서 이 방법은 정전위의 경우와 같이 명백한 부동태화전위 E_p는 알 수 없다.

그런데, 황산에서 철의 경우를 예를 들면, 일단 철을 정전류법에서 부동태화시킨 후에 전류를 끊으면 전위는 그림 15.29에 나타내는 경과를 나타내고 전위 E_F에서 수 초간 정체한다. E_F를 발견자의 이름으로부터 Flade전위라 부르는데 일반적으로 정전위법에서 구한 부동태화전위 E_p의 값에 가깝다. 단, E_p는 일반적으로 저항분극과 농도분극을 포함하기 때문에 전류를 끊고 측정된 E_F보다 약간 낮은 것이 일반적이다. 이와 같이 생각하면 E_F가 진짜 부동태화전위에 가깝다고 할 수 있다.

참고문헌

1) M. Pourbaix, "Lectures on Electrochemical Corrosion", pp. 16-19, Prenum Press (1973)
2) G. Okamoto and K. Inoue, "Corrosion and Prevention', pp. 53-54, Dainihon Tosho (1987)
3) G. Wranglen, "An Introduction to Corrosion and Protection of Metals", pp. 19, Chapman and Hall, London NewYork (1985)
4) G. Ito, "Corrosion Science and Engineering", pp. 87, Corona Publishing Co., LTD., Tokyo (1969) (Japanese)
5) G. Okamoto, Nihonkinzokugakkai kaihou, 1, pp. 509 (1962) (Japanese)
6) G. Ito, "Corrosion Science and Engineering", pp.96, Corona Publishing Co., LTD., Tokyo (1969) (Japanese)
7) Japan Soc. for the Promotion of Science (Ed), "Kinzoku Boushoku Gijutu Binran", 1st Ed., Nikkan Kogyo Shinbunsha, pp. 644 (1972) (Japanese)
8) Japan Soc. for Corrosion Engineering (Ed), "Boushoku Gijutu Binran", 1st Ed., Nikkan Kogyo Shinbunsha, pp. 777 (1986) (Japanese)
9) T.J.Butler, P.R.Carfer, "Polarization Resistance as a Corrosion Test for Stainless Steel in Sulfuric Acid", Electrochem. Tech., 3, pp. 157 (1965)
10) Japan Soc. for Corrosion Engineering (Ed), "Boushoku Gijutu Binran", 1st Ed., Nikkan Kogyo Shinbunsha, pp. 7 (1986) (Japanese)
11) G. Ito, "Corrosion Science and Engineering", p.166, Corona Publishing Co., LTD., Tokyo (1969) (Japanese)
12) K.F.Bonhoeffer, "On the Passivity of Iron", Corrosion, 11, pp. 304 (1955)

제 5 부
해양 부착생물 및 환경오염

16장

생물부착방지 대책의 동향

해양생물오손대책에 협력하는 연구자나 기술자는 토목, 기계, 금속, 화학, 생물 등 광범위하게 걸쳐 있고, 해양생물오손대책에 관련하는 정보를 모두 망라하는 것은 매우 곤란하므로 여기서는 일정 범위 내에서의 정보를 정리하여 나타낸다.

16.1 학회 등의 활동 상황

해양생물오손대책에 대하여 큰 정보원은 학회이지만 약간의 학회를 제외하면 좀처럼 정보는 나오지 않지만, 가끔 발표하는 학회는 매우 많다고 하는 것이 특징이다. 이것은 제목에 관계되는 연구자가 많은 학회에 걸쳐 있는데, 각 학회는 소규모이면서 각자 소속 학회에서 발표한다. 해양생물오손대책이라고 하는 한 이슈의 정보수집 활동은 많은 수고가 필요하다.

「부착생물연구회」는 오래전부터 정기적으로 「부착생물연구」를 간행하며 대형 부착생물에 대한 연구결과를 게재하였다.

해수학회 재료·구조물연구회는 정기적으로 강연회를 개최하며 제목에 관한 주제도 많다. 예를 들면 「해양생물의 부착방지 대책과 동향」(제 16회), 「해수의 취·방수 설비의 개요와 최근의 동향」(제 14회), 각종 해수용 펌프의 문제점(제 12회), 해수 사용 열교환기와 재료(제 11회, 13회), 극세섬유(제 15회) 등이다.

전기화학협회 해양생물오염대책간담회(이하 해양간으로 약칭)는 1983년부터 활동하며 대형 부착생물의 생태·생활사, 부착메커니즘, 오염실태와 대책, 미생물, 생물피막, 조사기술·제거기술, 복수기의 관리, 복수기관의 부식·방식에 대하여 강연회, 심포지움, 세미나, 실습, 해외에서 개최된 보고회의 해외문헌을 읽는 모임, 자료제작, 측정법의 통일까지 폭넓게 활발하게 활동하고 있다.

따개비에 관한 연구회가 1991년에 개최되어, 금후도 계속하여 개최될 예정이다.

최근의 문제 중 하나인 미생물부식은 부식방식협회가 1991년도부터 미생물부식연구회를 설치하였다.

학회의 대회에서 거의 매년 관련된 발표가 있는데, 수산학회, 미생물생태학회, 방균방미학회, 부식방식학회, 화력원자력발전협회가 있고 伊奈의 기피제는 농예화학회에 발표하고 있다.

상기 학회의 회지 이외의 정기간행물은 해양과학, 전기화학, 화학과 공업, 방청관리, 도장공학, 도장과 도료, 철과 강 등이 있다.

해외는 「Corrosion ＸＸ」 등의 부식관계 이외에 Int. Congress on Marine Corrosion and Fouling은 3년 간격으로, 1992년 9월에 이탈리아에서 개최되었다.

Int. Biodeterioration Symposium도 3년 간격인데, 1990년은 미생물부식에 대하여가 많았다.

국제미생물생태학회도 3년 간격으로서 1992년 9월에 바로셀로나에서 개최되었는데, 수준 높은 기초과학 분야의 발표를 볼 수 있다.

정기간행물로서는 부식에 관한 것은 많은데, 최근 「Biofouling」이 간행되었다.

복수기는 제 2회의 Int. Symp.이 1990년에 개최되었는데 차회의 예정은 결정되지 않았다.

ASME 등에서는 전열장치의 오염 강연회도 개최하고 있다.

EPRI는 거의 정기적으로 심포지움 등을 개최하여, Proc.을 간행하고 있는데, 그것이외도 다수의 보고서를 간행하고 있다. 복수기, 오염, 복수기 사고 등 모든 것을 취급하고 있다. 최근, 미국에서 문제가 되는 담수산 줄무늬 홍합의 비디오가 제작되어 심포지움도 개최되었다.

유럽에서는 working group에 의한 보고가 있다.

16.2 용어

해양생물오손, 특히 생물피막 관계는 해외에서 사용되고 있는 용어를 그대로 사용하는 경우가 많아 번역을 어떻게 할 것인가 하는 문제가 있다.

fouling은 과학기술 25만어 대사전에서 「오손, 오염」으로, 저자는 「오염」을 사용하고 있는데 fouling에는 오염된 후의 손상은 포함되어있지 않다.

biofouling은 「생물오염」, macro(bio)fouling는 매크로포울링 혹은 「대형 부착생물에 의한 오염」, micro(bio)fouling은 미크로포울링 혹은 「미생물에 의한 오염」으로 하고 있다.

biodeterioration (deterioration은 상기 대사전에서 「생물 열화」로 나와 있는데, 저자는 「손상」으로 한다)은 「생물손상」으로 하여 오염 이외에 부식 등을 포함하고 있다.

해수에 물체를 침지하면 표면에 순간적으로 수중의 유기물이 부착하여 오염이 시

자되는데 오염이 발생하는 표면을 substratum이라고 한다. 이것을 「기초」이라고 번역한다. 「기초는 분자나 세포(생물피막)이 흡착하는 표면」으로, 대형 부착생물이 부착하는 표면이기도 하다. 이러한 유기물의 부착층을 conditioning film이라 한다. 이 번역어로서 野世溪에 의한 「하지피막」을 사용하고 있다. 하지피막의 위에 세균이 부착하여 성장하여 biofilm이 형성된다. biofilm은 예전부터 슬라임(slime)으로 부르던 것인데, 슬라임으로서 미생물 분비물만을 가리키는 미생물학자가 있기 때문에 슬라임은 사용하지 않는 편이 좋다. biofilm에 대하여 服部黎子는 원어를 사용하는데 우리들은 「생물피막」으로 번역한다. 생물피막은 「미생물의 표면 축적으로 종종 미생물 기원의 대량의 유기폴리머로서 특징지어 유기폴리머는 세포와 그 외의 유기물, 무기물과 결합시켜 기초에 함께 결합시킨다」. 생물피막은 기초로 보다 가까운 base film과 보다 먼 surface film으로 성립한다. 전자는 「용해물질과 입상물질이 분자확산에 의하여 이동하는 영역이며」 후자는 「기초으로 거리에 의하여 고체밀도와 같은 특성치가 변화하는 영역으로 용해물질이나 입상물질의 이동은 관성력과 확산력에 따른다」.

생물피막의 제 2보는 세균의 기초에 흡착인데 먼저 reversible adsorption 가역적 흡착하고, 계속하여 irreversible adsorption 비가역적 흡착으로 진행한다. 세균이 흡착한 기초을 멸균해수를 넣은 비이커에서 상하로 세정하더라도 잔류하고 있는 것이 불가역적 흡착을 하고 있는 것이다. 세균의 흡착기구는 森崎가 브라운운동, 전기2중층, 반데르왈스힘, Derjaguin-Landau-Verwey-Overbeek 이론, 표면장력, 소수성 등을 사용하여 고찰하고 있다. 세포가 분비하는 extracellular polymeric substances (EPS)는 엑소폴리머(exopolymer)라든가 「세포외분비폴리머」라든가 번역되는데 「미생물 기원의 유기폴리머로서 생물피막에서는 종종 세포와 그 외의 입상물질 모두를 함께 결합시키거나 세포를 기초에 결합시킨다」.

더욱이 adsorption은 물리흡착과 화학흡착의 양쪽을 포함하고 adhesion은 화학흡착(예를 들면 엑소폴리머에 의한) 만을 가리킨다. attachment는 생물피막-수계면에서 세포의 생물피막으로 붙잡기 위한 것이다.

또한 「오손」은 「수중에 놓여진 인공물의 표면상에 생물이 집단을 만들고, 그 결과가 인공물의 사용 목적에 대하여 바람직하지 않은 영향을 주는 현상」(馬渡) 이다. 대형 오손 생물부착 대책에서 스펙트럼이 넓은 것은 많은 종류의 생물에 효과가 있다는 것이다.

16.3 총론

해양생물 오손 대책에 대한 학제협력의 성과로서 「해양생물오손 대책 매뉴얼」이 입문서로서 간행되고, 더욱 깊이 공부하기 위한 도서리스트도 있어 편리하다.

해외에서는 고전적 문헌, 「Marine Biodeterioration: An Interdisciplinary Study」가 광범위하고 게다가 대형 부착생물의 부착메커니즘 등에 대하여는 매우 상세하게 기술되어 있다. 대책에 대한 검토도 귀중하다.

16.4 생물피막

생물피막은 1980년의 「Microbial Adhesion to Surface」, 베를린의 Dahelm에 전문가를 소개한 Konferenzen의 리포트로서 「Microbial Adhesion and Aggregation」에 이어 「Structure and Function of Biofilms」이 간행되었는데 Dahlem의 것은 지나치게 전문적인 감이 있어, 그것들보다는 최근 간행된 「Biofilms」가 Characklis와 Marshall에 의한 편집이다. 그 때문에 이 분야의 대가 2인에 의한 총편집으로 되어, 생물피막의 기초부터 최근의 성과까지 망라되어 있다.

흐르는 물에서는 그림 16.1과 같이 실모양 미생물이 생물피막의 입체구조의 골격이 되지만 실모양 미생물로서 필자들의 모형에서는 남조류나 곰팡이류뿐인 것도 있지만 실모양 세균뿐인 것이 많고 실모양 세균은 인공적으로 배양하는 것이 아직 성공하지 못하고, 분류되지 않는다.

생물피막의 성장은 ① 유기물의 흡착, ② 세균의 흡착, ③ 미생물의 증식, ④ 포화라고 하는 프로세스를 따르지만, 포화의 다음으로 그림 16.2에 나타낸 것과 같이 대량 이탈현상뿐인 것이 구리합금에서 보고되어 이것을 「톱의 이빨」 모양으로 부르고 구리의 독성에 의하여 어떤 임계 두께가 있다고 하고 있지만, 필자들은 티타늄 관에서도 확인하였고 과거의 모형에서도 대량 이탈로 설명할 수 있는

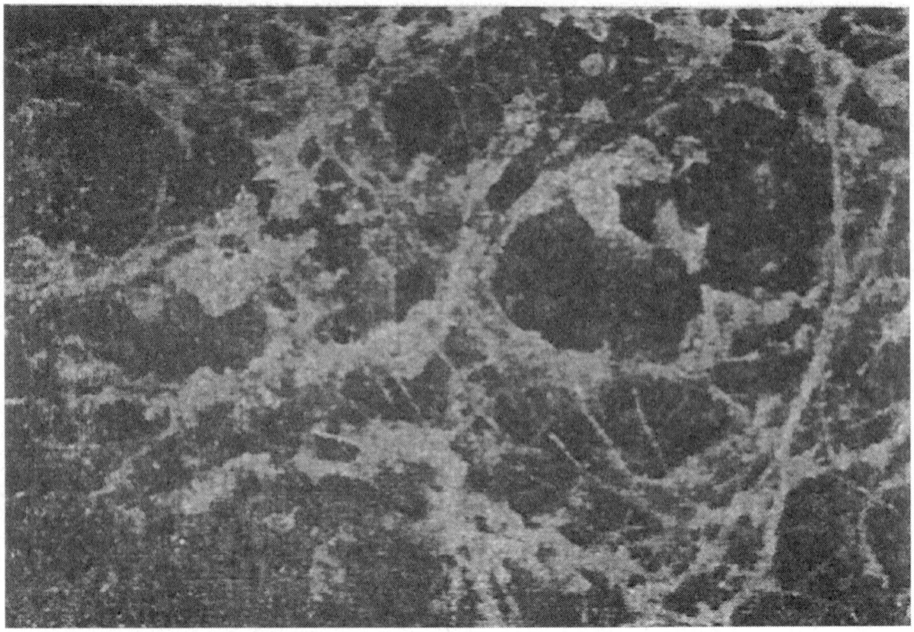

그림 16.1 흐르는 물속에서 형성된 생물피막
실모양 미생물을 골격으로 하여, 그것에 무기물, 유기물이 부착한 입체구조로서 내부에는 공간이 많다

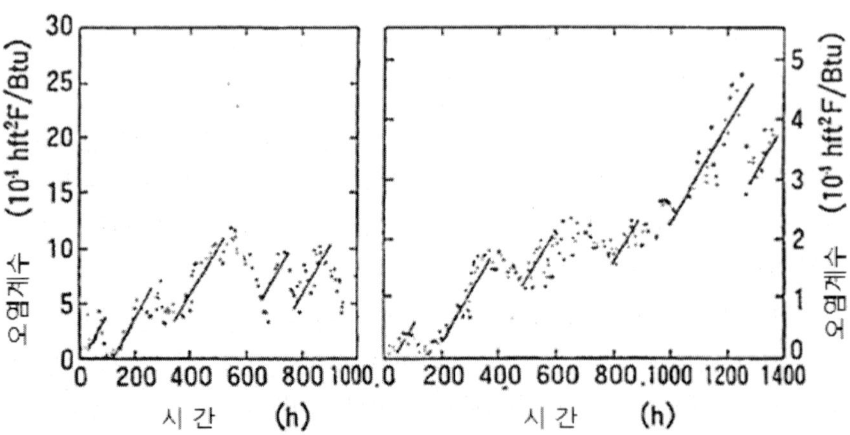

그림 16.2 생물피막의 대량 이탈에 의한 오염계수의 저하
구리니켈(706), 31℃(좌), 25℃(우), 0.61 m/s(좌), 1.2 m/s(우)
상승 기울기의 실선은 동일 조건에서 티타늄 데이터로 기울기는 동일하다.

현상이 나타난 사례가 있었다. 대량 이탈은 두께가 두껍게 된 생물피막의 내심부에서 영양이나 산소의 부족, 배설물의 축적 등에 의한 것으로 생각하는 것이 합리적일 것이다. 배수처리에서 생물피막은 대체로 100~200 ㎛의 막두께가 되면, 기초 부근에서 공동부분이 발생하여 이곳을 기점으로서 박리가 생긴다는 보고가 있다.

대량 이탈의 적극적 활용을 위한 연구가 오염 대책의 하나로서 중요할 것이다.

생물피막의 성장은 영양의 공급이 필요하며 실험실에서는 흐르는 물속의 영양이 많을수록 성장은 좋지만 생물피막의 성장이라고 하는 관점으로부터의 해수 중의 영양의 연구가 필요할 것이다.

16.5 생물피막 대책

생물피막 대책으로 염소처리가 매우 효과적이며 게다가 저가이지만, 방수구에서 잔류염소가 검출되어서는 안된다는 공해방지협정의 원칙에서는 효과적인 염소처리는 불가능하다.

생물피막에 대한 연속 염소처리는 若尾들은 잔류염소 0.1 ppm에서 습체적은 8%로 감소했다고 보고하였다.

미국에서는 1982년 EPA의 규제로 전 잔류염소 0.2 ppm에서 1일 1 unit당 2시간 이내로 되고 그것에 대처하기 위해 target chlorination의 연구가 시작되었는데 잔류염소 0.5~2.0 ppm에서 1일 2회 이상 각각 15분간 필요하다고 보고하였다.

따라서 생물피막 대책은 운전 중의 스펀지 볼 세정과 정지 시의 청소 등이 유일하게 사용되고 청소 도구로서 고무탄의 효과는 낮고 브러시, 제트세정이 일반적이지만 최근에 미국에서 CONCO의 청소 도구가 유리섬유제의 찌르는 봉이 함께 상륙했다.

구리합금 복수기관의 경우 오염이 부식을 막고 있기 때문에 오염을 지나치게 제거하면 부식을 야기하게 되어 분극저항으로 2만 이상의 오염을 잔류시켜 두는 것이 중요하며 관의 청정도 95% 이상, 분극저항 1만 이상의 양쪽을 만족시키는 청소방법이 비용를 고려한 평가가 보고되었다.

생물학적 대책의 하나로서 phage(세균에 감염하는 바이러스의 총칭)가 제안되었던 적이 있고 잘 정리된 총설이 보고되어 있다.

생물부식은 황산염환원세균에 의한 부식이 대표적인데 황산염환원세균을 공격하는 phage가 발견되었다.

열교환기의 오염은 생물피막 오염이 더욱 문제인데 오염평가의 역사를 포함한 총설이 보고되어 있다.

열교환기의 오염은 청소에 의하여 제거 가능한 오염과 제거 불가능한(잔류) 오염으로 나누는 것이 합리적이다.

16.6 대형 부착생물의 생활사·생태

적을 쓰러뜨리기 위해서는 적을 잘 알지 못하면 안 되듯이 대형 부착생물 대책에 있어서도 동일하다.

부착메커니즘은 이미 책이 간행되었다.

홍합의 생태는 Hosomi의 저서가 간행되어 외래종인 일본의 홍합과 동일한 것이 세계의 2곳에서 나며 하나는 프랑스의 마르세이유, 이탈리아의 나폴리, 터키의 이스탐불의 지중해 북쪽 해안의 것, 또 하나는 샌프란시스코만의 것으로 전자는 Mytilus galloprovincialis라 부르고 후자는 M. edulis diegensis라 부른다. 또한 후자는 외래종이며 일본의 홍합 원산지는 지중해 연안이다.

16.7 대형 부착생물의 부착 실태

방오도장과 같은 방오대책의 연구 개발은 실제의 해역에서 시험편을 침지하여 오염의 상황을 대조군과 비교하여 평가할 필요가 있지만, 범용성이 있는 평가를 위하여 부착생물이 종류·양 모두 풍부한 해역에 침지시킬 필요가 있고, 그러한 해역의 하나로서는 오사카만의 남단에 위치한 岬町이 있고 그곳에서 실제의 취수로나 취수관의 오염과 부착판의 오염에 대한 보고가 있고 동물 11문 약 60종, 식물 4문 약 40종, 따개비류는 약 5종으로 최대 8×10^4개/0.1 ㎡ 부착하고, 홍합은 최대 1.4×10^4개/0.1 ㎡ 부착하였다. 계절 변화와 년 변화와 깊이 1 m와 3 m의 차에 대하여 川辺이 정리하였다.

「극단의 경우에는 동일 지점, 동일 시기의 결과조차 다른 결과를 나타낼 수가 있다」(馬渡)고 하는 것처럼, 부착판테스트의 평가에는 주의가 필요하다. 예를 들면 Tsou들의 부착판은 표 16-1에 나타낸 것처럼 동일 지점에서의 3~4개의 부착판 사이에 큰 차이가 있고 심한 경우에는 완전한 오염(0점)과 전혀 오염없음(10점)의 완전히 정반대의 결과가 얻어지는 경우도 있다.

부착 실태의 새로운 보고는 상기의 岬町을 포함한 3개소에서 1년간에 걸친 부착판에 의한 결과 특히 일본의 10개소에서 1년간에 걸친 부착판에 의한 결과가 있고 각 수역의 주요한 생물과 부착시기도 나타내었다.

표 16-1 Control 부착판의 오염의 불규칙 분포

침지지점	재질	기간	오염의 평가			
Nueces Bay 발전소	콘크리트	1년간	0	0	8	
South Bay 발전소	동	1년간	3	3	0	10
Astoria 발전소	동	1년간	1	1	0	8

16.8 대형 부착생물 대책

대형 부착생물 대책은 문득 생각이 떠오르는 것을 닥치는 대로 모조리 시도하지 않았는가라고 생각될 정도로 매우 많은 방법에 대하여 이미 시도되었다. 그것들을 아직 아이디어 단계의 것도 포함하여 부착생물의 라이프사이클의 순에 따라서 정리하면 그림 16.3이 얻어진다.

현재는 고유속 유지가 가능한 곳은 빠른 유속으로 빠른 유속에서 할 수 없는 곳에는 실리콘계의 저표면장력의 방오도장으로 하는 것이 일반적이다.

실리콘계 방오도장은 현재까지는 1년 후에 무도장면과의 사이에 유의차가 있다는 보증으로 시공되고 있는 예에서 보듯이 수역의 특성에 의하여 효과에는 큰 차가 있다.

최근 실용화된 것에 소프트터치(soft touch)법이 있다.

아리아케해의 해수 속 구조물은 따개비류가 주 부착생물이지만 그림 16.4에 나타내듯이 직경 약 10 cm의 플라스틱제 링을 끼운 대나무에는 부착생물이 부착하지 않는다). 이것은 수면에 뜬 링이 파도나 조석으로 대나무의 여러 부위를 부딪치면서 1일 2회 상하로 크게 이동하며 부착방지 가능한 것을 나타내고 다른 구조물에 어떤 방법으로 응용할 것인가가 문제였다.

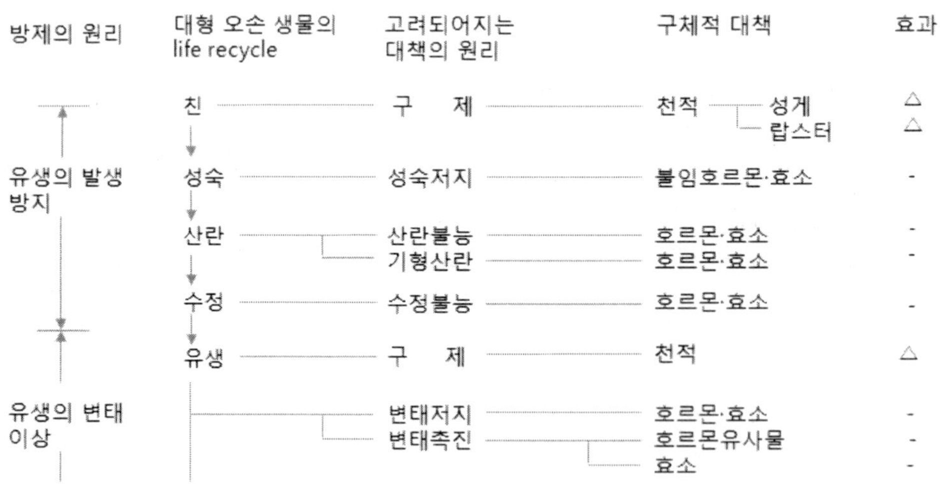

구분	대상	방법	세부 방법	항목	평가
유생의 유입 방지	착생기 유생	유생이존재하지 않는물을취수		취수수심	x
				일주기변동	x
		여 과		Micro strainer	○
		취수구에서유인		유인물질	-
				이중망채굴기	△
				로프	-
유생의 착생 불능화		사멸 마비	화학적방법	유기석	○
				동이온	○
				염소	○
				오존	○
				과산화수소수	○
				그 외	○
			물리적방법	빠른유속	○
				음파	△
				초음파	△
				고주파	x
				전격·전장	△
				자장	x
				가시광	x
				색	△
				자외선	○
				적외선	?
				레이저	?
				Micro wave	?
				승온	○
				산결	△
				담수화	△
				고염분화	△
				방사선	△
		착생 방지	화학적방법	황산제일철	△
				화학주성	-
			재질	동 및 합금강	○
			도장	저표면장력	○
				미끈미끈한표면	x
				조합	○
				물유리계	△
				술폰산계	△
				황시멘트	x
				그 외	△

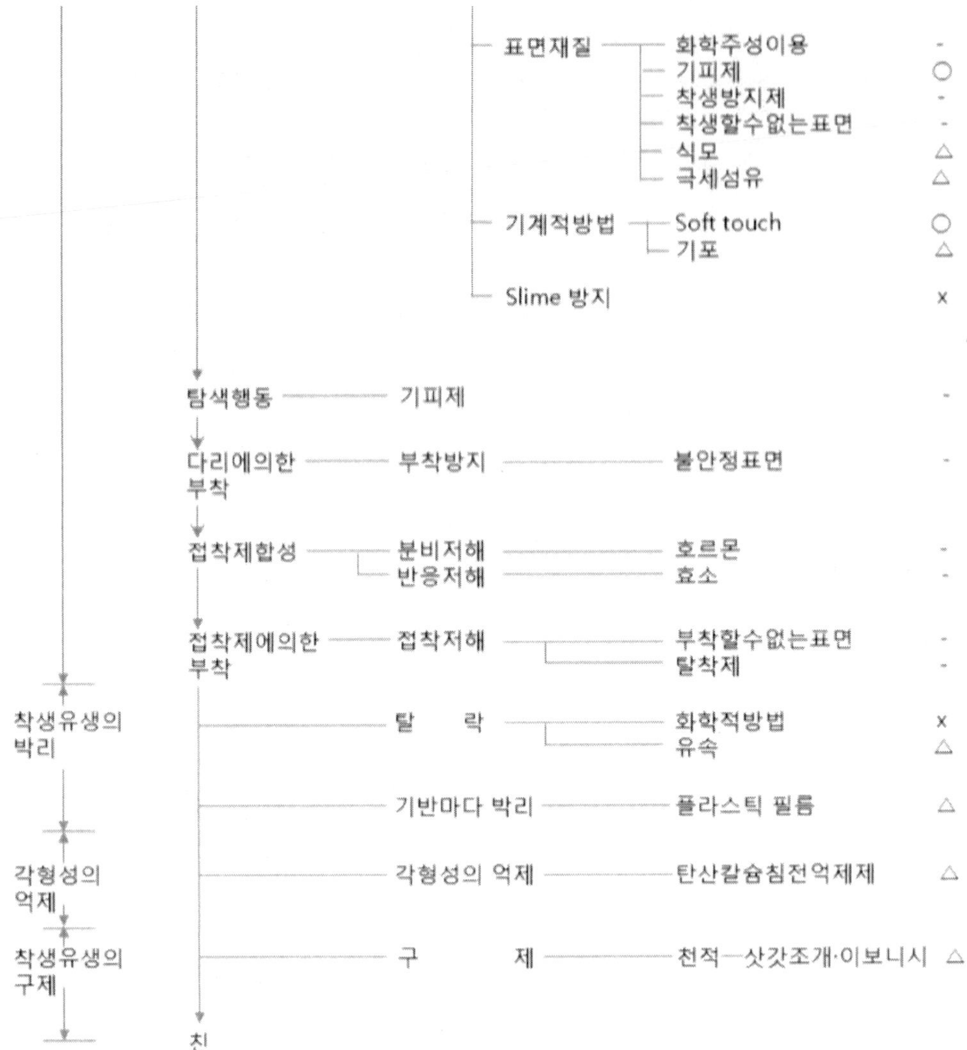

그림 16.3 대형 부착생물 부착방지기술 총괄도

효과: ◯ 실용화 가능, △ 효과 있음(단, 실용화에는 문제 있음), × 효과 없음, - 아이디어 단계

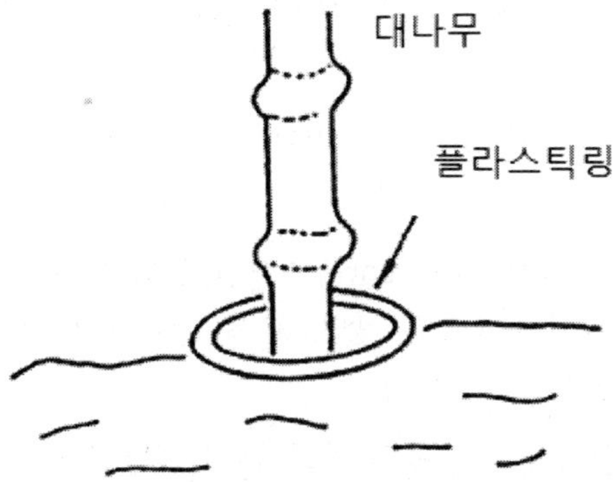

그림 16.4 아리아케 해의 부착방지
대나무에 끼운 플라스틱 링이 파도나 조석에 의하여
대나무의 여러 부위에 부딪힌다.

宮內도 동일한 보고를 하였고 더욱이 홋카이도에서 다시마의 착생을 막는 암초의 잡조를 제거하기 위해 닻으로 고정하여 부유시킨 강화플라스틱제 통나무의 양단으로부터 체인을 내려 통나무가 파도에 흔들리는 것에 의하여 체인이 흔들려, 암초의 잡조가 부착하지 않는다고 서술하고 원주형의 해중구조물을 생각한 파이프상의 부유형 방오장치를 제안하였다.

이 아이디어를 窪田은 개구 콘크리트수로의 수직벽면에 적용하여 실용화했다. 그림 16.5에 나타낸 것처럼 횡축 터빈을 중앙에 설치하고 양 사이드에 수직 브러시를 부착한 쌍동선이 주체로 쌍동선을 로프에 계류하면 터빈이 회전하고 연동하여 회전하는 pulley가 계류로프를 끌어당겨서 역행한다. 로프는 pulley를 휘감아서 하류로 흐르게 하고 끝에는 수중 낙하산을 달아 긴장을 유지하고 있다. pulley를 반전시키면 로프를 역으로 끌어당겨서 하류방향으로 흐르게 한다. 상류와 하류의 한도위치에는 로프에 붙인 반구형의 limiter가 있고 이것이 전환레버를 눌러서 기어전환을 행하여 pulley를 자동 반전시킨다. 이와 같이하여 쌍동선은 마음대로 수로를 자동 왕복하여 브러시로 수로벽을 문질러서 부착방지한다.

소구경의 튜브는 스펀지볼 세정에 의하여 부착 직후의 생물을 제거할 수 있다는 것을 安井 들은 보고하였고 1 m/s의 경우 주 3회의 스펀지볼 세정으로 부착 방지할 수 있는 것은 일찍부터 보고되었다.

대구경의 파이프는 스펀지볼로 벽면을 touch하면서 아래로 흐르게 하는 것이 필요하다. 坂口 들은 관내에 2 혹은 4매의 블레이드를 갖춘 선회류 발생장치를 이용하여 시험하였다.

자외선조사법은 ① 부착을 방지시켜야 하는 벽면을 조사하는 방법과 ② 해수 중의 유생에 조사하는 방법 등이 있다.

전자는 LNG의 기화기의 trough(해수를 균등하게 over flow시키기 위한 홈통)의 부착방지로서 실용화되어 램프는 공기 중에 설치하고 부착방지에는 10~20 μW/㎠의 조도가 필요하다고 보고되었다.

수중에 램프를 설치하는 방법은 가와사키화력발전소 4호기의 복수기 챔버에 200 W의 램프 등을 설치하여 실기 시험하였다. 부착방지는 6 μW/㎠ 이상의 조도가 필요하며 200 W의 램프로 60~70 cm의 범위가 부착방지 되었다.

후자에서 堀 들은 1개월간의 모델 수로시험에서 85 mW·s/㎠의 조사량으로 개체수 97%, 습중량 75%의 부착방지를 할 수 있었다.

부착방지의 근본적 대책은 착생기 유생의 유입방지이며 그것에는 마이크로 스트레너가 있고,차근차근 실용화가 도모되고 있는데 대량의 해수는 현재 계획 중인 MS 필터 이외의 유형을 개발할 필요가 있다.

화학적 방법은 염소가 효과적이며 게다가 비용도 싸지만 방수구에서 검출되지 않아야 하는 공해방지협정에서 효과는 바랄 수 없다. 약품 주입은 과산화수소와 제1철이온의 조합, 오존도 있지만 최근의 공해방지협정에서는 약품은 주입하지 않는다는 방향이다.

구리합금은 생물이 부착하기 어렵지만 구리는 공식이 발생하기 때문에 사용할 수 없고 10% 구리니켈이 최적인데 이미 1966년에 로스엔젤리스의 Haynes발전소 5, 6호기의 스크린·펌프 피트의 콘크리트 벽면에 부착되었고 현재 어떻게 되어 있는지 흥미진진이다.

무공해라고 하는 것은 무엇인가라고 하는 것은 매우 어려운 문제이지만 화학주성(chemotaxis)을 이용한 방법으로 금후 주목해야만 할 것이다. 화학주성은 이미 책이 간행되어 있다. 화학주성은 운동성이 있는 세균의 부착에 대하여도 보고되었다.

대형 부착생물은 아카네 전복의 유생, 따개비 유생의 부착과 변태에 대한 보고도 있다.

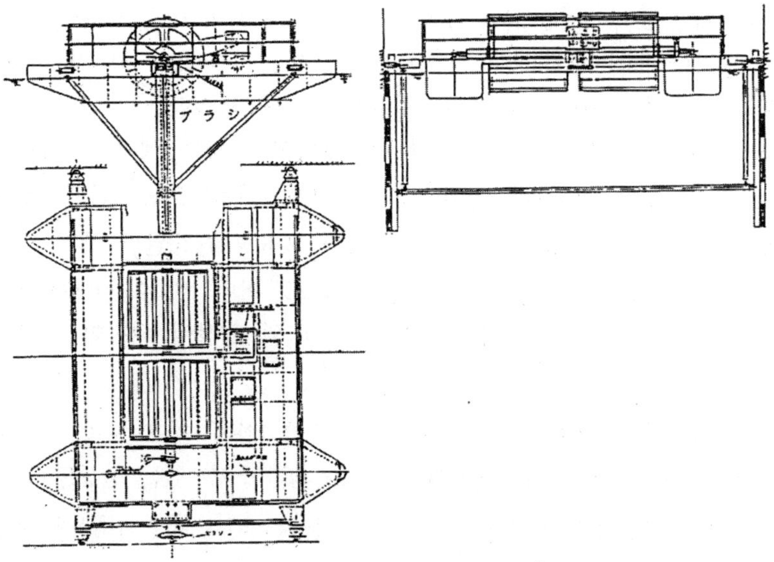

그림 16.5 富津발전소 수로 수직측벽 soft touch 장치
쌍동선의 양측에 수직으로 부착한 브러시로 수직측벽을 touch한다

부(-)의 화학주성, 즉 기피작용을 가지는 물질을 이용하여 대형 부착생물의 부착을 막는 연구가 진전하고 있다. 伊奈는 홍합이 기피하는 물질을 식물에서 추출하여 그것들을 활성의 성질과 구조의 유사성으로 분류하였고, field에서는 방오활성을 지속하기 위해서 생물피막의 형성을 저해하는 항균활성과 홍합의 기피활성의 양자의 활성이 필요하고 여기에서도 방오도장과 동일하게 표면이 새로운 상태, 즉 생물피막이 없는 상태에서 방오효과를 나타내더라도 생물피막이 형성되면 표면의 특성을 은폐해버려 효과가 저하한다.

대형 부착생물 대책은 부착생물의 라이프 사이클에서 가장 약한 곳을 노리면 적은 에너지나 농도로 효과가 얻어지는데 제일 약한 곳은 유생이기 때문에 유생의 부착방지가 더욱 더 현명한 방법이다.

대형 부착생물은 일단 부착하면 유동저해로 될 뿐만 아니라 박리되면 하류로 흘러 하류의 기기를 폐쇄하여 유동저해를 일으키거나 동합금관을 부식시키거나 한다.

대형 부착생물 대책기술의 개발은 ① 새로운 아이디어를 제안하여 실용화하는 방법과, ② 과거에 연구된 방법의 재검토의 2가지가 있다. 후자의 재검토법에 대하여 소요에너지의 면으로부터 생각해보자.

유생이 착생될 수 없게 되는 것은 유생이 어떤 레벨 이상의 에너지를 받기 때문이라고 생각할 수가 있을 것이다. 한편 유생에 그것만큼의 에너지를 줄 때에는 에너지효율이 문제로 된다. 지금 에너지원을 전력에 의지한다고 하면 유생이 착생될 수 없는 에너지인 레벨 ω와 그 때문에 투입해야 하는 에너지 ω_0와의 사이에는 $\omega = \omega_0 \times \eta_1 \times \eta_2 \times \eta_3$(여기서 η_1은 에너지 발생기기의 효율, η_2는 발생에너지가 유생에게 도달하기까지 전달효율, η_3는 유생의 체표면에 도달한 에너지가 체내의 착생을 주관하는 기관까지 침투하는 효율)이 되고, 어떤 방법이 비용적으로 성립하지 않았던 원인이 η_1의 작음에 있는 것이라면 η_1의 향상에 의하여 되살아나는 것도 생각된다.

또한 따개비류 착생기 유생이 방오약제를 기피하지 않고 도막 위까지 부착하여 변태 후에 방오약제의 영향을 받았다는 것을 생각할 수 있는 현상도 있다.

부착생물의 저항력은 미끼가 증가하면 증가하는 것도 중요한 사항이다.

16.9 결 론

문득 생각이 떠오른 것을 닥치는 대로 침지해 본다고 하는 시대는 이제 끝내고 싶다. 현재까지의 다수의 침지결과로부터 이론적인 것을 귀납하여 생물오손 대책개론이라고도 하는 대책에 착수하여도 좋지 않을까라는 생각에 저자는 그것에 착수하기 시작하였다.

참고문헌

1) 川辺充志, "海洋生物の付着防止對策とその動向", 第16回材料·構造物硏究會資料 (1991.5)
2) 磯 瞬也, "海水の取·防水設備の槪要と最近の動向"(1990.5)
3) 安藤嘉彦, "用途別海水のポンプ現狀"
4) 宮崎滿洲夫, "海水淡水化裝置用回轉機械"
5) 藤田武志, "海水用のポンプの保守管理について" (1998.5)
6) 宮本仁志, "海水使用熱交換機の現狀と問題點" (1998.11)
7) 川辺充志, "復水器の保守管理", 海水誌, 44, 193 (1990)
8) 加藤博恭, "極細纖維に對する海中生物の付着性"
9) 加戶隆介, "フジツボ類の生活史", 海生懇, 大阪 (1983)
10) 永田樹三, "ヨコエビ類の生態と生活史", 第3回海生懇資料, 大阪 (1984.2)
11) 竹內一郎, "ワレカラ類の生態·生活史", 第4回海生懇, 大阪 (1984.9)
12) 北村 等, "苔蟲類の生態·生活史, 特にフサコケムシの生態および幼生の付着擇性について",
13) 今島 實, "カンザシゴカイ類の形態·種類·發生·生態と分布"
14) 齊藤雄之助, "汚損生物としての海藻"
15) シンポジウム"大型付着生物の狀態·生活史", 海生懇, 大阪 (1992.2)
16) "ムラサキイガイの付着メカニズム關聯文獻集", 海生懇, 大阪
17) "フジツボ類の付着關聯文獻集", 海生懇, 大阪 (1984)
18) セミナ-"海水取放水設計と汚損狀態", 海生懇, 大阪 (1984)
19) セミナ-"クラゲの生態と防除對策", 海生懇, 大阪 (1990)
20) 川辺允志, "海生汚損生物による障害とその對策", 海生懇, 大阪 (1988)
21) シンポジウム"無公害生物付着防止對策", 豫稿集, 海生懇, 大阪 (1986)
22) セミナ-"無公害生物付着防止對策の最近の進步", 海生懇, 大阪 (1988)
23) シンポジウム"無公害生物付着防止對策の動向", 豫稿集, 海生懇, 大阪 (1990)
24) セミナ-"クロリネ-ションの過去と現在", 豫稿集, 海生懇, 大阪 (1986)

25) シンポジウム"防汚塗裝", 海生懇, 大阪 (1984)
26) 荒川好滿, "付着生物による水産業の被害と對策"
27) 淸水 潮, "海洋細菌等の微生物の分類", 海生懇, 大阪 (1988)
28) 木暮一啓, "微生物の付着と增殖のメカニズム", 海生懇, 大阪 (1987)
29) 石田祐三郎, "海洋微生物-最近のトピックス" (1990.4)
30) 上木厚子, "硫酸還元菌の生理·生態" (1989.10)
31) 芝崎 勳, "細菌と眞菌とはどう違うか?", 第11回海生懇資料, 大阪 (1987)
32) 中桐 昭, "海生菌類の分類と同定"
33) 河村知彦, "付着珪藻の分類と生態について", 海生懇, 大阪 (1987)
34) 日高富男, "海洋細菌-ファージ系の生態", 海生懇, 大阪 (1989)
35) セミナー"海生生物汚損におけるスライムの役割とその實態", 海生懇, 大阪 (1987)
36) セミナー"スライム生成のメカニズム", 海生懇, 大阪 (1989)
37) 勝山一朗, "スライム付着の生物學的側面", 海生懇, 大阪 (1985)
38) 野世渓精, "スライム付着の機械的側面", 海生懇, 大阪 (1985)
39) セミナー"汚損生物の調査技術と除去技術の進步", 海生懇, 大阪 (1989)
40) セミナー"復水器の管理技術", 豫稿集, 海生懇, 大阪 (1991)
41) "復水器引拔管汚れ測定方法", 海生懇, 大阪 (1988)
42) セミナー"復水器管の防蝕管理における最近の話題", 海生懇, 大阪 (1988)
43) シンポジウム"復水器管の最新の防蝕防汚技術の最適化", 豫稿集, 海生懇, 大阪 (1985)
44) パネル討論"復水器管防蝕防汚技術の最適化", 海生懇, 大阪 (1985)
45) "復水器管防蝕法としての鐵注入", 海生懇, 大阪 (1985)
46) 田部善一, "銅合金耐蝕性評價の定量化", 海生懇, 大阪 (1990)
47) "銅合金復水器管分極抵抗測定方法", 海生懇, 大阪 (1990)
48) 佐々木英次, "微生物腐食", 18回海生懇資料, 大阪 (1991.11)
49) 田里伊佐雄, "復水器への鐵マンガン酸化物の付着", 海生懇資料, 大阪 (1990.11)
50) Condensation in Steam Turbines, EPRI, CS-2528, EPRI, Palo Alto, CA (1982.8)

51) High-Reliability Condenser Design Study, EPRI, CS-3200, EPRI, Palo Alto, CA (1983.7)
52) Condenser Technology Symp. (1987.9)
53) Condenser Technology Conf. (1990.9)
54) Biofilm development and Destruction, EPRI, CS-1554, EPRI, Palo Alto, CA (1980.9)
55) Biofouling Control Practice and Assesment, EPRI, CS-1796, EPRI, Palo Alto, CA (1981.4)
56) Symp. on Condenser Macrofouling Control Tech. : The State of the Art, EPRI, Cs-3343, Palo Alto, CA (1983.12)
57) Proc. : Condenser Biofouling Control-State-of-the-Art Symp., EPRI, CS-4339, EPRI, Palo Alto, CA (1985.11)
58) Proc. : Condenser Biofouling Control R & D Workshop, EPRI, CS-1796, EPRI, Palo Alto, CA (1986.1)
59) Steam Plant Surface Condenser Leakage Study, EPRI, NP-481, EPRI, Palo Alto, CA (1977.3)
60) Prevention of Condenser Failures-The State of the Art, EPRI, RD-2282-SR, EPRI, Palo Alto, CA (1982.3)
61) 森崎久雄, 服部黎子, "界面と微生物", 學會出版センタ-, 東京 (1986)
62) W.G.Characklis and K.C.Marshall (eds.), "Biofilms", John Wiley % Sons, New York (1990)
63) 海生懇編, "海生生物汚損對策マニュアル", 技報堂, 東京 (1991)
64) J.D. Costlow and R.C. Tipper (eds.), "Marine Biodeterioration : An Interdisciplinary Study", Naval Institute Press, Annapolis, MD (1984)
65) R.C.W. Berkeley, J.M. Lynch, J. Melling, P.R. Rutter and B. Vincent (eds.), "Microbial Adhesion to Surfaces", Ellis Horwood, Chichester, West Sussex (1980)
66) K.C. Marshall (ed.), "Microbial Adhesion and Aggregation", Springer-Verlag, Berlin (1984)
67) W.G. Characklis and P.A. Wilderer (eds.), "Structure and Function of Biofilms", John-Wiley & Sons, New York (1989)

68) A. Kawabe, I. Katsuyama, M. Araki and T. Fujii, "A Measurement Method of Fouling formed on the Surface of a Tube picked out from a Condenser", Condensers and Condensation, 283, HTFS (1990)

69) 川辺允志, "發電所における汚れと對策(2)", 火力原子力發電, 41, 703 (1990)

70) R.B. Ritter, J.W. Suitor and Cypher, "Thermal Fouling Rates of 90:10 Copper-Nickel and Titanium in Sea Water Service", Proc. of the OTEC Biofouling and Corrosion Symp., PNL-SA-7115, Seattle (1977.10)

71) 川辺允志, 永田公二, 勝山一朗, "チタン製復水器管のスライム汚損", 腐食と對策事例等, 124, 海文堂, 東京 (1985)

72) W.G.Characklis, M.J. Ninmons and B.F. Picologlou, J. Heat Transfer Eng., 3, 23 (1981)

73) 水産無脊椎動物研究所編, "海洋生物の付着機構", 恒星社厚生閣, 東京 (1991)

74) 細見彬文, "ムラサキイガイの生態學", 山海堂, 東京 (1989)

75) 永田公二, 須藤久治, 加藤雄平, 恩田勝弘, "既設アルミニウム黃銅復水器管の再活性化", 住友軽金屬技報, 30(4), 197 (1989)

76) 荒木道郎, "生物學的海生微生物汚れ防止技術", 海水誌, 42, 271 (1989)

77) 大阪火力事務所他, "多奈川發電所冷却水路貝類付着防止に對する研究(第2報)", 技研報告(關電), 14号, 341 (1962)

78) 坂口 勇, 青水敬雄, 福原華一, 木田孝道, 安井勝美, "海水導入管内の流速と汚損生物付着との關係に關する實驗報告(第1報)", 電力中研報告, 481504 (1981)

79) 坂口 勇, 福原華一, 安井勝美, "海水導入管內の流速と汚損生物付着との關係に關する實驗報告(第2報)", 電力中研報告, 483502 (1984)

80) 西村國男, 泰永 徹, 若尾芳治, 有浦 靖, 藤田克輔, 渡辺敏明, "我が國沿岸における海生付着生物の季節的變動", 40, 815 (1989)

81) A. Kawabe, K. Yasui, T. Ikeda, N. Nishijima, H. Yamamoto and A. Kawabe, "Effect of Flow Dynamics on Attachment of Marine Organisms for Copper and Copper Alloy Seawater Pipes", Denki Kagaku, 52, 422 (1985)

82) 宮內徹夫, "ゼイロク防汚考(15) 汚損と防汚", 塗裝と塗料, No. 437, 60 (1988)

83) オ-プンラック式LNG氣化器の海生生物付着防止實用化試驗研究報告書, 東電技研火力研 (1982)

84) 相沢善吾, 石丸豊彦, 住谷吉男, 大獄克彦, 佐々木卓也, 今 英樹, "紫外線による復水器水室の海生生物汚損防止技術", 第16回新技術開發概要, 24, 火力原子力發電技術協會關東支部 (1989)

85) 宮原邦之, 西村國男, 泰永 徹, 市川精一, 若尾芳治, "無機過酸化劑による冷却水(海水)系の付着生物處理方法", 火力原子力發電, 38, 927, 1205 (1987)

86) 中山繁樹, 田中正明, 山內四郎, 田畑則一, "オゾンの短時間間欠注入法による水路管の生物付着防止システム", PPM, 1981(10), 14

87) Public Service Electr. and Gas Co., "Biofouling Control with Ozone at the Bergen Generating Station", EPRI, CS-1629, EPRI, palo Alto, CA (1980.11)

88) H.A. Todhunter, "Special Linings in Concreate Intake Prevent Fouling from Marine Growth", Power Eng., 1966, 67 (1966.11)

89) R. Mitchell, "Mechanism of Biofilm Formation in Seawater", Proc. of OTEC Biofouling and Corrosion Symp. (1978)

90) L.Y. Young and R. Mitchell, "The Role of Chemotactic Responses in Primary Microbial Film Formation", p.617

91) J.A. Whillis, A.B. Yule and D.J. Crisp, "Settlement of Chthamalus Montagui Southward Cyprids on Barnacle Arthropodin", Biofouling, 2, 95 (1990)

92) D.J. Crisp and P.S. Meadows, "The Chemical Basis of Gregariousness in Cirripedes", Proc. R. Soc. Ser. B, 156, 500 (1962)

93) E.D. Gomez, D.J. Faulkner, W.A. Newman and Ireland, "Jevenile Hormone Mimics: Effect on Cirriped Crustacean Metamorphosis", Science, 179, 813 (1973)

94) J.R. Henshel and P.A. Cook, "The Development of a Marine Fouling Community in Relation to the Primary Film of Microorganisms", Biofouling, 2, 1 (1990)

95) 伊奈和夫, "天然物由來の海洋付着生物の付着忌避物質の開發", 化學と工業, 44, 666 (1991)

96) 高沢冷子, 渡辺修治, 衛藤英男, 坂田完三, 伊奈和夫, "防汚活性とムラサキイガイの忌避活性および抗菌活性の相關性", 農藝化學會誌, 65, 308, (1991)
97) 川辺允志, "發電所における汚れと對策", 火力原子力發電, 41, 556, 703 (1990)
98) K. Kamimura and M. Araki, "Isolation and Characterization of a Bacteriophage Lytic for Desulfovibrio salexigens, a Salt-Requiring, Sulfate-Reducing Bacterium", Appl. Environ. Microbiol., 55, 645 (1989)
99) 勝井 哲, "熱交換裝置の汚れ", 冷凍, 65, 1256 (1990)
100) 宮内徹夫, "フジツボの誘引と忌避", 塗裝と塗料, No.452, 57 (1989)
101) 小南寛彦, 山本眞機, 杉本正昭, "海域別の付着生物の實態に關する調査研究", 総研報告(關電), 44, 86 (1990)
102) 三村惠輔, 源 堅樹, 京原 繁, "スポンジボール洗淨による復水器管フジツボ除去効果", 28, 21 (1997)
103) 海野 肇, "固体面付着細胞群の擧動の解析", 化工55年會講演要旨集, 285 (1990)
104) Marine Research, Inc., "Biofouling Control Investigations : 18-month Sumary Report", EPRI, EA-1082, EPRI, Palo Alto, CA (1979.5)
105) EPRI, "Zebra Mussels : The Silent Invaders", EPRI, EA 91-03, EPRI, Palo Alto, CA (1991)
106) Woods Hole Oceanographic Inst., Marine Fouling and its Prevention, US Naval Institute, Annapolis, MD (1952)
107) シンポジウム "海洋付着生物", 海洋科學, 16(3) (1984)
108) シンポジウム "海洋微生物", 海洋科學, 20(1),(2) (1988)
109) 山下桂司, "無機材料への海洋生物の付着とその防御", 電化, 58, 3 (1990)
110) 坂口 勇, "發電所における付着生物の問題", 電化, 58, 11 (1990)
111) 山盛直樹, "海洋生物の付着防止對策", 化學と工業, 43, 1880 (1990)
112) 川辺允志, "電力プラントにおける汚れとその對策", 防錆管理, 34, 227 (1990)
113) 特集「海洋開發と塗裝」, 塗裝工學, 21(9) (1986)
114) 宮内徹夫, "ゼイロク防汚考", 塗裝と塗料, No.407 (1986) より連載
115) 川辺允志, "海洋材料の損傷と付着生物の生態", 化學と工業, 41, 628 (1988)

116) 川辺允志, “海水を使う機器における最近の生物汚損對策”, 鐵と鋼, 73年, 936 (1987)

117) “海水および河口水使用發電所における生物汚損對策”, 海生懇, 大阪 (1986)

17장

해양생물부착방지 대책의 현상과 장래

해역에서 생물부착방지기술의 대상은 선박의 선저에 부착하는 홍합류를 비롯한 각종 부착생물이 항해속도를 감소시켜 연료효율을 현저히 나쁘게 하거나 부착한 생물이 그대로 기항지의 항내까지 가지고 들어와 번식하는 등 종의 전파를 초래하고 있다. 일본에서는 초록입 홍합이 좋은 예이다.

또 최근 경제의 고도성장에 따라 연안으로 진출한 발전소, 제철소, 석유 등의 도시의 종합 개발 계획에서 냉각수로서 또 제염플랜트, 해수담수화시설 등의 원해수로서 넓은 범위에서 해수이용시스템이 전개되어 왔다 (표 17-1).

연안의 해수를 이용에서 대량의 냉각수를 사용한다는 점에서 해수는 최적이지만, 부착생물에 의한 여러 가지 장해가 발생하여 방제대책이 연구의 과제로 되어 왔다.

여기서는 이들 해양생물의 부착방지 대책의 현상과 장래에 대하여 사례나 연구업적을 바탕으로 약간의 지견을 기술한다.

표 17-1 해수이용시스템의 개요와 부착장해 예

이용형태	시스템	부착장해 예
해양	선박, buoy, 석유굴삭rig 등	속력저하, 연비증가, 부체밸런스의 붕괴
냉각용수	발전소, 제철소, 석유정제, 석유화학, LNG기지기화기용	취수량의 저하 열효율의 저하 불균일한 산수에 의한 가열효율의 저하
원 해수	해수담수화플랜트 용존물질의 채취 제염플랜트	취수량의 저하 콘덴서의 효율 저하
해양에너지	해양온도차발전 조류발전, 조석발전, 해수양수발전	기기 작동효율 저하
수산양식	양식	활어조의 그물코를 덮은 조개류로의 부착에 의한 수량비 저하

17.1 해수이용시스템에서 부착생물 방지대책의 흐름

부착생물의 방제대책은 오래전부터 선저용의 방오도료 개발이 진행되어 왔다. 20세기 초반에 미국은 아산화동, 산화수은을 이용하여 진행하였다. 일본은 1920년부터 방오제로서 아산화동, 산화수은의 사용이 일반적이었다.

태평양전쟁 종료 후인 1950년대에 염화비닐도료가 보급되기 시작하여 일본은 생산기술협회 선저도료부회가 발족하여 방오도료의 연구를 추진하였다. 1960년경에 염화고무, 에폭시선박도료나 유기독물도료의 실용화가 진행되었는데 1973년경에 조선공업회는 유기독물 중에 사용할 수 있는 방오제를 토리페닐주석계 아산화동 등 6종류로 한정하고 토리부틸주석계, 산화수은, 비소화합물은 사용될 수 없게 되었다.

그러나 조선공업회는 1979년까지 토리페닐주석계 8종류를 추가 승인하는 등 규제를 완화하여 1985년에는 실리콘계 방오도료가 실용화되었다.

1988년에는 TBT, TPT화합물이 지정화학물질로 되어 익년 일본도료공업회는 TPT화합물도료의 제조를 자주적으로 중지하였다.

1990년에는 TBTO가 제1종 특정 화학물질로 TBT, TPT화합물이 제2종 특정 화합물로 지정되었다. 이 해부터 비주석계 방오도료의 실용화가 진행되어져 현재에 이르고 있다.

또, 발전소 등의 취수 도수관에 부착하는 생물의 방제대책은 표 17-2에 나타내듯이 금세기 초반부터 방오도료에 의한 방제에 1960년에는 염소에 의한 방제가 시작되었는데 현재는 환경의 영향을 고려하여 해수전해 및 방오도료에 의한 방제가 일부 실시되고 있을 뿐이며 오로지 사람 혹은 기계에 의하여 청소하고 있다.

또 무공해형 처리에 의한 선택적 방제연구도 진행되고 있다.

표 17-2 해수이용시스템에서 부착 방제대책의 변천

년대	1900	1950	1960	1970	1980	1990~
화학적처리 방오도료						일부사용
	아산화동 산화수은	염 화 비 닐 도료		염화고무에 폭시도료	TPT사용 중지	비주석계도료
염소처리						일부사용
			염소가스	주로 전해		
과산화수소처리						일부적정사용
물리적처리 승온·산결핍·자외선·초 음파·전격·담수간출						광범위하게 사용되지 않음
취수수탐·유속의 선정 마이크로스트레너						설계시 고려
청소 (스펀지볼·로봇)						정기적으로 실시

17.2 부착생물의 생태

해수이용시스템에 부착하는 해양생물은 일반적으로 부착생물(attached organism)이라 부르고, 오손생물(fouling organism)이라 부른다. 주요한 것은 절족동물인 따개비류, 해면동물 해면류, 연체동물 이매조개류·회전조개류, 환형동물로서 서관을 형성하는 비녀갯지렁이류, 원색동물문의 해초류 등이 있다(표 17-3)

일반적으로 문제가 되는 것은 취수관 내부 등의 부착기질에 대하여 시멘트상 혹은 족사에 의하여 착생하는 것으로 취수관내는 이들 부착생물의 미끼류가 있는 한, 일단 부착한 생물은 성장·부착을 반복하기 때문에 관내의 부착량이 증대한다. 그 때문에 관의 내경이 작아지고 유수효율이 현저하게 저해된다.

또 복수기 세관에 이들 생물의 유생이 부착한 경우에는 유수장해로 되는 것 외에 생물의 하류에서 빠른 유속에 의하여 부식(deposit attack)가 일어난다.

17.2.1 부착생물의 천이

기질을 바다 속에 설치한 경우 다음의 순서에 따라서 부착이 시작된다고 한다.

즉, 먼저 기질표면으로 박테리아 등의 부착에 의하여 slime이 형성되고 뒤이어 규조류(식물플랑크톤)가 부착한다. 이들 박테리아필름은 산성다당체를 생산하여 대형 부착생물 유생을 유인한다고 생각된다.

부착 초기에는 먼저 따개비류, 비녀갯지렁이류가 부착한다. 그 후 해초류, 이끼벌레, 해면류가 침입하고 최종적으로는 홍합 등의 2매조개류가 우선한다. 이 과정에서 기초 상에는 생물에 의한 입체적인 군락구조가 만들어지고 그 간극에는 소형갑각류가 달라붙는다.

직사일광이 비치는 장소는 이들 생물 외에 하이밀 등의 해조류도 부착한다.

17.3 해수취방수설비의 부착생물 장해와 대책

17.3.1 취방수설비의 부착생물 장해

해수이용시스템의 취방수설비에서 부착생물 장해는 취수구로부터 취수된 해수 중의 부착생물이 취방수설비 안을 통과할 때에 수로·관로·세관내부·각종 SCREEN 수로구조물에 유생이 부착·성장하므로서 발생한다.

부착생물에 의한 주요한 장해의 개요는 이하에 나타내는 것과 같으며, 이들의 장해에 의하여 해수이용시스템의 기본 기능을 정지하는 피해가 발생한다.

(1) 부착생물에 의한 통수단면의 감소

부착생물이 수로·관로 내에 부착하기 시작하면 첨차로 생물층이 두꺼워 져서 수로내면에 수 십cm의 부착두께로 되는 경우가 있다. 이와 같이 부착생물에 의한 통수단면이 감소하면 계획된 취수량을 공급할 수 없는 장해나 수로단면감소에 의한 pit에서 넘쳐흘러 운전정지 등의 장해가 발생한다.

(2) 부착생물에 의한 통수표면의 유체저항(조도계수)의 증가

전술과 같이 수로·관로 내에 생물부착이 발생하면, 수로통수표면의 유체저항(조도계수)이 증가하여 손실수두가 증대한다. 이 때문에 펌프설계의 양정이상으로 되어 계획된 취수량을 공급할 수 없는 장해가 발생한다.

표 17-3 부착생물(Attached organism)의 생태

부착생물명	대표종	생활사	성장	호적 수온	수명	그림
해선류 해선동물문	오카다케츠보카이멘 무라사키카이멘 다이다이이소카이멘 나미이소카이멘	여름에 부착 성장→수정란→ 중공유생→ 성체	-	-	-	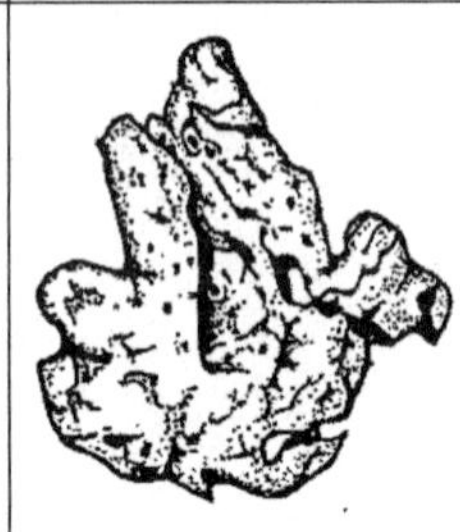 나미이소카이멘
히드라충류 자포동물문 히드라충 강히드라충목	베니쿠다우미히드라 타마우미히드라 쿠로가야 시로가야	polyp→ 란·정자→ planula유생→ polyp	-	-	-	 쿠로가야

부착생물명	대표종	생활사	성장	호적 수온	수명	그림
말미잘류 자포동물문 화충강 말미잘목	우메보시말미잘 타테지마말미잘	성체→ 란·정자→ planula유생→ tjdcp	-	-	10수년	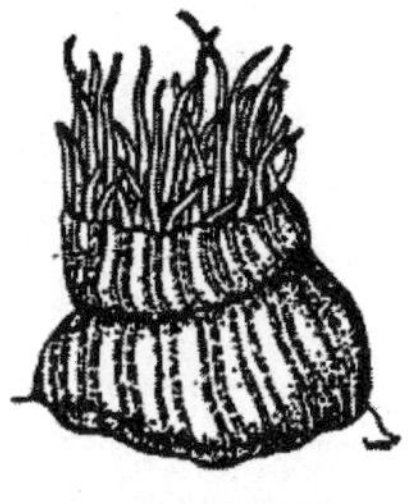 타테지마말미잘
홍합류 연체동물문 쌍각류강 홍합목홍합과	홍합 초록입홍합 호토토기스가이	2~3월에 산란 4~5월에 부착 성체→수정란→ 담륜자유생→ Veliger유생→ D형유생→ 베리콘가유생→ 베디벨리져유생→ 치패	1개월 4~5mm 6개월 25~30mm 1년 60~70mm	17~25℃	1.5~2년	 홍합
굴류 연체동물문 쌍각류강 우구이스조개목 이타보굴과	참굴 이와굴 고케고로모굴 이타보굴	6~8월에 산란 성체→수정란→ 담륜자유생→ Veliger유생→ D형유생→ 베리콘가유생→ 베디벨리져유생→ 치패	1령6cm 2령10cm	20~27℃	3~4년	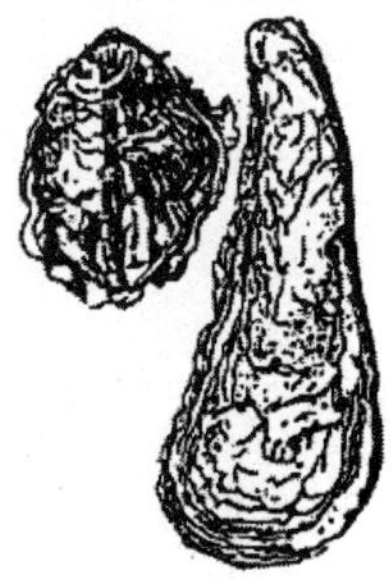 참굴
칸자시갯지렁이류 환형동물문 갯지렁이강케야리목	에소카사네칸자 시 얏코칸자시 카사네칸자시 우즈마키칸자시	성체→란→ 담륜자유생→ 네쿠토키타유생→ 성체 가을부터 봄에 부착	-	-	2년	 에소카사네칸자시

부착생물명	대표종	생활사	성장	호적 수온	수명	그림
따개비류 절족동물문갑각강 따개비목따개비과	시로스지따개비 타테지마따개비 아메리카따개비 아카따개비	봄부터 여름에 부화 여름부터 가을에 부착 성체→노프리우스 노프리우스유생→ 키부리스유생	1~2개월에 10~30mm	-	-	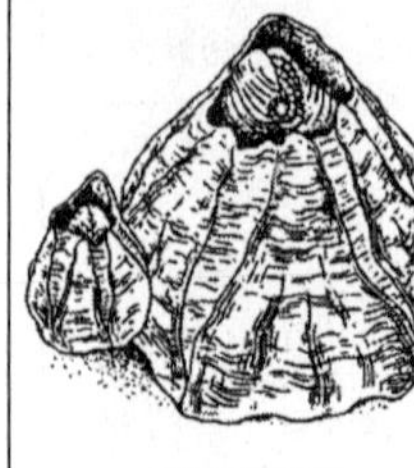 아카따개비
이끼벌레류 촉수동물문 이끼벌레강	치이끼벌레 후사이끼벌레 혼다와라따개비 아미메히다따개비	개충→란→ 담륜자유생→ 키호나우테스유생 → 개충	1.5개월 5000개충 2개월 20000개충	10~ 30℃	1~2개월 (개충)	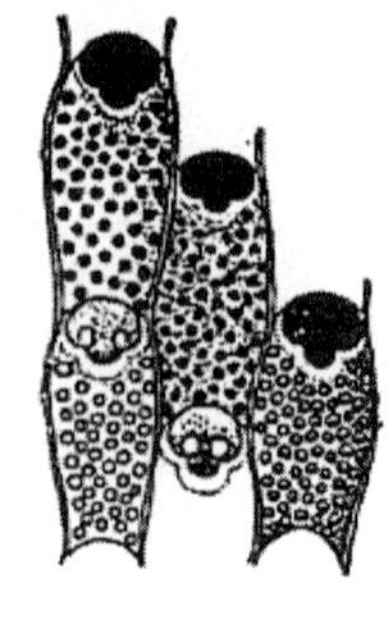 치이끼벌레
해초류 원색동물문해초강	시로해초 유우레이해초 이타해초 에해초	봄부터 초여름에 걸쳐 산란 성체→수정란→ 오타마쟈쿠시유생 → 부착 후 2~3개월에 성숙	-	-	수개월 ~2년	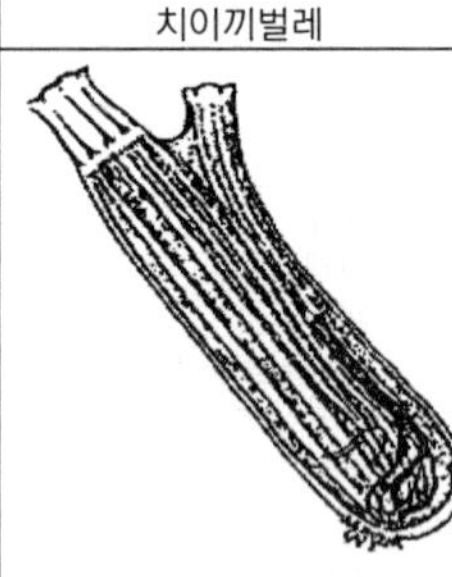 유우레이해초

(3) 부착생물의 탈락에 의한 세관폐쇄

생물성장기에 부착한 생물층이 탈락할 시기가 되면 탈락한 부착생물이 해수이용 시스템의 세관을 폐쇄하여 기능장해나 운전정지 등의 피해를 발생시킨다.

또, 세관 내의 부착생물 하류에서는 와류에 의한 부식이 발생한다(deposit attack).

(4) 열교환기에 부착한 생물에 의한 열교환기 효율의 저하

열교환기에 생물부착이 발생하면, 열교환기 표면이 생물막으로 뒤덮혀 열교환기 효율이 크게 저하되고 계획한 열교환이 되지 않아 기능장해나 진공도의 저하장해가 발생한다.

(5) 관로 내의 부착생물에 의한 체류현상과 부식장해

관로 내에 생물이 부착하면 부착생물 주변에 해수의 체류현상이 일어나고 미생물의 배설물 등으로 금속부식 장해가 발생한다.

17.3.2 부착생물 장해와 방제대책의 현상

부착생물에 의한 피해를 억제·제거하기 위하여 부착생물의 생물학적 특성을 고려한 대책을 세울 필요가 있고, 또 처리대상 해수가 정지상태인지 유동상태인지에 의하여 적절한 처리방법을 선정할 필요가 있다. 이들 부착생물의 성장과정·목적별의 대책은 표 17-4와 같이 정리된다.

현재, 해수이용시스템의 각 분야는 표 17-4의 처리를 단독 혹은 복합한 설비로 대응하고 있다. 그러나 어떤 처리방법도 일장일단이 있고, 처리기술로 확립하는 데는 문제가 있다. 화학적 처리의 경우는 시스템 중에서 소비되지 않았던 처리제가 해역으로 방수되는 2차 장해가 우려된다.

한편, 물리적 처리의 경우는 인력·기기로서 제거된 성체는 매립·폐기물 처분하고 있는 현상인데 이들의 처분 시에 악취·고농도 COD에 의한 오염 등의 2차 장해를 막기 위해 전처리기술을 부가하여 실시하고 있다.

표 17-4 부착생물 장해와 방제대책

대상으로 되는 부착생물	부착생물 제거 목적	억제·제거기술	
		기술의 분류	억제·제거의 처리방법
부착세균	slime·생물피막의 부착제거	기계적 처리	세척장치에 의한 세관 내의 피막제거
		화학적 처리	세관 내 slime 등의 화학 세정
부착유생	부착유생의 침입 억제·경감	기계적 처리	SCREEN, MICRO-STORENER에 의한 여과
	부착생물의 사멸, 착생능력의 억제	화학적 처리	염소주입에 의한 유생의 부착억제 유기주석계 도료에 의한 부착억제 실리콘계 도료에 의한 부착억제 O_3주입에 의한 유생의 부착억제 H_2O_2주입에 의한 유생의 부착억제
		물리적 처리	고온처리에 의한 유생의 사멸·부착억제 탈기처리에 의한 부착억제 초음파처리에 의한 부착억제 자외선에 의한 부착억제 유속가속처리에 의한 부착억제 저염분처리에 의한 부착억제 고순도아연처리에 의한 부착억제
부착성체	이미 부착한 성체의 제거	기계적 처리	고압제트에 의한 부착성체의 제거 세정로봇에 의한 부착성체의 제거
		물리적 처리	볼세정에 의한 유생·성체의 제거 나일론브러시+워터건에 의한 세정 인력에 의한 스크레퍼, 데크브러시 등의 청소

17.3.3 부착생물장해와 방제대책의 장래

전술했던 바와 같이 현상의 부착생물처리기술은 아직 확립된 기술이 아니며, 해수이용 대상·이용수량은 증대하고 새로운 시점에 세워진 방제대책의 개발은 급선무다.

부착생물의처리기술은 기본적으로 유생의 부착억제·부착한 성체의 제거기술·제거성체의 처분기술 개발의 3가지이다. 이 중에서 유생의 부착억제에 대하여 아래의 방법이 고려된다.

(1) 해수전해시스템에 의한 방제대책의 장래

해수전해시스템은 현재도 장래도 유효한 처리시스템이며 금후는 주변 환경의 영향을 충분 배려한 장치를 도입할 필요가 있다.

① 해수처리량·해수환경에 자동적으로 추종하여 주입량을 조절하는 장치

② 해수이용시스템의 운전상황에 따라서 자동적으로 주입량을 조절하는 장치

③ 저농도 유리염소를 정확하게 측정하는 장치의 도입

(2) 방오도료에 의한 방제대책의 장래

유기주석계통에서 비주석계계통으로 전환이 요망되고 금후 아산화동계통을 베이스로 한 방오도료의 개발 연구가 필요하다.

(3) 무공해형 처리방법에 의한 방제대책의 장래

① 재료에 부(-)의 전위를 주어 전기화학적 방법에 의한 부착방지 기술, 예를 들면 도전성 고무전극이나 도전성 탄소에 의한 전기화학적 방법에 의한 부착 억제 기술

② 부착생물에 대한 기피제에 의한 부착억제 기술

③ 재료의 표면처리 방법에 의한 부착억제 기술

④ 발수성·활면성을 이용한 부착억제 기술

⑤ 자력체에 의한 부착억제 기술

성체의 제거는 당면, 물리적인 긁어내기가 가장 유효일 것이다. 현재 상당한 작업을 일손에 의지하고 있는데, 한층 더 기계화가 금후의 과제이다.

제거 후의 처리는 고형물과 액체부분의 분리, 고농도 COD수의 처리, 진흙처리, 악취대책 등 문제가 산적해 있고 조속한 해결이 필요하다.

이들 기본기술의 개발과 함께 새로운 문제로서 주변 환경을 충분히 배려한 부착생물 억제·제거기술을 개발할 필요가 있다.

찾아보기

찾아보기

각종 재료의 부식/방식 기술 적용

해수환경과 재료 및 구조물

2016년 11월 05일 초판 인쇄

2016년 11월 10일 인쇄 발행

저　　자　일본 해수학회 재료·구조물연구회

역　　자　남기우, 김선진, 김윤해, 안석환

발 행 인　송기수

발 행 처　도서출판 GS인터비전

편 집 처　도서출판 GS인터비전

인 쇄 처　금아인쇄

등록번호　제 313-2011-120 호

I S B N　979-11-5576-141-0(93530)

주　　소　서울 은평구 증산로15길 69, 2층

전　　화　02-976-7898, 02-3272-7898

팩　　스　02-6468-7898

홈페이지　gsintervision.co.kr

E-Mail　gsinter7@gmail com

정 가　28,000원

이 책의 무단전재, 복제, 복사는 저작권법 제 97조에 의거 5년 이하의 징역 또는 5천만원 이하의 벌금에 처하게 됩니다.